U0290354

黄河流域系统治理理论与技术丛书

黄河流域
综合治理的系统理论与方法概要

江恩慧　王远见　屈　博　等　著

科学出版社
北京

内 容 简 介

本书针对黄河流域复杂的河流行洪输沙-区域社会经济发展-流域生态环境良性维持多维互馈关系，突出流域系统整体性，全面阐述黄河流域治理开发现状、治理方略与技术历史演变、发达国家河流治理历程与经验，诠释新形势下黄河流域系统治理的战略需求，剖析流域系统科学与地球系统科学及相关学科的关系，构建黄河流域综合治理的系统理论方法，并介绍在黄河下游游荡型河道河势稳定控制、宽滩区滩槽协同治理、黄河泥沙资源利用及水沙调控等研究工作中的应用效果。

本书可供从事黄河流域治理保护等相关领域研究、规划和管理的专业技术人员及师生阅读与参考。

审图号：GS 京（2024）1146 号

图书在版编目（CIP）数据

黄河流域综合治理的系统理论与方法概要/江恩慧等著. —北京：科学出版社，2024.12
（黄河流域系统治理理论与技术丛书）
ISBN 978-7-03-075916-0

Ⅰ. ①黄… Ⅱ. ①江… Ⅲ. ①黄河流域–区域生态环境–综合治理–研究 Ⅳ. ①X321.22

中国国家版本馆 CIP 数据核字（2023）第 119536 号

责任编辑：杨帅英　赵晶雪 / 责任校对：郝甜甜
责任印制：徐晓晨 / 封面设计：图阅社

科学出版社 出版
北京东黄城根北街 16 号
邮政编码：100717
http://www.sciencep.com
北京建宏印刷有限公司印刷
科学出版社发行　各地新华书店经销
*
2024 年 12 月第 一 版　　开本：787×1092　1/16
2024 年 12 月第一次印刷　　印张：18
字数：427 000
定价：258.00 元
（如有印装质量问题，我社负责调换）

"黄河流域系统治理理论与技术丛书"编委会

《黄河流域综合治理的系统理论与方法概要》
主要作者名单

江恩慧　王远见　屈　博　田世民

张向萍　李凌琪　吕锡芝　窦身堂

韦直林　李洁玉　张文鸽　刘　盈

总　　序

人类社会的发展史某种程度上就是一部人水关系演变史。早期人类傍水而居，水退人进，水进人退，河流自身演变决定了人水关系。随着人类社会和工程技术的不断进步，人类在人水关系演变过程中逐渐占据主导地位，尤其是第二次工业革命后，河流受到人类的强烈干扰，各种与河流有关的突发性事件日益增多。这些问题的出现引起了国际社会对河流系统研究的高度重视。

流域是地球表层系统的重要组成单元。河流及其自身安全是保障流域内社会经济和生态环境可持续发展的前提。因此，随着流域面临的各种问题交织、互馈关系越来越复杂，流域系统的概念逐渐被学界接受，基于流域系统治理的生态保护和社会经济可持续发展有机协同的科学研究成为大家关注的热点。

黄河是中华民族的母亲河。历史上，"三年两决口、百年一改道"，给中华民族带来了沉重灾难。水少沙多、水沙关系不协调，是黄河复杂难治的症结所在。新中国成立以来，黄河治理吸引了以王化云为代表的治黄工作者和科研人员不断探索，取得了70多年伏秋大汛不决口的巨大成就。然而，随着近年来流域来水来沙条件显著变化、库区-河道边界约束条件大幅调整、区域社会经济和生态环境良性维持的需求不断增长，特别是黄河流域生态保护和高质量发展重大国家战略的实施，传统研究思维已经不能适应流域系统多维功能协同发挥作用的更高要求。

早在1995年，黄河水利委员会黄河水利科学研究院钱意颖总工程师和水土保持研究室时明立主任，曾经给钱学森先生写过一封信，希望得到钱先生的帮助，能够在国家科技攻关计划中立项研究黄土高原水土流失治理，发展坝系农业。钱先生收到信后，借一次重要会议的机会与时任水利部部长钱正英先生专门讨论黄河治理工作，他充分意识到黄河治理的复杂性，并很快给钱总工回了信。他指出："中国的水利建设是一项长期基础建设，而且是一项类似于社会经济建设的复杂系统工程，它涉及人民生活、国家经济。"他还提出："对治理黄河这个题目，黄河水利委员会的同志可以用系统科学的观点和方法，发动同志们认真总结过去的经验，讨论全面治河，上游、中游和下游，讨论治河与农、林生产，讨论治河与人民生活，讨论治河与社会经济建设等，以求取得共识，制定一个百年计划，分期协调实施。"在新的发展阶段，黄河治理保护的理论技术研究与工程实践，必须突出流域系统整体性，强化黄河流域治理保护的系统性、流域系统服务功能的协同性、流域系统与各子系统的可持续性。我们在国家自然科学基金重点项目和"十二五"国家科技支撑计划、"十三五"国家重点研发计划、流域水治理重大科技问题研究等项目的支持下，逐步尝试应用系统理论方法，凝练提出了流域系统科学的概念及其理论技术框架，为黄河治理保护提供了强有力的研究工具。

为促进学科发展，迫切需要对近20年国内外流域系统治理研究成果进行总结。

鉴于此，由黄河水利科学研究院发起，联合国内知名水科学专家组成学术团队，策划出版"黄河流域系统治理理论与技术丛书"。本丛书共分为五大板块，涵盖不同研究方向的最新学术成果和前沿探索。板块一：黄河流域发展战略，主要包括基于流域或区域视角的系统治理战略布局和社会经济发展战略等研究成果；板块二：生态环境保护与治理，主要包括流域或区域生态系统配置格局、生态环境治理与修复理论和技术、生态环境保护效应等研究成果；板块三：水沙调控与防洪安全，主要包括水沙高效输移机理、河流系统多过程响应与耦合效应、滩槽协同治理、黄河流域水沙调控暨防洪工程体系战略布局与配置、干支流枢纽群水沙动态调控理论与技术、水库清淤与泥沙资源利用技术与装备、水沙调控模拟仿真与智慧决策等研究成果；板块四：水资源节约集约利用，主要包括水沙资源配置理论与技术、水沙资源节约集约利用理论技术与装备、高效节水与水权水市场理论与技术等研究成果；板块五：工程安全与风险防控，主要包括基于系统理论的工程安全与洪旱涝灾协同防御理论和技术、风险防控与综合减灾技术和装备等研究成果。

为保证丛书能够体现我国流域系统治理的研究水平，经得起同行和时间的检验，组织国内多名院士和知名专家组成丛书编委会，对各分册内容指导把关。我们相信，通过丛书编委会和各分册作者的通力合作，会有大批代表性成果面世，为广大流域系统治理研究者洞悉学科发展规律、了解前沿领域和重点发展方向发挥积极作用，为推动我国流域系统治理和学科发展做出应有贡献。

2023 年 9 月

序　一

古往今来，人类逐水而居，文明伴水而生。早期对河流的研究属于朴素的水文泥沙范畴，后来逐步发展到水流泥沙在河道内的输移和沉积过程及对河流演变的影响。随着社会的进步、科学的发展和人们认知水平的提高，水文泥沙研究逐步从河流拓展到流域尺度，通过建立分布式水文模型等模拟流域产汇流过程，揭示流域产汇流和产输沙机理，探索降水、产流及河道洪水演进规律，探讨流域来水来沙与河床演变的关系。20 世纪 80 年代以来，随着社会经济的快速发展，人类活动成为影响流域地球表层过程的重要因素。面对水沙自然资源供需与全球生态环境危机、社会经济可持续发展之间的强烈冲突，宏观尺度研究的核心问题演变为如何科学理解和管理人类与自然之间复杂的互动关系。因此，仅从河流/流域自然层面进行研究已经不能满足现实需求，厘清人与自然耦合系统的运行规律和演化机制，受到国际学界高度重视。

多年的探索与研究，尤其是地球系统科学理论与方法在流域尺度的拓展和应用，使流域系统概念逐渐明晰，并产生了自然-社会二元水循环理论体系、社会水文学、流域泥沙、流域科学、流域生态学等学科方向。然而，在流域系统治理的战略布局层面，面对不同领域的不同治理保护和发展需求，需要破解的问题不同，研究的侧重点各有相同。现有的研究成果和研究范式难以破解区域/流域系统治理战略布局与协调发展的困局，这在黄河流域治理开发过程中表现得尤为突出，亟须一个基于流域尺度的地球系统科学分支学科。

江恩慧及其团队长期潜心研究黄河泥沙问题，在国家自然科学基金重点项目、国家自然科学基金黄河水科学研究联合基金项目和"十二五"国家科技支撑计划、"十三五"国家重点研发计划、水利部公益性行业科研专项等项目的支持下，引入系统理论方法，先后开展了"黄河下游宽滩区滞洪沉沙与综合减灾效益二维评价方法""游荡型河道河势演变与稳定控制系统理论""黄河下游滩槽协同治理架构及运行机制研究""黄河干支流骨干枢纽群泥沙动态调控关键技术""黄河流域'水沙-生态-经济'系统多过程协同机制与调控"等研究，该书正是基于这些成果的进一步提升凝练，是流域系统治理理论与技术研究的新探索。

该书突出流域系统整体性，将黄河流域系统看作是一个由行洪输沙、生态环境和社会经济三大子系统构成的复杂巨系统，提出了流域系统科学框架体系，阐释了流域系统科学的内涵及关键科学问题，从基础支撑学科、系统科学理论与方法、流域系统治理集成研讨厅三个方面构建了流域系统科学的研究方法。在此基础上，针对黄河流域系统治理过程中不同层面的实际问题，构建了黄河流域生态保护和高质量发展战略研究的总体架构，提出了黄河水资源节约集约利用配置、黄河流域生态环境保护治理与良性维持、黄河下游河道滩槽协同治理、黄河三角洲地区综合治理与协调发展、黄河水沙调控的系统方法。该书研究思路与理论创新突出，为黄河流域生态保护和高质量发展重大国家战略实施的战略布局研究提供了科学实用的研究范式，具有重要的科学意义和实践价值。

随着国家"江河战略"进一步确立，建设"造福人民的幸福河"成为新时期黄河保护治理的战略目标。相信该书的出版将在黄河流域治理保护与管理中发挥重要的支撑作用，为我国"江河战略"的实施贡献智慧和力量。

中国工程院院士

2023 年 6 月 9 日

序 二

  陆地表层系统作为地球系统中最复杂、最重要和受人类活动影响最大的子系统，其研究强调自然过程与人文过程的有机结合，是地球系统科学发展的核心和前沿领域。流域是自然界的基本地貌单元，具有陆地表层系统的复杂性，是开展环境变化背景下人地系统研究的绝佳场所。流域内的水与沙是串联其他自然要素过程的核心元素，影响着流域社会经济、生态环境的方方面面，而流域社会经济的稳定发展、生态环境的良性维持也反过来影响着水沙的输移过程。因此，以流域系统为研究对象，科学理解和管理"河流行洪输沙功能–流域生态环境维持–区域社会经济发展"之间的协同演化，越来越成为地学界和工程界的研究热点与焦点。

  黄河是中华民族的母亲河。"黄河宁，天下平"，黄河安澜是中华民族的千年夙愿。但是黄河上游局部地区生态系统退化、中游水土流失依然严峻、下游生态流量偏低，黄河流域面临多重生态胁迫，社会经济发展缓慢，这些问题都归结为人地系统的不协调。由于社会经济发展与自然水文过程、生态系统过程严重失调，黄河流域成为我国人地矛盾最为突出和复杂的区域之一。全面应对和解决脆弱生态环境、水资源保障压力、区域发展滞后等综合性问题，实现系统性、整体性、协同性的流域保护和治理，是现阶段黄河流域生态保护和高质量发展面临的重大挑战。

  围绕黄河流域系统治理过程中不同层面的实际问题，江恩慧及其团队从 2000 年开始，先后在"十二五"国家科技支撑计划、国家自然科学基金重点项目、水利部公益性行业科研专项、"十三五"国家重点研发计划、国家自然科学基金黄河水科学研究联合基金等项目的支持下，以地球系统科学为基础，将人地系统聚焦于流域或区域，将视野从传统的河流泥沙动力学研究范畴拓展到流域系统层面，开展了一系列探索性研究。在黄河下游河道滩槽协同治理研究中，突出河道河流系统的整体性，把通过河道整治保障主河槽流路稳定与滩区社会经济、生态环境问题统筹考虑，厘清了滩和槽功能的博弈关系与协同效应；在黄河干支流骨干枢纽群泥沙动态调控关键技术研究中，围绕行洪输沙–生态环境–社会经济等河流系统功能多维协同的目标，揭示了水库高效输沙的水–沙–床互馈机理和下游河道河流系统多过程耦合响应机理，提出了泥沙动态调控潜力及实现途径等。这些成果从流域系统整体性角度出发，直接服务于黄河下游河道综合治理提升、黄河流域水沙调控的工程实践，且取得了非常好的效果。

  经过多年的探索与实践，江恩慧团队进一步凝练提出了流域系统科学的概念和基本框架，为黄河流域系统性的生态治理保护和社会经济高质量发展的协同推进，提供了一种全新的思维方法和理论依据，在黄河流域生态保护和高质量发展重大国家战略的实施过程中发挥重要的科技支撑作用。该项研究不仅局限于研究本身，其对促进自然科学与社会科学的交叉融合，丰富陆地表层系统科学、河流泥沙动力学等学科内容，也具有十分重要的意义。

《黄河流域综合治理的系统理论与方法概要》正是对这些研究成果的总结，相信该书的出版，将对推进我国"江河战略"起到积极的作用，也将为世界上其他多沙河流的系统治理与保护提供有益借鉴。

中国科学院院士

2023 年 6 月 9 日

前　　言

　　"system（系统）"来源于古希腊语。"系统论"作为一门科学，其公认的创始人是奥地利理论生物学家贝塔朗菲（Bertalanffy）。他在 1932 年发表"抗体系统论"，提出系统论的思想，1937 年提出"一般系统论原理"，奠定这门科学的理论基础；他的论文《关于一般系统论》在 1945 年公开发表，1948 年在美国再次讲授"一般系统论"并得到学术界的重视。我国最早应用系统工程并取得显著成就的是航天系统。早在 20 世纪 50 年代中期，钱学森先生开始研究系统学问题，后在周恩来总理亲自关怀和钱学森、华罗庚等一代科学家的共同努力下，系统工程与系统科学从 60 年代开始逐步推广应用于国民经济、军事作战、铁路运输管理和工农业生产等多个行业。

　　20 世纪 60 年代开始，人们逐渐引用系统思想方法来研究河流。例如，L.B.Leopold 和 W.B.Langbein 等采用熵值的概念，来研究弯曲性河流的形成和发展。明确而又比较完整地提出河流系统概念的是舒姆，他把整个河流看成是一个完整的系统，从上至下依次划分为 3 个子系统，即集水盆地子系统、河道子系统和河口三角洲子系统。1977 年，舒姆出版了《河流系统》（Fluvial System）一书，全面阐述了河流系统内物质、能量传输与河流发育、演变过程的关系。舒姆的理论逐渐为后来者接受，并得到发展。70 年代以后，水文、水利计算、工程经济、系统工程等学科不断发展，电子计算机被广泛应用。同时，人口膨胀、资源匮乏、环境恶化等问题陆续出现，河流治理、水资源开发利用规划与实施战略的多目标问题应运而生，促使水利规划、水利工程建设发展成为一门自然科学、技术科学和社会科学相互渗透的综合性学科。80 年代以来，日益严重的环境污染、生态环境恶化以及一些全球性的环境问题，促进人们加深了对多目标问题的理解，认识到在人口、经济发展的同时不能不重视资源和环境问题，逐步明确了发展必须要以保护自然、适应地球生态系统的承载力为前提。如今，我国水问题研究应用系统论最多，运用系统论最好的领域也是水生态环境领域。比如，《生态水利工程原理与技术》（董哲仁，2007）和《生态水工学探索》（董哲仁等，2007）均强调了河流生态系统的整体性。

　　实际上，在我们国家，系统思想最早可以追溯到原始社会，来源于古代人们的劳动生活实践，在人类与周围环境相互作用的过程中逐渐产生。古代许多政治家、思想家都有所论述，从阴阳、八卦、五行，到老子的"道可道，非常道""道生一，一生二，二生三，三生万物"；从天文地理、农业生产，到中医理论、军事、工程。我国河流治理与发达国家的历程相同，都经历了"自然利用—治理开发—严重破坏—修复保护"4 个阶段。当今社会各行各业都蓬勃发展，社会经济快速增长，人们对生态环境的改善日益重视。发达国家自 20 世纪末期就开始的流域系统治理，进一步彰显了河流系统的理念，战略层面的《欧盟水框架指令》和实践层面的莱茵河流域治理、美国密西西比河流域治理等，都给我们许多启示，科研人员也应用系统理论方法开展了相关研究，但像黄河如此复杂的系统还鲜有人涉及。

治黄科研应用系统论的思想方法还处于起步阶段，特别是面对习近平总书记提到的"系统治理"思想，支撑黄河流域生态保护和高质量发展重大国家战略落地实施，还存在明显的不足。1995年，钱学森先生在写给我院钱意颖、时明立同志的信中讲道："（钱正英同志）给我讲了水利工作的复杂性，我的第一个认识是，比起治河，那发射人造卫星是件简单工作了！"先生还说道："中国的水利建设是一项长期基础建设，而且是一项类似于社会经济建设的复杂系统工程，它涉及人民生活、国家经济""对治理黄河这个题目，黄河水利委员会的同志可以用系统科学的观点和方法，发动同志们认真总结过去的经验，讨论全面治河，上游、中游和下游，讨论治河与农、林生产，讨论治河与人民生活，讨论治河与社会经济建设等，以求取得共识，制定一个百年计划，分期协调实施。这样，最终可能达到或接近自古以来人们心中的憧憬——'黄河清'！"

我于1986年参加工作，有幸直接参与黄河防汛、调水调沙、河道整治等生产实践，在感到自我欣慰的同时，收获更多的是感悟！为什么有些治黄决策得不到地方政府的支持？得不到老百姓的理解？为什么有时我们的重大项目在审批的过程中会遭遇部分质疑？为什么我们回首往事总结过去时总会感觉到些许遗憾？2004年，受黄河水利委员会（以下简称黄委会）党组指派，我领衔黄委会相关科研力量开展小浪底水库运用后的黄河下游游荡型河道整治研究工作，首次从理论创新到方案制定开展了全链条的研究，得到了时任黄委会主任李国英的赞扬，2006年底黄河下游游荡型河道新一轮整治工程按照我们的研究成果如期开工，该成果也因此获得大禹水利科学技术奖一等奖。我们在感到欣喜的同时，更感觉到科学研究要突出黄河下游河道河流系统的整体性，把滩区的社会经济问题、生态环境问题与河道整治保障主河槽流路稳定的问题统筹考虑，厘清滩和槽功能的博弈关系与协同效应。

经过多年的努力和思考，我们研究团队先后开展的国家自然科学基金重点项目"游荡性河道河势演变与稳定控制系统理论"、国家重点研发计划项目"黄河干支流骨干枢纽群泥沙动态调控关键技术"、中央公益性科研单位院所长基金项目"黄河下游滩槽协同治理架构及运行机制研究"，都是基于系统论方法开展的研究，本书也正是基于这些研究成果，面对新时代黄河治理保护的战略需求应运而生。

对于河流系统而言，其子系统的划分方式可以有多种，体现了研究者对系统不同的理解方式、关注的焦点和拟解决问题的差异。当然，我们也可以按照舒姆的划分方法，将黄河划分为上游、中游、下游和河口子系统。实际上，黄委会多年秉承的"上拦下排、两岸分滞"调控洪水，"拦、调、排、放、挖"综合处理和利用泥沙措施，构建的水沙调控体系（包括上游水沙调控子体系、中游水沙调控子体系），在某种程度上就是这种划分模式，多年的科学研究也把黄河当作一个"从源到汇"的水沙通道，简化为一个可以利用牛顿力学理论来讨论的简单系统。

当今，我们关注的是黄河流域生态保护和高质量发展的战略布局，这要求我们的视角必须从河流系统拓展到黄河流域系统，将其作为一个复杂的巨系统统筹考虑；而且按照流域系统的服务功能，将其划分为黄河干支流河流子系统、流域社会经济子系统、流域生态环境子系统，气候变化、水文过程、国家或相邻区域对黄河流域的需求等都成为流域系统可持续运行的约束条件。借此，如果我们关注黄河下游游荡型河道整治和滩区治理综合提升问题，就要把该河段作为一个河流系统，并按照河流系统的功能将其划分为行洪输沙子系统、社会经济子系统、生态环境子系统。行洪输沙子系统要求黄河下游河道具有良好的滩–槽形态，主河槽相对稳定（或称相对稳定的基本流路），发挥基本的行洪输沙功能，确保防洪安全；社会经济子系统要求能够保障滩区 180 万居民的生产生活安全，保障两岸及其他受水区供水安全，确保黄淮海平原社会经济稳定；生态环境子系统要求黄河下游河道、河口地区及近海所有生源要素循环、湿地时空分布等生源物质输运与生物地球化学过程、生态系统能够健康地可持续发展。换句话说，我们必须根据拟解决的科学技术问题，把研究区域作为一个复杂的整体系统，将其划分为不同的功能子系统，应用系统科学的先进理论和分析工具，识别各子系统之间矛盾的本质，统筹协调、循证决策，长远谋划系统可持续发展战略布局与措施对策，实现人水和谐。

　　本书是"黄河流域系统治理理论与技术"丛书第一板块"黄河流域发展战略"的开篇之作，是研究团队集体智慧的结晶。参与本书编写和研究工作的成员多达百余人，全书由江恩慧负责统稿。其中，第 1 章由田世民负责；第 2 章由韦直林、王远见、江恩慧负责；第 3 章由屈博、江恩慧、陈蕴真负责；第 4 章由江恩慧、屈博负责；第 5 章由江恩慧、张向萍、王远见、屈博负责；第 6 章的 6.1 节、6.2 节由王远见、屈博、江恩慧、刘盈负责，6.3 节由李凌琪、张文鸽负责，6.4 节由吕锡芝、张秋芬负责，6.5 节由江恩慧、田世民、屈博负责，6.6 节由窦身堂、凡姚申负责，6.7 节由王远见、李洁玉、江恩慧负责；第 7 章由王远见、张翎、唐凤珍负责。本书重在抛砖引玉，希望引起所有关注黄河和直接参与者的重视，能够意识到黄河治理保护需要一个形而上的研究方法做支撑！由于作者水平有限，不当之处敬请读者批评指正！

　　掩卷驻笔之际，我再次代表我的团队感谢顾问委员会及各位专家长期对我们科研工作的支持和帮助！感谢您的不吝赐教！感谢您的热情鼓励！你们是我在遭遇各种挫折时的定盘星，是我重新抖擞精神的激发器，促使我 37 年不离不弃从事黄河研究，不遗余力地为黄河安澜、黄河科研贡献我的绵薄之力。

2023 年 8 月 25 日

目　　录

第1章 黄河流域治理开发概况

1.1 黄河流域基本概况

黄河是我国的第二长河，发源于青藏高原巴颜喀拉山北麓海拔 4500m 的约古宗列盆地，向东穿越黄土高原及黄淮海大平原，注入渤海。黄河流经青海、四川、甘肃、宁夏、内蒙古、山西、陕西、河南、山东 9 个省（自治区），干流河道全长 5464km，水面落差 4480m，流域面积 79.5 万 km^2（包括内流区 4.2 万 km^2）。其从上到下分为三段，河源至内蒙古自治区托克托县的河口镇为上游，河道长 3472km，流域面积 42.8 万 km^2，占全流域面积的 53.8%；河口镇至河南省郑州市的桃花峪为中游，河道长 1206km，流域面积 34.4 万 km^2，占全流域面积的 43.3%；桃花峪至山东省东营市垦利区入海口为下游，河道长 786km，流域面积 2.3 万 km^2，占全流域面积的 2.9%（水利部黄河水利委员会，2013）。

1.1.1 黄河流域的形成与演化

据研究，黄河约有 150 万年孕育发展的历史，先后经历过若干独立的内陆湖盆水系孕育期、各湖盆水系逐渐贯通的成长期，最后成为一统的海洋水系。在距今 150 万～115 万年的第四纪的早更新世，华北–塔里木古陆块上有着许多古湖盆，在现在黄河所在的区域内，自西向东有共和、西宁、陇西、宁南、银川、河套、陕北、晋西、陇东、汾渭、洛阳、沁阳及华北等古湖盆。当时，这些湖盆水系互不连通，各自成为独立的内陆水系，这些湖盆水系的发展与演变，孕育着黄河的诞生。

到了中更新世，黄河所在的区域地壳产生明显的差异性构造运动，湖盆之间的隆起带上升强烈，导致河流急剧下切，古河道继续加深增宽，同时区域性水文网络开始出现，某些地段由于水流强烈的溯源侵蚀逐步连通形成大河，部分湖盆萎缩（刘国纬，2017）。

晚更新世是流域内古水文网络发育的转折期，此时大部分古湖盆淤积消亡，少数存留的水域面积也大大减少。当古黄河贯通古湖盆入海后形成海洋水系，海平面成为全河统一的侵蚀基准面，河床纵剖面在海平面升降的控制下进行调整，从此黄河河床进入统一的调整阶段。距今 1 万～3000 年的全新世时期，是古黄河水系的大发展时期，该时期土壤侵蚀严重，河水泥沙剧增。由于洪水泥沙增加和海平面升高，河水排泄受阻，因此在远古洪荒时代，留下了大禹治水的传说（王莉，2023；侯全亮，2022；戴英生，1983）。

黄河形成以后，便以"善淤、善徙、善决"为主要特征。根据历史记载，黄河曾经多次改道，河道变迁的范围西起郑州附近，北抵天津，南达江淮，纵横 25 万 km^2。自周定王五年（公元前602年）至南宋建炎二年（1128年）的1700多年间，黄河的迁徙大多在现行河道以北地区，侵袭海河水系，流入渤海。1128～1855年的700多年间，黄河改道摆动都在现行河道以南地区，侵袭淮河水系，流入黄海。1855年，黄河在河南兰考东坝头决口后，夺山东大清河入渤海，形成现在的河道（牛建强和杨培方，2017）。

1.1.2　黄河流域的地形与地貌

黄河流域横跨青藏高原、内蒙古高原、黄土高原和华北平原四个地貌单元。流域内地势西高东低，高低悬殊，地形上大致可分为三级阶梯（水利部黄河水利委员会，2013），见图1-1。

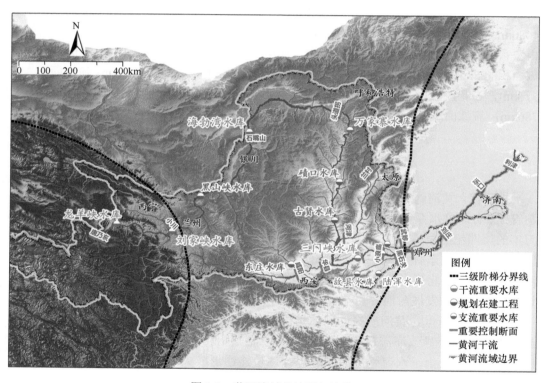

图1-1　黄河流域的地形与地貌

第一级阶梯是黄河源区所在的青藏高原，海拔3000m以上；南部巴颜喀拉山脉构成黄河与长江的分水岭；祁连山横亘在北缘，形成青藏高原与内蒙古高原的分界；阿尼玛卿山耸立中部，海拔6282m，山顶终年积雪，是黄河流域的最高点；呈西北—东南方向分布的积石山和岷山相抵，使黄河绕流而行，形成"S"形大弯道。

第二级阶梯大致以太行山为东界，海拔1000～2000m，包含河套平原、鄂尔多斯高原、黄土高原和汾渭盆地等较大的地貌单元。其中，黄土高原土质疏松，垂直节理发育，植被稀疏，在长期暴雨径流的水力侵蚀和重力作用下，水土流失严重，成为黄河泥沙的主要来源区；横亘于黄土高原南部的秦岭山脉，是我国自然地理上亚热带和暖温带的分界线,是黄河与长江的分水岭,也是阻止黄土高原飞沙南扬的生态屏障。

第三级阶梯从太行山脉以东至渤海,由黄河下游冲积平原、鲁中南山地丘陵和河口三角洲组成。其中,下游冲积平原由黄河、海河和淮河冲积而成,海拔100m左右,是中国第二大平原,面积达25万km^2。黄河流入冲积平原后,河道宽阔平坦,泥沙沿途沉降淤积,河床高出两岸地面3～5m,成为举世闻名的"地上河"。

1.1.3　黄河流域的气候与降水

黄河流域东临渤海,西居内陆,位于我国北中部,属大陆性气候,各地气候条件差异明显,东南部基本属半湿润气候,中部属半干旱气候,西北部属干旱气候。流域年平均气温6.4℃,由南向北、由东向西递减。近20年来,随着全球气候变暖,黄河流域的气温也升高了1℃左右。

根据2001～2019年《黄河水资源公报》统计,流域多年平均年降水量463.6mm,比1956～2000年平均值偏大3.9%。由东南向西北,降水量递减,干旱程度递增。降水最多的是流域东南部湿润、半湿润地区,如秦岭、伏牛山及泰山一带年降水量超过800mm;降水量最少的是流域北部的干旱地区,如宁蒙河套平原年降水量只有200mm左右。流域降水量的年内分配极不均匀,6～9月降水量占年降水量的68.3%。流域降水量年际变化悬殊,湿润区、半湿润区最大年降水量大多是最小年降水量的3倍以上,干旱、半干旱区最大年降水量与最小年降水量的比值一般在2.5～7.5。

黄河流域水面蒸发量随气温、地形、地理位置等变化较大。兰州以上气温较低,平均水面蒸发量约790mm;兰州至河口镇,气候干燥、降水量少,多沙漠干旱草原,平均水面蒸发量约1360mm;河口镇至花园口平均水面蒸发量约1070mm;花园口以下平均水面蒸发量约990mm(水利部黄河水利委员会,2013)。

1.1.4　黄河流域的水文与泥沙

1. 径流特征

黄河水资源相对贫乏,流域面积占全国国土面积的8.3%,而年径流量仅占全国的2%。根据2001～2019年《黄河水资源公报》、流域内各省的统计年鉴,黄河流域多年平均河川天然径流量483.9亿m^3,比1956～2000年平均值减小约9.5%。流域内人均水量473m^3,为全国人均水量的23%;耕地亩均水量220m^3,仅为全国耕地亩均水量的15%。实际上,考虑向流域外供水后,人均、亩均占有水资源量更少。黄河流域河川径流分布不均,大部分来自兰州以上,流域面积占全河的28%,年径流量占全河的61.7%;龙门至三门峡流域面积占全河的24%,年径流量占全河的19.4%;兰州至河口镇产流很少,河道蒸发渗漏强烈,流域面积占全河的20.6%,年径流量仅占全河的0.3%。黄河流域径流量年内、年际变化较大,干流及主要支流7～10月径流量占全年的60%以上,支流的汛期径流主要以洪水形式汇入;干流断面最大年径流量一般为最小值的3.1～3.5倍,支流一般达 5～12 倍。

2. 泥沙特征

黄河是世界上输沙量最大、含沙量最高的河流。近几十年来，由于中游降水量减少，暴雨洪水强度减弱、发生频次减少，以及水土保持措施和水库工程调蓄作用，入黄河泥沙明显减少。根据 2001～2019 年《黄河水资源公报》，潼关站多年平均输沙量约 2.39 亿 t，比 1956～2000 年实测平均值减少了约 9.1 亿 t，比 1919～1960 年（人类活动影响较小，基本可代表天然情况）实测平均值减少了约 13.4 亿 t，见图 1-2。

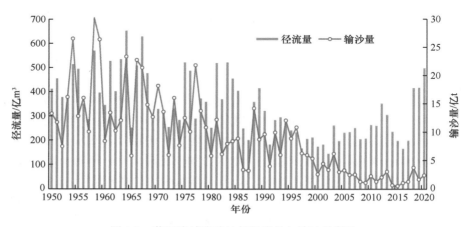

图 1-2　黄河流域潼关站年径流量与输沙量变化

黄河泥沙具有分布不均、水沙异源的特点，泥沙主要来自中游河口镇至三门峡，来沙量占全河的 89.1%，来水量仅占全河的 28%；河口镇以上来水量占全河的 62%，来沙量仅占 8.6%。泥沙年内分配不均，主要集中在汛期，7～10 月来沙量占全年来沙量的 90%，且主要集中在汛期的几场暴雨洪水。泥沙年际变化也很大，实测最大沙量（1933 年陕县站）为 39.1 亿 t，实测最小沙量（2008 年三门峡站）为 1.3 亿 t，年际变化悬殊，最大年输沙量为最小年输沙量的 30 倍。

1.2　黄河流域治理与开发现状

1.2.1　黄河流域干支流网络体系

黄河流域水系发达，支流众多，流域面积大于 100km² 的支流共 220 条，构成黄河水系的主体；流域面积大于 1000km² 的支流有 76 条，占全河总面积的 77%；流域面积大于 10000km² 或入黄泥沙大于 0.5 亿 t 的一级支流有 13 条，其中上游有 5 条、中游有 7 条、下游有 1 条。黄河流域河流水系组成见图 1-3。

根据水沙特性和地形、地质条件，黄河干流上中下游可分为 11 个河段，各河段特征值见表 1-1。

图 1-3　黄河流域河流水系组成

表 1-1　黄河干流各河段特征值

河段	起讫地点	流域面积/km²	河长/km	落差/m	比降/‰	汇入支流/条
全河	河源至入海口	794712	5463.6	4480.0	8.2	76
上游	河源至河口镇	428235	3471.6	3496.0	10.1	43
	①河源至玛多	20930	269.7	265.0	9.8	3
	②玛多至龙羊峡	110490	1417.5	1765.0	12.5	22
	③龙羊峡至下河沿	122722	793.9	1220.0	15.4	8
	④下河沿至河口镇	174093	990.5	246.0	2.5	10
中游	河口镇至桃花峪	343751	1206.4	890.4	7.4	30
	①河口镇至禹门口	111591	725.1	607.3	8.4	21
	②禹门口至小浪底	196598	368.0	253.1	6.9	7
	③小浪底至桃花峪	35562	113.3	30.0	2.6	2
下游	桃花峪至入海口	22726	785.6	93.6	1.2	3
	①桃花峪至高村	4429	206.5	37.3	1.8	1
	②高村至陶城铺	6099	165.4	19.8	1.2	1
	③陶城铺至宁海	11694	321.7	29.0	0.9	1
	④宁海至入海口	504	92	7.5	0.8	—

自河源至内蒙古托克托县的河口镇为黄河上游，干流河道长 3472km，流域面积 42.8 万 km²，汇入的较大支流（流域面积大于 1000km²，下同）有 43 条。唐乃亥水文断面以上为黄河源区，有东柯曲、西柯曲、沙柯曲、白河、黑河等支流。其中白河和黑河是黄河源区最大的两条支流，多年平均径流量分别为 17.8 亿 m³、18.3 亿 m³，是黄河源区的"姊妹河"，两河分水岭低矮，无明显流域界，存在同谷异水的景观，流域特性基本相同。唐乃亥以下有湟水、洮河、祖厉河、清水河、大夏河等众多支流，其中湟水和洮河的天然来水量分别为 48.76 亿 m³、48.25 亿 m³，是黄河上游径流的主要来源区。

河口镇至河南郑州桃花峪为黄河中游，干流河道长 1206km，流域面积 34.4 万 km²，汇入的较大支流有 30 条，主要有窟野河、无定河、汾河、渭河、泾河、伊洛河、沁河等。其中，窟野河是黄河中游的多沙粗沙支流，根据其控制站温家川水文站的实测资料，历史上窟野河最大洪峰流量达 14000m³/s（1976 年），最大含沙量达 1700kg/m³（1958 年），是黄河粗泥沙的主要来源之一；渭河是中游最大的一条支流，天然径流量、沙量分别为 92.50 亿 m³、4.43 亿 t，是中游径流、泥沙的主要来源区。

桃花峪以下至入海口为黄河下游，流域面积 2.3 万 km²，汇入的较大支流有 3 条。其中，大汶河是黄河下游最大的支流，实测最大年径流量 60.7 亿 m³（1964 年），最大年输沙量 915 万 t（1957 年）。

1.2.2 干流治理开发现状

新中国成立后，党和国家对治理开发黄河极为重视，将其作为国家的一件大事列入重要议事日程。在党中央的坚强领导下，沿黄军民和黄河建设者开展了大规模的黄河治理保护工作，取得了举世瞩目的成就。

1. 防洪减淤工程体系

目前，黄河干流龙羊峡以下河段已建和在建梯级工程（水库和水电站）有 30 座，包括拉西瓦、尼那、李家峡、公伯峡、苏只、积石峡、刘家峡、盐锅峡、八盘峡、海勃湾、青铜峡、万家寨、三门峡、小浪底等，其中龙羊峡、刘家峡、海勃湾、万家寨、三门峡、小浪底等骨干工程为黄河流域水沙调控主体工程。支流上承担干流防洪任务的水库有伊河陆浑水库、洛河故县水库、沁河河口村水库等。宁蒙河段已建堤防长 1400km，河道整治工程 117 处，坝垛 1428 道；中游禹门口至三门峡大坝河段已建各类护岸及控导工程 72 处；下游两岸 1371.2km 的临黄大堤先后进行了四次加高培厚，进行了放淤固堤，开展了标准化堤防工程建设，建设险工 135 处、坝垛护岸 5279 道和河道整治工程 219 处、坝垛 4573 道，开辟了北金堤、东平湖滞洪区、大功分洪区及齐河、垦利展宽区等分滞洪工程，形成了以中游干支流水库、下游河防工程、蓄滞洪区工程为主体的"上拦下排、两岸分滞"的黄河下游防洪工程体系，彻底扭转了历史上黄河下游频繁决口改道的险恶局面，取得了连续 70 多年伏秋大汛堤防不决口的辉煌成就，保障了沿岸人民群众的生命财产安全和经济社会的稳定发展。现状水库联合运用条件下，可将花园口断面 1000 年一遇洪水洪峰流量由 42300m³/s 削减至 22600m³/s，接近下游大堤花园口断面的设防流量 22000m³/s，100 年一遇洪水由 29200m³/s 削减至 15700m³/s。黄河流域干支流水利工程概况见图 1-4。

经过几十年的不断探索和实践，我国形成了"拦、调、排、放、挖"综合处理泥沙的基本思路。在上中游地区建成淤地坝 9 万多座，其中骨干坝 5399 座，修建塘坝、涝池、水窖等小型蓄水保土工程 183.91 多万处（座），使局部地区的水土流失、土地沙化和草原退化得到了遏制，有效减少了入黄泥沙。通过三门峡、小浪底水库等工程拦沙，黄河含沙量近 20 年累计下降超过八成，有效减缓了河道淤积，初步遏制了河道萎缩态势。黄河流域泥沙综合处理工程体系示意图如图 1-5 所示。

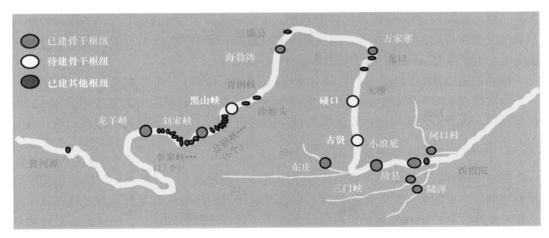

图 1-4 黄河流域干支流水利工程概况

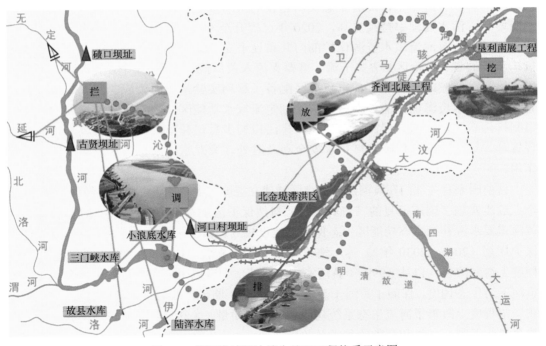

图 1-5 黄河流域泥沙综合处理工程体系示意图

2. 水资源开发利用状况

黄河流域内因其水资源严重匮乏,水资源开发利用率已高达 79%,远远超过了国际上公认 40%的警戒线(王锐等,2024)。目前,黄河流域已建成蓄水工程 19025 座、总库容 715.98 亿 m³,引水工程 12852 处,提水工程 22338 处,机电井工程 60.32 万眼,集雨工程 224.49 万处。在黄河下游还兴建了向两岸海河平原地区、淮河平原地区供水的引黄涵闸 96 座,提水站 31 座,为流域 1.2 亿亩①灌溉农田、两岸 50 多座大中城市、420

① 1 亩≈666.7m²。

个县（旗、城镇）、晋陕宁蒙地区能源基地、中原油田和胜利油田提供了水源保障，解决了农村近 3000 万人的饮水困难。现状黄河流域各类工程总供水量 512.08 亿 m³，其中向流域内供水 422.73 亿 m³，向流域外供水 89.35 亿 m³。

黄河干流已建、在建的水利枢纽和水电站工程共 30 座，发电总装机容量 19042MW，年平均发电量 636.9 亿 kW·h，分别占黄河干流可开发水电装机容量和年发电量的 62.2% 和 60.4%，是全国大江大河中开发程度较高的河流之一，发挥了巨大的综合效益。

3. 水生态环境保护状况

黄河水沙多，水资源的严重匮乏使黄河泥沙问题越发突出，严重的泥沙问题使水资源更加宝贵。正因为如此，黄河流域水生态环境保护的形势远较其他流域严峻得多。由于黄河流域社会经济发展落后，污染治理投入不足，治理技术落后，治理设施运转率低（2005 年流域上中游地区城市污水处理率不到 30%），水污染日益严重，进一步加剧了水环境的恶化。近年来，随着生态文明建设的持续推进，流域内大中城市污水处理厂不断增加，污水处理率持续提高，2020 年已提升至 98.1%，河流水质均有不同程度的改善。目前，黄河流域水资源保护部门共布设干支流水质监测断面 257 个，其中流域机构负责的省（自治区）界、干流、重要支流入黄口监测断面 68 个，花园口、潼关省界水质自动监测站投入运行，重点地区配备了移动实验室等污染应急监测装备，初步建设了流域水资源保护监控中心。依法划定流域水功能区，核定干流纳污能力，提出限制排污意见，依法开展流域水功能区排污口初步登记和审批，加强流域水功能区监督管理。这些措施在保障流域供水安全和及时处理突发水污染事件等方面发挥了重要作用。

目前国家有关部门在黄河流域重点区域建立湿地、水产种质资源等各级保护区 40 余个，逐步实施了国家批复的《青海三江源自然保护区生态保护和建设总体规划》《甘南黄河重要水源补给生态功能区生态保护与建设规划》和《青藏高原区域生态建设与环境保护规划（2011—2030 年）》等，使黄河源区水源涵养、生物多样性等生态功能在一定程度上得到改善。自从 1999 年黄河实施水量统一调度以来，尤其是近年来多次实施的黄河下游生态调度，保障了黄河干流连续 20 余年不断流，入渤海水量年均增加约 10%，在一定程度上改善了河流生态系统功能和水环境质量，尤其是黄河河口三角洲湿地萎缩趋势得到遏制，鸟类和鱼类的种类及数量增加。

1.2.3　主要支流治理开发现状

从黄河各主要支流年均径流量来看，径流量从大到小依次为渭河、湟水、洮河、伊洛河、汾河、沁河、无定河、大黑河、清水河、祖厉河，径流深从大到小依次为洮河、湟水、伊洛河、沁河、渭河、汾河、无定河、大黑河、祖厉河、清水河。据第三次全国水资源调查评价初步成果，分析黄河主要支流 1956～2016 年、1980～2016 年和 2000～2016 年不同系列天然径流量变化，统计各支流水资源开发利用程度，见表 1-2。

表 1-2　黄河主要支流天然径流量变化及水资源开发利用程度

河流	天然径流量变化			年际变化	年内分配	现状地表水资源开发利用程度/%
	1956~2016 年 多年平均径流量/亿 m³	1980~2016 年 多年平均径流量/亿 m³	2000~2016 年 多年平均径流量/亿 m³	最大径流量/ 最小径流量	汛期占比/%	
湟水	21.0	21.5	22.06	2.7	51	36
大通河	29.1	29.6	29.31	2.4	61	21
洮河	46.5	42.4	40.78	3.9	56	7
窟野河	4.1	3.5	2.98	16.9	59	21
无定河	9.6	9.6	10.60	2.0	43	36
汾河	17.3	14.6	13.79	4.3	52	74
渭河	78.1	73.2	69.03	4.7	56	26
泾河	17.2	15.9	13.50	4.6	57	23
北洛河	8.6	8.2	7.58	4.4	52	28
伊洛河	27.2	25.2	23.84	10.7	57	27
沁河	12.4	11.0	10.73	4.7	57	59
大汶河	12.4	12.5	13.68	37.5	74	80

可以看出，2000~2016 年天然径流量减幅达 20%以上的河流有窟野河、汾河、泾河，减幅在 10%左右的河流有洮河、渭河、北洛河、伊洛河和沁河。黄河各主要支流现状地表水资源开发利用程度差别较大，水资源开发利用程度高于 50%的河流有汾河、沁河和大汶河，水资源开发利用程度在 20%~40%的河流有湟水、大通河、窟野河、无定河、渭河、泾河、北洛河和伊洛河，水资源开发利用程度较低的河流为洮河。沁河山路平、武陟断面，大汶河戴村坝断面曾经年年发生断流现象。考虑区域和天然径流量及变化情况，选择黄河上游湟水、中游渭河和沁河 3 条黄河一级支流进行重点分析。

1. 湟水

湟水流域涉及青海和甘肃两省，大部分位于青海省境内，主要由湟水干流及其支流大通河组成，流域面积 32863km²。该流域多年平均水资源总量为 51.69 亿 m³，其中地表水资源量为 50.57 亿 m³，地下水资源量为 23.64 亿 m³。湟水干流水资源总量为 22.74 亿 m³，占湟水流域多年平均水资源总量的 44.0%。

自 20 世纪 50 年代以来，湟水流域修建了大批水利工程，包括大型水库 1 座、中型水库 4 座、小型水库 88 座、塘坝 80 座、引水工程 909 处、提水工程 587 处、地下水工程 591 眼、集雨工程 13.46 万处。2011 年，湟水流域各类工程总供水量 18.97 亿 m³，其中向流域内供水 14.52 亿 m³，向流域外供水 4.44 亿 m³，有效灌溉面积 237.2 万亩，其中农田有效灌溉面积 218.0 万。该流域水土流失初步治理面积 3933km²，治理程度 20.9%，已建淤地坝 1961 座。湟水干支流已建堤防、护岸工程长度约 80km，并进行了山洪沟道治理，但随着城市规模的扩大，城镇河段的防洪问题仍比较突出。该流域目前已开发水电站 85 座，总装机容量 473.0MW，年发电量 25.4 亿 kW·h。近年来，湟水流域实施了水环境综合治理，城市污水处理率不断提高到 96.47%，使得湟水水质状况进一步改善（水利部黄河水利委员会，2013）。

2. 渭河

渭河是黄河第一大支流，发源于甘肃省渭源县鸟鼠山，涉及甘肃、宁夏、陕西三省（自治区），在陕西省潼关县注入黄河。渭河干流河长 818km，流域面积 134766km²，实测多年平均入黄泥沙量 4.43 亿 t，占黄河泥沙量的 35%，为黄河泥沙的主要来源区之一。泾河是渭河最大的支流，河长 455.1km，流域面积 4.54 万 km²。

渭河流域内兴建了巴家咀、宝鸡峡、冯家山、石头河、交口抽渭、东雷抽黄等一批大中型水利工程，农田有效灌溉面积 1639 万亩。渭河干流上中游已建有各类堤防 300km；下游建有堤防 192km，河道整治工程 58 处，工程总长 121km；支流泾河和北洛河也修建了防洪工程，有效提高了抗御洪水的能力。该流域水土流失初步治理面积 4.54 万 km²，治理程度 43.4%，但流域多沙粗沙区治理和沟道工程建设力度不足，水土流失治理任务仍然艰巨。随着流域社会经济的发展，流域水资源供需矛盾日趋凸显，部分地区地下水超采严重，水污染问题突出。近十几年来，陕西省加大生态修复力度，通过系统治理保护，渭河水美岸绿，生态环境持续向好（水利部黄河水利委员会，2013）。

3. 沁河

沁河发源于山西省沁源县霍山南麓，在河南省武陟县南贾村汇入黄河，干流全长485km，流域面积 13532km²，多年平均实测输沙量 0.05 亿 t，在黄河中游各支流中，沁河是水多沙少的支流之一。沁河是黄河三门峡至花园口洪水主要来源区之一，沁河下游防洪与黄河防洪息息相关，历史上"黄沁并溢"，危害相当严重，因此保证沁河下游的防洪安全十分重要。

沁河流域治理以水资源的合理配置和下游防洪工程建设为重点，提高上中游城镇河段防洪能力，加强水污染和水土流失防治，合理开发利用水力资源。沁河上中游已建堤防及护岸约 40km，下游已建各类堤防 161.6km，险工 49 处，但目前沁河下游防洪问题仍然十分突出，上中游城镇河段防洪治理滞后。该流域已建成蓄水工程 1539 座，其中大型水库 1 座，中型水库 6 座，小型水库 97 座，塘坝 1435 座，总库容 7.21 亿 m³，供水能力 3.46 亿 m³，引水工程 1307 处，农田有效灌溉面积 171.1 万亩，还建成了11 座废污水处理利用工程及 124 处矿井水利用工程。该流域水土流失初步治理面积4855km²，治理程度 48.1%，已建淤地坝 4598 座。该流域水力资源较为丰富，沁河干流及其支流丹河目前已建 1MW 以上水电站 35 座，总装机容量 90.8MW，年发电量 2.6 亿 kW·h（水利部黄河水利委员会，2013）。

近些年，在国家生态安全等战略指导下，山西省、河南省分别开展了沁河上中下游生态环境的系统治理与修复，使沁河成为人们日常休闲旅游的好去处。

1.3 黄河流域社会经济概况

1.3.1 黄河流域的民族与文化

黄河古称"大河"，是中华文明的发源地。早在石器时代，黄河支流渭河流域就形成了中国最早的蓝田文明、半坡文明等。进入新石器时代,黄河上游出现齐家文化、马家窑文化和大地湾文化,中游出现仰韶文化,下游出现大汶口文化和龙山文化,黄河流域史前文化分布见图1-6。大约在6000年前,黄河流域内开始出现农事活动,4000多年前形成了一些血缘氏族部落,形成"华夏族"。世界各地的炎黄子孙,都把黄河流域当作中华民族的摇篮,称黄河为"母亲河",视黄土地为自己的"根"。《汉书·沟洫志》曰:"中国川源以百数,莫著于四渎,而黄河为宗。"

图1-6　黄河流域史前文化分布

从公元前21世纪夏朝开始,迄今4000多年的历史时期中,历代王朝在黄河流域建都的时间延绵3000多年。中国历史上的"七大古都",有四个在黄河流域及邻近地区——安阳、西安、洛阳、开封,其中西安(含咸阳)是有名的"八水帝王都",洛阳被誉为"九朝古都"。在相当长的历史时期,中国的政治、经济、文化中心一直在黄河流域。黄河中下游地区是全国科学技术和文学艺术发展最早的地区。公元前2000年左右,流域内已出现青铜器。中国古代的"四大发明"——造纸术、印刷术、指南针、火药,都产生在黄河流域。《诗经》、唐诗、宋词等文学经典,以及大量的文化典籍,也都产生于这里。北宋以后,全国的经济重心逐渐向南方转移,但在中国政治、经济、文化发展的进程中,黄河流域仍处于重要地位。

黄河文化在推动中华文明与世界文明的发展中发挥了重要作用。黄河奔流千年而不息,孕育着华夏民族的信仰,蕴含着中华民族的气节。著名政治家蔺相如,优秀的军事家廉颇、卫青、霍去病,名垂千古的文化巨匠张衡、司马迁、杜甫、白居易以及为民族解放事业捐躯的吉鸿昌等，他们如历史长河中灿烂的群星，放射出耀眼的光芒，为推进社会进步做出了巨大的贡献。同时，黄河文化对港澳台同胞、海外侨胞有着强大的吸引力和凝聚力，河南省作为黄河流经的重要区域，是中国姓氏发源地最多的省份之一。据专家考证，现今 100 个大姓中，有 70 多个姓发源于或有一支发源于河南。台湾有俗语"陈林半天下，黄郑排满街"，而福建则有"陈林满天下，黄郑排满山"之说。河南还是客家人的重要祖居地。近年来，寻根联谊交流频繁，到河南寻根的华侨、华人和港澳台同胞络绎不绝。此外，经过漫长的发展演变，"黄河号子"超越了一般的劳动伴唱或民间娱乐，成为一种专属于劳动者的文化符号和辉煌灿烂的黄河文化的象征符号。围绕黄河，历代文人创作了数不清的流传千古的文学艺术作品。《将进酒》《凉州词》《使至塞上》《登鹳雀楼》《黄河颂》等和黄河相关的文艺作品跨越时空、历久弥新，几乎世界上每一个龙的传人都耳熟能详。

2019 年 9 月 18 日，习近平总书记在河南主持召开黄河流域生态保护和高质量发展座谈会时强调，"保护传承弘扬黄河文化"。黄河文化是中华文明的重要组成部分，是中华民族的根和魂。要推进黄河文化遗产的系统保护，深入挖掘黄河文化蕴含的时代价值，讲好"黄河故事"，延续历史文脉，坚定文化自信，为实现中华民族伟大复兴的中国梦凝聚精神力量。

1.3.2　黄河流域是我国重要的经济地带

黄河流域涉及 9 个省（自治区）66 个地区（市、州、盟），340 个县（市、旗），其中有 267 个县（市、旗）全部位于黄河流域，73 个县（市、旗）部分位于黄河流域。黄河流域属多民族聚居地区，主要有汉族、回族、藏族、蒙古族、东乡族、土族、撒拉族、保安族和满族 9 个民族，其中汉族人口最多，占 90%以上。据统计，根据 2023 年统计数据，黄河流域总人口约 4.2 亿，约占全国总人口的 1/3，9 省区地区生产总值约 31.64 万亿元，约占全国经济总量的 1/4。

黄河流域资源丰富，具有巨大发展潜力。在我国生产力布局中，有两条横穿东西向的经济带，一条是长江经济带，另一条是沿黄—陇兰经济带。沿黄—陇兰经济带以黄河及陇海、兰新铁路为轴线，沟通和连接江苏（苏北）、安徽（皖北）、山东、河北、河南、山西、陕西、内蒙古、宁夏、甘肃、青海、新疆 12 个省（自治区），逐步发展成为一条以资源深度开发为主，工业与农、林、牧业综合协调发展，东西双向对外开放的产业经济带。黄河将为经济带的形成和发展，提供宝贵的水资源和丰富的水电资源。按照全国国土开发和经济发展规划，黄河上游沿黄地带和邻近地区，将进一步发展有色金属冶炼和能源建设，逐步建成开发西部地带的一个重要基地；黄河上中游能源富集地区，包括山西、陕西、内蒙古、宁夏、河南的广大区域，将逐步建成以煤、电、铝、化工等工业为重点的综合经济区，成为全国重要的煤炭和电力生产基地；黄河下游沿黄平原，仍然是全国工农业发展的重要基地。

近年来，党中央提出了一系列国家战略、发布了一系列发展规划，其中有许多都涉及黄河流域。目前国务院共批复了 10 个国家级城市群，其中与黄河流域有关的有中原城市群、关中平原城市群、呼包鄂榆城市群、兰西城市群 4 个,城市群有助于推动国家重大区域战略融合发展,建立以中心城市引领城市群发展、城市群带动区域发展新模式,推动区域板块之间融合互动发展。尤其是 2019 年 9 月提出的黄河流域生态保护和高质量发展重大国家战略,同京津冀协同发展、长江经济带发展、粤港澳大湾区建设、长三角一体化发展等重大国家战略一样,在促进区域经济发展方面具有重要而深远的影响作用。黄河流域及周围城市群分布见图 1-7。

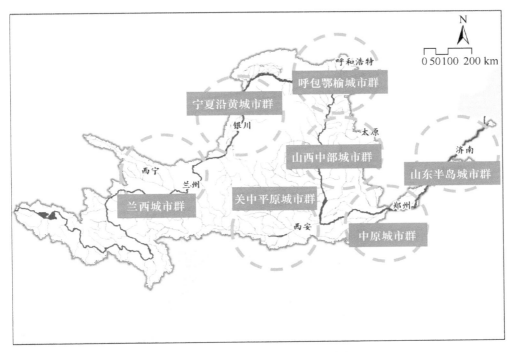

图 1-7 黄河流域及周围城市群分布

1.3.3 黄河流域是国家能源粮食安全战略布局集中区

黄河流域及相关区域是我国农业经济开发的重点地区,小麦、棉花、油料、烟叶、畜牧等主要农牧产品在全国占有重要地位,上游宁蒙河套平原、中游汾渭平原、下游黄淮海平原是我国主要的农业生产基地。黄河流域及下游流域外引黄灌区耕地面积合计为 0.203 亿 hm², 占全国的 16.6%;粮食总产量 6685 亿 t, 占全国的 13.4%。

黄河流域有内蒙古灌区、宁夏古灌区、汾河灌区、引沁古灌区和河南灌区五大灌区,河南、山东、内蒙古等为全国粮食生产核心区,18 个地市、53 个县列入全国产粮大县的主产县,甘肃、宁夏、陕西、山西等省(自治区)的 12 个地市、28 个县列入全国产粮大县的非主产县。黄河下游流域外引黄灌区横跨黄淮海平原,已建成万亩以上引黄灌区 85 处,其中 30 万亩以上大型灌区 34 处,耕地面积 399 万 hm², 受益人口约 4898 万人,涉及的 13 个地市、59 个县列入全国产粮大县的主产县。

　　黄河流域又被称为"能源流域"，是我国重要的能源、化工、原材料和基础工业基地，我国五大能源基地中，山西、鄂尔多斯盆地、内蒙古东部地区、新疆四大能源基地位于黄河流域。据统计，流域内探明的矿产有 114 种，在全国已探明的 45 种主要矿产中黄河流域有 37 种，具有全国性优势（储量占全国总储量 32%以上）的有稀土、石膏、玻璃石英砂岩、铌、煤、铝土矿、钼、耐火黏土 8 种，具有地区性优势的有石油、天然气和芒硝 3 种；已探明煤产地 685 处，保有储量占全国总数的 46.5%。依托丰富的煤炭、电力、石油、天然气等能源资源及有色金属矿产，流域内形成了以包头、太原等城市为中心的全国著名钢铁生产基地和豫西、晋南等铝生产基地，以山西、内蒙古、宁夏、陕西、河南等省（自治区）为主的煤炭重化工生产基地，建成了我国著名的中原油田、胜利油田以及长庆油田和延长油田，西安、太原、兰州、洛阳等城市机械制造、冶金工业等也有很大发展。近年来，随着国家对煤炭、石油、天然气等能源的需求不断增加，黄河上中游的甘肃陇东、宁夏宁东、内蒙古西部、陕西陕北、山西离柳及晋南等能源基地建设速度加快，带动了区域经济的发展。

1.3.4　黄河是流域外受水区社会经济发展的重要支撑

　　黄河流域在自身水资源严重短缺的情况下，着眼于国家整体发展的战略部署，中游和下游地区还向流域外提供用水，如引黄入冀补淀、引黄济青、引黄入晋、引黄入榆、下游引黄灌区等，为流域外受水区生态环境保护和社会经济发展提供了坚强保障和有力支撑。

　　（1）引黄入冀补淀。引黄入冀补淀工程在白洋淀生态系统修复、缓解华北地区地下水超采等方面发挥了巨大作用。其中，2019 年累计向河北省供水 13.62 亿 m^3，引黄补淀水量 2300 万 m^3，有力缓解了河北省水资源供需矛盾，显著改善了雄安新区白洋淀的生态环境，最大限度支持了华北地区地下水超采综合治理工作。

　　（2）引黄济青。引黄济青工程已于 1989 年 11 月建成。据统计，通水 30 多年来，引黄济青工程已累计从黄河、长江引入棘洪滩水库 41.75 亿 m^3（崂山水库总库容 5601 万 m^3，其引水总量接近 75 个崂山水库的水量），日均供水超 120 万 m^3、提供全青岛 95%以上用水，实现了"远水解近渴"，为青岛市发展提供了可靠的水资源保障，发挥了巨大的经济效益、社会效益和生态效益。

　　（3）引黄入晋。万家寨引黄工程是山西省 2002 年建成的大型调水工程。据统计，2008 年以来，万家寨引黄工程陆续向汾河、御河、桑干河、永定河等流域持续进行生态补水，形成了大面积人工湿地环境，河流水体自净能力大幅提高，水质明显好转，有效促进了流域地下水位的回升。2018 年 6 月，引黄工程向太原、大同日供水量突破 30 万 m^3 和 10 万 m^3，占两市城市生活用水的近一半，为恢复和涵养地下水资源、改善生态环境、提升供水区人民的生活质量发挥了重要作用，有效缓解了山西北中部地区及汾河流域生产、生活和生态用水的紧缺局面。自 2017 年至今，万家寨水库持续为永定河进行生态补水，2021 年已经实现了永定河全线贯通入海，永定河生态系统得到了极大恢复，"流动的河、绿色的河、清洁的河、安全的河"治理目标取得阶段性成果，京津冀协同发展在生态环境领域取得重大进展。

（4）下游引黄灌区。下游引黄灌区集中分布在河南省、山东省沿黄地区，涉及两省20个地市及百余个县，是我国最大的自流灌区之一。灌区年平均引水量92.3亿 m³，农业灌溉效益十分显著，一般灌溉比不灌溉增产 3～7 倍，对于改善黄河下游工农业生产条件、促进工农业生产、保证沿黄城乡居民生活用水、构建和谐的粮食安全生产体系、保障黄河下游两岸及相关地区乃至全国的粮食安全发挥了重要的作用，已成为促进沿黄两岸农村经济社会发展、保障生态安全的重要保证。

然而，由于历史、自然条件等原因，黄河流域经济社会发展相对滞后，特别是上中游地区和下游滩区。黄河上中游 7 个省（自治区）是发展不充分的地区，同东部地区及长江流域相比存在明显差距，其源头的青海玉树藏族自治州与入海口的山东东营市人均地区生产总值相差超过 10 倍。流域内水资源利用较为粗放，农业用水效率不高，产业结构有待优化和升级，产业布局亟须调整，尽管黄河的水资源开发利用率已远超40%的国际标准，但流域的整体发展水平和质量仍难以与发达地区相比肩。在黄河流域生态保护和高质量发展重大国家战略的总体部署下，未来黄河流域将进一步推进水资源节约集约利用。按照以水定城、以水定地、以水定人、以水定产的原则，把水资源作为最大的刚性约束，合理规划流域内各区域的人口、城市和产业发展，抑制不合理的用水需求，大力发展节水产业和技术，大力推进农业节水，实施全社会节水行动，推动用水方式由粗放向节约集约转变，提高水资源利用效率，实现流域范围内以水资源节约集约利用为支撑的高质量发展途径。

1.4　黄河流域生态环境状况

1.4.1　黄河流域主要生态功能区

习近平总书记在黄河流域生态保护和高质量发展座谈会上强调，黄河流域构成我国重要的生态屏障，是连接青藏高原、黄土高原、华北平原的生态廊道，拥有三江源、祁连山等多个国家公园和国家重点生态功能区，沿河两岸分布有东平湖和乌梁素海等湖泊、湿地，河口三角洲湿地生物多样。《全国主体功能区规划》明确了我国以"两屏三带"为主体的生态安全战略格局，这是指以青藏高原生态屏障、黄土高原-川滇生态屏障、东北森林带、北方防沙带和南方丘陵山地带以及大江大河重要水系为骨架，以其他国家重点生态功能区为重要支撑，以点状分布的国家禁止开发区域为重要组成部分的生态安全战略格局。《全国生态功能区划》确定了全国 63 个重要生态功能区，黄河流域有7 个。2020 年，国家发展和改革委员会、自然资源部印发的《全国重要生态系统保护和修复重大工程总体规划（2021—2035 年）》中，黄河重点生态区（含黄土高原生态屏障）被列为全国重要生态系统保护和修复重大工程规划布局的 7 个重点区域之一。黄河流域国家重要生态功能区及其概况见表 1-3。

表 1-3 黄河流域国家重要生态功能区及其概况

表 1-3 黄河流域国家重要生态功能区及其概况

序号	名称	编号	生态功能区概况
1	川西北水源涵养与生物多样性保护重要区	14	面积 180606km²,是长江重要支流雅砻江、大渡河、金沙江源头和水源补给区,也是黄河上游重要水源补给区。区内生物多样性丰富,建有多个自然保护区;地貌类型以高原丘陵为主,地势平坦,沼泽、牛轭湖星罗棋布;植被类型以高寒草甸和沼泽草甸为主,其次有少量亚高山森林及灌草丛分布。此外,该区植被在生物多样性保护、水土保持和土地沙化防治方面也具有重要作用
2	甘南山地水源涵养重要区	15	面积 29480km²,是黄河重要水源补给区。该区生态系统类型以草甸、灌丛为主,还有较大面积的湿地,具有重要的水源涵养功能和生物多样性保护功能。同时,该区还具有重要的土壤保持、沙化控制功能
3	三江源水源涵养与生物多样性保护重要区	16	面积 340224km²,是长江、黄河、澜沧江的源头。该区有重要的水源涵养功能,被誉为"中华水塔"。此外,该区还是我国最重要的生物多样性保护地区之一,有"高寒生物自然种质资源库"之称
4	黄河三角洲湿地生物多样保护重要区	25	面积 3764km²,区内湿地类型主要有沼泽湿地、河流湿地和滩涂湿地等。该区生物多样性较为丰富,是珍稀濒危鸟类的迁徙中转站和栖息地,是保护湿地生态系统生物多样性的重要区域
5	西鄂尔多斯-贺兰山-阴山生物多样性保护与防风固沙重要区	42	面积 32706km²,建有内蒙古贺兰山、宁夏贺兰山、西鄂尔多斯、哈腾套海等多个国家级自然保护区,对保护沙冬青、四合木、半日花、绵刺等古老孑遗珍稀植物,以及山地森林和荒漠生态系统等具有极为重要的作用。此外,该区位于我国中温带干旱-半干旱地区,区内植被在涵养水源和防风固沙方面也发挥着重要作用
6	黄土高原土壤保持重要区	46	面积 14024km²,该区地处半湿润-半干旱季风气候区,主要植被类型有落叶阔叶林、针叶林、典型草原与荒漠草原等。水土流失和土地沙漠化敏感性高,是我国水土流失最严重的地区和土壤保持极重要区域
7	鄂尔多斯高原防风固沙重要区	55	面积 111228km²,包含鄂尔多斯高原东部防风固沙功能区、鄂尔多斯高原中部防风固沙功能区、毛乌素沙地防风固沙功能区和鄂尔多斯高原西南部防风固沙功能区 4 个功能区。该区属内陆半干旱气候,发育了以沙生植被为主的草原植被类型,土地沙漠化敏感性程度极高,是我国防风固沙重要区域

资料来源:《全国生态功能区划(修编版)》,2015 年。

1.4.2 黄河流域生态类型多样性

黄河流域自然景观壮丽秀美,沙漠浩瀚,草原广布,峡谷险峻,壶口瀑布更是气势恢宏。

黄河源区湖泊和沼泽众多,孕育了多种典型高寒生态系统,其中湿地是源区最重要的生态系统,面积约占源区总面积的 8.4%,是生物多样性最为集中的区域,具有较强的水源涵养能力。黄河上游河道外的湖泊湿地多属人工和半人工湿地,依靠农灌退水或引黄河水补给水量,对黄河依赖程度较高;中游湿地主要分布在小北干流、三门峡库区等河段;黄河下游形成了沿河呈带状分布的河漫滩湿地。黄河河口处于海陆生态交错区,湿地自然资源丰富,生物多样性较高,是我国暖温带最广阔、最完整的原生湿地生态系统,也是亚洲东北内陆和环西太平洋鸟类迁徙的重要"中转站"及越冬地、栖息地和繁殖地。

国家林业局 1996 年调查的黄河流域湿地面积约 2.8 万 km²,2007 年流域湿地面积约 2.5 万 km²。流域内共有各级自然保护区 167 个,国家级水产种质资源保护区 13 个。据调查,20 世纪 80 年代黄河流域有鱼类 191 种(亚种),干流鱼类有 125 种,其中国家保护鱼类、濒危鱼类 6 种。黄河上游特别是源区分布有拟鲶高原鳅、花斑裸鲤等高原冷水鱼,是黄河特有的土著性鱼类;中下游鱼类以鲤科鱼类为主,多为广布种;下游河口区域鱼类数量及总量相对较多,洄游性鱼类占较高比例,代表性鱼类主要有刀鲚、鲻鱼等。

1.4.3　黄河流域生态环境脆弱性

由于特殊的地理环境，黄河流域也是我国生态脆弱区分布面积最大、生态脆弱类型最多、生态脆弱性表现最明显的流域之一。流域内大部分地区属干旱、半干旱区，北部有大片沙漠和风沙区，西部是高寒地带，中部是黄土高原，干旱、风沙、水土流失灾害严重，生态环境脆弱。风力侵蚀严重的土地面积约 11.7 万 km²，水力侵蚀面积约 33.7 万 km²，水土流失面积共 45.4 万 km²。根据《全国生态脆弱区保护规划纲要》，我国有八大生态脆弱区，黄河流域分布有青藏高原复合侵蚀带、西北荒漠绿洲交接带、北方农牧交错带、沿海水陆交接带四个生态脆弱区。

受人类活动干扰等影响，21 世纪初开展的调查与 20 世纪 80 年代的调查相比，黄河鱼类种类下降，珍稀濒危及土著鱼类减少，其中在水电资源开发集中河段，鱼类生境发生较大改变，土著鱼类物种资源严重衰退。与 20 世纪 80 年代和 90 年代相比，流域湿地面积总体上呈萎缩趋势，分别减少了 10.7% 和 15.8%，其中源区湿地减少最多，湿地斑块个数增加，湿地破碎化程度加深。

黄河流域 176 条（个）河湖共划分一级水功能区 355 个，其中黄河干流共划分 18 个一级水功能区。水功能区主要污染物为化学需氧量（COD）和氨氮，入河污染物主要来自工业点源，面源污染主要来自水土流失和农业面源。受流域经济社会布局、沿河地形条件等影响，黄河流域污染物入河状况相对集中，与流域纳污能力分布不一致，主要纳污河段以约 20% 的纳污能力承载了全流域约 90% 的入河污染负荷，尤其是城市河段入河污染物超载情况严重，并造成了典型的河流跨界污染问题。2020 年，黄河流域监测的 137 个水质断面中，Ⅰ～Ⅲ类断面占 84.7%，比 2019 年提高 11.7 个百分点。其中，黄河干流水质为优，2018 年以来 Ⅰ～Ⅲ类断面比例均为 100%；黄河主要支流水质由轻度污染改善为良好，Ⅰ～Ⅲ类断面比例达 80.2%，已全面消除劣Ⅴ类断面（水利部黄河水利委员会，2013）。2020 年黄河流域河流水系水质状况分布见图 1-8。

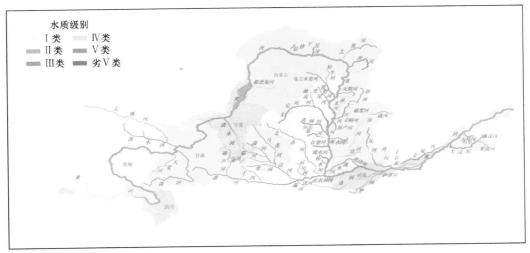

图 1-8　2020 年黄河流域河流水系水质状况分布

资料来源：《中国生态环境状况公报》

第2章 黄河治理方略与技术的历史演化

出于"趋利避害"的本能，华夏先民早就开始了黄河治理开发的活动，并不断总结"兴水利、除水害"的经验教训，提升黄河治理开发的水平和力度，扩大其综合效益。中华文明的主源——黄河文明就是在这些人类活动中孕育、发展。一部治黄史，也是一部治国史。

回顾历史，悠远的上古时代，"河出图，洛出书"，炎黄二帝的传说诞生于此；面对滔天的世纪洪水，黄帝的一位后裔"禹"，因为治水有功，继任部落首领。随后由他的儿子启建立了中国第一个王朝—夏朝。殷商代夏，避黄河水患而辗转迁都，由盛转衰；周室继起，由渭水平原而东拓黄河，礼仪大兴；春秋战国，大河泛滥，以邻为壑者不可胜数，由治水而衍生的统一需求终于压倒了分裂；秦汉一统，贾让三策、王景治河，黄河治理开发终于走上了理论结合实践的快车道；从三国到五代十国，治乱兴衰八百年，治河理论与实践的发展却寥寥，这既和两汉治理的功绩有关，又受气候、政治等因素的影响；宋元时期，黄河洪水肆虐，河道淤积严重，三易回河，北宋因之而衰，杜充扒口，黎民生灵涂炭，贾鲁治河功过至今难叙，石人一只眼，挑动黄河天下反；明清时期，河患频仍，历代君王无不以治河为国之大事，潘季驯、靳辅等治河名臣辈出，"束水攻沙"等理念影响至今。

总之，从传说中的大禹治水到人民治黄之前的 4000 多年，人类活动广度、深度和强度的不断增强，对黄河的影响和由此引起的黄河水患与日俱增。然而，治黄的理论仍停留在经验科学的层面，缺乏现代科学思维与精准的定量探索；治河实践更多的是"头痛医头，脚痛医脚"，缺乏系统思维和长远谋划，黄河长治久安的出路难寻。直到近代西方科学技术传入我国，越来越多的人认识到科学治河是唯一的出路，传统的治河技术和思想开始获得新生，黄河也才有了被治好的希望。人民治黄，特别是新中国的成立，为黄河治理开发提供了优越的社会条件，70 余年的人民治黄实践取得了过去几千年都无法想象的巨大成就，彻底改变了黄河水灾为患的历史。

2.1 早期的辉煌

2.1.1 远古的治水传说

文明产生的前夜和初期，人们出于本能对洪水主要采取逃避的方法，即所谓"择丘陵而处之"。随着人口繁衍，生产力逐渐发展之后，人们不再满足于躲避的办法，逐步采取抵挡措施，约束洪水。最早的传说是共工的"壅防百川，堕高湮庳"，就是用土修筑堤防一类的工事，或者从较高的地方取土或石头，垫高较低的地带，以抵挡洪水的侵扰，这就是"治河"的滥觞。人类从此开始了与自然灾害的斗争，走上了"治河"的道路。这种以共工为代表的原始治水策略，从产生到被广泛采用经历了几代甚至几十代人的漫长过程，起初可能由某一个体在生产活动中发现，然后很多人在实践中共同发展、不断改善。但是，应该承认，对待洪水的态度由逃逸转为防御和抵抗，是一个划时代的转变，是人类文明进程中的一个重大跨越。用土筑堤或修堰等工程措施防御洪水，是人类改造自然的伟大创举之一，一直被广泛使用至今。虽然后人对共工褒贬不一，但他仍不失为远古时代治水的代表人物，是水利工程师的鼻祖。

据传说，尧、舜时代黄河下游连续发生特大洪水，尧和有关部落首领公推鲧主持治水。据说鲧采用了与共工相同的方法，即"鲧障洪水""鲧作城"，连续奋斗多年却未能治理好洪水，被尧流放致死。接着，部落首领们改推鲧的儿子禹继续主持治水。禹采取了新的治水方法，即"疏川导滞"，尽快将水导入东海，大功告成。禹的治水策略，从共工的"壅防百川"和鲧"障洪水"上升为"疏川导滞"是一个重大突破，且取得成功。洪水平息后，人们"降丘宅土"，从丘陵高地迁到平原上居住、生产，极大地促进了社会的进步。

世界各民族历史上都有关于大洪水的传说。我国大禹治水的传说，讲述了华夏先民以高度的智慧和坚韧不屈的气概战胜大洪水的故事，成为中华文明史上最光辉的篇章之一。几千年来，不管朝代如何更替，大禹在官方和民间都受到崇敬。大禹的治理思想和方法被后人概括为"疏导"二字，或更简略为"疏"或"导"；把鲧的治理思想和方法简略为"障"或"堵"。这就是我国最早出现、也是迄今为止影响最大的一组针锋相对的"治河方略"。大禹"疏"或"导"治河思想的影响范围绝不仅仅限于治水，而是遍及人类社会的各个方面。

基于当今科学技术的进步和人们对水利的认知，我们对鲧和禹的治水故事与治河思想有了新的认识。鲧采用筑堤堵水的做法，其主要原因是，当时的社会发展根本没有科技而言，人们只会做这一类最基础、最朴素的工作。禹接受了他父亲的教训，经过认真调查研究，发现解决问题的关键在于给洪水以出路，才想到了"疏"或"导"的办法。我们注意到《尚书·禹贡》中关于大禹治水的描述，连续几个句子都是这样的格式——"导……入于海"，只有一条例外，即"导弱水，至于合黎，余波入于流沙"，也就是说，除了这条弱水消失于沙漠外，其余所有的河流都流归大海（小河先汇入大河，大河入海）。如果我们把大禹的治水思想用现代科学语言来表达，实际上就是把河流当作一个完整的河流系统来处理，不是一个简单的"导"的动作，而是"导"的系统安排，让洪水有所来有所去，最后都"入于海"。不仅如此，大禹还把治水当作社会系统的一个组成部分，不单单是河流的治理，还统筹交通、农业等各行各业，可谓系统治水思想的雏形。大禹治水之所以成功，还有一个重要的客观原因，当时沿着太行山东麓斜向东有一大片低洼地带，可能和海连通，大禹把河导引到这个低洼地带，形成了"禹道"，与当今"河湖连通"颇有相似之处。

总之，大禹治水的传说给我们的启示就是，黄河治理要树立大系统思想，不能就事论事。同时，古代最重要的工程措施和技术发明是修筑堤防，几千年来一直深刻地影响着华夏民族的生息繁衍和社会发展，未来还会与我们的生存和发展休戚相关。

另外，古代黄河治理开发的又一辉煌篇章是航运。黄河水系的航运具有悠久的历史，曾经深刻地影响着整个黄河治理。《尚书·禹贡》为我们描绘了4000多年前以黄河为中心的四通八达的水运网络。首先是淮河、泗水、济河、漯河等直通黄河的河流，汶水则直通济河，即所谓"浮于淮、泗，达于河""浮于济、漯，达于河""浮于汶，达于济"。更壮观的是，长江和沿海船舶可通过三条线路通达黄河。一是"浮于潜，逾于沔，入于渭，乱于河"，就是由长江入嘉陵江，过汉水，转陆运入渭水再进入黄河，开启了水陆联运之先河；二是"浮于江、沱、潜、汉，逾于洛，至于南河"，就是由长江入嘉陵江，过汉水出丹水转陆运与洛水相接入黄河；三是"沿于江海，达于淮泗"，即由长江出海，转入淮河、泗水，由淮河、泗水入黄河。黄河上游也可通航，"浮于积石，至于龙门西河，会于渭汭"。如此完备的水运网络，即使到了4000多年后的今天也令人叹为观止。可以想象，当时还处于新石器时代，只能用木棍和石块充当工具，最简单的铁器工具也要在几百年以后才出现，这些水道人工开挖所占分量必然极小，基本上是巧妙地利用地理地貌条件而成。如此，更显出先人"四两拨千斤"的高明所在。

大禹治水的传说不是偶然的，而是华夏文明发展到一定历史阶段的产物。大禹治水时的最高领导人是舜，舜的前任领导是尧，尧、舜两代领导人都非常重视水利。尧曾经派禹的父亲鲧负责治水长达9年，因失败而被处以极刑。舜继位后接着任用鲧的儿子禹担纲治水。大禹治水13年之所以能成功，除了他个人的努力和智慧外，最高领导人舜对治水的高度重视和支持也起着很关键的作用。当时舜设置了水、农、渔、猎、兵、刑、工、礼、宾9个官职，由水官禹总理，这显示了当时最高统治者不但把治水摆在"政府"所有工作的首位，而且由治水统领其他工作，治水是纲，其余都是目。正因为有了这样的制度安排，大禹才能把治水和其他工作结合起来，构成一个整体系统来考虑。其结果是，洪水被治理的同时，水陆交通顺畅了，生产发展了，社会富足安定了，邻国八方来贺，天下一片祥和。大禹治水的事迹，不啻为古代版的"系统工程"和"高质量发展"模式。大禹治水的传奇，是早期辉煌的中华文明的象征，反映了治水在早期中华文明中的重要地位，也反映了4000多年前我们的祖先已经拥有高超的治水能力和社会管理水平。

2.1.2 春秋治河的繁荣

从大禹治水到春秋战国，少有关于洪水的记载或传说。一方面是由于文字的出现和史学的发展到春秋之后才有了蓬勃的发展，另一方面说明当时可能确实很少有影响时代发展的特大水患发生。尽管如此，大禹治水之后的夏、商到西周，河水并非安稳平静，河患还是时有发生。然而，在东周之前的黄河还处于自然状态，华北平原上有很多湖泊和低洼地，可供蓄滞黄河洪水和淤积泥沙；地广人稀，人们避河而居，人与河的关系还不是很密切，即使发生洪水也不至于造成很大的灾害。由于人口的不断增多和华北平原容沙纳洪的湖泊及洼地不断萎缩，从春秋战国开始，河事的记载就逐渐增多起来。春秋时期最著名的一次河决，是发生在周定王五年（公元前602年）的黄河大改道，可以查到的关于此次河事的最早出处是《汉书·沟洫志》，书中记载"周谱云：'定王五年，河徙'"。从古至今，多将此次河徙作为黄河第一次大改道。

春秋战国时期的河事记载还有很多。例如,《竹书纪年》记载,晋襄公六年(公元前 622 年)"洛绝于泂";晋定公十八年(公元前 494 年)"淇绝于旧卫";晋定公二十年"洛绝于周";晋出公五年(公元前 470 年)"浍绝于梁""丹水三日绝,不流";晋出公二十二年(公元前 453 年)"河绝于扈"(绝,即断流,可能指的是其上游决口导致,也可能是极度干旱所造成);晋幽公九年(公元前 425 年)"丹水出,相反洁";魏襄王九年(公元前 310 年)"洛入成周",十年十月"河水溢酸枣郛"等。

战国时期以邻为壑、以水代兵的人为决口事件经常发生,成为黄河水患的主要原因之一。例如,魏惠王十二年(公元前 358 年),楚国出师伐魏,决黄河水灌长垣;赵肃侯十八年(公元前 332 年),齐、魏联合攻打赵国,赵国决河水灌敌;赵惠文王十八年(公元前 281 年),赵国又派军队至卫国东阳,决河以淹魏军;秦王政二十二年(公元前 225 年)秦将王贲率军攻打魏国,引河沟水灌大梁等。

春秋时期起,黄河下游河患的记载随着黄河下游河堤的兴建和发展逐渐多起来。到战国时期,黄河下游两岸形成了较为系统的堤防,随之河患更加频繁。堤防的兴建及发展与河患形影相随的现象绝非巧合,这两者有着深刻的互为因果关系。首先,人们不会凭空去推土筑堤,一定是在受到洪水多次侵扰后才被迫学会筑堤挡水,到春秋时期因河患增多而催生了河堤,即先有河患频发后有堤。黄河河堤一旦修建就会按其自身的发展规律逐步演化成较系统的两岸长堤。长堤可以有效地束范洪水,在长堤形成的初期河患必会大为减轻。但是,由于黄河是条含沙量特别大的河流,河堤约束了洪水泛滥的同时,也把泥沙淤积的范围限制在两岸大堤之内。久而久之,堤内的河槽便高出两岸堤外地面,成为地上悬河;泥沙淤积越来越高,对两岸防洪安全的威胁日益加重。悬河决口后的危害远大于一般河流,而且堵复更为困难,改道迁徙的可能极大。在过去几千年的历史中,黄河下游两岸大堤基本上都是抗冲能力极弱的土堤,早期的土堤工程质量更是无从谈起,所以决堤经常发生是可以想象的。从某种意义上说,堤防的修建又加重了黄河水患的危害。也正因为此,自从黄河大堤修建以来,关于它的争论就一直没有停止过。然而,尽管废堤的声音时常占上风,也有好些时段决堤后有意或无意地不予堵复,但长期来看,几千年来从没有废过大堤。

河患是促进黄河治理及其技术发展的一个重要因素,但不是决定性因素。其关键在于春秋战国是社会急剧变革、生产力大发展的年代,是中国历史上少有的学术思想百花齐放的年代,因而才能成为黄河治理开发事业及治河技术发展最为兴盛的一个年代。该时期,中国传统水利的防洪、灌溉和水运都有辉煌的成就,同时还整理出一套很有特色的治水理论,对后世的影响极为深远。包含治河防洪、农田灌排、水道运输三大内容的专有名词——水利,就诞生在这个时期。另外,大禹的事迹就是由时过 1000 多年后的春秋战国时期的士人根据口头传说撰写出来的,流传至今的大禹的治水思想实际上打上的是春秋战国时代的烙印。

总结春秋战国时期的治黄成就,有如下几个方面。

1. 两岸大堤已具相当规模

大禹之前人们就已经学会修筑小土堤,鲧治水之所以失败就是只会修土埝来挡水。

起局部挡水作用的短堤或围堤，不但工程规模小，而且工程结构和功能单一。用以束缚河流、绵亘两岸的长堤与之有很大的区别，其不但工程规模大得多，而且结构和功能要复杂得多，只有用"系统工程"这个现代科学词汇才能准确反映它的特征。黄河长堤的修筑不可能光凭直觉就可以实施，一家一户甚至小部落"单打独斗"也不可能完成，需要高超的工程技术、足够的生产力和强大的社会组织力量。从挡水小土堤发展到两岸长堤历经了千年以上的漫长过程。春秋时期成文的《春秋》和战国时期成文的《管子》《孟子》等著作中，都记载着春秋时期在现今华北地区的堤防工程已经很常见，特别是《管子》中借助管仲的叙述，展现出春秋中期堤防的工程技术、规模和管理水平达到了很高的程度。但是，至今没有发现春秋时期有约束河道功能的黄河长堤的文字记载或传说。

有文字可查的关于黄河长堤的最早记载，出现在东汉史学家班固的《汉书》中。《汉书·沟洫志》第一次明文记载了黄河大堤兴起的具体时间，"盖堤防之作，近起战国，雍防百川，各以自利。齐与赵、魏，以河为境。赵、魏濒山，齐地卑下，作堤去河二十五里。河水东抵齐堤，则西泛赵、魏，赵、魏亦为堤去河二十五里[1]。虽非其正，水尚有所游荡。"

这段话明白无误地告诉我们，大规模修筑堤防的时间"近起战国"，同时还包含很多重要信息。例如，河堤是谁修的，为何而修，在哪里修，大堤的主要特征是什么，修大堤后带来什么新问题等。从这段记载中，我们注意到几个历史事实：①从人们学会修土堤到战国初期已经有 1500 年以上的历史，修堤的经验已经有了相当丰富的积累，届时技术已经发展到一定的水平；②战国时期铁制工具被广泛使用，这是一个划时代的事件，这类工具的广泛使用使得生产力空前提高，也使得大规模的河堤建设由不可能变成现实；③战国时期列国的逐渐合并，为黄河下游修筑长堤创造了有利的社会条件；④由于大禹治水已过去了 1000 多年，充分利用天然低洼地形滞洪沉沙的大禹故道，淤塞已经相当严重，洪水泛滥日趋频繁；⑤生产力发展促进了社会发生大变革，在经济繁荣、人口增多的情况下，对散漫乱流的河水加以强有力限制的需求也越来越强烈。因此，从有文字记载的春秋时期开始，有关修堤的记录越来越多；战国时期建成黄河两岸长堤是历史的必然，犹如瓜熟蒂落，水到渠成。

两岸长堤的形成无疑是整个黄河治理开发史上影响最重大、最深刻、最长远的事件。两岸长堤的修筑彻底改变了黄河下游洪水四处漫流的自然状态，从此有了相对稳定集中的河道，但同时又导致了悬河的产生和发展，而悬河的形成又使得黄河洪水灾害一旦发生尤难应对，所以围绕堤防的争议也最多。自从堤防形成一定规模后，几千年来它都是黄河下游防御洪水最重要的工程措施。

2. 具有重大历史意义的"无曲防"禁令

据《史记·齐太公世家》等很多古籍记载，齐桓公（春秋五霸之首，公元前 685～前 643 年在位）三十五年（公元前 651 年），齐桓公召集各路诸侯大会于葵丘（今河南兰考、民权县境），订立新盟约，这就是历史上有名的"葵丘之盟"。

---

[1] 1 里=500m。

《孟子·告子下》记载了齐桓公"葵丘之盟"的盟辞"五禁"条款，其中第五禁中第一款即是"无曲防"。"五禁"条款是齐桓公成就霸业的经验总结。盟辞最后强调，"凡我同盟之人，既盟之后，言归于好"。五禁的其他内容都是社会发展到那个阶段需要解决的重大伦理道德和政治等问题，"无曲防"则是一个工程技术性的规定，在整个盟辞中显得很特别，整个人类几千年历史进程中多个国家（诸侯国）签订的条约中特设一款专门说工程技术的也极为罕见。

"无曲防"的字面含义是指"不得弯曲堤防"，其真实含义是指各国不得私自修筑堤防，阻水壅水，以邻为壑。与此类似的提法在其他古文中还有不少记载。如《管子·霸形》中提到的"毋曲堤"；《春秋·穀梁传》中提到的"毋壅泉"；《春秋·公羊传》中提到的"无障谷"等，用字不完全相同，意思是一致的。虽然没有文字记载明确说明这些指的都是黄河上的事，但当时参加会盟的有齐、鲁、宋、卫、郑、许、曹等国的头领，这些诸侯国都处于黄河下游的中原地带，黄河的事情是诸国共同面对的大问题，因而推测出这个"无曲防"禁令主要是针对黄河。由此自然引出进一步的推断，春秋中期黄河下游各诸侯国修堤的情况已经相当普遍，因为只有在修建大量的堤防之后，才有可能出现诸如"曲防""曲堤""壅泉"和"障谷"等问题，而且问题已经严重到需要由多个国家（诸侯国）来会商解决的地步。尽管这个时期黄河下游系统性的长堤还没有形成，但是大量的证据表明，黄河下游的堤防已经修筑得相当多了，距两岸长堤的形成已不太遥远。

"无曲防"禁令的制定，反映出我们的祖先很早就已经认识到黄河堤防的修建是一个系统工程，需要上下游、左右岸统筹考虑，各自为政是不行的，要想长治久安，必须服从某种整体上的规则。"无曲防"禁令可谓治河史上一大发明，使得有关大堤建设第一次有了一个明确的、统一的规矩。"无曲防"禁令与传说中的大禹不能"以邻为壑"的治水思想是一脉相承的，是大禹治水思想一个具体的法规（或契约）表达。

3. 水利建设和管理水平已达相当高度

成书于战国时期，记录春秋早期的齐国政治家、思想家管仲及其学派言行事迹的文献《管子》中的《度地》，堪称最早的水利百科全书，从中可以看出当时水利（治黄当是其主要方面）建设和管理水平已经达到相当高的程度。

《管子·度地》全篇 2000 余字，以管仲回答齐桓公问题的形式讲述对于立国与地理、水利相互关系的认识。该书中提出立国要消除 5 种自然灾害，即水灾、旱灾、风雾雹霜灾、疾病和虫灾。而五害之中"水为最大"，要除五害，需从除水害开始。首先要设水官，建立水利机构和制度；请熟悉水利技术的能工巧匠分别担任工程师（吏）和技术员（都匠水工），以辅助水官。其次，明确规定水官及其机构的主要职责：①巡视水道、城郭、堤坝、河川、官府、官署和州中，凡应当修缮的地方，及时组织修缮；②检查户口和土地，核实人口的数量，并分别统计男女老幼人数，组织调配劳役队伍；③准备好治水工具、器材、物料和后勤生活物资。

《管子·度地》列举了水利工程中几种常见的水流现象，指出了渠道由高处向低处输水，坡降过陡则冲刷严重，过缓则不能正常输水；提出了一般渠道坡降的简单估算方法；描述了渠道的几种破坏性水流形态，如平面急弯处的水流、陡坡下的水跃和环流，以及由此造成的事故；描述了水流通过有压涵管时的形态和进口端的水流规律。《管子·度地》所阐述的水动力学知识，反映了中国早期的水力学水平。管仲认为，在春季三个月里天气干燥，山河干涸水少，天气渐暖，寒气渐消，万物开始活动，旧年的农事已经做完，新年农事尚未开始，各种条件都有利于做土工之事，所修堤土会更坚实，所以一年四季只有春季是修筑堤坝和水库的好时节。管仲对筑堤技术很有见解，主张"作堤大水之旁，大其下，小其上，随水而行""树以荆棘，以固其地，杂之以柏杨，以备决水"。其强调大堤修成后，要"岁埤增之""令下贫守之"，每年冬天水官应巡查堤防，将应修治的地方上报，经批准后春天施工；完工后要检查验收，毁坏的应及时修理；汛期堤防要分段防守，及时发现险情抓紧修补，抢险队伍调动要及时；堤防险工能防护的尽量防护，出现决口能堵塞的尽快堵塞，一年到头都要常备不懈，确保堤防不出事故。因此，可以说《管子·度地》就是 2000 多年前的水利百科全书，以至于齐桓公听完之后拍案叫绝："善！仲父之语，寡人毕矣。然则寡人何事乎哉？亟为寡人教侧臣"（翻译成白话文，即"太好了！仲父都给我说到了，我没有什么要做的了，快点把这些道理教给我的大臣们"）。

《管子·度地》记载的事写得都很具体，如果没有实际背景，是不可能凭空编造出来的。《管子》是管仲辅助齐桓公时的言论集。虽然《管子·度地》没有写明这些事与黄河的关系，但是管仲生活和工作过的齐国与鲁国都处于黄河下游。据《汉书·沟洫志》记载的贾让所言，黄河长堤起源于齐国，治理黄河应是当时齐鲁等国家水利事业的主要内容。正因为此，我们可以推断，很可能早在春秋时期，最迟到西汉早期，黄河的治理无论在工程技术还是管理方面，都已达到相当高的水平。

战国时期成书的《荀子·王制》中列举了官位的职责，其中"修堤渠，通渠浍，行水潦，安水藏，以时决塞，岁虽凶败水旱，使民有所耘艾，司空之事也。"就是说，修堤开渠、排涝蓄水、抢险灌溉等水利工作是作为大臣之一司空的主要责任。其他先秦文献多有类似记载，大致是到春秋战国时期各诸侯国多设有司空或相应官吏管理水利事宜，可以反映出那时整个社会对水利的重视程度和认识能力。

4. 古代治河理论雏形的产生

战国时期对后世影响最大的成就之一，是最具特色的治水"理论"初步形成。大禹治水思想家喻户晓，深入人心，其影响范围远超越治水，殊不知大禹治水思想是由春秋战国时期的一些文人编撰完成的。大禹时代还没有文字，其故事是口口相传，直到《尚书·禹贡》把这故事写下来，后人才有了文字依据。《禹贡》是《尚书》中的一篇，只叙事不议论。为大禹治水做出最完整阐述的是战国中期的孟子。孟子把大禹治水思想高度概括为"禹之治水，水之道也"，即大禹按"水之道"即水的规律治水。可惜他并没有明确定义什么是"水之道"，我们只好在古人记载大禹故事的字里行间寻找。

首先，水要有归宿，《孟子》里有"以四海为壑"，而非"以邻国为壑"，这与《尚书·禹贡》的思想相吻合，是"水之道"很重要的内容；其次，怎样才能做到"以四海为壑"呢？《尚书·禹贡》中反复多次提到了"导"，后人将此作为大禹治水"理论"的核心，并将其表述为"因势利导"。

在战国时期总结出来的大禹治水思想，几千年来一直深刻地影响着我国水利事业的发展。尤其在该思想被人用文字总结记录和传播开来的战国时期，如果没有大禹这个至高无上的思想家强大的威慑力和感召力，黄河下游交战中的"各国"在各自修建黄河堤防时就很有可能"以邻为壑"，还很有可能"以水代兵"，洪水到来时大家同归于尽。只有在大禹的领导下，才会修筑成连续几百公里的长堤，黄河下游河道才能贯通，洪水才能够"以四海为壑"而不会四处泛滥。因此，人们把大禹神化有着一定的积极意义。

战国时期总结的治水思想给后世几千年的黄河治理开发打下了基础，虽然黄河大堤最早不是系统规划修建的，但是它在遵循着某一种内在的规律约束，如果违背系统的某些基本法则（如要"以四海为壑"不能"以邻为壑"），注定是要失败的，即使是无法无天的各路诸侯，也要遵循，否则就不会有"无曲防"禁令，也不会形成约束黄河洪水入海的完整堤防。

5. 颇具特色的农田水利事业

黄河流域的农田水利事业起步很早，且针对黄河多沙的特点，黄河流域农田水利技术在治沙用沙方面独树一帜。特别是农田沟洫制度，这是一种有水土保持功效的农田基本建设制度；还有一种是引黄灌溉和放淤，"且溉且粪"，妇孺皆知。

有记载的"沟洫制"，与相传的"井田制"相互依存。"井田制"是一种社会制度，"沟洫制"则是与这个制度共生的农田建设规范。《周礼》描述了沟洫系统的构成。沟洫是从田间小沟——畎开始，依次称遂、沟、洫、浍，相当于现代灌溉系统的毛、农、斗、支、干渠。所谓"以潴蓄水，以防止水，以沟荡水，以遂均水，以列舍水，以浍写水"，是一套排灌结合的农田水利灌排系统。"井田制"或者"沟洫制"作为一种社会制度，相传产生于黄帝时代，延续几千年，战国以后就不复存在了，但这种农田基本建设措施和技术并没有消失。李仪祉先生充分肯定开沟洫在治黄中的重要性，他把沟洫和大禹治水并列为古代治水的两个法宝。他在《黄河之根本治法商榷》中写道："何言乎沟洫？曰：此吾国古法失传者也。若禹治泽水，兼尽力乎沟洫。后世儒者颇有谓禹酾二渠。后至周定五年，凡千余年，而河始一徙。且当时未有堤防，其所能安澜不犯者，皆沟洫之功。而河之敝也，亦自周衰，井田废后，沟洫之制始弛。此说也，虽未或尽然，而亦颇有扼要之见也。"这段话的主要意思可简单地概括为，过去黄河连堤防都还没有尚能千年安澜，都是沟洫起的作用；后来黄河灾害频发，是从沟洫制随周朝衰败而被废掉才开始的。因此，李仪祉先生极力提倡开沟洫，把它作为治理黄河的重要措施之一。他认为："沟洫可以容水，可以留淤，淤经溧取可以粪田，利农兼以利水。"他说，沟洫制已不可复，但可以学习运用它的办法。他还认为，以水库节水（调节水流）在多沙的黄河上未必得当，因为其水流挟沙太多，水库的容量减缩太快，然而分散于沟洫，则不啻亿千水库，有其用而无其弊，且有粪田之利。20 世纪 80 年代中期，张瑞瑾等著名学者曾联名给中央谏言，黄河治理要重视农田基本建设，实际上就是现代版的"开沟洫"之见。

黄河中游支流的农田灌溉工程起步较早，春秋战国时期就有引漳十二渠和关中泾、渭引水工程等，最著名当属战国末期秦国在黄河支流泾水上修建的郑国渠。郑国渠长三百余里，是利用浑水淤灌的典范，利用泾水的泥沙将一大片"不可以稼"的"卤碱"之地变为良田,大大提高了粮食产量,有力地促进了当地农业的发展,也增加了秦国的经济实力,助推其完成了六国统一大业。

6. 水运网络体系的形成

据《尚书·禹贡》描述,早在大禹时代就有了以黄河为主干的水运网络,但那时的水道基本上都是自然河道。我国中心地带的黄、淮、海、江四大水系以东西流向为主,所缺的就是一条南北连通水道。大禹时代黄河和长江之间的水运需要水陆转运。春秋战国 500 多年是由人工运渠萌芽发展到南北水运网络雏形的形成期。其中,战国时期魏国以现今的开封地区为中心修凿的鸿沟水系影响最大,沟通了黄河与淮河的一些支流,发展了东南的水运交通。

春秋末期,吴王夫差开凿邗沟以通江、淮,这可能是有记载的最早的人工运河。邗沟开通后,可由江通淮,由淮入泗,经荷、济以达黄河,这是我国水利史上的一件大事。对此,张含英先生有独到的看法,“邗沟的开辟,乃因苏北水流湖泊的自然形势加以沟通而成的水道,并非为人工所开”。

中国古代水运工程很早就形成很大的规模,具有很高的技术水准,早就具备了“系统”的特征。而且中国古代水运工程与黄河治理关系一直都很密切,保障漕运一直是黄河治理的重要目的之一。

2.1.3　汉代治水的巅峰

战国时期的诸侯各自为政修建的黄河下游大堤,很难形成一个合理的整体。统一六国的秦始皇不仅精通政治和军事,还热衷于大型水利工程建设。秦王政在秦王政元年(公元前 246 年)采纳齐国人的建议,兴建大型水利工程郑国渠,经过十多年的努力,全渠得以完工。当时的秦国仅是诸侯国之一,偏安于黄河最大的支流渭河流域,秦王政才刚刚继位,还未掌握实权,更没有成为统一六国的“始皇帝”。天下归一后,崇尚大一统的秦始皇强行“书同文、度同制、车同轨”,而对过去各国零乱修建的黄河大堤未必没有系统重修的打算,只是因为秦朝寿命太短,仅经过两代十多年就亡了,还未顾及上治理黄河的事情。取而代之的西汉、东汉两朝总共 400 多年,是中国 2000 多年各封建王朝中历时最长的朝代,仅西汉就有 200 多年历史。在经过数百年连续不断的大规模战争之后,相对和平的、长达 200 多年的时间,为发展农业生产和抵御自然灾害提供了前所未有的、有利的社会条件。因此,在几千年治河史上,汉代是其中最值得书写的年代之一。但是,其辉煌也仅至东汉初期而已。

1. 高超的堵口技术

自从战国时期黄河下游两岸大堤形成后,悬河决口就经常发生,成为一种危害严重的洪灾类型。但是,汉初以前的黄河河患记载少有,这可能有社会大动荡的原因,在此不作讨论。从汉文帝十二年(公元前 168 年)河决酸枣开始,河患的记载日益增多。据史书记载,从这次河决到王莽始建国三年(11 年)的 179 年间,大的河决水灾就发生了

12 次。西汉时期，黄河治理最迫切需要解决的技术难题就是如何堵塞决口。

为了应对严重的洪水灾害，在无经验可循、生产力极为低下的条件下，先人们很快就摸索到有效的堵口技术，并且在不断的失败中总结经验，逐步改进和提高。有关堵塞河堤决口技术的文字记载，最先出现在西汉。每次黄河堵口可谓举全国之力，堵口的器材和设备甚至连堵口用的柴草都极度匮乏，主要靠人力打拼，这就需要强有力的组织和精心调度，还要有高超的施工工艺和工法。最早有文献详细记载的黄河堵口工程是西汉汉武帝时期的瓠子堵口。据《史记·河渠书》记载，汉武帝元光三年（公元前 132 年）黄河在瓠子决口，当时堵口失败，有人建议顺其自然不再堵复；23 年后河水泛滥，促使朝廷下决心堵复。汉武帝亲临现场指挥，十万士卒上阵。其具体做法是，沿着决口的横断面方向，用大竹或巨石插到河底为桩，由疏到密，先使口门水势减缓，再用草料填塞其中，最后压土压石。各种操作环环相扣，其原理就是如今的平堵法。

还有一次很有名的堵口是王延世主持的东郡堵口，发生在公元前 29 年，比瓠子堵口晚了 80 年，方法上也大有不同。据《汉书·沟洫志》记载，此次采用的办法是"以竹落长四丈，大九围，盛以小石，两船夹载而下之。"王延世此次采用的是竹石笼堵口，先自口门两端分别向中间进占，待口门缩窄到只剩下一小口门时，再用沉船的方法将石笼沉下堵合，然后加土闭气。这种方法的原理和现代的立堵法相吻合。

现代堵口技术可以归结为平堵、立堵和平立堵结合三种，与 2000 多年前西汉时期的堵口技术相比，其原理和方法相同，差别是器材和设备要好太多。西汉黄河堵口技术一直沿用至今，在维护人民生命财产安全、促进社会经济发展方面发挥了很大作用。当时不但堵口工艺已相当高超，堵口时机的选择也相当讲究。例如，瓠子堵口选择在一个干旱的年份["是岁旱"（《汉书·郊祀志》）]；东郡决口堵塞则选择在初春，正是黄河枯水季节。2000 多年前古人这些智慧的做法，至今仍然值得我们效仿。

瓠子堵口不但在治黄河工技术上达到一个高峰，更在治黄方略上留下了浓墨重彩的一笔。当时面临黄河治理最为关键的抉择是堤防决口后要不要堵复，实际上也就是任由河水泛滥还是坚持用大堤来约束。瓠子决口当年堵而未成，丞相田蚡向汉武帝上言"江河之决皆天事，未易以人力为强塞，塞之未必应天。"方士文人们也都跟着附和，于是天子也就久久不理复塞之事。决口后广大的黄泛区年年水旱灾情严重，影响到社会和政权的稳定，才有了上述汉武帝亲自上阵指挥堵复的史事。决口堵复后，黄泛区的水灾消除了，人民过上了安定的日子。从此 2000 多年，每当发生决口，要复堵的意见最终都占上风，偶有几次放任自流的主意短期得逞，都有其他特殊原因；还有几次没有堵塞决口恢复原河道，而是让黄河大改道的，但后来都在新河道两岸筑起了新大堤。也就是说，瓠子堵口最重要的意义是对堤防作用的肯定。据《史记·河渠书》记载，田蚡之所以进言反对堵复完全是出于私利，他的奉邑鄩县在黄河以北，黄河决口水向南流，鄩县就会免遭水灾。这个细节暴露了一个玄机，历代不少治黄方略建言的背后都是利益的驱动，很多所谓方略之争实际上是利益之争。瓠口堵口是最早有详细记录的重大黄河河工，但是对于这个工程决策在战略方面的重大意义历代没有给予应有的评价。重审这一事件，可以从中汲取很多有意义的经验教训。

2. 先进的河防工程技术

堤防决口迫使人们想方设法加强堤防工程的安全性，各种与堤防工程建设有直接关系的河工新技术、新工艺在这个时期不断涌现，并且被广泛应用和逐步改进。据文献记载，西汉后期已有很多堤段采用石堤等护岸或护坡工程，说明当时的石工修筑技术已相当成熟。

东汉安帝永初七年（113 年）卷县（今原阳县）一带已出现八处"激堤"，即现代河道整治工程的短丁坝或垛，用以推托溜势外移，说明当时的河道整治工程建设技术水平和科技含量已相当高。此前，人们对洪水只能被动防御，这是一种对水流溜势进行主动干预的工程技术和工法，是对洪水进行主动防御的工程技术手段（《水经注·河水》）。另外，技术工法相当复杂的"裁弯取直"河道整治方法，在西汉后期也已经被成功地运用。这种技术有极强的整体性和系统性，绝非单靠直觉和线性思维能够完成的，直至 2000 年后的今天，这种技术仍属"高水平"的治河方法。

3. 治河思想发展高峰期

西汉时期不但治河的"硬"技术有了长足发展，解决了很多大堤形成后出现的新问题，同时在治河"软"思想方面，各种治河主张的争论也十分激烈，且对后世的影响很大，所谓的"治河方略"大多是在这些治河主张的基础上发展起来的。西汉在中后期虽然已经走向了衰落，但是治学风气仍相当浓。特别是在汉成帝到王莽篡权的三四十年间，王朝倾覆，各种治河思想仍然非常活跃，出现了很多治河主张。其中，比较有影响的有以下几点。

1）分疏

以汉成帝初年的冯逡为代表主张分疏法（王莽时的御史韩牧也持有这种主张）。冯逡当时任清河郡都尉，他建议浚开屯士古河，使其与大河分流，"以助大河泄暴水，备非常"（《汉书·沟洫志》）。他认为，黄河洪水暴涨时采用分疏法往支河分泄洪水，可以削减主河道的洪峰流量，有效减轻洪水对主河道堤防的威胁，从而避免或减轻决溢灾害。

2）改河

最早提出改河的是汉武帝太始年间的齐人延年。他建议"开大河上领，出之胡中，东注东海"（《汉书·沟洫志》），使黄河从后套直通入海，把黄河从中游一刀砍断，这种不切合实际的空论，没有什么影响。真正有影响的改河主张最先是汉成帝鸿嘉年间的丞相史孙禁提出的，其后琅琊人大司空掾王横也持这种主张。他们主张改下游河道，因而技术上有可行性。鸿嘉四年（公元前 17 年），勃河、清河、信都三郡河水泛溢，孙禁查看水灾后指出，"今河溢之害，数倍于前决平原时。今可决平原金堤间，开通大河，令入故笃马河。至海五百余里，水道浚利；又干三郡水地，得美田且二十余万顷，足以偿所开伤民田庐处；又省吏卒治堤救水，岁三万人以上"（《汉书·地理志》）。孙禁建议黄河在平原金堤间开口改道经笃马河入海，入海流程比原先短，水流顺畅，可消除三郡水灾，而且洪泛区退水后可得二十余顷良田，足以补偿开新河征地费用。可见，孙禁的改河主张是针对特定的条件而提出的具体工程方案，并不是一种有普遍意义的"方略"。王横改河的主张有点特别，他不同意河经低洼地带入海，认为那会受海水顶托，导致河在海口一带泛滥成灾，他建议把河改到太行山东麓的山脚高地上。改河主张以贾让所提的最有代表性。

3）滞洪

持滞洪主张的代表人物是王莽统治时期的长水校尉关并。他认为曹、卫（为春秋时的两个小国，曹在今山东定陶附近，卫在今河南濮阳以南）一带经常遭受黄河灾害，不如把人撤离空出这块地方，一旦黄河洪水暴涨，让其泄入其间，下游河道的险情即可消除。这实际上就是要设立一个分滞洪区，这种方法至今仍被广泛运用。

4）以水排沙

以水排沙的主张是西汉末年大司马张戎提出的。前面几个主张都只针对水做文章，张戎最突出的一点是他最先认识到黄河泥沙的危害性。他认为黄河下游的决溢灾害，主要是由泥沙的大量淤积造成的。要防止河患发生，就得设法避免泥沙在河床里淤积。张戎指出："河水重浊，号为一石水而六斗泥。今西方诸郡，以至京师东行，民皆引河、渭山川水溉田。春夏干燥，少水时也，故使河流迟，贮淤而稍浅；雨多水暴至，则溢决。而国家数堤塞之，稍益高淤平地，犹筑垣而居水也"（《汉书·沟洫志》）。张戎的论述至少告诉人们三个重要内容：黄河的灾害源于多沙；水量与泥沙输移有直接关系，水少则沙淤；沙淤则河床抬升，筑堤促使悬河的形成和发展。张戎还进一步认识到，河水本身具有冲刷的特性，因而他主张保持河水有较高的流速，依靠河水自身的冲刷力刷槽排沙。然而，具体怎样做才能保证河水有较大的流速呢？限于当时的条件和认识水平，张戎只能提出"毋复灌溉"的方法，即要停止上中游灌溉用水，以保证下游河水有较大的流量亦即有较大的能力输送泥沙。显然，断掉上中游灌溉用水是行不通的，但张戎的认识是超前的，对后世的影响是深刻的。

5）贾让三策

公元前 7 年，汉哀帝刘欣在汉成帝气数将尽之际继承皇位。这位新皇帝意识到河患已经危及皇帝政权，于是刚上台就下诏广征治河良策，在满朝文武无人回应的情况下，贾让递上了《治河策》。贾让在这篇奏文中提出并且详细分析了在当时具体条件下三种各有特色的治理方法。其分析结果认为："上策"是放弃旧河道，人工改河北流；"中策"是开渠引水，灌溉农田，并另设水门用以分洪入漳；"下策"是按旧河形势"缮完故堤"。这三策后来通常被简单地表述为"上策"——改道，"中策"——分洪，"下策"——修堤。这种表述非常简洁明了，为人们所喜闻乐见，使贾让三策广为传播。但是，这种简单的表述不能完整和真实地反映贾让的意思，很容易给人以误导，尤其很容易让人以为贾让一味地倡导改道、反对筑堤。贾让"三策"的提出是建立在对当时具体情况进行严密分析的基础上的。《治河策》从介绍堤防的历史说起，为整篇文章开了好头。"盖堤防之作，近起战国，雍防百川，各以自利"是说堤防始建于战国，当时各国都只顾自己的利益，各修各的，没有统一规划。当初两堤各距河二十五里，堤内河道很宽，泥沙大量淤积在河滩上，"民耕田之""遂成聚落"；河滩上的居民为了自救，又不断地修筑各种各样的堤，堤越修越多、越修越乱，导致河道混乱不堪，"百余里间，河再西三东，迫阨如此，不得安息"；河床越淤越高，"河水高于平地"，年年加修堤防，仍然决溢不断，洪水经常泛滥。该文章从技术方面论证了"改道"的必要性、可行性和优越性。贾让认为，现有的堤防和河道系统已经坏掉，必须做系统的改变。最好的办法是把水流要道的冀州民众迁走，在黎阳遮害亭附近打开缺口，令河改道北流入海。这个新河道西边有大山、东边有金堤束缚，肯定不会泛滥，不到几个月就能稳定下来。接着，他又从经济方面论证了"改道"是可行和划算的。综合结论自然是"改道"为"上策"；如果下不了"改道"的决心，"分流"也是不错的选择，把它定为"中策"；而"缮完故堤"只是对原有堤防进行修补，"劳费无已，数逢其害"，故称其为下策。有两点特别值得注意，第一，贾让说的"上策"，是在当时特定条件下拟"在黎阳遮害亭附近打开缺口，让黄河北流入海"的具体"改道"方案，而不是一般概念上的"改道"，抛开了这一具体条件，"改道"还算不算是"上策"；第二，贾让反对的是在当时具体条件下的"缮完故堤，增卑倍薄"，而不是泛概念地反对"筑堤"。贾让"上策"中提到新河道东边的金堤约束，如果当时没有这道堤，贾让或许要构想修建一座新堤以限制河水向东漫流。总之，《治河策》不是简单罗列了三种治河"策略"，而是把黄河治理看作一个系统工程进行分析；如果上升不到"系统"层面，就难以正确理解贾让三策的本意。

　　贾让《治河策》是我国保留至今最早的一篇比较全面的治河文献，"治河三策"是历史上最负盛名的治河方略。但是，这"三策"都并非贾让最先独创，"改道"和"分洪"在贾让之前就有人提过，"修堤"的主张及对其褒贬更是早已有之。不过，贾让把"三策"表述得最清晰、最完整、最鲜明，"治河三策"因贾让广为流传，冠上他的名字，也是实至名归。

　　西汉灭亡前的最后几十年是黄河治理方略演化历史上一个特别重要的时期。这个时期关于河事的讨论特别富有学术气息，所提出的很多方略不但思辨水平高，而且极具工程实用性。这些方略及其思辨方法对后世治黄方略发展产生了重大影响，其后几乎所有的各种治黄方略都可以从这个时期的方略中找到源头，即使是现代治黄方略也有不少是从这里借鉴的。治黄方略发展的高峰期出现在西汉末年，正值黄河下游要发生又一次大改道的前夜，是战国时期黄河长堤形成、黄河第一次大改道（周定王五年）之后600年的又一次大改道。急迫的河情促使志士们费尽心思寻求挽救危机之法，推动这个学术高潮的出现，抑或是西汉前期长年的学术积累为这个学术高潮打下了基础。

　　4. 王景治河

　　王莽始建国三年（11 年），黄河决魏郡，向东南进入漯川故道，经今山东惠民等地，至利津一带入海，是有记载的黄河几次大改道之一。不久，刘家人再夺天下，国号仍称为"汉"，定都洛阳，史称"东汉"。东汉初期战争略有平息，汉明帝于 69 年春，委以王景主持治理河、汴工重任。王景率卒数十万，顺泛道主流修渠筑堤，完善黄河下游自荥阳东至千乘海口千余里的堤防系统，是历史上规模最大的一次黄河大堤修复工程，同时修筑工程分流河、汴，使持续数十年的黄河水灾得到平息，黄河出现了一个相对安流期。后人对王景治河的评价仅次于大禹，中国近现代水利奠基人李仪祉先生评价王景治河"功成，历晋、唐、五代千年无恙。其功之伟，神禹后再见者"。

王景治河是理论结合实践的典范。首先，王景独创并实施了极具智慧的治河工程策略。当时皇上想到的是治汴，解决漕运问题。王景没有就事论事，而是创造性地提出重在治河顺带解决汴河问题的工程构思。另外，贾让提出的"治河三策"才过去几十年，士大夫们大多视筑堤为下策，而王景要修筑空前规模的长堤，既没有顺着皇帝的思路，又不与主流意见合拍，如果没有高超的智慧和过人的胆略是做不到的。其次，王景治河在政治上得到了当时最高统治者的全力支持。开明的汉明帝抓住了多年战乱刚刚平息的大好时机，几乎倾全国之力投入这个工程，把几十万突然没有仗可打的军人全部转行去修筑黄河大堤，这个决策为王景治河奠定了基础。最后，王景在工程方案、施工技术和施工组织等方面做到了极佳。用现代的话讲，王景统观全局，把各个"分系统"之间的关系理得清清楚楚，用"系统工程"巧妙地解决了错综复杂的问题。

如果说贾让是一位杰出的治河理论家，那么几十年后的王景就是一位卓越的治河实践家。汉代治河的辉煌历史到东汉初期的王景治河就戛然而止。王景治河过后近 2000 年，治河方略与技术的发展一直处于徘徊状态，即使后世所谓的治水名臣如贾鲁、潘季驯、靳辅等，其治河方略、技术与管理水平均没有质的飞跃，直到近代科学技术思想的传入。

5. 农田水利建设高潮

西汉时期农田水利工程建设达到了高峰。

1）上游的屯田水利

汉武帝元朔四年（公元前 125 年）起，在今山西北部、内蒙古、宁夏至河西走廊，戍边屯田开发水利，后又推广至青海的湟水流域。在宁夏境内，至今尚有汉渠和汉延渠，传说是汉代所开。元封二年（公元前 109 年）之后，除了河套地区进一步扩大灌区建设外，今晋、陕之间的黄河北干流河段上也兴建了不少灌溉工程。汉宣帝时，自今兰州以西至西宁的湟水中下游大修工程引水灌溉（《汉书·赵充国传》），还跨湟水建了 70 座桥梁，以便屯田区的交通。

2）关中地区农田水利大发展

自古关中平原就富庶一方，很大程度上得益于农田水利事业的大发展。其一，据《史记·河渠书》记载，汉武帝元光末年开长安漕渠，虽是一条运河，但实际上兼有灌溉之利。其二，公元前 111 年，汉武帝在郑国渠旁另开六辅渠，并定有《水令》，规定用水制度，是第一部有所记载的水利管理法规，可惜已失传。其三，公元前 95 年，赵中大夫白公建议并组织修建了一条引泾工程——白渠，以及白渠建成前后的成国渠，在渭水南面支流上建设灵轵渠、湋渠，北洛河上建有龙首渠。郑国渠和白渠的规模与效益都相当大，《汉书·沟洫志》上有一首歌谣可以佐证。"田于何所？池阳、谷口。郑国在前，白渠起后。举臿为云，决渠为田。泾水一石，其泥数斗，且溉且粪，长成禾黍。衣食京师，亿万之口”，这首歌谣反映了当时关中地区农田水利的规模和浑水淤灌的效果。

总之，西汉时期黄河流域农田灌溉事业蓬勃发展，达到了前所未有的高度，东汉时期大致保持旧有规模，新建工程不多。汉代的灌溉很有特色，“且溉且粪”，既用水又用沙肥田，至今被人传颂，是古代“泥沙资源利用”的典范；汉代的引黄灌溉工程大多长期被后人沿用，灌溉技术也流传至今。汉代以后的 2000 年，黄河流域再没有如此大规模的引水灌溉工程建设，直至新中国成立后才有新的发展。

6. 水道运输业的发展

西汉期间，开漕渠发展航运受到高度重视。西汉前期，关中漕运经渭河入黄，但渭河河道多弯，航程长，时而遇到险阻，于是汉武帝在渭水南别开漕渠，沿南山山麓开渠 300 里至潼关入黄河，经过数万人三年多的艰苦劳动，漕渠开通后漕运条件大为改善，漕运量大增。渠成后还利用余水灌溉农田，可谓一举两得。黄河自潼关向东，航道中三门砥柱最为危险难行，公元前 8 年曾开凿过砥柱，但效果不好。

西汉末年，渠汴水门被黄河冲坏，渠道流滥成灾，一直到王景整治渠道，又重修水门，把黄河、汴渠分开，其功能才得以恢复。

东汉建都洛阳，也开通了一条渠道称阳渠，引洛水、谷水为水源，并利用洛水通航至黄河，通鸿沟和汴渠；由泗水、邗沟通江淮漕运。汴渠成为汉代东方的主要水运通道。《清明上河图》展现了北宋时期繁华的汴京风貌和繁忙的漕运码头，如今修复后的汴渠两岸花红柳绿，成为人们休憩娱乐的幸福乐园。

2.2　长期的徘徊

2.2.1　黄河安流八百年

“黄河安流八百年”是水利史研究者界定的从王景治河到五代十国这一时期的总括性概念。这期间，中华民族经历了三国两晋南北朝近 400 年的乱世、隋唐 300 年的治世与五代十国数十年的乱世，治乱兴替中关于黄河河事的记载极少，黄河治理技术和思想的发展也基本上处于停滞状态。据黄河水利委员会统计，秦朝到汉朝的 441 年中，河决溢记载 17 次，平均 26 年 1 次；三国到南北朝的 369 年中，河决溢仅 5 次，平均 74 年 1 次；隋唐的 326 年中，河决溢 32 次，平均 10 年 1 次；而五代短短 53 年，河决溢 37 次，平均 1 年零 5 个月 1 次，决堤河患达到历史高峰。因此，实际上这 800 年间黄河并非真正的安流，河患发生的频率随着时间的推移呈不断增加的态势，灾害的效应也在逐渐放大。

综合多家观点和论据，我们认为这段时间黄河相对安澜确有其事，原因是多方面的，可形象地概括为“天时、地利、人和”。

（1）天时。许倬云在《汉末至南北朝时期的气候与民族移动的初步考察》一文中明确指出，中国北方草原是一个边际地区，微小的气候变化可以立刻导致生态环境的改变，从而导致人类行为的改变，其显著的表现是引发北方草原游牧民族向南方迁徙。竺可桢根据中国物候史料推测中国历史上气温的变化，三国到南北朝有过长的低温期，隋唐开始回暖达到高温期，五代开始又渐寒。400 年的低温期使游牧民族在北方草原难以生存，大量南迁，同时也深刻改变了黄河流域的土地利用方式。谭其骧于 1962 年提出，黄河在东汉以后出现长期安流的根本原因是中游土地利用形式的改变，大大减轻了水土流失。黄河的症结在于多沙，黄河泥沙主要来自中游的黄土高原，这一地区的土地利用方式是以农耕为主还是畜牧为主，决定了其水土流失的严重程度，也是决定黄河下游安危的关键。战国前，该地区还是畜牧区和狩猎区，农业处于次要地位，原始植被尚未受到破坏，水土流失轻微；秦及西汉时期，这一地区接受了大量外来移民，他们基本都从事农业生产，为了获取耕地，必定大量垦荒，导致水土流失日益严重；东汉时期，以畜牧为主的匈奴和羌人大批迁入，以农耕为主的汉族人口急剧减少，反映在土地利用方式上必然是耕地面积相应缩小，牧区扩大，这一改变使得进入下游的洪水量和泥沙量也相应减少。以农耕为主的汉人减少的局面延续至北魏时期，以牧业为主的少数民族向农业转化的速度很慢，一直到唐代安史之乱（755 年）前，这一地区的水土流失都相对比较轻微。安史之乱后，农民为了利用开荒可在 5 年内免税的规定，新开垦的土地期满后就弃耕旧地另垦新地，导致农业规模并未扩大，但开垦范围不断增加。这种滥垦只能在原来的牧场和弃地，包括坡地、丘陵地或山地上进行，加上农民只图眼前收成，不顾长期的后果，对水土环境的破坏往往比正常耕种厉害得多。五代以后，这种滥垦的趋势继续发展，在黄土高原和黄土丘陵地带的粗放性农业经营，很快引起了严重的水土流失，土地肥力减退，单位面积产量下降；沟壑迅速发育，塬地被分割缩小，促使耕地面积日益减小。为了生存下去，农民不得不继续开垦土地，终于使草原、林地、牧场和陂泽洼地、丘陵坡地完全变成了耕地，又逐渐成为沟壑陡坡和土阜，到处是光秃秃的千沟万壑，当地农民陷入"越垦越穷、越穷越垦"的恶性循环之中。与此同时，河水中的泥沙量随之越来越大，下游河床也越淤越高，黄河决溢灾害越来越严重。

（2）地利。王景治河当时选择的河道线路绝佳。一是，这条线路入海距离最短，比降陡加上黄河南岸有泰山余脉阻挡，北面是淤高了的秦汉故道，河水从比较低洼的地带通过，这就对河道的稳定起了重要的作用；二是，当时河道两旁还有很多湖泽和旧河道及洼地，汛期可以滞洪淤沙；三是，顺应了河道演变的总趋势。据姚汉源先生的研究，过去 4000 多年下游河道行经区域分为三个流区和四个时期，即北流期、东流期、南流期，再回到东流期。每个流期都持续了比较长的时间。从公元 11 年（王莽始建国三年）前推至公元前 2000 年或者更早时期为黄河的北流期，其间公元前 602 年（周定王五年）发生了有记载（后人补记）以来的第一次大改道；据传说，此前黄河走禹道，大致经太行山东麓，斜向东北，近海段分为多支，自今天津附近入海，改道后河道往南摆，入海口大致在现今的天津以南、沧州以北。北流期以后的几百年间，黄河总的趋势是向东流往南摆，可能与战国时期已经大规模修筑了堤防有关，摆动受到了阻滞，同时北流区地势整体上高于南边区域的地势，以至于西汉时黄河在现今的河北与山东交界处以下的河段常出现自然分流、决溢成灾，其中两次南侵入淮、泗。也就是说，这个时期黄河北流已经不能继续下去，东流已势不可挡，黄河自行选择的这条线路符合大空间尺度河道演变的内在规律，注定相当安流较长一段时间；当然，尽管当时的长堤规模和质量都远无法与当今黄河标准化堤防相提并论，但对束范水流发挥着相当重要的作用。

（3）人和。这里的"人和"并非指正面意义的政通人和，而是说这段 800 年的历史仅有初唐至盛唐短短 100 余年的相对太平，其中三国、南北朝、五代十国都是十分动荡、战乱不休的年代。"白骨露于野，千里无鸡鸣"，你未唱罢我登场，杀得天昏地暗，人口大量减少，生产力受到严重的破坏，当然人为造成的水土流失也大为降低；同时，战乱导致谁也顾不上治河的事，黄河的治理开发出现了停滞甚至倒退。

直到五代时期统治中心由黄河中游转至下游，这是个值得关注的历史转折点。由于当时河决频繁，直接涉及统治者的切身利益，后唐、后晋、后周都不得不对河患进行了一定的治理。值得一提的是，在这个群雄割据的年代，为了防御洪水，各位统治者也在一定程度上对堤防管理养护进行了加强。尽管如此，由于治理开发工作的倒退，这时的黄河进入了水患最严重的一个时期。

2.2.2　喧闹中的北宋治河

1. 北宋治河的特点

如 2.2.1 节所述，唐至五代，黄河下游河道的淤积、决口总体不断向着恶化的方向发展，到了宋代河势已经严重恶化，大改道的兆头频频出现，不得不花大力气应对。

另外，长达近千年的社会大动荡（虽然期间短暂出现过隋唐盛世）到宋朝得到了暂时的平息。宋朝是中国历史上经济、文化和科技高度兴旺的时代，民间的富庶和社会经济的繁荣超过盛唐。中国古代科技发展在北宋时期达到高峰，中国人至今仍然引以为豪的四大发明有三个成就于北宋。整个朝代没有发生过大的内乱，这在几千年的中国历史上是极为罕见的社会较为安定时期。无论是从经济和社会，还是从文化和科技发展，北宋都应是旧时代中最有利于黄河治理的一个朝代。此前，华夏几个一统王朝的首都都设在黄河中游地区，最东边只到洛阳，北宋是第一个、也是唯一一个把皇宫建在黄河下游大堤旁边的朝代。皇帝就睡在高悬的大堤下面，黄河洪水就像悬在头顶上的利剑，所以宋朝的各位皇帝不得不比任何其他朝代都更加关心黄河的治理。整个北宋共有九朝皇帝，除了最后两朝外，七朝皇帝都亲力亲为管理河事。北宋的朝廷重臣们也比其他朝代都更热衷于治河的讨论和争论，整个朝代始终把治河当作国家大事。所以，与此前近千年的冷寂正好相反，北宋是历史上河事最为"热闹"的朝代。

北宋治河小有成就，河防技术和制度都逐渐完备，下游堤防修筑完整，并制定有一套严格的修缮制度。自宋初，定于每年春天三个月修缮堤防，沿河地方官都兼"河堤使"等职，并另设专官，比现在的"河长制"早了 1000 多年。堤防由单纯的一道堤发展为由多道堤构成的堤防系统。北宋后期，以堤防距水之远近缓急把堤分为两类六等。沿河险工普遍设埽，当时的"埽"技术一直沿用至今。各种挑送水势的护堤工程也先后被发明和应用，堵口技术和抢险用材也有很多创新。王安石行新法时，还曾试行河道的机械疏浚；他还根据黄河浑浊多沙的特点，进行了大面积的放淤，使得黄河水沙的综合利用规模和水平达到了历史高位。

但是，这些创新不足以掩饰这些创新不足以扭转北宋治河失败的结局。毫无疑问，贯穿整个北宋的黄河"五次改道"是影响北宋命运的重大事件，与之对应的"三易回河"是黄河历史上持续时间最长、规模宏大的"国家级"治理工程。但是，花那么大力气非但没有把河治好，还酿成了历史上最重大的黄河灾难性事件之一——改道南流，国家也随之灭亡。史学界认为，宋朝是中国历史上唯独没有亡于内乱的王朝，宋朝两度倾覆，皆缘外患。实际上，宋亡的原因还应加上一句，黄河河患也是加速北宋覆灭的一个重要因素。这一事件生动地诠释了黄河治理与国家及民族命运休戚相关，给后人留下很多深刻的教训。

2. 五次改道与三易回河

自王景治河到北宋，黄河下游的东行流路已经运行了 900 多年，由于泥沙的淤积，黄河下游悬河已经发展到十分严峻的地步，河道变迁剧烈，决、溢、徙均创下有史以来的新纪录。据记载，北宋 160 多年间，黄河决、溢、徙 165 次，平均每年一次；自宋真宗天禧四年（1020 年）到宋朝南迁的第二年（1128 年），108 年间黄河改道（徙）六次，历史上实属罕见。其中北宋时期的五次改道，使得支撑宋朝生存的核心区域多次遭受重大灾难，大伤社稷元气；而且其几十年后的"三易回河"则耗尽了国力，激化了社会矛盾，恶化了与"邻国"的关系，成为压死骆驼的最后一根稻草。

北宋时期的"五次改道"和"三易回河"成为黄河史上最引人注目的重大事件。"五次改道"更确切的说法是北宋从开国到亡国后第二年的黄河多次改道，大致走了五条道。

（1）京东故道：北宋早期黄河所流经，为王景治河后的河道。

（2）横陇河道：宋仁宗景祐元年（1034 年）河决澶州（今河南濮阳）陇形成新河道，史称"横陇河道"。这条河道行水时间不长，仅 14 年。

（3）北流河道：宋仁宗庆历八年（1048 年），黄河在澶州商胡埽大决，改道北流。这是黄河史上的一次大改道。经大名、恩州、冀州、深州、瀛洲，由青县、天津入海。

（4）东流河道：宋仁宗嘉祐五年（1060 年），河决魏郡第六埽，向东分出一条支河，宋代人称为"东流河道"。东流是北流大河的一个分支。宋神宗元丰四年（1081 年），河决澶州小吴埽，西北流，经今河南内黄注入卫河，二股河断流。这次河流所经颇似庆历八年的"北流"，只是有的河段更偏左，入海处更偏北，注入宋辽交界的所谓界河，这条流路也属于"北流"。

（5）南泛夺淮：1127 年金灭北宋，形成金和南宋南北对峙的局面，黄河流域归金统治。次年南宋为阻止金兵南侵，在滑县李固渡决开黄河，河水东流夺泗入淮。这是黄河历史上又一次大改道。

北宋的"三易回河"是历史上最著名的治河活动之一，围绕"三易回河"的争论也是治河史上最著名的"治河方略"之争，给后人很多启示。"三易回河"又称"三次回河东注"，是分别针对前述的庆历八年和元丰四年两条黄河北流的河道提出的。从宋仁宗皇祐四年（1052 年）至宋哲宗元符二年（1099 年）约 50 年间，北宋展开了维持北流或回河东注的极为激烈的争论，并先后三次堵塞北流，但均未成功。直到北宋倒台，回河之议才随之告终。

第一次回河之议起于宋仁宗皇祐四年，河渠司李仲昌提议开"六塔河"，引导大河回归横陇故道。欧阳修等极力反对，理由有二：一是国力匮乏，不宜大举兴工；二是回河故道逆水之性。但当时宰相富弼等一大批官员支持李仲昌的建议。嘉祐元年（1056年）4月，塞商胡北流水入六塔河，但白天刚堵上，当夜又决了。

第二次回河之议起于宋神宗熙宁二年（1069年），回河方案是在二股河口修挑流坝，逐渐扩大二股河的分流比，然后堵塞北流，使河独行二股河道。王安石力主此议，但反对的人不少，双方争论激烈，相持不下。宋神宗也不知听谁的好，命司马光等亲自前往工地考察。司马光巡视以后同意改河东流的意见，但主张采用缓进的办法。1069年工程开工，修建控制工程并疏通二股河。后来宋神宗又采纳王安石的意见不再分步实施，下令彻底堵塞北流，使河水全部进入二股河。工程结束当年就在许家港决口，朝廷调集33万人抢修。1071年、1072年又连续决口，河复北流。1074年，在王安石的强力支持下，河又回入二股河；但仅过三年，1077年发生了两次决口。特别是曹村决口，河势大变，次年虽复，1081年小吴埽大决，东流断绝，北流恢复，回河又告失败。此后，宋神宗主意大变，乃主张沿北流修堤，第二次回河又以失败而告终。"东流"和"北流"之争暂告平息。

第三次回河之议起于宋哲宗即位之初，这次的"东流"方案是从南乐大名埽开直河，引导水势，使河于孙村口归入京东故道。这是一个减河计划，工程实施后大河将形成两支分流。主张和反对回河东流的均有较多朝廷大员，双方各持己见，争论不休，宋哲宗赵煦犹豫不决，举棋不定，时而兴工，时而停工。后来回河的意见占了上风，东流分水工程陆续兴建。1092年，大河又复东流，北流渐微。其后两年，北流口门已闭，全河东归京东故道。但好景不长，1099年6月末，河决内黄北流，东流又绝，第三次回河又以失败告终。

三次回河东流的线路各不相同，但走向都是偏东北方向，"东"是相对于北流线路而言的。"强"行要河往东边走，三次努力都失败了。颇具讽刺意义的是20多年后大河掉头向南夺淮而去，又过了700多年河才回头北上，这充分反映出当时的官员对河道地势和河流演变规律了解甚浅。第三次回河彻底失败后，北宋也走到了尽头，于1127年被金人所灭。

3. 北宋"治河方略"之争

北宋的政治环境相对宽松，从皇帝到朝廷重臣以至文人志士，很多人参与了治河的议论和争论，其激烈程度无任何时代可比。在众多议论中，不乏有益的建议，但是技术上的创新突破性不强，很多可操作的建议分别归类于"筑堤说""分流说""滞洪说"和"改道说"，与1000年前的西汉末年相比进步不大，其争论的焦点集中在如何应对"五次改道、三易回河"上。但是，旷日持久的激烈争辩并没有为黄河治理提供有益的策略，导致治理措施再三失误，屡治屡败。当时几种有影响力的观点分述如下。

（1）不治的观点。其代表是宋神宗。宋神宗在第二次回河不利后就改变了回河的主意，他亲自撰文发表反对黄河治理的高论："河决不过占一河之地，或东或西，若利害无所校，听其所趋如何？"又说："河之为患久矣！后世以事治水，故常有碍。夫水之趋下，及其性也，以道治水，则无违其性可也，如能顺水所向，迁徙城邑以避之，复有何

患？虽神禹复生，不过如此。"他认为治水违反了水性，所以都失败了；搬到高处避开
水势就没事了。这种消极的观点在当时产生了较坏的影响。

（2）文人片面的治河观点。这场争论持久的一个特点是很多文人参与其中，并占了
主流，反而有技术、有工程经验的人（如著名的古代科学家和工程师沈括等）很少发声。
文人们以文采见长，但技术和水利知识欠缺，更无工程经验，他们发表了不少片面的、
不切合实际的观点，最典型的是大文豪欧阳修的"弃道难复"和苏辙的"河不两行"之
说。欧阳修在第一次回河时持反对意见，"河流已弃之道，自古难复"。他认为由于"故
道淤而水不能行"，堵塞决口恢复故道后必在其上游再发生决口。由于欧阳修的声望和
地位很高，他的观点又有一些案例佐证，因此"弃道难复"被不少人视为治河的一个
"定理"，影响很广。其实，这个观点并不符合一般事实，是以偏概全的片面观点。苏
辙说道："况黄河之性，急则通流，缓则淤淀，既无东西皆急之势，安有两河并行之理。"
这段话前面说得不错，后面则太过武断。黄河含沙量大，分流不利于输沙，他据此认为
任何情况下黄河"必不能分水"，就太过于绝对化。

（3）以御敌为主旨的观点。抵御来自北方游牧民族的威胁是宋朝的核心国策，在黄
河治理中也有所体现。早在宋真宗时，李垂两次上疏，建议主动导河向北流，既可引水
以溉屯田，又可御边以防敌侵。这个意见虽没被采纳，但御敌对治河方针的影响则已显
现，反映了朝廷的思想基础。第二次回河方案主要是针对黄河下游分东流和北流两股入
海，拟堵塞北流，使河集中东流。从技术上看是个可行的方案，但反对的人不少，主要
理由是北流可以"天所以限契丹"，对国防有利。二次回河的失败与这种观点的作祟脱
不得干系。第三次回河的争论仍然围绕着"御敌"的主题展开。此时黄河北入界河，回
河计划是从南乐大名埽开直河，引导河水归入京东故道，又称"回河东流"。此方案名
义上是用以解除北京（大名）以下水患，实则为了"御敌"。因为这时北流由界河入海，
"险阻之限"已失，主张回河东流的大多以御敌为主要理由，认为"河不东则失中国之
险，为契丹之利"。而反对回河的人则多不同意这个看法，其认为与契丹"通好如一
家"，不是敌人，没有必要设险相御；还有一些人则认为，"塘泺有限辽之名，无御辽
之实"，浅处人们提起裤脚涉水就能过，深处也可划船而渡；更有些人担心因回河而引
起契丹的猜疑，导致发兵南侵无事生非。以"治河"为名的讨论，实际是军事上的争议，
一切以战争利弊为要，有时还出于私家地域得失的考虑，但如何把河治好倒没有人关注。
这些文人说得天花乱坠，御敌方略受到军事、外交等大局变化控制，皇帝常常被闹得六
神无主，朝令夕改，回河工程屡罢屡复，只好听任河流自然演变。

（4）"以农事为急"的回河观点。持该观点的代表人物是王安石，第二次回河时，
王安石为相。他极力主张回河东流，认为北流对于农业生产不利，东流有利于农业生产。
王安石的看法是有点道理的，但在当时的具体情况下显得不太合时宜。河患危在旦夕，
当务之急是要遏制住越来越频繁的黄河决溢、控制随时可能发生大改道的恶劣局势，防
御洪灾与农业生产相比，是燃眉之急。显然王安石对防止河患的重要性和必要性认识不
足，没有抓住主要矛盾。

北宋治河，争论的参与面之广、场面之激烈、持续时间之长都是史上仅有的，但鲜
能为后世留下有益的思想遗产，反而更多的是沉痛的教训。

4. 深痛的教训

实际上，黄河下游河道长期积累的问题已经超出了北宋当时科技能够解决的程度，这是北宋治河失败最主要的客观原因。同时，两方面的主观错误导致治河失败。

（1）治河方针受各方利益所左右，背离"减小或消除河患"的治河原旨。最明显的是，北宋长期以"御敌"为治河的主要目的，在河患不断恶化、大改道的灭顶之灾随时可能发生的局势下，把治河引入他途；不同群体的利益诉求也是影响治河方针及一切活动的重要因素。例如，很多人在激烈的议论和争论中，真正关心的问题是哪条流路对谁有利对谁不利，治河防洪的原旨和技术被放到从属位置，这正是北宋"治河方略"大讨论总说不到正题、争不出个所以然的根本原因。

（2）不重视科技，不重用技术人才，搞"概念治河""空谈治河"。我国历史上最卓越的一位科学家和工程师——沈括（1031～1095 年）在北宋时期显露头角。第一次回河前后，沈括的地形测量技术已经达到相当高的水平，在治理汴河时（1072 年），已能相当准确地测得全河八百四十里的坡降，这对于回河工程来说是最关键的一个技术，如果当时重用这个技术，回河之争中很多问题就可迎刃而解，结局可能大不相同。而且，沈括在早年曾两次任县官，亲自主持水利工程，颇有政绩，并撰写了《圩田五说》《万春圩图记》等水利工程技术书籍。用现代的话来说，沈括是当时"回河工程"总工程师的最佳人选。但是，当时他发明的技术和治水经验，连同他人本身，完全被撇到一边，其他技术和工程人员就更没人理睬了。如此宏大的"回河工程"，专业的人干不了专业的事，而成了文人展示文采的大舞台。虽然欧阳修对于泥沙运行规律也做了一番研究，但他的研究只是从概念到概念，没有实质性内容。争论攻防两方都以被曲解了的所谓大禹之法为圭臬，常常指责对方"逆地势，戾水性"，没有人知道如何测量地势和水性，也没人去探究如何测量。1000 多年后李仪祉先生感叹，"汉有王景一人而河治，宋之言治河者纷纷然嚣嚣然而河终不治"。"概念治河""空谈治河"只能坏事误国，历史的教训切不可忘记。

2.3　艰难的探索

2.3.1　南流期及时代背景

1. 南流期特点

据著名水利史学家姚汉源先生的观点，黄河下游在可考历史中的变迁，可以按河道行经区域分为三个流区、四个时期，即北流期、东流期、南流期和再回东流期。传说中的大禹故道大致经太行山东麓，斜向东北近海段分为多支，在今天津附近入海。当时没有堤防，河水漫流而下，改道是常有的事，但总趋势是向东南摆动。姚先生将传说中的大禹治水到 70 年王景治河功成之前的 2000 多年（或许更长）统称北流期，在此期间流动和摆动的范围称为北流区。王景河道在北流区的东南边，在现今河道以北，大致平行于现河道，这条道一直行河至 1048 年，共计 948 年。姚先生将此期间称为东流期，此期间河道流动和略有摆动的带状区域称为东流区。1048 年河决于澶州商胡埽改向北流。

此后几十年，多次改道和回河不停地摇摆，北流和东流交替或者并行。1128 年，即金灭北宋的第二年，黄河夺淮南流，进入了黄河下游的第三个流期——南流期（前 30 年左右，黄河或向南或向东放任自然分流，属过渡期，在此期间流动的范围称为南流区）。直到清朝后期 1855 年铜瓦厢决口，河流改道向北，进入第四个流期，即再回东流期。在可考的历史中，黄河长时间南流仅有南宋至清这一阶段。

北流区和东流区的入海口都在渤海，而南流区则在黄海，中间隔着山东的丘陵和山地。也有不少学者把姚先生划分的北流区和东流区统称为北流区，与南流区相对应。北流区和南流区的自然条件有较明显的区别。在人类活动的历史中，黄河下游一直在北流区（包括东流区）运行，直到 1128 年南行才暂时改变。中华文明是在黄河北流期间孕育和发展起来的，社会形态的发展与该期间的河道演变有一定的联系，传统的治理思路和方法与黄河北流的情况相适应。黄河突然向南边溃去，分多股冲向人口稠密地带，搅乱了原来处于黄河下游南边的淮河等水系，黄河治理面临着很多新问题。最基本的问题之一是，由于此时人口压力已经很大，断断续续修建的堤防两堤间距都很窄，最窄处只有一里左右，再往外扩一寸也难。而在黄河下游堤防筑建之初，两边"作堤去河二十五里"，形成特别宽的河道，过后一两千年，"宽河"在很多地段仍然得以基本维持。及至黄河南行时，改道段以上的老河仍然比较宽，处于下游下段的新河道比上段的老河道要窄得多，必然没有足够大的过洪能力，因而决溢经常发生。这种"上宽下窄"的黄河下游河道及其堤防格局是不同时代演化过来的，并非按"方略"完成。但是，这种河道格局反而顺应了黄河乃至世界多数大江大河洪水防御工程格局的配置。

黄河南流期仅为 700 年左右，相对北流期（包括东流期）要短得多。而且，北回流向渤海已超过 160 年，人们对黄河这段历史的记忆已经模糊。在迄今为止黄河下游几个流期中，除了现在还正在运行的"再回东流期"外，南流期是距今最近的一个完整流期，也是从形成到消亡有相对完整文字记载的一个流期，同时也是人与河之间互动关系频繁和强烈的一个流期，是治理方略正反两方面经验积累比较丰富且对当今黄河治理有较大借鉴意义的一段历史。黄河在这个流期所造成的影响（如夺淮造成淮河河道的严重淤塞等）仍然存在，所以对黄河南流期的研究具有特别重要的意义。

2. 金元明清与南流的黄河

黄河南行与金灭北宋几乎同步，有迹象表明，这次河道大迁徙与社会大动荡有极大关系。黄河南行 700 多年，经历了金、元、明、清四个朝代，但黄河下游包括中游的一部分地区，都随着政权的更替完整地从一个政权落到另一个政权手里，没有被分解过，这对于黄河的管理和治理来说是相当有利的。此外，河道进入一个新流区有利于进入较长的相对平稳阶段，如王景治河后的东流期就有大几百年的相对稳定，这也为治河提供了一个有利条件。

但是，黄河南流的 700 年也是中华文明逐渐落后于西方文明的 700 年，无论是治黄方略，还是黄河治理开发技术，基本上都处于停滞状态。黄河南流后灾害频仍，南流 700 年左右又折回东流区。黄河大迁徙也在一定程度上加速了清朝这个末代封建王朝的覆灭。尽管如此，技术官员和底层工匠还是有一些作为的，为治黄事业做出了历史性的贡献。例如，著名的"束水攻沙"理论就诞生在明朝，这是黄河治理开发技术和思想发展2000年徘徊历程中出现的一个奇迹。

2.3.2 金元两朝时期治河事

金初几十年间，史书没有关于黄河的记载。《金史·河渠志》只简单地说，"金始克宋……数十年间，或决或塞，迁徙无定"。这说明改道后几十年间黄河基本上属自由漫流，河道极不稳定。金朝在北方的统治较为稳定后，也采取了一些治河措施，以约束散乱且四处游荡的河流，但在前期几十年总的方针是"利河南行，以宋为壑"。要不要修堤、在哪里修、决口要不要堵等，都要服从于这个方针。两岸堤防一般是重北轻南，南岸决口往往不予复堵，到了金章宗明昌五年（1194年），新徙河道泛流状态才基本结束，大河南流的形势始定。紧接着又有了"决河南行"和"决河北行"的争论，原因是军事和各方面的利益发生变化，金开始感受到蒙古族的威胁。及至金朝衰微，金宣宗贞祐二年（1214年）迁都开封，治河目的又有了新的变化，企图使河北流，以防御蒙古大军南侵。可见，黄河下游在金朝占领时，治河目的初则"以宋为壑"，后则是御蒙南侵，从无防灾兴利之心，更无暇顾及河道演变的自然规律。

元灭金、宋统一全国后（1279年），为了镇压汉族人民的反抗，施行最残酷的民族屠杀，两淮南北、大河内外，曾出现人烟断绝的凄凉惨景。黄河在元代90多年中，有文献记载的决溢非常多，灾害频繁、民不聊生，是黄河史上最黑暗的年代之一。

元大都设在现在的北京，物资主要靠漕运从江南供给，漕运成为元朝的生命线，而黄河的状况与这条生命线息息相关；此外，黄河的频繁决溢不利于统治，因此朝廷不得不对河防有所重视。总的说来，元朝安定后河防责任制有所加强，堤埽工程有所发挥。而面对巨大的水灾威胁，当地民众为了生存也在与黄河进行顽强的斗争，在这过程中治黄技术有了新的发展，其中最值得称道的是贾鲁白茅堵口的业绩。至正四年（1344年）5月，黄河在白茅口（今山东曹县境内）决口，6月又北决金堤，泛滥达7年之久，危害甚大，而且北流破坏了运粮漕道，元朝朝廷考虑要加强河道治理。至正十一年（1351年）皇上拍板，任命贾鲁为工部尚书、总治河防使，指挥十五万民夫和二万士兵，开始堵口决战。一般堵口都在枯水季节，而这次堵口的紧张阶段正值6~8月的汛期，为史册所罕见。贾鲁在这次堵口过程中，既有技术上的创新，又临危不惧，指挥若定。他采取"疏、浚、塞"并举的方略，进行周密严谨的施工部署。堵口前先疏浚故道280余里，修复砀山以上北堤250里以及其他各段堤防，并堵塞若干决堤口门。堵塞黄陵口门是关键性的一仗，在此贾鲁特别下了功夫。首先，他组织力量修了三道刺水大堤，用作挑溜减弱口门溜势；其次，"入水作石船大堤"，以加强刺水大堤和截河大堤的挑流能力。贾鲁命"逆流排大船二十七艘，前后连以大桅或长桩，用大麻索、竹絙绞缚，缀为方舟……船腹略铺散草，满贮小石"，凿穴使船同时下沉，并随沉随压埽工，在船堤之后加修草埽三道；最后，在口门处下两丈高的大埽"或四或五"，实施闭门。终于在11月龙口堵合，决河绝流，故道复通。贾鲁堵口的技术水平之高，指挥之果断机智，精神胆气之壮，令今人赞叹不已，当年的堵口技术和经验至今都有直接的借鉴意义。用现代的观点看，贾鲁治河也是不自觉地运用"系统工程"技术的一个成功范例。

2.3.3　明朝治河方略与技术

1. 明朝初中期的治河方针及"三大治河任务"

1368 年朱元璋称帝，国号大明。明朝立国后很长时间不重视河事，面对严重的黄河水患，从太祖朱元璋起，十多位皇帝多数时候采取听之任之态度。明洪武十四年（1381年）秋，河南多处河决为患，明太祖接到治理报告后批示："此天灾也，今欲塞之，恐徒劳民力"，遂听之自然；次年又说，"大河之水，天泉也，必有神以司之"。皇上一言九鼎，大臣和文人们必然跟着附和。被朱元璋誉为"开国文臣之首"的宋濂从理论上跟进，"盖流分而势自平也"，如果筑堤束缚河道，不让其自由漫流，还不如听其自然，不治为好。明晚期的工部尚书杨一魁说得最直白，"任其游荡，以不治治之"。如果说定位明朝前半期的治河方针，当为"以不治治之"。

当然，明朝前半期并不是完全不问河事，有时也为治河忙得不可开交。但是，明朝治河并不是为了防止洪水灾害，保护百姓的生命财产安全，而是另有其他动因。明朝开国皇帝朱元璋死后，其子朱棣从侄儿手中夺得皇位，然后迁都北平（今北京）。处于华北平原北缘的京城，物资供应要靠水路从江南运来，局势稍定后的永乐九年（1411 年），朝廷就开始全力修复金、元代开凿的会通河，打通了从江南到北京的水上联系。从此，维持大运河的漕运成为十分重要的政治任务。

由于黄河与运河多有纠缠，黄河洪患始终是漕运安全的最大威胁，故此，一直到清代中期治河始终是在"保漕"的准则下进行。换言之，黄河泛滥淹死人皇帝可以不管，一旦影响到漕运那就非管不可了。弘治六年（1493 年），明孝宗对刘大夏下达的治河命令中说得很明确，"古人治河，只是除民之害。今日治河，乃是恐妨运道，致误国计。"到了明代中后期，嘉靖年间河情不断恶化，开始威胁到位于洪泽湖西岸的皇家祖陵，护陵又成为压倒一切的政治任务。

潘季驯在论当时的治河任务时说："祖陵当护，运道可虞，淮民百万危在旦夕。"其后，潘季驯的得意门生常居敬，更是明确了三大任务的主次，"故首虑祖陵，次虑运道，再虑民生。"在几千年的黄河治理史上，公然把御洪害保民生置于可有可无的位置，可谓匪夷所思。因此，治河只能是头痛医头、脚痛医脚，不可能按照河流演变的自然规律做出合理的规划和安排，更不可能有兴利除害的全局观。

由于黄河南行后长期得不到有效治理，问题积累到无以复加的程度。弘治年间（1488～1505 年），黄河数次大决，冲击张秋漕河，形势十分严峻，惊动了朝廷。白昂和刘大夏先后受命治理黄河。他们都采取了"北筑堤，南疏浚"的治河方法，分别在北岸修筑阳武长堤和太行堤阻断黄河北支，以保张秋漕道不受侵扰；在南岸开挖或疏浚多条支河，将黄河水分泄到淮河和泗河等其他河流。这种策略的确很有成效，特别是刘大夏治河后黄河洪水不再北犯张秋，消除了一直让皇上寝食不安的漕河北段冲毁之虞。

然而，更是致命的新问题随之冒了出来。黄河多条支河的汇入，使得淮河及其他河道淤积加剧，淮河中、下游连年洪水泛滥，明祖陵开始遭受水患威胁。"护陵"无可置疑地取代"保漕"成为头等大事。明正德至隆庆 60 多年中，治理河道的大臣就换了 40 多人，其中大多数对河患束手无策，当然也出现了几位治河名人。刘天和（于 1534 年主理河事）和朱衡（分别于 1565 年和 1571 年两次主持治河）继续采用"北堤南分"的治河方法，"北筑堤"是保护屡遭洪水冲击运河北段的一个具体工程措施，"南分流"才是他们的治河理念。如此，虽然他们也都解决了一些应急的问题，但分流带来的后果显得越来越突出，及至支河逐渐淤阻，大河亦渐趋北去之势。

2. "坚筑堤防，纳水归于一漕"的治河方针与"束水攻沙"理论

分流与筑堤的措施，自古就是治河策略争论的重点和要点，并非明朝才有。持"分流"观点的人忽视了黄河多沙这个特点，看不到水分则势弱，势弱则沙停，沙停则河淤。经过明朝初中期多年的分流，各条支河逐渐淤阻，及至明朝后期，河道恶化，"北堤南分"的治河方法逐渐失义，两位旷世治河奇才相继被推到领导地位，治河出现了具有历史意义的重大逆转。

隆庆六年（1572 年），万恭受命于危难之时，与工部尚书朱衡一起治理河道。万恭就任后，即做深入的实地调查，倾听各方面的意见和建议。他采纳了虞城一位生员提出的"以河治河"的思想，并加以完善，付诸实践。万恭对黄河的特点、治河的措施提出不少独到见解。他认为，黄河的根本问题在于泥沙，治理多沙的黄河，不宜分流。万恭精辟地论述了筑堤束水的道理，"夫水专则急，分则缓，河急则通，缓则淤，治正河可使分而缓之，道之使淤哉？今治河者，第幸其合，势急如奔马，吾从而顺其势，堤防之，约束之，范我驰驱，以入于海，淤安得可停？淤不得则河深，河深则水不溢，亦不舍其下而趋其高，河乃不决。故曰黄河合流，国家之福也。"万恭亲自实践了他的治河思想，在泗水与黄河交汇的茶城河段的治理中，用"以河治河"的办法取得了良好效果，同时在具体的堤坝工程技术上也有不少创新。由于万恭在治河方略上破旧立新，独树一帜，得罪了不少权贵，正在他治河初见成效、准备按"筑堤束水"的方针大干一场时，被指责治河不力而罢官，至此他在总理河道任上只有 26 个月。万恭为了让他的治河理论与实践为后世提供帮助，写下了《治水筌蹄》这部重要水利专著。

万恭被罢官后，河道和漕运形势每况愈下，朝廷万般无奈只好第三次任用潘季驯，并特批他独揽治河大权。潘季驯在总结前两次治河经验的基础上，汲取万恭等的治河观念，而且又有了尚方宝剑，他坚决反对盛行多时的多支分流，明确提出"坚筑堤防，纳水归于一漕"的新治河方针。为了使这个方针得以贯彻执行，他从原理上做了详尽的说明，创造了一套全新的治河理论，"筑堤束水，以水攻沙""借水攻沙，以水治水"，后来进一步凝练为"束水攻沙"四个字得以传世。

潘季驯的"束水攻沙"理论是黄河治理思想发展史上的一个重大突破和创新。过去虽然也有很多人认识到黄河的症结在于多沙，但治理黄河只是单纯地对付洪水，与清水河流治理别无二致，没有想出如何处理黄河泥沙淤积的方法；对于已经建了大约 2000 年的黄河大堤，人们对其作用仍然停留在单纯的"约拦水势"的认识上，潘季驯打破了这些认识的局限性，历史上第一次揭示了"水、沙、堤"三者之间的内在关系，发明了

"筑堤以束水，以水攻沙，达到治水的目的"的治河新理念，为黄河治理开辟了一条全新的道路。

潘季驯不单是个理论家，还是一个卓越的工程师。为了"束水攻沙"理论能够付诸实践，潘季驯在工程技术方面创造了很多配套措施，最重要的技术创新表现在两个方面。第一，开创了一个完整的兼具束水和防患功能的堤防系统。他修筑的堤防分为遥堤、缕堤、格堤、月堤四类，其中最主要的是遥堤和缕堤，遥堤即原来的两岸黄河大堤，缕堤是他新创的束水工程。"筑遥堤以防其溃，筑缕堤以束其流"，两堤之间修格堤（横堤），以缓冲缕堤一旦决口的漫滩水流；缕堤之内修月堤（半月形，两端接缕堤），增加缕堤的抗冲性。四类堤防各司其职又相互配合，形成一个既能束水冲沙又能拦约洪水、自身安全和功能又有保障的有机联系的堤防系统，相对于原先只有拦约洪水作用的两岸堤防，这是一个重大突破。第二，创建减水坝。按贾让的说法，战国时期创堤之初，两岸大堤堤距很宽，"作堤去河二十五里"，经过 2000 年的复建完善，"宽河"在很多地段仍得以基本维持。黄河夺淮南行后，新河道很窄，潘季驯虽然主张遥堤宜远，但根本无法实现。他曾说过，"遥堤离河颇远，或一里余，或二、三里。"区区两三里堤距根本不算远，问题是两岸土地已经被人占用，修这么宽的堤距已经勉为其难。如此，实施"纳水归于一漕""束水攻沙"面临的第一个棘手问题，就是河槽过洪容洪能力严重不足。针对这个问题，潘季驯在大堤上修建滚水石坝，"滚水石坝即减水坝也"，亦即当今的分洪溢流堰。潘季驯认为，"黄河水浊固不可分，然伏秋之间淫潦相仍，势必暴涨。两岸为堤所固，水不能泄，则奔溃之患有所不免。……各建滚水坝一座，……，万一水与堤平，任其从坝滚出，则归槽者尝盈而无淤塞之患，出槽者得泄而无他溃之虞。全河不分而堤自固矣"。减水坝顶低于所在大堤堤顶，当洪水漫过减水坝时即自动溢出分洪，大堤得以保全。否则，在当时的条件下稍有大一点的洪水，都可能出现大规模的溃堤。

潘季驯不但是"束水攻沙"理论和技术的提出者，而且是大力践行者，在实践中检验和完善他的理论及技术。他共修筑遥堤、缕堤及其他堤防达几百里，堵塞决口 130 个，建减水石坝 4 座，对淮、扬间的堤坝进行修复加固。经过这次系统治理，数年"河道无大患"。万历十六年（1588 年）潘季驯第四次治河，普遍对堤防闸坝进行了一次整修加固，加帮或新筑遥、缕、格、月等堤，新旧堤合计长达近三十万丈（大约 2000 里）。在他的示范引领下，"坚筑堤防，纳水归于一漕"的治河方针多被后人所接受，虽然反对声音不断，直到清朝都遵循着这一方针。

潘季驯的"束水攻沙"理论是黄河治理史上的一座里程碑。大禹是传说中的神话人物，贾让空有三策传世，王景治河业绩无人可比，但缺乏有影响力的理论和思想。"束水攻沙"理论曾在我国甚至在全世界水利发展史上处于超前的位置，直至 20 世纪 20 年代前后，西方专家对于黄河治理先后提出的若干建议，大多没有超出"筑堤束水"的范畴。在科技发达的今天，"束水攻沙"仍然有其应用价值。

如今，对潘季驯理论的一些认识和评价仍有值得商榷的地方。首先，"束水攻沙"并不能构成一个系统化的科学理论体系，也不是一种"思考所遵循的范式"，与现代人们所理解的"理论"（theory）或者"思想"（thought）还有一定差距，实际上它只是一个很有创意的想法和点子（idea），说成一种技术（skill、technique）比较恰当。"束水攻沙"技术和所有的中国古代技术一样有一个共同的致命缺陷，就是缺乏定量分析，过分高估"束水攻沙"的学术价值，有时会给人以误导。"束水攻沙"作为一种治河技术，可在某些特定条件下应用，不能大范围展开。最关键的问题是，该技术没有考虑泥沙的去处，只是把泥沙冲走，殊不知上游的沙被攻入下游后，即使一直把窄堤修到入海口，把泥沙全部输送到海里，河口也必然会快速淤积延伸，又有可能引起上游水位的抬升，河流比降变缓，使水流的挟沙能力和河道的过洪能力降低，反过来影响攻沙的效果。潘季驯之后的明清两朝大多遵循"束水攻沙"的方针治河，但黄河河床仍在继续抬高，随后于 1855 年在铜瓦厢发生决口改道的剧变。

另外，虽然减水坝能缓解"束水攻沙"治河方针对河道产生的不利影响，但是减水坝分洪是要付出很大代价的。分洪区的人认为减水坝无缘无故给他们带来了灾难，恨透了主修减水坝的潘季驯和其他治河官员。潘季驯等几任河官，力斥分流，大倡筑堤，虽有一定成绩，而不久河又为患，潘季驯之后 200 多年淮河入海河段就被淤死了。

"束水攻沙"作为一种治河技术有其理论和应用价值，但把它作为"治黄方针"是注定不行的。因为它没有把黄河作为一个统一的"系统"来考虑，对巨量泥沙的"来处"和"归宿"没有通盘谋划。

另外，还有一个问题需要澄清。潘季驯提出"坚筑堤防，纳水归于一漕"的治河方针，虽然是以"束水攻沙"作为其主要理论基础，但两者并不完全是一回事。近 500 年来，黄河的情况发生了翻天覆地的变化，当年南行的黄河北折东流也有 160 多年，"坚筑堤防，纳水归于一漕"的治河方针至今一直被遵循着，只不过它仅仅作为人民治黄以来逐步形成的"上拦下排、两岸分滞"控制洪水、"拦、调、排、放、挖"综合处理和利用泥沙治黄方略的一部分。

2.3.4　清朝河事与治黄方略

1. 清朝河事概况

清朝仍然依赖南方的物资供应，清朝的前半期依然视南北大运河为生命线。因此，清朝的前半期依旧把保漕作为治河的主要任务。出乎意料的是，清朝为了展示其大度，要保护明朝祖陵，所以仍然延续明朝"首虑祖陵，次虑运道，再虑民生"的三大治河任务，大多遵循潘季驯的治河方针和思路。

由于整个清朝黄河河患不断，影响了皇帝的统治地位，所以皇帝开始对治河重视起来。特别在清朝处于上升期的康熙年代，他重用治河能人靳辅，为清朝治河留下了一个亮点。靳辅在康熙十六年至二十六年（1677~1687 年）连续十年任治理黄河的主管官（河道总督）。他在任职期间，破格起用"布衣"治河奇人陈潢做助手，充分发挥陈潢的天赋和才干，两人配合默契，相得益彰，治河取得一定的成就，暂时维持了"小康"局面，靳辅和陈潢的传奇合作也成为一段历史佳话。

虽然清朝的各个年代被重用的治河能人还有很多，他们在治河中也都有不俗的表现，但在"首虑祖陵，次虑运道，再虑民生"的荒唐指令下，河必然是治不好的，就像昭示延续了几千年的帝王时代即将终结一样，夺淮南行了 700 多年的黄河，再也维持不下去了，淮河入海河段逐渐被淤死，至今不能复生，黄河也遂于 1855 年在铜瓦厢决口，夺大清河复归渤海，开始了一轮新的河患周期。

黄河在铜瓦厢决口夺大清河入海时，太平天军与清军正杀得天昏地暗，满清王朝命悬一线，根本顾不上河事，只有任其自由泛滥。改道初期，清朝官员并未在铜瓦厢以下沿河筑堤，只由民间在河岸筑小埝稍作抵挡。这次黄河大改道，毕竟是 700 多年未有之大事件，如何处置朝野争论不休。有人主张堵复决口，挽河回淮徐故道；有人则坚持就新河筑堤，使之改行山东。及至同治中兴，内乱稍为平息，朝廷不得不着手理政黄河时，挽河回故道已经不现实了，主张走新河的人占多数。一方面，故道早已淤成平陆，旧时堤坝几乎毁坏殆尽；另一方面，新河河槽已渐渐刷成，此时再行堵筑为时已晚。河从山东入海，运河将长期受害，这是皇帝最犯难的事情。这时，重臣李鸿章打出重拳，主张以海运代替河运，上书"当今沿海数千里，洋舶骈集，为千古以来创局，已不能闭关自治，正不妨借海运转输之便，逐渐推广，以扩商路，而实军储"（引自《李文忠公全集》的《黄河两运修防章程》）。李鸿章的主张顺应了时代发展趋势，而且要挽河归故道需花费巨额银两，彼时府库空虚，经费无法筹措。自同治三年（1864 年）开始，官府主持修筑新河堤防，至光绪十年（1884 年）改道后的黄河新堤已经基本完整地建立起来。新河堤防布局有一个明显的特点，即上段堤距宽，下段堤距窄。这与其形成的过程有关，新河两岸的堤防，多是在民埝的基础上修筑的，而民埝的建立，又随当时的水势而定，堤距宽就要多占地，堤要往外扩是非常困难的。

从传说中的大禹时代起，一直延续了 4000 多年以黄河为中心的内陆水运，到此终结。但曾经落后于我们几千年的欧洲，在 18 世纪中叶兴起的工业革命推动下，开辟运河的工程如火如荼，以近代科技和工业为支撑的近（现）代水利工程体系正在形成。近代科技之风很快就要吹进封闭而古老的国度，有着 4000 多年历史的黄河治理事业也随之发生了亘古未有的大变局。

2. 靳辅–陈潢与"治河方略"

陈潢逝世后，其治河言论由同事张蔼生纂为《河防述言》一书。靳辅把《河防述言》编入奉命所写的《治河书》，后改名为《靳文襄公治河方略》，通称《治河方略》。"治河方略"这一专用名词由此诞生，广为传播，成为行业内外、官方民间都乐于使用的热词，至今热度不减。靳辅和陈潢有很多颇有见地的治河主张。

（1）治河要先"历览规度""审势以行水"。即动工之前要先做实地调查，并在此基础上做好规划。陈潢认为，"由是观之，非历览而规度焉，则地势之高下不可得而知，水势之来去不可得而明，施工之次序亦不可得而定也。"若不"知势"则用力多而成效少，若"审势以行水，则事半而功倍"。

（2）治水应审其全局，"源流并治"。陈潢认为，既要研究"一节之势"，又要研究"全体之势"，不能为一地一时而误了全体或遗留后患。他说："论全体之势，识贵彻始终，见贵周远近。"靳辅也说："凡大工之兴，先审其全势，全势既审，必以全力为之"，他认为应将黄河和淮河的上下全势统行规划，"源流并治，疏塞俱施"。

（3）"鉴于古而不胶于古""随时制宜"。陈潢认为，"宇宙万事万物皆有变""故善法古者，惟法其意而已"。靳辅也说，治河之事，"有必当师古者，有必当酌今者""总以因势利导，随时制宜为主"。

（4）期尽人事，不诿天数。治河是"听天命"，还是"尽人事"历来是个大问题。每当灾难来临，"听天命"的想法就盛行，动摇军心，影响不好。陈潢和靳辅坚决抵制这种观点。陈潢说："惟期尽人事而不敢诿之天灾，竭人力而不敢媚求神佑。"靳辅认为，"保全河道之计，全在尽人力，而不可诿之天数"。这些都是针对长期以来严重妨碍治河的积弊而提出的解决办法，他们在实践中积极贯彻这些主张，取得了一定的成效。这些产生于300多年前的治河观点，今天仍有参考价值。

2.4　现代科技带来的转机

2.4.1　外国学者的引介

从19世纪后期开始，陆续有一些西方先进国家的专家学者把近代科技引入中国，也包括引入治黄工作的具体技术与方法。因此，基于现代科学技术的治黄理论与技术孕育于19世纪末。其中，比利时工程师卢法尔发挥的作用值得肯定。光绪二十四年（1898年），清廷派李鸿章会同一批官员沿河实地查勘，拟定黄河改道夺大清河之后的治理办法，卢法尔作为专家被邀同行，并编写了查河报告。卢法尔说："治河如治病，必先察其原""黄河在山东为患，而病原不在山东""由山东视黄河，黄河只在山东。由中国视黄河，则黄河尚有不在山东者。安知山东黄河之患，非从他处黄河而来？故就中国治黄河，黄河可治。若就山东治黄河，黄河恐难治。"因之，论述泥沙的来源，"盖下游停淤之沙，系由上游拖带而来"，迨至下游平原，"流缓则沙停，沙停则河淤，河淤过高，水遂改道"，纵横于广大平原之上。他得出结论，"今欲求治此河，有应行先办之事三：一、测量全河形势，凡河身宽窄深浅，堤岸高低厚薄以及大小，水之深浅，均须详志；二、测绘河图，须纤悉不遗；三、分段派人查看水性（量），较量水力，记载水志，考求沙数，并随时查验水力若干，停沙若干。凡水性（量）沙性（量），偶有变迁，必须详为记出，以资参考。"过去对于很多问题一直理不清楚，最主要的原因是没有水、沙、河道的基本测量资料，则"无以知河水之性，无以定应办之工，无以导河之流，无以容水之涨，无以防患之生。"他认为，"此三者事未办，所有工程终难得当，即可稍纾目前，不久旋踵而前功尽隳矣"。"按照图志，可以知某处水性地势，定其河身。由河身即可定水流之速率，不使变更，水面之高低，不使游移。凡河底之深浅，河岸之坚脆，工料之松固，均可相因无意外之虑。此皆算学（科学）精微之理，不能以意为之。定河身最为难事，须知盛涨水高若干，其性（量）若干，停沙于河底者几多，停沙于滩面者几多。涨之高低速率不同，定河身须知各等速率，方能使无论高低之涨，其速率足刷沙入海"。借此，他提出了裁弯取直、河堤修筑护岸工程和海口治理的建议；提出了下游建设减水坝，上游修建拦洪库、拦沙坝和山区治理等建议。总之，他认为治理黄河应从全河着眼，应从了解黄河的自然现象和基本情况入手，探索水沙运行规律，采取多种手段综合治理，才能提出可行的治理方案。他的建议直击几千年治黄沉疴的要害，但当时李鸿章及其同侪们理解不了卢法尔的思想，在次年二月奏报《大治办法十条》中并没有接受卢法尔的建议。二三十年后，我国现代水利奠基人李仪祉先生也提出了几乎与卢法尔一样的治黄建议。

如果说卢法尔的治黄建议只是"风起于青蘋之末"，没有起到很大的影响，后来的几位欧美学者可谓是真正把近代水利科学引入中国，并身体力行引领了现代黄河治理的科学研究。20 世纪初，美国的费礼门和德国的恩格斯两位教授，在黄河治理方略的研究和探索方面，引进了新方法，提出了很多有益的见解。费礼门于 1919 年来我国考察黄河，曾对黄河的水沙做过数量上的测验。他提出的治河方策的主旨是，使"黄河流行于窄河槽中"，具体的办法是在原有旧大堤之内"另筑"直线新堤，"在此新的二堤之中，存留空地，任洪水溢入，俾可沉淀淤高，可资将来之屏障。如遇特别洪涨，并于新堤与河槽之间修筑丁坝，以防新堤之崩溃"。费礼门建议两岸新堤的间距约为 800m，在丁坝控制下的河槽应不超过 550m。为此，他委托恩格斯在德国代做河工模型试验。因为试验结果不够理想，他便不再坚持这种主张。恩格斯是 19 世纪末～20 世纪初德国萨克逊大学的教授，著名的河工模型试验专家，虽然没有到过中国，但非常用心致力于黄河研究。他先后三次开展黄河模型试验，著名的"固定中水位河槽"的治河方针就是他提出的，至今仍为黄河治理工程界所遵循。

2.4.2　先行者的开拓

虽然西方国家的学者在早期现代治河思想和技术传播方面发挥了极大作用，但是真正能够推进治黄思想和技术革命的还得靠中国人自己。20 世纪初，不少从西方学到了全新科学方法的学者，回国致力于黄河治理研究，提出了全新的治河理念。最具代表性的人物是李仪祉先生和张含英先生。李仪祉是我国近现代水利科学技术的开路人和奠基者，他于辛亥革命前后留学德国，学习土木工程专业；回国后，从 1915 年开始直至 1938 年病逝，他长期任教于河海工程专门学校，曾主持陕西省水利厅业务工作，也曾任华北水利委员会委员长、黄河水利委员会委员长、导淮委员会委员兼总工程师、全国救济水灾委员会总工程师和扬子江水利委员会顾问、中国水利工程学会首任会长。在此 20 多年间，他撰写了大量的教学讲义和学术论文，培养了大批水利人才，大力倡导科学治水，为我国水利事业发展做出巨大贡献。他"用古人之经验，本科学之新识"，积极推行"科学治河"，组织力量进行水文和地形测量，委托德国专家做黄河模型试验，使黄河治导工作有据可依。他第一个主张综合治水，开创性地把单一治水观念推向多目标综合开发的新境界。

随后的张含英，对治黄研究和实践也做出了巨大贡献，在 20 世纪 40 年代提出了"黄河治本论"。他认为"黄河治本之策为掌握五百亿立方之水流，使其能有最惠之利用，为最低之祸患耳！""治本"并不是要达到一劳永逸的目的，而是追求一种持续的"最惠之利用，最低之祸患"的方法。他强调以兴利为治理黄河目的之一的重要性，论述了"兴利"与"防患"的辩证关系，主张防患与兴利并举，"欲根治黄河，必具有各项工程计划与经济计划及配合之总计划，再按步逐年实施，始克有成。非可以一件工程便能奏效，亦非可以一劳永逸者也。换言之，治理黄河，应上、中、下三游统筹，本流与支流兼顾，以整个流域为对象，而防制其祸患，开发其资源，俾得安宁社会，增加农产，便利交通，促进工业，因而改善人民之生活，并提高其文化之水准"。

李仪祉和张含英的治河主张开创了现代"治河方略"的先河。现代"治河方略"有两个重要的标志：一是以现代科学为基础，而古代方略只依赖经验和判断；二是全局的、"系统"的思维，如主张"综合治水""标本兼治""兴利与除患兼顾""上、中、下游统筹"等。今天来看，当时两位老先生的主张已经具有系统工程的雏形。

虽然李仪祉、张含英等先生学贯中西，是水利行业难得的奇才，他们的治河主张在很多方面具有超越时代的见解。但是，当时的中国正处于动乱之中，他们绝大部分主张完全没有实施的可能，甚至对他们的主张响应和关注者寥寥无几。新中国成立以后，关于"治河方略"的研究和讨论，才真正逐步广泛和深入地展开，主动地对黄河进行"除害兴利"的治理开发活动才真正开始。

2.4.3　现代科技的植入

新中国成立前，黄河治理技术也有一些零碎的实质性进步，其中最重要的是拓荒性测量和通信工作。测量技术的引入，是治黄技术和理论定量化的肇始，也是西方科学技术传入我国之后，治黄理论与方法的研究发生根本性变化的开端。光绪十五年（1889 年）河督吴大澂主持测绘了豫、直、鲁三省黄河图，开始用现代的测绘技术来绘制黄河下游的地形。在水文测验方面，民国八年（1919 年）分别在河南陕县和山东泺口两处建立水文站，测验流量、水位、含沙量和雨量等。此后，相继于汾河、沁河流域设立雨量站，以扩大降雨观测范围。为了便于传递洪水信息，光绪二十五年（1899 年）就有建议"南北两堤，设德律风传语"（"德律风"即电话）。山东河防总局于 1902 年开始设置电讯机构，架设电话线路，到 1908 年两岸已架电话线 700 多公里。这些如今看似无足轻重的平常事，当年可是破天荒的新奇事，现在覆盖全流域的测绘及水文测验、通信系统，就是从这些小事起步的。在传统的河工技术方面，也引进吸收了一些国外现代技术手段，并加以改进和完善。例如，20 世纪 20 年代初引进的沉排技术，极大地改善了传统坝工的抗冲性能，因而迅速得到应用推广，并一直沿用至今，黄河下游上万处坝垛垛大多以沉排作为根基。这些点滴的进步让世人真切感受到科技的魅力，预示着科技春天的到来。

2.5　人民治黄的巨大成就

2.5.1　人民治黄打开新局

1. 治理情势严峻

黄河的治理和开发历史悠久，但也充满了辛酸和血泪。固然，黄河"野性"太强是客观原因，而生产力低下、科技发展徘徊不前，人类没有足够的智慧和力量去抗衡大自然的冲击，也是一个不可忽视的原因，其中起决定性作用的内在问题是混乱的政治与社会因素。黄河下游属于强累积性堆积河流，随着时间的推移，问题变得越来越严重。1855 年，黄河下游发生铜瓦厢决口改道剧变，在北宋覆灭前几千年历史中，黄河下游一直在山东半岛以北入海，这次南行仅勉强运行了 700 余年，河道就被淤塞堵死重回北流（如按前述细分应属东流），此次南流明显短于过去的北流期和东流期，说明黄河下游河道淤积抬升的速度加快了。此时，正值延续 2000 多年的封建时代走向衰亡，加上列强入侵，国运河运都降到历史最低点。虽然，这期间现代科技由西方传入我国，一些有识之士在学习了先进的思想和方法之后，开始探索新的治黄之道，但是在连年战乱之中，他们只能空怀抱负。大改道后的黄河，近百年没有得到有效治理，河患愈演愈烈；而且，1938 年抗日战争进入到最危急关头，国民政府为阻止日军南下，在郑州花园口炸开黄河大堤，以水阻敌，发生了人为决口改道大惨案，造成了巨大灾难。抗战胜利后，国民政府不顾原河道已迁入大量居民和河道废弃多年已不具备过洪能力的现实，仓促复河，引发了新的矛盾。直至临新中国成立时，黄河下游防洪工程多年失修，早已残破不堪，随时有可能决堤发生大洪灾；曾经辉煌的引黄农田水利和涉黄水运，早就几乎消失殆尽。可谓，大河上下满目疮痍、危机四伏，两岸居民生命财产安全受到严重威胁。

2. 开局考试出彩

　　1949 年中华人民共和国成立，标志着一个新时代的到来。社会制度的变革彻底打碎了束缚生产力和人们思想的旧枷锁，为我国彻底改变贫穷落后走向繁荣昌盛创造了政治和社会条件，黄河治理开发和我国其他事业一样，从此跨入了历史新纪元。

　　实际上，早在 1946 年黄河花园口堵口复河时，中国共产党就开始介入并逐步接管黄河事务。此时，中国共产党对黄河治理行使的范围以故道内外的解放区为主。

　　在花园口堵口复堤工作中，中国共产党方面充分认识到，由于黄河下游大堤经年失修，残破不堪，如果贸然复河，必然会造成重大灾难，因此据理力争，坚持"先复堤，后堵口"；同时，积极组织军民加紧复堤，以保证复河后不会造成更大的损失。面对黄河下游千疮百孔的防洪工程，王化云先生带领治河新军全力以赴开展下游堤防修补和河道清理，同时加紧分滞洪工程的安排和建设，以确保下游防洪安全。新中国成立前夕，新一代治黄人迎来一场严格的"入学考试"。1949 年汛期，黄河干支流连降暴雨，下游先后 7 次涨水，花园口站洪峰流量达 12300 m^3/s，洪量大，水位高，黄河大堤长时间很水，漏洞、管涌、塌坡等险情频频发生。在共产党领导下，广大黄河职工与沿河干部群众顽强拼搏，艰苦奋战，终于战胜了这场来势凶猛的洪水。初战告捷，为人民治黄伟大事业开了个好头。

　　新中国成立后，党和国家对黄河治理开发极为重视，把它作为国家大事列入重要议事日程，建立了高效负责的组织制度和机构。1950 年 1 月，中央决定将成立于战争年代的黄河水利委员会（以下简称黄委会）改为流域性管理机构，直属水利部，代表水利部行使黄河流域内水行政主管职责，全面负责有关黄河治理开发的日常管理和协调等工作。全流域及沿黄各地各级政府和人民群众都积极参与、支持一切与黄河相关的工作，众多大学和科研、设计及勘测部门积极投入黄河科学考察、科学研究和勘测设计等。人民当家作主后，黄河治理开发有了明确的伟大目标，70 多年艰苦卓绝的奋斗，确保了黄河岁岁安澜。如今，习近平总书记把黄河流域生态保护和高质量发展上升为重大国家战略，"让黄河成为造福人民的幸福河"成为新时期黄河治理开发保护的主要目标。

2.5.2　四部治理开发规划

现代治黄的重要标志，是由过去单纯的下游防洪走向全河治理。历史告诉人们，"要把黄河的事情办好"必须有一个统筹的整体规划。至今，黄河治理开发经历了四个阶段的大型规划，黄河治理开发的进程基本按照这些规划推进。

1. 第一部规划

1952 年 6 月，王化云在《治理黄河初步意见》中第一次正式提出了"除害兴利、蓄水拦沙"的治黄主张，并编入了 1954 年颁布的《黄河综合利用规划技术经济报告》（以下简称黄河综合规划）。开天辟地的第一部黄河治理规划以"综合利用"为题，明确提出了"除害兴利、综合利用"的指导方针，表明新时代黄河治理不仅仅为了防止洪水灾害，还要让黄河造福人民，当然"除害"仍然放在首位。这个方针明确了黄河治理开发以"制止水土流失、消除水旱灾害，并充分利用黄河水资源进行灌溉、发电和航运"为基本任务，提出了"从高原到山沟、从支流到干流、节节蓄水，分段拦沙，控制黄河洪水和泥沙，根治黄河水害，开发黄河水利"的总体布局。1955 年 7 月，全国人大一届二次会议讨论并通过了《关于根治黄河水害和开发黄河水利的综合规划的决议》，黄河综合规划从此具有了相当于国家法规的权威性。这部规划提出的"除害兴利、综合利用"的治黄方针一直被遵循至今，几十年来后续的几次规划修编都是在此基础上做了补充和完善。按照规划，我们相继建设了三门峡、刘家峡等水利枢纽工程，加高加固了黄河下游堤防，开展了黄土高原地区水土流失治理，建设了一大批引黄灌溉工程，促进了黄河流域经济社会的发展。但是，由于规划设计中对泥沙问题的严重性估计不足，落实规划的过程也遭受一些挫折。三门峡水库 1960 年下闸蓄水，一年时间库区就淤积了 15 亿 t 的泥沙，继而进行了两次大规模改建。经过科研和工程技术人员几十年的努力，创造了水库"蓄清排浑"的运行方式，并不断改进完善，成功地遏制了库区泥沙淤积，使三门峡工程得以保留部分功能，同时也为多沙河流水库建设和运用提供了宝贵经验。

在总结三门峡水利枢纽工程建设经验教训的基础上，1963 年 3 月王化云在《治黄工作基本总结和今后方针任务》报告中，将他在 1952 年提出的治黄主张中的"蓄水拦沙"拓展为在上中游拦泥蓄水、在下游防洪排沙，即"上拦下排"的治黄方针。从"蓄水拦沙"到"上拦下排"处理洪水泥沙这一治黄核心问题指导思想的突破，是治黄具体方略不断完善过程中关键的一步。

2. 第二部规划

1990 年，黄委会提出了《黄河治理开发规划报告》，几经修改于 1997 年完成《黄河治理开发规划纲要》（以下简称纲要）。纲要贯彻"兴利除害、综合利用"的治黄方针，提出治理开发的主要任务是"提高下游的防洪能力，治理开发水土流失地区，研究利用和处理泥沙的有效途径，开发水电、开发干流航运，统筹安排水资源的合理利用，保护水资源。"在防洪减淤方面，完整地提出了"上拦下排、两岸分滞"控制洪水和"拦、排、放、调、挖"综合处理泥沙的基本思路，促进小浪底水利枢纽的建设；在水资源利用方面，提出了黄河可供水量分配方案；在水土保持方面，提出了以多沙粗沙为重点，以小流域为单元的黄土高原水土流失综合治理思路；在干流梯级工程布局方面，由 1954 年规划的 45 座梯级调整为 36 座梯级，其中龙羊峡、刘家峡、黑山峡、碛口、古贤、三门峡和小浪底七大控制性骨干工程为综合利用枢纽工程，构成黄河水沙调控体系的主体。

3. 第三部规划

1998～2001 年，根据水利部的统一部署，组织开展了黄河流域防洪规划修编工作。首先，开展了《黄河的重大问题及其对策》研究，在此基础上完成了《黄河近期重点治理开发规划》。该规划的指导思想是，坚持全面规划、统筹兼顾、标本兼治、综合治理的原则，实行兴利除害、开源节流、防洪抗旱并举。把防洪作为黄河治理开发的一项长期而艰巨的任务，把水资源的节约和保护摆到突出位置，把水土保持作为改善农业生产条件、生态环境和治理黄河的一项根本措施。该规划继续强调防洪的重要性，第一次把水资源节约和保护、水土保持放在与防洪同等重要的位置；再一次明确了"上拦下排、两岸分滞"控制洪水与"拦、排、放、调、挖"处理和利用泥沙的基本思路；提出了"开源节流保持并举、节流为主、保护为本、强化管理"开发利用和保护水资源，"防治结合、保护优先、强化治理"进行水土保持生态建设的基本思路，对近 10年防洪减灾、水资源开发利用及保护和水土保持生态建设等方面的措施进行了安排。2002 年，国务院批复了水利部报送的《黄河近期重点治理开发规划》。批复要求通过治理开发，用 10 年左右时间初步建成黄河防洪减淤体系，重点河段防洪工程达到设计标准，基本控制洪水泥沙和游荡型河道河势，完善水资源统一管理和调度体制，基本解决黄河断流问题；加强黄土高原水土保持工作，有计划有步骤地实施退耕还林还草，基本控制人为因素产生新的水土流失，遏制生态环境恶化的趋势。近期，要把黄河下游防洪减淤作为治理重点，加强堤防、河道整治工程和分滞洪工程建设。批复强调，该规划的实施，要着眼长远，立足当前，突出重点，合理安排，加强管理，做好前期论证工作，加大投入力度。

4. 第四部规划

2007 年 6 月，国务院办公厅转发水利部《关于开展流域综合规划修编工作的意见》的通知，部署在全国范围内开展新一轮流域综合规划的修编工作。按照国务院的要求和水利部的工作部署，黄委会组织有关单位会同流域九个省（自治区），于 2009 年 12 月修编完成了《黄河流域综合规划（2012—2030 年）》（以下简称规划）。2012 年 12 月，规划通过了国务院有关部门会签，2013 年 3 月国务院批复了该规划。

从题目上看，这一次是"黄河流域"的规划，而前几次规划均没有专门点到"流域"，这就决定了此次规划涉及的面要比前几次宽得多，内容也广泛得多。该规划在前几次规划的基础上，做了不少修正、补充、完善和提高工作，更在指导思想、治黄理念、总体布局、规划内容等方面有了新的发展。

规划提出，要把推动民生水利新发展放在首要位置，要以增水、减沙、调控水沙为核心，以保障流域及相关地区的防洪安全、供水安全、能源安全、粮食安全、生态安全为重点；明确黄河治理开发与保护的长远目标是，维持黄河健康生命，谋求黄河长治久安，支撑流域及相关地区经济社会可持续发展；提出构建完善的水沙调控体系、防洪减淤体系、水土流失综合防治体系、水资源合理配置和高效利用体系、水资源和水生态保护以及流域综合管理六大体系的总体布局，强调水沙调控体系是防洪减淤体系、水资源合理配置和高效利用体系的核心，也与其他体系密切相关，是总体布局的关键。这些是本次规划几个重要的创新点。规划中关于建立和完善科技支撑体系的创意，不但在历次黄河规划中未见，在国内外其他流域规划中也是少有的。规划重申坚持"全面规划、统筹兼顾、标本兼治、综合治理"的规划原则，但更进一步突出了规划的系统性、综合性和可操作性；强调水土保持是"拦"减入黄泥沙的根本措施，进一步明确了骨干水库联合拦沙和调水调沙是提高"排"沙能力的主要措施之一，是减轻河道淤积的关键措施；将处理和利用黄河泥沙的方针由"拦、排、放、调、挖"调整为"拦、调、排、放、挖"，突出了"调"的作用。其中，本书第一作者江恩慧直接参与了本次规划编制的水沙调控、河道治理、泥沙处理与利用、科技支撑体系等部分内容的编写，在泥沙处理和利用这个关键问题上，更加强调了泥沙资源的有序开发和利用；在科技支撑体系中，提出了建设流域科研与创新试验基地，其后带领黄河水利科学研究院（以下简称黄科院）的科技人员编写了《黄河流域科技创新中心建设实施方案》，是水利部四大非营利科研单位第一个上报水利部国际合作与科技司的方案，可惜由于种种原因未能实施。

第一部治黄规划开天辟地，免不了有考虑不周全的地方，但是瑕不掩瑜，还是为后续规划打下了坚实的基础，"除害兴利、综合利用"的指导方针一直为后续历次规划所继承。随着人们对黄河认知水平的不断提高，治黄规划都在充分总结吸纳规划实施过程中的治黄实践经验，逐步补充、修正、完善、提高。应该承认，每一次规划编制都广泛征求了各方面的意见，凝聚了无数治黄人和关心黄河的专家学者的智慧，得到了当时绝大多数人的共识，以及国家最高立法机关或者最高行政机构批准颁布，具有法定效力和很高的权威性，是谋求黄河长治久安和支撑流域经济社会可持续发展的纲领性文件，对于保障流域及相关地区防洪安全、供水安全、粮食安全和生态安全具有极为重要的意义。

2.5.3　科学研究重大进展

新中国成立后的黄河治理开发保护伟大事业，引入了各种门类和学科的现代科学技术。但是，对于黄河这条世界上最复杂难治的河流，很多学科知识和方法在其他清水河流或少沙河流上的应用效果非常好，到了黄河就不能完全适用。因此，开展黄河治理开发保护的相关科学研究非常必要。参与这一伟大科学研究的有黄委会直属的科研、设计、工程建设和管理等单位的科研人员，也有全国各大专院校及相关科研机构的专家学者，经过几代人几十年的努力，攻克了一个又一个难关，在理论和技术上都取得了重大进展，有力地支持了黄河治理开发保护事业的顺利进行。

黄河以泥沙问题最为突出，最具挑战性，黄河的科学研究以泥沙研究投入最多，成果最为丰富。在此，简要介绍与本书撰写目的紧密相关的几个方面的研究进展。

1. 水土保持与入黄泥沙

过去几千年人们对黄河泥沙的认知只有沙多这一笼统的概念。黄河治理开发及科学研究必须从摸清泥沙基本情况做起。

新中国成立后，黄委会在加快水文观测站网建设的同时，不断改进测验方法，特别是泥沙测验技术，通过科学的统计、校定和插补，建立起尽可能可靠和完备的泥沙数据库，为黄河泥沙研究和治理提供了最基本的数据资料。20 世纪 50 年代初开始，黄委会及有关部门多次组织对黄土高原进行全面细致的考察，基本摸清了黄土高原水土流失情况与入黄泥沙来源、多少和粒径大小等空间分布规律。60 年代以后，钱宁等通过对下游河道实测数据资料进行分析发现，中粒径大于 0.1mm 的入黄泥沙几乎全部淤积在下游河道内，主槽表层淤积物中 80%以上为粒径大于 0.05mm 的粗泥沙，说明黄河粗泥沙对下游河道危害很大，细颗粒泥沙则危害不大甚至无害，黄河治理必须集中针对占比较大的粗泥沙来源区进行治理，才能有明显成效。进一步对泥沙来源区资料进行分析后又发现，粗泥沙主要来自河龙区间的黄土丘陵沟壑区，这一地区约占黄土高原水土流失面积 43.5 万 km^2 的 1/4，但产沙却占黄河总来沙量的 3/4 左右，其中粗泥沙又占到黄河总粗沙来量的 2/3。这些发现确切地点到了黄河复杂难治顽疾的"病灶"，为对症下药创造了条件。根据这一研究成果，国家明确了黄土高原治理保护的重点区域，使得有限的人力、财力和物力能够优先发力于关键部位，从而较快地看到改善当地生态环境、减少入黄泥沙的明显效果，并发挥可持续的良性效应。其后的几十年，水利部和黄委会不断地在黄土高原地区推进水土保持工作，连续组织了 5 期黄河水沙变化跟踪研究；特别是国家近 20 年在黄土高原地区实施退耕还林还草政策之后，入黄泥沙的减少幅度明显加快，近十几年入黄泥沙量减少近九成，充分体现了科研对治黄工程实践的指导作用。

2. 黄河泥沙输移基本规律

黄河泥沙的输移与沉积取决于"水流挟沙能力"这个关键性因素，多年的黄河泥沙运动基本规律研究以"水流挟沙能力"为一个重点，沿着从经验到半经验半理论、逐步加重理论分量以增强成果的可靠性和普适性的路线，取得了一系列不同形式、不同适用对象的研究成果。这些成果被直接用于黄河泥沙冲淤演变计算，运用于数学模型或河工模型模拟方法和计算水平的提升。泥沙对水流阻力的影响作为另一个研究重点也取得了重要进展，特别是对高含沙水流减阻规律、异重流排沙、揭河底冲刷和洪峰增值等特殊水流现象的形成或运移机理的研究，独树一帜，取得引人注目的研究成果。泥沙运动基本规律研究是整个黄河科技的重要基础，其研究成果为其他方面的黄河科研、工程实践等提供了有力的科技支撑。

3. 下游河床演变和河道整治

黄河下游河床演变有两个突出的特点，一是持续强烈堆积，二是河床稳定性差，尤其是高村以上 299km 的游荡型河段较为明显。黄河下游河床演变研究主要围绕这两个特点开展攻关。目前最重要的一个进展是对黄河下游河道的冲淤演变规律有了比较深入的了解，认识到下游河道泥沙冲淤主要取决于水量和沙量（及粒径）的大小及搭配关系、河道特性、河口边界条件，确定了它们之间的一些数量关系；其中一个重要发现是，当且仅当流量与含沙量相适应时，就会有较好的输沙减淤效果，对水沙的优化搭配组合有了基本的认知。这些成果直接支撑了有效提高水流输沙能力、减缓下游淤积的水沙调控、河道整治等方案的制定和实施。另一个重要进展是河床形态的研究，大致可分为纵剖面和平面形态（包括横剖面）的变化规律两个方面。前者侧重于探讨河床抬升的总趋势，后者则主要考察河床的稳定性。纵剖面变化研究和前述河道冲淤规律密不可分，但侧重于大时间和空间尺度分析。谢鉴衡在 20 世纪 80 年代研究得出了黄河下游河流纵剖面在多年平均情况下是平行抬升的结论，并导出了描述纵剖面形态的方程式，这是一个突出成果。赵业安和潘贤娣等也曾对黄河下游剖面进行了大量研究，尤其在横向调整方面的研究成果颇丰，形成了很多颇有见地的成果，包括"大水淤滩，小水淤槽""淤滩刷槽、滩高槽稳、槽稳滩存、滩存堤固"的滩、槽、堤三者之间的相互依存关系，对河道整治工程建设起到重要的指导作用。国家"八五"攻关期间，胡一三等研究了黄河下游游荡型河道的河势演变规律，提出了游荡型河道的整治方向和整治措施。国家"九五""十五"科技支撑计划期间，江恩慧等就游荡型河道整治中争议较大的问题进行深入研究，得出了 3 个重要结论：①游荡型河道的可动性与水沙的变化程度以及河床的可动性有密切关系；②河势的演变有内在的关联性，具有明显的"一弯变，多弯变"现象；③节点及人工边界对河势的变化具有限制作用。江恩慧等对河道整治工程布局长期议而不决的河段开展了有针对性的研究，从理论层面论证了"微弯型"整治方案的可行性与作用，为"微弯型"整治的工程设计提供了一套基本完整的计算方法，为新一轮游荡型河道整治的开展创造了技术条件。近年来，江恩慧主持完成的国家自然科学基金重点项目"游荡性河道河势演变与稳定控制系统理论"研究，首次将系统论引入黄河下游河床演变研究中，运用协同理论、突变理论等刻画河势游荡演变的自然规律，提出实现水库调控与河道有限边界控制和谐匹配的技术措施。同时，江恩慧等还运用系统理论方法，开展了宽滩区滞洪沉沙功效及滩区减灾技术研究，从理论层面揭示了漫滩洪水水沙运移与滩地淤积形态的互馈机制，阐述了"二级悬河"的发生、发展机理；提出了可兼顾防洪安全和长治久安的滩区防洪管理模式与滩区减灾措施。

4. 水库泥沙及水沙联合调控

新中国成立前，黄河干流上没有一座水库，连规划设计都没有。为了解除下游洪水威胁，从 20 世纪 50 年代中期起，按照"蓄水拦沙、梯级开发、综合利用"的规划思想，开始了黄河上中游干流水库建设热潮。1960 年,"万里黄河第一坝"三门峡水利枢纽建成开始蓄水,由于缺乏在多沙河流上修建水库的经验和知识,事先没有正确地预测水库泥沙淤积问题及其严重性,更没有应对的办法和预案,因此造成了严重的后果。三门峡水库一时成为人们关注的焦点,能否在多沙河流上修建水库成为中国水利界面临的严峻问题。在周恩来总理的直接关怀下,广大科技人员通过大量的调查研究,系统地分析了泥沙淤积和冲刷规律,认识到多沙河流修建水库只要选择合适的坝址和库区,确定合理的死水位,设定足够的泄流排沙规模,采用适合来水来沙特点及库区泥沙冲淤特征的运行方式,水库是能够保持长期有效运行的。借此,国家对三门峡水库进行了两次大改建,创造性地提出了"蓄清排浑,调水调沙"的运行方式,并不断改进完善,不但基本解决了三门峡水库泥沙淤积问题,而且为下游河道减淤发挥了作用。更重要的是,三门峡水库泥沙淤积有力推动了世界水库泥沙问题研究,为多沙河流水库建设规划、运行维护提供了可直接借鉴的经验。在小浪底水库规划设计后期运行的各个阶段,借鉴三门峡水库成败两方面经验,不断深入研究水库泥沙问题,基于小浪底水库的全河水沙联合调控理论与技术得到了长足的发展,不但有效避免了泥沙淤积的危机,而且创造了水库群联合调控水沙及过程,使全河水沙资源的科学调控与高效配置迈向了一个更高的台阶,水库有效库容得以长久保持,实现了减少下游河道淤积、增大河槽过洪能力的目标。

5. 河工模型试验和泥沙数学模型

动床河工模型试验是预测黄河这类高含沙河流水沙运动和河床演变的一个重要手段。但是,动床河工模型试验存在不少理论和具体操作上的难题,长期得不到很好解决,应用到黄河上的难度更大。黄河的水流阻力、水流挟沙力、泥沙沉降等规律都颇具特殊性,描述这些规律的物理方程有别于一般形式,由此导出的相似律也不同。特别是对于黄河下游河道,由于河床宽浅,模型变率必须做得相对较大,河床变形等一些相似条件因而很难得到满足;同时,黄河下游输沙强不平衡,冲淤交替频繁剧烈,各种相似条件如何取舍,成为模型成败的关键。黄河水利科学研究院几代科研人员经过长期努力,克服了一个又一个难题,取得了很大成功。20 世纪 50～80 年代初,李保如和屈孟浩等老一辈学者在极为困难的条件下做了很多拓荒性的研究工作,新一代科研工作者张红武和江恩慧等在此基础上持续研究,破解了黄河高含沙洪水模型相似律的难题,实现了把动床河工模型试验作为黄河治理开发研究的常规工具。

泥沙数学模型是定量预测水沙运动和河床演变的另一个重要手段。黄河泥沙数学模型的发展大体经历了三个阶段。第一阶段,在 20 世纪 50～60 年代,基本上是对河床演变终极状态的粗略估算;第二阶段,20 世纪 60 年代后期至 80 年代上半期,通过建立一系列经验公式求解某一泥沙冲淤问题;第三阶段,上升为真正意义的数学模型,即利用数值计算方法,联解描述水沙运动的数学(物理)方程式,实现对水沙运移和河床冲淤演变的模拟计算。由于黄河水沙关系复杂、泥沙冲淤幅度大、河床宽浅多变等原因,一般的泥沙数学模型无法直接用于黄河。20 世纪 80 年代末,受谢鉴衡先生的委托,武汉大学水利水电学院韦直林教授与黄河水利科学研究院联合攻关,首先取得了突破,成功建立了适用于黄河实际模拟计算的一维水沙数学模型。该模型最关键的创新在于,针对黄河下游河道特别宽浅多变的特点，对断面进行单元划分–组合处理，使模型具备一定的模拟横断面泥沙冲淤分布的功能，有效避免实际模拟过程中的系统失真。几乎同一时间，全国很多大学和科研单位积极开展黄河泥沙数学模型的研发，各个模型相互补充，相互促进，呈现出"百花齐放，百家争鸣"的强劲势头。在 21 世纪初前后，赵连军和江恩惠等在建立和应用泥沙数学模型的过程中，基于对黄河水沙运动基本规律的深入研究，对一些重要构件和参数采取了颇有新意的处理方法，提出了悬移质泥沙与床沙粒径交换模式及数学表达式，考虑了水沙和河床形态影响的动床阻力计算公式、含沙量及其粒径组成沿河宽横向分布公式等，既有一定理论基础，又为实测资料所印证。这些工作对促进数学模型在黄河治理开发实践中的应用起到了重要作用，对泥沙数学模型的发展做出了特别的贡献。21 世纪以来，在计算机及人工智能高速发展和黄河泥沙基本理论研究不断深入的双重背景下，黄河泥沙数学模型的发展非常迅猛，各种类型的新模型接二连三地涌现出来，在不断改进完善之中其应用范围不断扩展，模拟的可靠度和准确度也在不断提高，正在逐步成为黄河治理开发各个环节中快速定量分析和预测河床演变及泥沙运动的常用工具。

6. 泥沙资源利用研究

黄河泥沙的危害主要体现在不断淤高和堵塞下游河道，造成黄河下游独有的悬河决堤。20 世纪 90 年代明确提出的"拦、排、放、调、挖"综合处理泥沙的治河方略，其主要目的就是减少下游河道泥沙淤积。然而，如果不能安排好处理泥沙的出路，"排、放、调、挖"就难保不会"以邻为壑"，引发新的问题。陆地上找不到摆放如此巨量泥沙的空间，即使能够把进入下游的泥沙全都"排"到海里，河口也会因此快速淤积延伸，河流比降迅速变缓，造成强烈的负反馈影响，要不了多久不仅"排"不成，河道还会因此进一步恶化。黄河"用沙"技术古已有之，浑水灌溉是我国古代水利的独门技术；放淤是自古以来"利用"黄河泥沙最重要的手段，但受到各种条件的限制。20 世纪 60 年代初，面对泥沙淤积日趋严重的局面，有学者提出了"大放淤"建议，1975～1977 年治黄规划修订中提出了大放淤方案，淤区总面积 2454km^2，总淤沙量 250.11 亿 t。由于种种原因，该方案未能规模化实施，但还是推动了引黄放淤的开展，在放淤改土、改善生产条件和淤临淤背加固堤防等方面取得了较大成绩。其间，科学研究在提高放淤效果、降低成本和减少副作用等方面发挥了很大作用。例如，淤滩工程就是通过科研指导了规划设计，发挥了减小滩地横比降，减少串沟、堤河，增强河道防洪能力的功能。

相对于源源不断的巨量来沙，"放淤"的用沙量实在太少。长期以来，对于泥沙的处理都是基于泥沙的灾害属性，"用沙"也主要是为了给泥沙找一个"归宿"，而非"兴利"之举。没有经济效益的"用沙"社会公众参与度低，难以做大、难以持续为之。胡春宏主持的"十一五"国家科技支撑计划项目，建立了黄河泥沙优化配置理论与模型，提出了 21 世纪不同时期黄河干流泥沙的治理目标、配置模式和调控措施，给出了不同时期黄河干流各种泥沙处理方式的顺序和平均沙量分配比例。进入 21 世纪，随着社会经济的发展和科学技术的进步，黄河泥沙处理的要求和途径两方面都在不断增加，2013年国务院批复的《黄河流域综合规划（2012—2030 年）》首次明确了"泥沙资源利用"

的规划要求。江恩慧等在全面总结已有研究成果的基础上，对黄河泥沙处理与利用研究的总体架构、研究目标、研究内容进行了顶层设计，在重视泥沙资源利用减沙效应的同时，更侧重于开拓新的利用途径、提高用沙的"兴利"效益。在不同项目的支持下，黄河水利科学研究院联合多所大学和科研单位，持续开展了一系列深入研究。在泥沙处置技术方面，先后开展了"小浪底库区泥沙起动输移方案比较研究""黄河泥沙淤积层理及水下驱赶关键技术试验""小浪底水库泥沙处理关键技术研究""小浪底库区管道排沙可行性研究""黄河泥沙资源工业化利用成套技术研发与示范"等；在泥沙转型利用方面，研发了专用环保型激发剂，使得黄河泥沙砖结构致密、强度高，提出了泥沙蒸养砖、泥沙烧结砖的生产工艺；研发了黄河抢险用人工大块石制作的成套装备；提出了泥沙资源利用良性运行机制，为实现黄河泥沙资源利用系统化、规模化、标准化、产业化奠定了基础。泥沙利用兼具"除害"和"兴利"作用，而且符合国家产业政策，顺应经济发展需求，具有重大的社会经济、环境生态及民生意义。

综上所述，黄河泥沙研究不但为解决黄河实际工程问题做出了贡献，而且有力带动了泥沙科学的发展。我国的泥沙研究之所以能走在世界前列，与黄河泥沙研究的牵引作用是分不开的。

2.5.4　治黄方略逐步演变

李仪祉、张含英等学贯中西，开启了现代治河方略研究之门。新中国成立以后，治河方略的研究逐步深入。几十年来，水利部和黄委会曾多次组织治黄方略大讨论，关心治黄工作的人士和专家，积极提出各自的治黄主张或建议，丰富和发展了治黄思想。

1. 王化云"上拦下排、两岸分滞"处理洪水和"拦、排、放、调、挖"综合处理泥沙方略

这是新中国成立后以王化云为代表的老一代治黄工作者集体智慧的结晶。王化云先生学法律出身，1946 年出任黄委会主任，一直连任到 1982 年 5 月离休。他非常明确地把保证下游防洪安全作为最根本任务，"上拦下排，两岸分滞"是解决下游防洪问题的正确方针。"上拦"主要是在干流上修建大型水库工程，控制洪水，进行水沙调节，变水沙不平衡为水沙相适应，以提高水流输沙能力；"下排"就是利用下游河道尽量排洪、排沙入海，用泥沙填海造陆，变害为利；"两岸分滞"就是在遇到"既吞不掉，又排不走"的特大洪水时，向两岸预留的分滞洪区分滞部分洪水，这是非常时期牺牲小局保全大局的应急措施。几十年来，黄河防洪工程实践就是在这个方针指导下进行的，至今没有大的调整。王化云老先生作为人民治黄的第一代掌门人，最可敬之处是他虚怀若谷，把当时各种所谓的"治黄方略"兼容并蓄。

2. 林一山"把黄河水沙喝光吃净"的思想

林一山是水利界的一位奇人，大学读的是历史，解放战争时期曾任省委书记兼军区司令员，甫一解放即解甲出任长江水利委员会主任（原长江流域规划办公室主任），和王化云几乎同期分掌中国两条大河治理。他研究水利到痴迷的程度，除了研究长江外，还热心研究黄河的治理问题。可能是他身在其外，在治黄理念上要比王化云浪漫得多。20 世纪 60 年代，他提出"治理黄河应立足于把黄河水沙喝光吃净"。他认为，黄河是一条宝河而不是害河，黄河的水量少因而十分宝贵，黄河的泥沙多只是没有很好利用，才被认为是一种灾害。总之，在治黄的指导思想上，应当综合利用水沙资源，把水沙喝光吃净，用它们发展生产，不能害怕泥沙而把它一味地送入大海。如果我们把王化云先生的治黄方略作为现实主义的代表，那么林一山先生的治黄方略可以算作浪漫主义的杰作。看起来两种方略似乎是完全对立的，其实并不尽然，这两种方略有相互补充的效果。

3. 黄万里"分流淤沙"或"分流策"

黄万里指出："黄河桃花峪以下是一个隆实圆锥体三角洲，治理隆实三角洲河流，分流淤沙是唯一可行的方法。"其做法就是，在桃花峪以下黄河大堤上打开 20 多个口门，"分流拉沙出槽"。汛期各门齐开，大河自动调整刷深，使槽蓄大增，洪峰削低，如此不再需要加高堤防；分流引出的洪水泥沙则成为自留淤灌，铺展于广阔的分流流路两侧滩地上，淤出一薄层作改土施肥之用，黄淮海平原可尽享其余沥。如此巨利，犹恐泥沙不足，上中游也无须再做水土保持。黄万里先生的主张有其科学依据，但实施条件是否具备，还未及仔细研究。

4. 叶青超等的下游人工改道战略

以叶青超、杨勤业等为代表的中国科学院地理科学与资源研究所专家，长期致力于黄河流域环境演变与水沙运行规律研究，主张黄河下游人工改道的治黄方略。黄河下游人工改道的提出最早可追溯到 20 世纪 60 年代，三门峡水库修建后很快发生了严重淤积，为减缓黄河下游山东段的防洪压力，"三堤两河"的设想应运而生。具体来说，即自山东陶城埠堤段开始，在现黄河大堤的北边重新修筑一道堤防，绵延至渤海，新堤与现黄河北堤之间的区域作为黄河分洪道，一般洪水时利用现河道行洪，特大洪水时，相机分洪入分洪道，将来必要时，可以将分洪道改为黄河主河道。此后，叶青超等的研究工作持续为"三堤两河"方案开展理论基础研究，通过对 5000 年来黄河下游河道迁移规律进行统计，认为一旦黄河不能维持现行河道而需要人工改道时，从地质构造、演变规律、大堤堤背地形、河口排沙条件等方面考虑，以北迁为宜。"现行黄河下游河道处于衰亡阶段，已远远不能适应防御特大洪水的要求，与其自然改道，不如人工改道。摒弃旧河道，开辟新河道……以目前黄河堤为南堤，另建新黄河北堤，加大泄量"。这个方案无疑有他的道理，但是黄淮海平原的社会经济发展如此发达，两岸城镇林立，人口密度大，人工改道，难乎其难！

5. 方宗岱等高含沙输沙放淤战略

方宗岱认为，"黄河治岸放淤是治理黄河的必由之路，但自然放淤行不通。在新的条件下，利用小浪底水库高含沙调沙防御与河口挖泥联合运用，才是治理黄河的必由之路。"吴以教提出了"黄河下游先期变清进而实现根治水害开发水利的目标"，其主要观点是利用小浪底水库高含沙量吸泥清淤，经由输沙廊道、输沙渠道，以高含沙水流放淤海边，不再让高含沙进入黄河下游河道，使黄河下游河道首先成为清水河道。方宗岱和吴以敩两位先生的核心观点，一个共同点是利用高含量水沙高效输送的特点，长距离将泥沙输送至最适宜放置的地方，另一个共同点是利用小浪底水库"制造"出高含沙水流，同时利用水库形成的位能，其不同的是泥沙的"归宿"有所不同。

6. 钱宁基于"减少进入下游泥沙"的治黄方略

钱宁是我国著名的泥沙专家，近代泥沙研究的开拓者和组织者。钱宁先生曾于 20 世纪 70 年代系统研究了黄河下游泥沙淤积的来源问题，通过对水文资料的分析得出淤积在下游河道的粗泥沙（中值粒径 $D_{50} > 0.05mm$）占黄河下游总输沙量的 1/4；进一步分析六种不同来源组合的洪水对下游河道冲淤的影响，得出了黄河中游是主要的粗泥沙来源区这一重要结论。在其看来，要想根治黄河，主要控制这部分泥沙进入下游河道。为了进一步探明黄河中游粗泥沙来源区分布，钱宁先生组织力量深入黄河中游开展实地考察，在黄土高原 48 万 km^2 的水土流失区中，最终确定了 80% 的粗泥沙仅来自于包括晋陕支流区、白于山河源区在内的约 10 万 km^2 土地，其中 5 万 km^2 的产沙量就占到粗泥沙来沙量的 50%，而这 5 万~10 万 km^2 的土地应作为水土保持工作的重点。钱宁先生关于集中治理黄河中游粗泥沙来源区的相关成果是黄河泥沙研究中的一项重要理论突破，于 1982 年获国家自然科学奖二等奖。由于在黄土高原所开展的一系列大规模水土保持工作、人类经济开发活动，对流域产水产沙或多或少会产生影响，因此在钱宁先生的研究基础上，张仁、倪晋仁、陈国祥等学者继续探索入黄泥沙来源规律，以完善"集中治理粗泥沙来源区，减少进入下游泥沙"的治黄方略。

7. 张瑞瑾"退堤宽滩窄槽"的治黄方略

张瑞瑾先生是我国水利学界又一位巨匠，20 世纪 60 年代初，其受国务院委托，兼任"治黄规划工作组"副组长，为制定治黄规划奔走于黄河上、中游高原峡谷，提出了"退堤宽滩窄槽"的治黄主张。"宽滩窄槽"黄河治理格局的雏形最早可追溯到明朝潘季驯，其利用"宽滩窄槽""束水攻沙"理论，对兰阳（今河南兰考）以下河道进行了治理，扭转了嘉靖、隆庆年间黄河"忽东忽西，糜有定向"的混乱局面。1966 年，张瑞瑾先生结合黄河下游"宽河固堤"的治理经验与"上宽下窄"的河道特点，提出了满足现代治黄形势下的"宽滩窄槽"构想，即利用窄槽输水输沙、宽滩滞洪滞沙，久而久之形成高滩深槽。其中，宽滩主要发挥滞洪、削峰和淤滩刷槽作用，窄槽主要指固定中水河槽，提高相应于造床流量的水流挟沙能力，更好地发挥泄洪输沙作用。为实现这一方针，需采取护滩定槽、平滩护岸、滩面杜串及退堤扩滩等具体措施。

8. 谢鉴衡要求"遵循黄河下游纵剖面变化规律"

谢鉴衡是国际知名的江河治理专家，我国河流泥沙学科奠基人之一，1956~1965 年的 10 年间，谢鉴衡先生带领团队多次开展黄河中游孟津到入海口的实地考察，获得了大量第一手资料，提出了进行河道治理要遵循黄河下游纵剖面变化规律。他认为，黄河下游河床纵剖面经常处于以不断抬升为主要标志的发展变化之中，这种发展变化取决于进出口及其周界三个条件，即来水来沙、侵蚀基点及河床周界。其关于黄河下游治理的原则性设想可具体归纳为：通过小浪底水库拦粗排细，调整水沙搭配，并利用建坝的有利条件大规模引黄放淤，使整个下游的来水来沙条件得到显著改善；与此同时，扩大河口三角洲范围来抑制山东河段的上升，采用以调整主槽横断面尽可能降低糙率为主体的治河措施来抑制河南河段河床的上升，其中心思想是通过控制影响纵剖面的三个主要条件来控制纵剖面的变化。

9. 诸多专家学者有关治黄方略概述

新中国成立后，随着治黄工作的蓬勃开展，资料的大量累积，认识的不断深化，我国的科技工作者以各自研究领域专长为出发点，提出了其他许多宝贵的意见与治河主张。随着黄河水沙情势变化和小浪底水库的建成运用，进入黄河下游的水沙过程发生了较大调整，并由此引起了一轮黄河下游河道治理方略的大讨论。2004 年，黄委会党组先后在北京、开封组织召开了两次高层次治黄专家研讨会，共邀请了水利界、社会科学界等不同领域 150 多位知名学者参加，与会专家代表畅所欲言，先后有王光谦、胡春宏等100 多人次发言，对治黄提出了许多很好的建议。根据对黄河下游未来水沙条件变化趋势的不同估计，这些观点大致可分为三类：第一类观点是基于对未来洪水泥沙大幅度减少的估计，提出的"窄河固堤方略"。例如，蒋德麒认为水土保持是治黄之本，可以从根本上减少输入黄河下游的泥沙；汪胡桢主张修建拦泥库，通过防洪拦沙水库建设与水土保持工作同时并进的策略来减少下游来沙量；史念海则主张在中游恢复植被，以求把下游悬河疏浚成地下河。这些人认为通过一系列措施能够使下游未来的来水来沙大幅度减少，可在下游形成"窄河固堤"局面。第二类观点是未来的洪水泥沙不可能大幅度地减少，从考虑滩区滞洪滞沙的需要出发，主张坚持"宽河固堤"的方略。例如，张仁认为滩区生产堤不断外延，造成主槽不断淤积抬升是形成"二级悬河"的一种人为因素，有计划、有步骤地破除生产堤以改变黄河下游槽高滩低的格局。第三类观点是基于对未来黄河下游来水以中小洪水为主、大洪水依然存在和水沙条件两极分化的认识，提出了"调水调沙、束水攻沙、宽河固堤"的方略。例如，韩其为认为历史上就有宽河与窄河这两种思想长期并存，并且在黄河治理上有一定实践的情况，治黄首先要满足与其上下段河床的输沙能力相适应的需要。此外，其他代表性治黄方略还包括：刘传鹏主张开辟分洪道解决黄河下游防洪问题；刘善建主张借来外水调水调沙；侯国本主张在河口地区"挖沙降河"；尹学良则主张"调度小水，改造河性"等。这些方略极大地丰富了治河思想，推动了治黄工作进程。

10. 李国英"维持河流健康生命"思想

李国英是王化云之后担任黄委会主任时间最长的。在 21 世纪初，他抱着科学求实的态度，听百家之言，纳百家之长，兼容并蓄，完善、创新了治黄方略，提出了"维持黄河健康生命"的治河新理念，运用系统思维处理人与自然关系、解决重大工程实际问题，即把黄河当作一个有生命的系统整体，突出强调人与自然和谐共生的关系。其把汪恕诚部长提出的"堤防不决口、河道不断流、污染不超标、河床不抬高"（简称"四不"）作为维持"黄河健康生命"的四个主要标志，全面系统地提出了实现"四不"的九条途径，即减少入黄泥沙的措施建设、流域及相关地区水资源利用的有效管理、增加黄河水资源量的外流域调水方案研究、黄河水沙调控体系建设、制定黄河下游河道科学合理的治理方略、保持下游河道主槽不萎缩的水量及其过程塑造、满足降低污净比使污染不超标的水量补充要求、治理黄河河口以尽量减少对下游河道的反馈影响、黄河三角洲生态系统的良性维持。这九条途径和关键措施，核心在于如何解决黄河水少沙多和水沙不平衡的问题，以及如何保持黄河河流生态系统良性发展的难题。他强调"原型黄河""数字黄河""模型黄河"（简称"三条黄河"）联动探讨黄河治理开发实践过程中未知的演变规律，以确保各条治理途径科学有效地实现；针对"黄河难治的关键在粗泥沙"，他强调要下大力气研究和建设控制粗泥沙的"三道防线"，对黄土高原水土流失区进行"先粗后细"的治理，利用小北干流河道宽阔、地势低洼的优势实施泥沙放淤实现"淤粗排细"，黄河小浪底水库控制运用实现"拦粗泄细"。在他的倡导下，2013 年的《黄河流域综合规划（2012—2030 年）》，将"拦、排、放、调、挖"综合处理和利用泥沙的治河方略，调整为"拦、调、排、放、挖"，同时更加明确地提出了泥沙资源化利用。

综上所述，过去几千年出现的无数治黄方略，能留给后人借鉴和承袭的屈指可数。随着现代科学技术的引入和发展，一代一代治黄人不断完善形成的现代治黄方略，更切中要害，更贴近实际，更具操作性，在治黄实践中发挥了巨大的作用。"系统科学"从诞生至今几十年，理论体系不断完善和丰富，在各行各业得到成功应用的例子越来越多。作为系统科学的一个部分，系统工程是为了最好地实现系统运转的目的，对系统的组成要素、组织结构、信息流、控制机构等进行分析研究的科学方法；其运用各种组织管理技术，使系统整体与局部之间的关系相互协调、相互配合，实现系统总体的最优运行。因此，系统科学和系统工程方法恰好是黄河治理科学研究所特别需要的，将"系统理论"一般原理和黄河治理开发的具体问题相结合，建立"黄河流域综合治理的系统理论与方法"，是谋求新时期水利高质量发展的黄河"治河方略"，是实现河流系统多维功能协同的基本支撑。

第3章 国内外河流治理开发历程与启示

气候变化的高度不确定性和中国社会经济的快速发展,给黄河治理保护带来巨大挑战。2019 年 9 月 18 日,习近平总书记在黄河流域生态保护和高质量发展座谈会上的讲话,标志着黄河治理全面上升到流域层面,要实现跨越式发展,生态保护和高质量发展、让黄河成为造福人民的幸福河,成为治黄的主要目标。

100 多年来,随着科技的进步、经济的发展,社会的需求不断增加,特别是人们对河流系统整体性的科学认知不断深化,欧美发达国家和地区的河流治理走过了"先破坏后治理"的过程,经历了筑坝渠化大开发、环境污染治理、生态环境修复、流域综合治理等不同阶段。欧美作为先发地区,河流大规模开发和工业快速发展,推动了科技创新和流域社会经济高速发展,但也给流域生态系统带来了极大的破坏。从流域系统角度来看,审视欧美发达国家和地区河流开发与治理历程,辨析欧美河流治理的经验和教训,探寻中外治河系统工程的演化规律,可以为黄河治理与保护提供重要的借鉴和参考。

3.1 欧美河流治理历程

淡水资源是人类繁衍生息最重要的自然资源,河流是社会经济可持续发展和生态环境良性维持的生命线。工业文明之前的几千年,人类傍水而居,利用简单的提水工具和中小型工程设施就可以满足农牧业生产需要,彼时的河流自身演变主导了人水关系。随着工业化和城镇化进程的加速,人类对水资源的需求成倍增加,对河流的干扰不断增强。据统计,1900~2000 年的 100 年间,全球人口从 16 亿增加至 60 亿,增加了 2.75 倍,而全球年取水量从 20 世纪初的 5800 亿 m^3 增加至 20 世纪末的近 40000 亿 m^3,增加了5.9 倍。为满足人类社会对淡水资源的巨大需求,同时兼顾防洪、发电、航运、灌溉等多种功能,水利水电工程开始大规模建设。有研究表明,百余年人类通过各种水利工程对河流改造的结果,超过了几千年历史记载的河流自然变迁的总和(董哲仁等,2013)。

20 世纪初,发达国家率先在全球范围内掀起了修筑大坝工程的热潮,但在初期受技术水平限制,水轮机运行效率低,人们没有能力大规模开发水电资源。经济活动中第一产业占比较大,粗放的农业和采矿业造成严重的水土流失和洪水泛滥,引起人们在河流两岸大规模地筑堤防洪,同时在河道内大量修建低坝满足农业灌溉和其他生产生活用水。1919 年,卡普兰式水轮机问世,将水轮机运行效率提升到 84%,水力发电进入快速发展时期(珍妮特·伍德,1999)。20 世纪 20 年代以后,高坝大库的建造技术逐渐成熟,欧美发达国家和地区开始在河流上大量修建大型水利枢纽,进行水资源和水能资源的梯级开发,并在 20 世纪 50 年代达到高峰。在这个阶段,河道被大量渠化、裁弯取直、消除支沟支汊等,水库建设和沿河取水工程几乎毫无限制,处于无序开发与管理状态。

然而，水库大坝的建设在获得防洪、发电、航运、供水等综合效益的同时，也显著改变了河流的天然形态与水流过程的时空分布，对原有自然生态系统造成了极其不利的影响（江恩慧等，2020b）。而且，廉价的水电促进了第二产业高速发展，第一产业在社会经济活动中的占比持续下降；随着社会经济活动的不断集约化，许多发达国家的支柱产业——高污染的钢铁、化工产业规模逐步扩大，造成人居环境和水生态环境的不断恶化，引起了社会各界和管理层的高度关注。1962 年，美国科普作家蕾切尔·卡逊创作的科普读物《寂静的春天》，透彻地描述了近代污染对生态环境的破坏，提出了人类与环境相互依存的关系。因此，发达国家开始大力治理水污染，美化城市滨岸的景观。

20 世纪 70 年代以后，随着社会各界对环境保护的呼声越来越大，发达国家能源结构越来越多样化，对水电的依赖性逐步减小，修坝的速度减慢，人们开始修复河流，恢复河流的生态系统功能。一方面，通过"还地于河"、发布洪水风险图、完善洪水预警系统等措施，主动防御洪水；另一方面，实施水库生态调度，恢复河流连通性，重建鱼类生境。这些措施意在恢复河流系统的调节和对生态环境的支撑功能，既保障河流的防洪安全，又能够全面地保护河流生态系统。进入 21 世纪，发达国家进一步提出了目标更加多元化的流域综合治理，不仅涉及河流的水资源利用、水利工程、通航、防洪安全，还包括生物保护、生物栖息地修复、沿河城市综合开发等。相对而言，进入 21 世纪以后，发展中国家正在掀起大型水利工程修筑的高潮，见图 3-1。

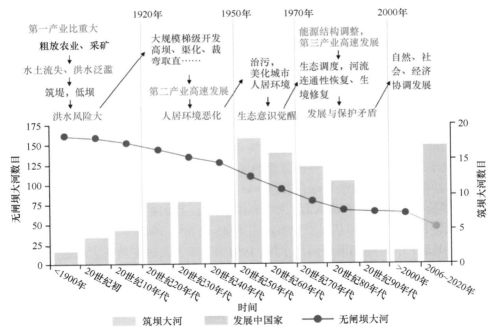

图 3-1　发达国家河流治理历程[资料来源：WWF Global Freshwater Programme（2016）]

根据社会经济发展的不同阶段和不同阶段河流治理思路的差异，可以将欧美发达国家和地区河流治理的历程划分为工程开发、环境治理、生态修复和综合治理 4 个阶段，具体见表 3-1。可以看出，随着对河流治理的认识不断加深，治理目标逐渐呈现多元化态势，从水资源开发利用演变为水资源、水环境、水生态统筹兼顾，并进一步发展为自然、社会、经济协调发展。相对而言，工程开发阶段和环境治理阶段属于单一目标治理，生态修复阶段和综合治理阶段属于多元目标综合治理。

表 3-1　欧美发达国家和地区河流治理阶段划分

发展阶段	时间	需求	治水目标	人水关系
工程开发	20 世纪初至 20 世纪 70 年代	生存生活	水旱灾害防御为主、水资源开发利用	掠夺
环境治理	20 世纪 50 年代开始	环境保护	水资源开发利用为主、水环境保护	利用
生态修复	20 世纪 70 年代开始	可持续发展	水资源、水环境、水生态统筹治理	依存
综合治理	21 世初开始	高质量发展	自然、社会、经济协调发展	和谐

3.1.1　工程开发阶段

工程开发阶段起始于 20 世纪初，主要针对流域水安全和水资源问题，以水旱灾害防御、水资源开发利用为治理目标，采用工程技术手段对河流水资源进行重新配置，达到"除水患、兴水利"的目的，保障和提高居民生存所需的安全空间和生活生产用水等。这个阶段人们面对水问题，从消极躲避的思想转变为依靠工程手段来解决，包括采用修堤、筑坝、建库、凿井、开渠等工程形式，并强化人类对河流的影响和控制作用，侧重点在于改造自然、征服自然（邓铭江等，2020）。这个阶段水利工程的规划建设主要从经济效益出发，基本不考虑对环境和社会的影响。

工程开发初期，发达国家开展的水利活动主要是挖水渠浇灌农田、修筑堤防、整治河道防御洪水、开凿运河发展水运等。随着工业化的不断发展，高坝技术逐渐成熟，大坝成为人们解决洪涝灾害和水资源供需矛盾的优先选择。1936 年，美国胡佛大坝的修建拉开了以大坝为代表的水利工程建设的序幕。胡佛大坝将科罗拉多河拦腰截断，实现了对坝址以上洪水的控制，改变了过去洪水灾害频发的状况，同时为加利福尼亚州和亚利桑那州沙漠地带 70 万 hm^2 土地提供可靠的灌溉水源与超过 40 亿 kW 的电力，发挥了防洪、灌溉、发电、航运、供水等综合效益。罗斯福总统在胡佛大坝竣工典礼上发表讲话："过去，科罗拉多河狂野地奔流入海，未加利用；今天，我们把它转变为国家财产。" 1941 年，全美渠灌区建成，每年从科罗拉多河引水 45 亿 m^3；1942 年，美国大古力水库大坝建成，是美国最大的发电和灌溉两用水库；1961 年，瑞士大迪克桑斯大坝建成，高 285m，是世界上最高的重力水坝。美国地方政府和国会一直认为，任由美国西部河流白白地流入大海，就是一种不可原谅的资源浪费，在这种理念的引导下，20 世纪的近百年时间累计在贫瘠的美国西部地区建造了 600 多座大小水坝，其中包括 1963 年建成的美国第二高坝——葛兰峡谷大坝。

然而，随着科学技术的进一步发展，人们开始发现给人类带来巨大效益的水利工程，反过来给人类带来的负面影响到了不可忽视的地步；水利工程给人类带来的好处，常以付出高昂的环境和社会成本为代价（郑易生，2005）。大坝阻断了河流廊道的连通性，对河流的水力学特征、泥沙的输移以及水生生物的栖息和迁移都造成很大影响；水库对径流的调节作用，在满足人类社会对水资源时空配置需求的同时，也对河道内水量、水质、水温、水生植物等产生一定影响；跨流域调水和水库移民，给调出与调入、迁出与迁入地区的利益重分配和环境改变等带来新的问题。意大利维昂特水库蓄水后，当地的地震发生频率开始直线上升（水库大坝建设诱发地震的说法，至今在学术界和工程界仍有不同看法），最终导致水库周围的山峰崩塌，3.5 亿 m^3 岩石崩入水库，形成高出坝顶110m 的巨浪并导致大坝溃决，造成下游村镇死亡 2600 人；美国西部地区的水库群打乱了可以保持生态平衡的大自然洪旱规律，使得科罗拉多河的部分河道因为断流而淤塞，同时也造成无数鲑鱼因无法入海而死亡；葛兰峡谷大坝蓄水导致河口三角洲断流达 15 年之久；密西西比河水运工程和沿岸堤防的建设阻碍了夏季洪水期水沙向邻近沼泽地的漫流，使得河道泥沙淤积严重（马广州，2008）。

科罗拉多河开发利用——美国胡佛大坝

科罗拉多河发源于科罗拉多的落基山麓，河流长 2233km，流域面积 63 万 km^2，跨 7 个州，经墨西哥流入加利福尼亚湾（图 3-2）。千百年来，科罗拉多河每年春季及夏初有大量的融雪径流汇入，致使河流两岸低洼地区泛滥成灾，公众生命财产遭受严重损失，但到了夏末秋初，河流又干涸得像一条细流，无法引水灌溉农田。长期以来，对该河流的水权，在美国与墨西哥之间和以河流为边界的 7 个州之间，均存在着激烈的争议。为了控制这条多灾多难的河流，1928 年美国国会通过了《顽石峡谷工程法案》，授权建设胡佛大坝。

胡佛大坝始建于 1931 年，并于 1935 年 9 月 30 日完成，是一座混凝土浇筑量为 260 万 m^3 的拱形混凝土重力大坝，坝高 221.3m，坝顶长 379.2m、宽 13.7m，坝底宽 201.2m。胡佛大坝创造性地发展了大体积混凝土高坝筑坝技术，有些技术一直沿用至今。在混凝土坝施工机械和施工工艺等方面，为了解决大体积混凝土浇筑的散热问题而把坝体分成 230 个垂直柱状块进行浇筑，采用了预埋冷却水管等措施，成为大体积混凝土施工技术的成功典型，对世界上混凝土坝施工技术的形成和发展有重大影响。胡佛水力发电厂位于坝后，共安装了 19 台机组，装机容量 208 万 kW、年发电量 40 亿 kW·h，是世界上最大水力发电站之一，其装机容量居美国之首，为拉斯维加斯等城市提供了源源不断的电力资源。

胡佛大坝建成后，在防洪、灌溉、城市及工业供水、水力发电、航运等方面都发挥了巨大作用。由胡佛大坝形成的米德湖水库调节库容 196 亿 m^3，防洪库容 117 亿 m^3，对坝址以上的洪水可完全控制。水库防控了下游过去频繁发生的洪水，使科罗拉多河洪水流量由 5670 m^3/s 削减为 1130 m^3/s，特大洪峰由 8500 m^3/s 削减为 2120 m^3/s。其中，1941 年、1952 年、1958 年的洪水流量为 2920～3450 m^3/s，水库调洪后下泄的洪水在 1000 m³/s 以下。另外，建坝后保证了加利福尼亚州和亚利桑那州沙漠地带 70 万 hm² 的土地获得可靠的灌溉水源。在加利福尼亚州南部的半干旱区，年降水量仅 380mm，远远不能满足该地区用水需要。例如，1974 年，从米德湖引取 13.2 亿 m³ 的水量，提供给加利福尼亚州南部 1 万 km² 的 125 个城镇及工矿企业单位，其中包括供给洛杉矶市 1000 万人口的用水量。此外，水库长 177km，可通行大小船只及游艇，改变了建坝前基本上不通航的面貌，同时水库风景优美，是美国著名的游览胜地。

图 3-2　科罗拉多河流域（资料来源：https://www.usgs.gov/media/images/colorado-river-basin-map）

3.1.2　环境治理阶段

环境治理阶段兴起于 20 世纪中叶，主要针对日益严峻的水污染问题，以加强环境保护、改善人居环境为指导思想，对河流水体污染进行控制和恢复。这一阶段，人们对待河流逐渐从粗暴的掠夺关系转变为开发利用关系，治理目标从以水旱灾害防御为主转变为以水资源开发利用为主，并开始考虑水利工程建设的环境效益和社会效益。但从本质上来讲，该阶段侧重于采用人工调控措施（李晨，2005），包括排污管控、疏挖底泥、引水冲淤等形式，仍以追求水资源产生的经济效益为主，属于改造自然阶段。

在环境治理阶段，治理对象主要是人类生活、生产排放污水引起的河流污染。由于不同国家、不同流域工农业、城镇化发展以及人口增长水平不同，河流治理重点也存在明显差异。1948 年，美国颁布《水污染防治法》，城市内沟渠逐渐被市政排水管网所取代，城市生活污水、雨水开始通过管道排入邻近的受纳水体（张丹明，2010）。在流域管理方面，美国颁布了《田纳西河流域管理法》，对农业面源污染进行大规模治理，美国颁布了《田纳西河流域管理法》，不仅对农业面源污染进行大规模的治理，还综合考虑了水资源的有效利用、水力发电、河道通航以及防洪等多重功能的实现。莱茵河流域面临的主要问题是严重水污染，特别是工业点源污染，德国、荷兰等欧洲国家于 20 世纪 70 年代大规模兴建污水处理厂，并将污染治理写入水法以及公约中。日本在第二次世界大战后，经济进入复苏发展时期，由于当时没有相应的环境保护和公害治理措施，致使工业污染和各种公害病泛滥成灾，发生了骇人听闻的"水俣病"事件。1971 年，日本以《水污染防治法》为基础，颁布了水污染排放标准、环境水质标准等一系列水环境保护法规制度，严格控制水体污染。

泰晤士河是英国著名的"母亲河"，它发源于英格兰西南部的科茨沃尔德希尔斯，全长 346km，横贯英国首都伦敦与沿河的 10 多座城市，流域面积 13000km²，在伦敦下游河面变宽，形成一个宽度为 29km 的河口，注入北海（图 3-3）。近代以来，泰晤士河不仅供应了两岸居民的生活生产用水，提供了极其丰盛的水产品资源，同时其宽阔舒缓的河水还承载着成千上万的远洋船舶，也给英国人运来了东方的丝绸、茶叶和新大陆的蔗糖与金银。泰晤士河孕育了伦敦的繁华，但随着工业化时代的到来、人口的急剧增长和人们生活方式的改变，大量未经任何处理的生活污水和工业废水直接排入河中，导致泰晤士河被严重污染，昔日优雅的"母亲河"变成了肮脏邋遢的"泰晤士老爹"。进入 20 世纪后，英国的人口再次迅速膨胀，城市不断向乡村扩张，大量污水处理厂逐渐兴建，污水处理厂出水纷纷排入泰晤士河及其支流。同时，雨水的排放也使得河流的污染负荷增加，导致河水在短期内迅速恶化，对河流的生物也产生很大影响，伦敦两岸的人们污染了泰晤士河，同时也饱尝河流污染带来的严重恶果。英国政府和伦敦市政府开始认真考虑河流污染治理问题，拉开了泰晤士河污染治理的序幕。

1950～1965 年的 15 年间，英国水污染研究实验室针对泰晤士河口开展了大量的研究工作。他们提出，要想改善泰晤士河水的水质，必须用活性污泥法处理污水，从而达到提高河水溶解氧、降低氨氮含量的目的。在这个时期，泰晤士河畔新建了两座活性污泥污水处理厂，每天处理的污水规模分别为 48 万 m³ 和 10 万 m³。工厂排出的废水通过 3 根直径为 3.5m 的污水管流入处理厂。废水经污水处理后，再经氧化塘处理，使生化需氧量（BOD）由原来的 370mg/L 下降到 5～10mg/L，悬浮物则从 490mg/L 下降到 5～10mg/L。同时，对泰晤士河上游、中下游以及支流上的污水处理厂进行了扩建。泰晤士河局部地区开始重新出现鱼群。

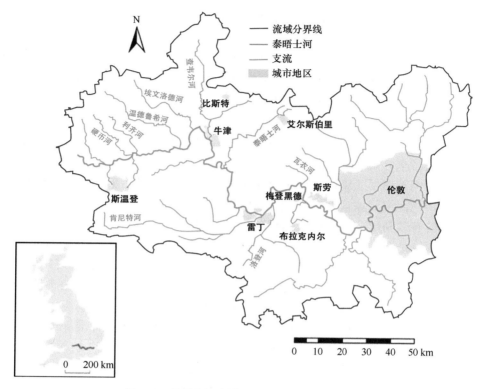

图 3-3 泰晤士河流域（Bowes et al.，2012）

1972 年，为了满足公众对环境状况越来越高的要求，皇家委员会提出一系列新的泰晤士河环境质量标准。新建、改建了一批污水处理厂，全流域污水处理厂达到 470 余座，日处理能力 360 万 t，几乎与给水量相等，泰晤士河水质发生了根本性好转。具有历史意义的是，鲑鱼在消失了 100 多年后，于 1974 年在泰晤士河中重现，鱼群种类及数目不断增加，各种大型无脊椎动物、水禽、水生植物也陆续出现在泰晤士河中。

3.1.3 生态修复阶段

生态修复阶段是环境治理阶段的发展和延伸，但二者又有本质的区别。该时期，河流治理目标开始多元化，考虑水资源、水环境、水生态的统筹兼顾、可持续发展，人与河流的关系逐步达到相互依存的良性运转状态，即逐步实现多目标的协同。同时，治理手段也区别于前两个阶段的主要特征。这一阶段，河流治理倡导"自然修复"而不是人为控制，通过拆除一些老旧水坝、修建生态型堤防工程、河道重新弯曲化等技术措施，力图将河流恢复到相对天然的状态，以减轻人类活动对河流的影响，维持河流环境生态功能、物种多样性以及河流生态系统平衡，侧重于尊重自然、顺应自然和保护自然。

发达国家开始着手流域生态修复的时间略有不同，但流域系统出现的问题都是伴随着工业文明、沿岸人口增长和城镇化建设的发展而产生的。1938 年，德国学者 Seifert

提出了"近自然河溪治理"概念，标志着河流生态修复研究的开始。20 世纪 50 年代，德国正式创立"近自然河道治理工程学"，强调河道整治要符合植物化和生命化的原理。1965 年，Ernst Bittmann 在莱茵河用芦苇和柳树进行生态护岸试验，成为最早开展的河流生态修复的工程实践。进入 20 世纪 70 年代，河流生态修复开始在欧洲发达国家兴起，并迅速拓展至美国和日本。1980 年，针对基西米河河道渠化引起的生态环境破坏，美国启动了河流生态修复工程，通过恢复宽叶林沼泽地、草地和湿地等多种生物栖息地，最终修复洪泛平原的整个生态系统。1987 年，保护莱茵河国际委员会（ICPR）提出了莱茵河行动计划，目的是将莱茵治理成为"一个完整的生态系统骨干"，并提出要在 2000 年实现鲑鱼重返莱茵河的目标，该计划得到流域内德国、瑞士、法国等 9 个国家和欧洲共同体的一致支持。1990 年，日本提出了河川治理"多自然型建设工法"，大范围开展河道生态整治，大规模拆除河床上铺设的人工硬质材料，逐步恢复河道及河岸的自然状态，开展亲水环境建设。1999 年，澳大利亚颁布了澳洲河流恢复导则，由地方政府与环境署共同制定了一系列河流保护措施。2000 年，欧盟通过了《欧盟水框架指令》，指导欧洲各国系统开展河流生态保护与修复。

需要注意的是，这个阶段很多学者认为，河流自然化能解决河流治理中的绝大部分问题，并衍生出相对偏激的"自然防洪理念"等，他们认为"大自然的河流就像血管和毛细血管，修建水利工程就会把它堵住，造成血栓，从而产生洪水灾害。而如果拆除所有水库大坝，大自然的血管不再堵塞之后，就会畅通无阻，永无洪水灾害"。

莱茵河生态修复——"鲑鱼–2000 计划"

莱茵河发源于阿尔卑斯山的北麓，流域面积 18.5 万 km²，河流总长 1320km，流经瑞士、德国、法国、比利时和荷兰等欧洲 9 国，年径流量 740 亿 m³（图 3-4）。莱茵河是世界上水资源最丰富的河流之一，具有航运、发电、供水、旅游、灌溉、生态保护等多项服务功能，流域集聚了近 1 亿人口，有许多世界著名城市（如康斯坦茨、巴塞尔、路德维希港、美茵茨、法兰克福、科隆、杜伊斯堡、鹿特丹等）和重要产业部门（如钢铁、石化、电力、建材、机械、电子等）集聚于此，已成为世界著名的人口、产业和城市密集带。

第二次世界大战后，莱茵河沿岸国家工业快速发展，废气、废水、废物的排放量急剧增加，流域内工业集中的地区出现严重环境污染，生物物种大幅度减少，标志性生物——鲑鱼开始死亡。20 世纪 70 年代，大量未经处理的有机废水倒入莱茵河，污泥中汞和镉污染达到顶峰，河水散发出一股苯酚的味道，有人甚至戏说可以直接用它来冲洗胶卷。德国莱茵河汇入莱茵河口至科隆约 200km 的河段中，鱼类完全消失，局部地区水中溶解氧几乎为零。莱茵河由此失去了原有风采，被称为"欧洲的下水道"和"欧洲公共厕所"。

图 3-4　莱茵河流域（Gkpa et al.，2020）

1986 年，莱茵河上游瑞士巴塞尔附近的一座化工厂发生火灾，10～30t 灭火器溶液和含有多种有毒物质的污水排放到莱茵河，造成鲑鱼和小型动物大量死亡，影响达 500 多公里，直达莱茵河下游，莱茵河立即成为公众关注的焦点。为了重现莱茵河生机，恢复莱茵河流域生态系统，ICPR 于 1987 年提出了"莱茵河 2000 行动计划"，得到了莱茵河流域各国和欧洲共同体一致支持。这个计划的鲜明特点是以生态系统恢复作为莱茵河重建的主要指标，主攻目标是到 2000 年鲑鱼重返莱茵河，所以将这个河流治理的长远规划命名为"鲑鱼–2000 计划"（章轲，2016）。

针对该行动计划，沿岸各国投入了数百亿美元用于治污和生态系统建设，包括建立污水处理厂等。1995 年，有关部门对计划执行情况进行了检查。检查报告指出，工业生产环境安全标准已经得到严格执行；沿途建设了大量湿地，恢复了森林植被，建立了完善的监测系统。2000 年，莱茵河全面实现了预定目标，沿河森林茂密，湿地发育，水质清澈洁净，鲑鱼从河口洄游到上游瑞士一带产卵，鱼类、鸟类和两栖动物重返莱茵河。

3.1.4　综合治理阶段

综合治理阶段始于 21 世纪初，最主要的特点是河流治理更加趋于多目标、综合化，具有显著的前瞻性，强调自然–社会经济复合价值的整体实现。这一阶段，不再单一追求水资源开发利用、水环境治理、水生态修复等自然维度的河流治理，开始统筹考虑自然、社会、经济等更大尺度上的综合和平衡，通过多维目标协同的流域系统治理，实现人与自然的和谐共处。

"流域系统治理"理念的形成，可以追溯到 20 世纪 90 年代初。1992 年 6 月，联合国环境与发展会议在巴西里约热内卢召开。会议讨论并通过了《里约环境与发展宣言》与《21 世纪议程》等纲领性文件，明确提出了"可持续发展"新战略和新理念：人类应与自然和谐一致、可持续地发展，并为后代提供良好的生存发展空间。至此，人们普遍认识到解决日益严重的人口、资源、环境与发展问题的有效途径是以流域为单元对自然资源、生态环境及经济社会发展等进行综合系统治理（杨桂山等，2004）。1993 年，英国 Gardiner 正式提出以流域可持续发展为目标的流域综合治理理念，使得以流域资源可持续利用、生态环境建设和社会经济协调发展为目标的流域综合治理在澳大利亚、美国、英国等发达国家逐步兴起。

流域综合治理成效的显著提升以 2000 年《欧盟水框架指令》的颁布为标志。《欧盟水框架指令》对莱茵河治理提出了更多、更高的强制性要求。2001 年，ICPR 又进一步制定了《莱茵河 2020 年行动计划》，设定了 2020 年莱茵河生态恢复、污染治理、洪水防范和地下水管理等综合治理目标。2019 年 12 月 11 日，为有效应对气候和环境带来的新挑战，欧盟颁布了《欧洲绿色新政》（以下简称新政），预计在 2050 年实现气候中和与温室气体的净零排放。新政将保护恢复生态系统和生物多样性与走向无毒、零污染的环境防治列为两项主要任务，明确提出要出台《欧盟生物多样性 2030 战略》《零污染行动计划》，保护湖泊、河流、湿地的生物多样性。2020 年，ICPR 对《莱茵河 2020 年行动计划》实施情况进行全面评估，并结合新政要求，制定了《莱茵河 2040 年行动计划》，提出了 2040 年气候适应、生态恢复以及控制新型污染物等目标。

田纳西河位于美国东南部，发源于弗吉尼亚州，流经卡罗来纳、佐治亚、亚拉巴马、田纳西、肯塔基和密西西比 6 个州，经俄亥俄河汇入密西西比河，是密西西比河的二级支流（图 3-5），干流长约 1050km，流域面积约 10.6 万 km^2。自 19 世纪后期以来，由于对资源进行不合理的开发利用，田纳西河流域的自然植被遭到严重破坏，水土流失严重，经常暴雨成灾、洪水泛滥。20 世纪 30 年代，流域的 526 万 hm^2 耕地中有 85%遭到洪水破坏。由于自然环境恶化和严重的洪灾，1933 年，田纳西河流域人均年收入仅 160 多美元，为全国平均收入的 45%，是美国最贫困落后的地区之一。

为解决田纳西河流域的贫困、洪灾和环境等问题，美国国会于 1933 年批准设立田纳西河流域管理局（TVA），负责对该地区进行综合开发。成立之初，TVA 用了 3 年时间对田纳西河流域进行了统一规划，制定了流域开发建设的一系列具体方案。田纳西河流域规划和治理具有广泛的综合性特点，在综合利用河流水资源的基础上，统筹考虑了本地区的自然优势，强调以国土治理和地区经济综合发展为目标。随着社会经济的发展，规划的内容和重点也在不断调整和充实，初期以解决航运和防洪为主，结合发展水电，并开办了化肥厂、炼铝厂、示范农场、良种场和渔场等，为流域内工农业迅速发展奠定

图 3-5　田纳西流域（资料来源：Tennessee Valley and the Tennessee Valley Authority）

了基础。后期，TVA 对水资源进行统一综合调控，利用范围也不断扩大，包括工业、城乡居民用水、渔业、旅游、环境和野生生物保护、防治疾病（疟疾）及水质污染、水生杂草等生态环境保护项目等。田纳西河流域综合治理框架见图 3-6。

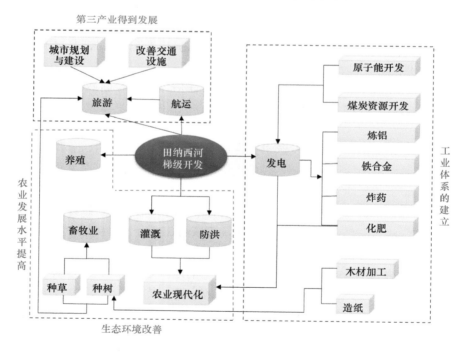

图 3-6　田纳西河流域综合治理框架图

经过几十年努力，田纳西河流域得到了有效的治理和开发，整个流域的面貌发生重大变化。在防洪安全方面，全流域共建造 20 座新水坝，改建 5 座原有水坝，使美国雨量最大地区之一的田纳西河流域再没有洪水泛滥，还通过阻遏田纳西河及其支流河水大大减轻俄亥俄河及密西西比河的洪水威胁，每年防洪效益超过 20 亿元；在发展水电方面，全流域共建大中型水电站 34 个，水电总装机容量共 517 万 kW，供电范围已超出田纳西河流域，是美国最大的电力基地，电力收入超过 40 亿美元；在发展航运方面，开凿了一条长 1046km 的内陆水道，将南部内地和大湖区、俄亥俄河及密苏里–密西西比河水系连接起来，至 1980 年河上驳船年运货量 2930 万 t，累计航运效益比陆运节省 1.3 亿美元以上；在发展农业方面，举办了成百个示范农场、试验站，帮助农民改良土壤、使用新肥料、改进耕作方法，使农民收入增速明显高于国内其他地区；在发展第三产业方面，利用大量湖泊和水坝组成的巨大水系发展旅游业，成为美国广大群众旅游休闲、娱乐的胜地，每年游客达 7000 万人以上。

总的来说，田纳西河流域在水利、电力、农业、林业、化肥等方面的综合治理，以及对自然环境的保护，在发展经济的同时，为田纳西河流域提供了大量的就业机会，极大地促进了田纳西河流域整体的经济发展和社会稳定，改变了该地区贫穷落后的面貌，使其成为美国比较富裕、经济充满活力的地区（谈国良和万军，2002）。

3.2　欧美河流治理经验与启示

纵观欧美、日本等发达国家和地区百余年来河流治理的发展历程和实践探索可以看出，随着经济社会发展水平不断提高，人们对河流服务功能的需求逐步调整，对河流治理的认识也不断加深，普遍经历了"先开发后保护""先污染后治理""先破坏后修复""先单一后系统"的发展历程，发展目标从早期破坏自然盲目开发，单纯为满足人类需求而兴建防洪、供水、灌溉等设施，到以不断升级的水环境治理为主要手段，逐步把传统水利建设的各个领域与水生态保护修复紧密相连，将治水理念与生态理念相结合，再到统筹流域资源可持续利用、生态环境建设和社会经济协调发展，采取多维协同的流域系统治理措施，实现流域系统自然–社会–经济复合价值。水生态环境状况也经历了从良好到恶化再到改善恢复的过程。国外发达国家河流治理的转变过程和理念形成，对我国河流治理具有重要的借鉴意义。

3.2.1　人水关系和谐化

人类文明的发展历程就是人水关系的伴生过程。发达国家河流治理历程表明，人水矛盾始终存在，无论是被动的"水进人退"，还是粗放的"人进水退"，都无法真正地缓解人水矛盾。工程开发阶段和环境治理阶段具有明显的"人进水退"的表现特征，主要依靠人类强制性的控制手段对河流进行掠夺性开发利用，是典型的人类征服自然、改造自然的过程。在这两个阶段，河流生态环境长期处于胁迫状态，甚至造成流域性的生态灾难，进而威胁人类赖以生存的生态环境，当时苏联造成的中亚"咸海危机"就是典型的例证。1960 年以前，咸海的面积高达 6.6 万 km^2，阿姆河和锡尔河是咸海的主要补充水源。1960 年以后，为了大力发展农业，苏联在阿姆河和锡尔河流域开始大肆修建农田水利工程。随着农业灌溉的快速发展，流域内人口激增，用水量不断增加，致使阿姆河和锡尔河的入湖流量锐减，在半个多世纪中，咸海的面积缩减了近90%。

相反，生态修复阶段具有明显的"水进人退"的表现特征，人们开始倡导对河流的"自然修复"而不是人为控制，将河流恢复到相对天然状态，以减轻或修复人类活动对河流的影响，维持河流生态环境功能和生态系统平衡。该时期甚至诞生了相对极端的"自然防洪理念"，号召将河流恢复到完全天然状态，依靠河流自身调节功能，实现抵御洪水、改善生态环境的综合功能。但也有学者认为，这在某种程度上是一种倒退的行为，在水利工程开发利用严重不足的条件下，河流自然调节作用远远不能满足人类生存生活的需求，黄河就是一个典型例证。历史上，黄河一向以"善淤、善决、善徙"而著称，民间常有"三年两决口，百年一改道"的说法，公元前602~公元1946年，黄河决口泛滥1593次，发生较大改道共26次，其中有6次影响巨大，称为"六大迁徙"，涉及今河南、河北、山东、安徽、江苏五省。黄河改道除了极少数是由人为原因直接造成的以外，基本上都是黄河大洪水造成大堤的自行溃决而酿成重大自然灾害。

总之，无论是单纯考虑人类力量，还是单纯考虑自然力量的"人水抗争"行为都是行不通的，必须正确认识人与自然的关系、人与河流的关系，把握"人水和谐"在河流治理中的主导作用，注重人类干预和自然力量的和谐相融，不断完善河流治理保护发展理念，为流域系统生态环境保护和社会经济高质量发展提供支撑与保障。

3.2.2　治理目标多元化

河流水问题的产生、应对与解决，与国家的社会经济发展阶段和水平密切相关。发达国家在工业化过程中，先后出现了不同的水问题，最初是洪涝、旱灾、供水等关系人类生存的安全问题，随后发展成为水质污染、河道断流、生物种类减少等关系人类健康的环境保护问题，近期演变为流域水资源、水环境、水生态与经济社会发展不相匹配的可持续发展问题。另外，随着社会经济的快速发展，水资源供需失衡、水环境污染严重、水灾害频繁发生、水生态状况恶化和水管理综合性不足等问题相互关联，彼此间的相互影响、连锁反应进一步加剧，河流水问题从传统的单一水问题转向了现代综合性水问题，从局部性水问题转向了流域性和区域性水问题（王志芳等，2019）。

面对不断出现的水问题，发达国家河流治理的目标也逐渐呈现多元化、全面化态势。其中，在工程开发阶段和环境治理阶段，应对的主要是水资源配置问题，治理目标也相对单一，一般为水旱灾害防御、水资源开发利用。进入生态修复阶段，应对的河流水问题开始多样化，扩展到水资源、水环境、水生态3个层面；相应地，治理目标也演变为水资源、水环境、水生态的统筹兼顾和社会经济的可持续发展。至综合治理阶段，随着河流治理理念的现代化，人们已经开始跳出河流这一自然维度，统筹考虑自然-社会-经济的协调发展、流域-区域的全面发展。

总之，河流的治理与开发必须正确把握河流水问题的属性和尺度，根据社会经济发展需求，积极推进治理目标由单一化向多元化转变，不断调整河流治理发展思路与流域系统治理的战略重点，实现流域系统自然、经济、社会多维功能的协调和可持续的高质量发展。

3.2.3　治理思想系统化

流域作为以水为媒介，由水、土、气、生等自然要素和人口、社会、经济等人文要素相互关联、相互作用而共同构成的自然–社会经济复合系统，其系统内部自然属性的上、中、下游和左、右岸，各区段、各时段人文要素之间，发生的各种变化存在着共生和因果关系，流域系统是一个不可分割的有机整体，其中任一要素的变化或某一区段的局部性调整，都将不可避免地对整个流域产生重要影响（杨桂山等，2004）。

然而，过往的河流治理只把目光聚焦于流域内局部的某个自然问题，将这一问题同其可能造成的对流域内其他要素的影响割裂开来，破坏了流域内各资源环境要素与整个流域内社会经济发展的内在联系，忽视了流域上下游、干支流之间的相互影响。流域各要素得不到优化配置、"拆东墙补西墙"，流域人水矛盾没有得到和谐解决，最终越来越难以适应社会发展和生产实践的需求。发达国家的河流治理历程很好地印证了这一思想，并在近 20 年跨入了流域综合治理阶段。从流域整体性、系统性出发，统筹考虑流域水资源、水环境、水生态等自然因素和社会经济因素，实施统一规划和综合治理，目前已发展成为国内外公认的科学原则。

综上，现代河流治理必须强调综合治理、系统治理的思想，即必须把流域传统的水治理纳入流域人口、资源、环境与经济协调发展的框架里，在保证流域环境、生态系统不仅不会持续恶化还应得到逐步改善的前提下，确定可用于流域社会经济发展与居民生活的资源数量（尤其是水资源配置），进行流域系统的综合治理和统筹规划，达到自然与社会经济可持续发展的平衡状态，促进流域生态保护和社会经济高质量发展，实现人水和谐的发展目标。

3.3　我国大江大河治理历程

"水利"颇具中国特色，距今已有 2000 多年的历史。1931 年，中国水利工程学会成立，1933 年第三次年会明确提出：水利范围应包括防洪、排水、灌溉、水力、水道、给水、污渠、港工八种工程在内。新中国成立后，以"久患灾重"的海河、淮河、黄河治理为开端，开启了现代工程水利的新篇章（邓铭江等，2020）。20 世纪后半叶，水利事业又增加了水土保持、水资源保护、环境水利和水利渔业等新内容，水利的含义更加广泛。进入 21 世纪，高坝大库、跨流域调水、水电开发、高效节水、生态恢复等成为水利建设的主旋律；同时"七大江河"流域以及干旱内陆河流域形成了各自的治理体系，治水理念、理论研究、工程技术等取得了巨大进步。

与欧美等发达国家和地区相比，我国河流治理的理论与实践起步较晚。20 世纪 30

年代，频繁发生的水旱灾害逐渐成为社会关注的焦点之一，毛泽东主席在 1934 年发出了"水利是农业的命脉，我们也应予以极大的注意"的号召，并由此开展了修筑堤防、建设水电站等一系列水事活动。进入 21 世纪以来，尤其是近 10 年，随着习近平生态文明思想和"十六字"治水思路的提出，我国河流系统治理的理论与技术迅速发展，目前已接轨国际前沿水平，为我国长江、黄河等大江大河治理保护提供了科学指导和根本遵循。根据我国河流治理目标需求和理念方针变化过程，可将河流治理历程概括为工程水利、资源水利和生态水利 3 个阶段，见图 3-7 和表 3-2。其中，工程水利是资源水利的基础，资源水利是工程水利的发展和提高，两者相互依存，共同发展；生态水利主要是应对社会经济发展与工程水利、资源水利带来的生态环境问题，发展生态水利是生态文明建设的必然要求，而资源水利的提出，为发展生态水利奠定了基础，提供了重要保证。每一个发展阶段都是在原有基础上的提高，是水利工作观念意识、管理体制、技术手段等方面的不断提升、完善，是与该阶段社会经济发展水平和发展观念模式相适应的产物（范兆轶和刘莉，2013）。

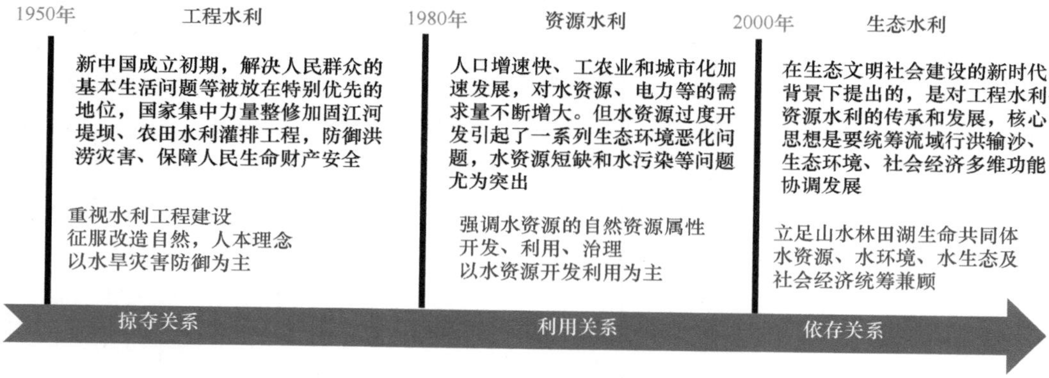

图 3-7　我国河流治理历程

表 3-2　我国河流治理阶段划分

发展阶段	时间	需求	治水目标	人水关系
工程水利	1950 年起	生存生活	水旱灾害防御为主、水资源开发利用	掠夺
资源水利	1980 年起	经济发展	水资源开发利用为主、水资源水环境保护	利用
生态水利	2000 年起	可持续发展	水资源、水环境、水生态及社会经济统筹兼顾	依存

3.3.1　工程水利阶段

我国修建水利工程起源较早。最早有文字记载的水利工程是安徽寿县的安丰塘堤坝，建于公元前 598～前 591 年。公元前 485 年开始兴建，1293 年全线通航的京杭大运河，曾经是世界上最忙的人工运河，对我国南北交通运输发挥了重要作用。公元前 256～前 251 年，在四川灌县建成的都江堰工程，是世界上现存历史最长的无坝引水工程，至今仍发挥着巨大的作用。但是，自 17 世纪后，我国由于政治、经济和科学技术的落后及外国列强的侵略、内战频仍等原因，水利工程建设远远落后于西方国家。尤其是 20 世纪上半叶，欧美等发达国家和地区水利水电工程快速发展，建造了一些高土石坝、混凝土重力坝、拱坝、支墩坝、钢筋混凝土水闸等，而我国则基本处于停滞状态。据统计，1950 年前，中国高于 30m 以上的大坝只有 21 座，总库容约 $2.8 \times 10^{10} \text{m}^3$，水电总装机容量为 $5.4 \times 10^5 \text{kW}$。

新中国成立之后，面对严峻的水旱灾害问题，围绕防洪、排涝、供水、灌溉等目标，国家集中力量整修加固江河堤坝、农田水利灌排工程，兴建了官厅水库（黏土心墙坝，原坝高 46m，后又加高 7m）、佛子岭水库（连拱坝，高 74.4m）、梅山水库（连拱坝，高 88.24m，在当时是世界上最高的连拱坝）、响洪甸水库（重力拱坝，高 87.5m）、狮子滩水库（堆石坝，高 52m）、磨子潭水库（双支墩大头坝，高 82m）、新安江水库（宽缝重力坝，高 105m）等。1951 年 5 月，毛泽东题词"一定要把淮河修好"，1952 年 10 月，毛泽东视察黄河时指出"要把黄河的事情办好"，大大地推动了当时的水利建设，在全国范围内掀起大规模修建水库、大坝的浪潮。这一时期中国也成为国际上修建水库大坝最活跃的国家，30m 以上的大坝由 21 座增加到 3651 座，总库容增加到约 $2.989 \times 10^{11} \text{m}^3$，水电总装机容量增加到 $1.867 \times 10^7 \text{kW}$。据 1982 年底的《世界大坝登记》，全世界高度在 15m 以上的大坝总数为 34798 座，中国有 18595 座，占 53.4%，跃居世界第一位（贾金生，2013；Jia，2016）。

工程水利阶段的主要目标是水旱灾害防御，关注水利工程建设和水资源开发利用，而对于节水、治污、配套、环保、管理等方面考虑不周，落实力不强，从而导致水资源过度开发、粗放管理和生态环境破坏等一系列问题。

3.3.2　资源水利阶段

20 世纪 80 年代，随着改革开放的持续推进，我国进入了工农业和城市化加速发展时期，人口增长迅速，对水资源、电力等的需求量不断增大。我国的大江大河蕴藏着丰富的水能资源，而在 1980 年底以前所建成的水电装机容量为 2040 万 kW，仅占总蕴藏量的 3%，占可开发水能资源的 3.76%，所以在大江大河上快速兴建和加快在建的大型水电站工程已成为中国 20 世纪 80 年代以后能源开发和水利建设的主要目标之一，由此进入了资源水利阶段。在该阶段，治水思想从"重视水利工程建设"转变到"强调水资源的自然资源属性"，注重水资源的综合开发利用。一大批高坝大型水电站或发电效益较大的大型水利枢纽工程得到批复与建设，如紧水滩、白山、大化、龙羊峡、葛洲坝、鲁布革、水口、漫湾、东江、东风、安康、隔河岩、宝珠寺、五强溪、李家峡、江垭、岩滩、大朝山、天生桥、小浪底、万家寨、二滩等。其中，二滩双曲拱坝高 240m，总装机容量为 330 万 kW，是我国当时已建的最大水电站，其建成标志着中国水利水电建设实现了质的突破，不少方面居于国际先进和领先水平。

然而，大规模兴建水利工程的过程中，由于认识水平的局限，加之改革开放以后工农业和城市化快速发展、人口急速增长，对水资源的过度开发引起了严重的生态环境问题，水污染和水资源短缺问题尤为严重。20 世纪 90 代中期，中国水污染造成的损失占全部环境损失的 76.2%，水污染问题进一步加剧了水资源短缺；由于人们对土地实行掠夺性开垦，20 世纪 80 年代末，中国水土流失面积 356 万 km²，严重制约区域经济社会的可持续发展。1997 年，黄河下游断流达到 226 天，断流河长约 704km，并且第一次出现汛期断流现象，直接影响沿黄城乡工农业生产生活，河道萎缩进一步加剧、河流自净能力降低、生态系统失衡，同时造成严重经济损失。1998 年初，163 名院士联名呼吁"行动起来，拯救黄河"。

时任水利部部长汪恕诚先生在 2001 年全国水利厅局长会议上提出了"资源水利"的理念（图 3-8）。他指出，新中国成立 50 年，尤其是改革开放 20 多年，我国的宏观形势发生了巨大变化，对水利工作提出了新的要求：要适应建立社会主义市场经济体制的要求、要适应我国经济社会的不断发展和经济运行环境的变化、要正视水资源短缺加剧和水污染日趋严重的严峻形势、要利用科学技术发展创造的有利条件。他强调，面对经济体制变化、经济发展和运行环境变化、水资源状况变化以及科学技术发展的新形势，及时调整治水思路：坚持人与自然和谐共处，实现经济社会可持续发展；水利要与国民经济和社会发展更紧密联系起来；对洪涝灾害、干旱缺水、水环境恶化等问题要统筹规划、综合治理；要特别重视水资源的配置、节约、保护；认真研究水利的经济问题，以适应市场经济体制的需要；依法治水，科学治水，努力实现水利现代化。他将上述治水思路的转变，概括为从传统水利向现代水利、可持续发展水利的转变，并给出了一种更加直观的提法，即从工程水利向资源水利的转变（汪恕诚，2009）。

图 3-8　2001 年汪恕诚部长在全国水利厅局长会议上提出转向资源水利
资料来源：http://gjkj.mwr.gov.cn/rdzt/348/bulingdaojianghua/201503/t20150313_627604.html?eqid=dd90122b0005c5f
3000000026484258b

3.3.3　生态水利阶段

进入 21 世纪，面对日益严峻的水资源短缺、生态环境恶化等问题，国内外学者和水利管理部门开始转变治理思路，强调水利工程建设必须与环境保护相协调，走可持续发展之路。在这一思想指导下，水利部黄河水利委员会对黄河水量实施了统一调度，至今已经实现了连续 23 年不断流，保障了流域供水安全，生态环境持续改善（图 3-9）。

图 3-9　绿色颂歌——黄河、黑河、塔里木河生态调水成效显著（班明丽，2002）

2001 年，国务院正式批复《塔里木河流域近期综合治理规划报告》，通过水资源的统一管理、调度和优化配置，将挤占的生态用水还给河道，20 年连续 20 次生态输水，让这条新疆各族人民的"母亲河"重焕生机，塔里木河告别断流史，尾闾台特玛湖形成 500 多平方公里的水面和湿地，下游植被恢复和改善面积 2285km^2（邓铭江等，2016）。

2011 年，中央一号文件《中共中央　国务院关于加快水利改革发展的决定》，明确了新时期的水利发展战略定位，强调水是生命之源、生产之要、生态之基，明确水利具有很强的公益性、基础性、战略性，不仅关系到防洪安全、供水安全、粮食安全，还关系到经济安全、生态安全和国家安全。这是新中国成立 62 年以来党中央、国务院首次出台的关于水利的综合性文件，对于加快水利的改革发展具有重大的指导意义。

3.3.4　水利高质量发展阶段

近年来，随着生态文明建设和水利改革发展的不断推进，我国水利开始进入高质量发展新阶段，生态水利的概念和内涵也随之发生变化（图 3-10）。2012 年 11 月 8 日，党的十八大召开，明确提出要把生态文明建设放在突出地位，纳入中国特色社会主义现代化建设"五位一体"总体布局，进一步强调了生态文明建设的地位和作用，并将"生态文明建设"提升到国家战略。2014 年 3 月 14 日，习近平总书记提出"十六字"治水思路，即"节水优先、空间均衡、系统治理、两手发力"，提出要立足山水林田湖生命共同体，统筹自然生态各要素，解决我国复杂水问题的根本出路，为河流综合治理、系统治理提供了方向指南。新阶段我国治水思路的发展，赋予了"生态水利"新的时代内涵。"空间均衡"是从生态文明建设高度，审视人口经济与资源环境关系，在新型工业化、城镇化和农业现代化进程中做到人与自然和谐的科学路径，为河流综合治理、系统治理提供了根本遵循；"系统治理"是立足山水林田湖生命共同体，统筹自然生态各要素，是解决我国复杂水问题的根本出路，为河流综合治理、系统治理提供了方向指南。"十六字"治水思路深刻体现了综合治理、系统治理的思想，赋予了新时期治水的新内涵、新要求、新任务，标志着以习近平同志为核心的党中央新阶段治水思想逐步形成，并得到不断完善（图 3-10）。

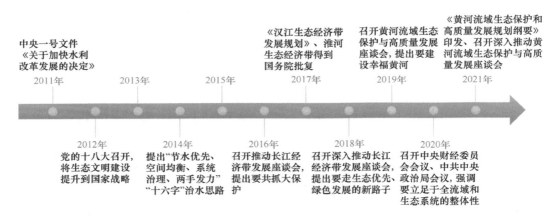

图 3-10　新阶段我国治水思想的发展过程

2018 年 4 月 26 日，习近平总书记在深入推动长江经济带发展座谈会上指出，推动长江经济带发展，前提是坚持生态优先，要从生态系统整体性和长江流域系统性着眼，统筹山水林田湖草等生态要素，实施好生态修复和环境保护工程。要坚持整体推进，增强各项措施的关联性和耦合性，防止畸重畸轻、单兵突进、顾此失彼。要坚持重点突破，在整体推进的基础上抓主要矛盾和矛盾的主要方面，采取有针对性的具体措施，努力做到全局和局部相配套、治本和治标相结合、渐进和突破相衔接，实现整体推进和重点突破相统一。要正确把握生态环境保护和经济发展的关系，探索协同推进生态优先和绿色发展新路子。发展经济不能对资源和生态环境竭泽而渔，生态环境保护也不是舍弃经济发展而缘木求鱼，要坚持在发展中保护、在保护中发展，实现经济社会发展与人口、资源、环境相协调，使绿水青山产生巨大生态效益、经济效益、社会效益。

2019 年 9 月 18 日，习近平总书记在河南主持召开黄河流域生态保护和高质量发展座谈会，他指出治理黄河，重在保护，要在治理。要坚持山水林田湖草综合治理、系统治理、源头治理，统筹推进各项工作，加强协同配合，推动黄河流域高质量发展。要坚持绿水青山就是金山银山的理念，坚持生态优先、绿色发展，以水而定、量水而行，因地制宜、分类施策，上下游、干支流、左右岸统筹谋划，共同抓好大保护，协同推进大治理，着力加强生态保护治理、保障黄河长治久安、促进全流域高质量发展、改善人民群众生活、保护传承弘扬黄河文化，让黄河成为造福人民的幸福河。此后，他又多次考察黄河流域，先后主持召开中央财经委员会会议、中共中央政治局会议，专题研究黄河流域生态保护和高质量发展总体思路和规划纲要，分上、中、下游，从水资源、污染防治、产业、交通、文化、民生等各个方面，对黄河流域生态保护和高质量发展做出全面系统、细致入微的安排，搭建起黄河保护治理的"四梁八柱"。

水利部李国英部长指出，水利工作要心怀"国之大者"，扎实推进新阶段水利高质量发展。我国人多水少，水资源时空分布不均、与生产力布局不相匹配，破解水资源配置与经济社会发展需求不相适应的矛盾，是新阶段我国发展面临的重大战略问题。水作为关键自然生态要素之一，从流域系统整体性出发，统筹流域行洪输沙–生态环境–社会经济多维功能协调发展，科学推进流域生态保护和高质量发展。

中外治河驱动力差异之讨论

中外治河史都显示，当治河面临新挑战，旧的科学技术作用有限时，人们诉诸改革管理技术，即通过制度、机制和体制创新，来应对新挑战，并为下一轮科技创新赢得时间。进入 21 世纪后，资源约束趋紧，社会发展更加注重公平，治河的挑战越来越大。当科学技术、法律约束、市场机制创新、水资源一体化管理都不足以应对挑战时，中外都将治河系统工程的研究对象扩展到社会经济系统，实施流域一体化管理，但二者的驱动力不同。

欧美等发达国家和地区流域系统的演化规律符合复杂适应系统理论（范兆轶和刘莉，2013），即底层的科技创新自下而上驱动其他系统进化，因此治河系统工程演化的第一驱动力是科技创新[少数时期例外，如罗斯福新政期间美国治河的驱动力是治国理政方针（National Research Coucil，2011）]。"自下而上"模式的优点是市场机制活跃，基层的创新能力强，灵活性好。不过，科技创新具有高度不确定性，无法规划。作为先发国家，发达国家缺乏经验，在等待先进科技出现时，不得不走了"先破坏后治理"的道路。发达国家大多缺乏集中力量办大事的制度优势，在基本实现治污目标后，人均国内生产总值（GDP）达到 2 万美元左右时，才开始修复河流的生态系统，但是多年的严重破坏导致水生态修复工作困难不小（马克·乔克，2011）。

我国流域系统演化规律符合贝塔朗菲的一般系统论（冯·贝塔朗菲，1987）和协同学理论（赫尔曼·哈肯，2005），即政治系统通过推行国家发展战略和创新治国理念，自上而下驱动其他系统进化，因此治河系统工程演化的第一驱动力是治国理念创新。以黄河水沙变化为例，从黄河复杂巨系统演化角度来看，执政党的治国理政方针变化驱动经济结构转型和治河实践创新，水土保持作为改变当地生态环境、减少入黄泥沙的重要措施，坚持不懈地持续推动。"自上而下"模式的优点具有长远思想和系统思维，国务院早在 1987 年就推动沿黄省市节水、制定用水规划；2011 年中央一号文件提出我国水利要实现跨越式发展，以免重蹈发达国家"先破坏后治理"的覆辙。然而，"自上而下"模式的缺点是基层的创新积极性弱，适应变化慢，灵活性差。因此，党中央这些年大力推行创新发展战略，提出坚持宏观调控和市场机制"两手发力"。

3.4　对黄河治理开发历程的思考

3.4.1　当代黄河治理发展历程

与国内其他河流治理历程一致，当代黄河治理也走过了 3 个阶段（陈蕴真等，2022），参见图 3-11。新中国成立初期，国家推动社会经济工业化，把解决人民群众的基本生活问题等放在特别优先的地位，生态环境意识薄弱，为满足粮食需求的耕地开垦和工业化的森林采伐，以前所未有的速度破坏自然环境，黄土高原水土流失极其严重，下游河道持续淤积抬升，洪灾风险巨大。1958~1960 年的我国开启了社会主义建设道路的艰辛探索，掀起了兴修水利的高潮，"以钢为纲""以粮为纲"的方针进一步加剧了水土流失。这一阶段，黄河治理的主要目标是防御洪涝灾害、保障人民生命财产安全，黄河第一个大型水利枢纽工程——三门峡水库在苏联的帮助下，开工建设并投入运用，有效减轻了下游防洪负担和减少了漫滩淹没损失。

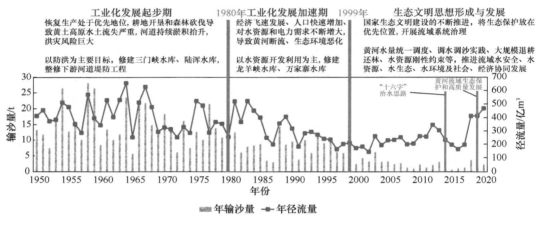

图 3-11　当代黄河治理历程

进入 20 世纪 80 年代，随着改革开放的不断深入，黄河流域进入工业化发展加速期。黄土高原大规模的石化能源开发，不断创造出城乡就业机会，大量农村劳动力从农业转向工业与服务业，黄土高原水土流失恶化趋势得到一定的缓解。同时，随着黄河流域经济社会高速发展、人口快速增加，人们对水资源和电力的需求不断增大，黄河治理目标逐渐转变为以水资源开发利用为主（以发电、供水为主要目标的龙羊峡水库、万家寨水库在这一阶段相继建成）。但对水资源的过度开发，又引起了一系列生态环境问题，水污染和水资源短缺问题尤为严重。黄河自 1987 年后几乎连年出现断流，断流时间不断提前，断流范围不断扩大，断流频次、历时不断增加；1997 年，断流天数达 226 天、断流范围从河口直达河南省开封市，成为有历史记载以来黄河断流天数和断流河长最长的一次断流。在水质方面，1998 年黄河干支流劣于Ⅲ类水质标准的河段占总河段的 70.77%，其中污染严重、劣于Ⅴ类水质标准的河段占 33.85%。

黄河断流问题引发了国内外的广泛关注，1999 年按照国务院授权，水利部黄河水利委员会对黄河水量实施统一调度，开创大江大河统一调度先河，自此黄河治理进入第三阶段。在该阶段，构建水沙调控、防洪减淤、水土流失综合防治体系，借助最严格的水资源管理制度，创新水资源优化配置机制，治黄与管理的理念和技术也得到全面提升。2003 年，黄河水利委员会在宁夏、内蒙古两个自治区开展水权转让试点工作，利用政府统筹和市场调节相结合的机制，优化配置水资源。2012 年，国务院颁布"水资源三条红线"管理指标，标志着水资源从供给管理转向需求管理。2017 年推行河长制，强化群防群治机制等。在大规模治理和持续保护工作的支持下，黄河再无断流现象发生，水质由中度污染提升到轻度污染，流域生态系统逐步得到改善；大规模退耕还林还草使入黄泥沙不断减少，水土保持对减沙的贡献率超过 70%（高旭彪等，2008；刘晓燕等，2014）；干支流水库群的联合调度和黄河下游标准化堤防的建设，显著提高了黄河防洪安全的保障能力，自小浪底水库运用以来黄河下游河道主河槽平均下降 2.6m（齐璞等，2016），改写了下游河床持续淤积抬升的历史。

近年来，随着国家生态文明建设的不断推进，治黄与管理的理念和技术得到了全面提升。特别是 2019 年习近平总书记在黄河流域生态保护和高质量发展座谈会上的讲话，将"生态环境保护"列入治黄主要任务，统筹黄河流域山水林田湖草综合治理、促进行洪输沙—生态环境—社会经济多维功能协调发展已经在流域层面形成共识，标志着黄河治理进入高质量发展的新征程。

3.4.2 黄河系统治理保护的思考

新中国成立以来，黄河治理保护走过了 70 多个年头，在党中央的坚强领导和沿黄军民的共同努力下，黄河流域治理经历了波澜壮阔的历程，取得了举世瞩目的成就，改变了几千年来黄河屡治屡决的局面，生态环境持续明显向好，社会经济发展和百姓生活不断改善，也为新时代继续推进黄河治理工作提供了宝贵经验。

（1）治黄战略引领作用巨大。治黄方略变化是推动黄河治理保护工作前进发展的第一驱动力，具有重要的引领作用。新中国的治黄实践主要包括黄河治理、开发和保护等方面。它们相互联系、相互依存、互为条件，在不同的历史时期内相互交叉、相互重叠，贯穿于治黄事业始终。70 多年来，依据不同时期经济社会发展的现实基础和治黄需要，国家统筹谋划、整体布局，科学调整治河方略、开发方案和保护策略，经历了"要把黄河的事情办好"到"维持黄河健康生命"，再到"让黄河成为造福人民的幸福河"，走过了从与黄河洪水泥沙进行抗争，到开发利用黄河水利和电力资源，再到对黄河流域生态系统整体保护、系统修复和综合治理的实践探索过程，书写了黄河安澜的伟大奇迹。党的十八大以来，以习近平同志为核心的党中央着眼于生态文明建设全局，明确了"节水优先、空间均衡、系统治理、两手发力"的治水思路，推动黄河流域生态保护和高质量发展全面驶入"快车道"，为世界范围内河流治理事业提供了重要借鉴。

（2）水土保持综合效益显著。几十年持续不断的水土保持工作使黄土高原水土流失治理效果显著。2018 年，梯田面积达到 5.5 万 km^2，淤地坝达到 5.9 万座，轻中度侵蚀占水土流失面积的 76.6%。与 20 世纪 80 年代初相比，黄土高原林草覆盖率由不到 20%提高至 65%，水土流失率由新中国成立初期的 71%下降到目前的 37%，黄土高原主色调由"黄"变"绿"。水土保持工程措施和管理措施的逐步实施，取得了显著的经济效益、生态效益和社会效益。水利水保措施有效减少了入黄泥沙，年平均减少入黄泥沙 3.5 亿～4.5 亿 t，为确保黄河安澜做出了重要贡献。水土保持综合治理使局部地区的水土流失、土地沙化和草原退化得到了遏制，改善了当地生态环境和人民群众的生活生产条件，促进了农村经济发展和新农村建设。

（3）生态环境保护成效明显。随着生态文明理念不断深入人心，党和国家组织实施了植树造林、水土保持、污染防控、生态修复等一系列措施，整个流域的生态环境面貌焕然一新，并呈现出持续向好的强劲态势。黄河源区湖泊群及周边生态逐步恢复，鄂陵湖和扎陵湖年均增加水域面积约 24km²，水源涵养能力稳定提升；中游黄土高原蓄水保土能力显著增强，实现了"人进沙退"的治沙奇迹，荒漠化土地比 2009 年减少 527.7 万亩，沙化土地比 2009 年减少 429.6 万亩，我国第七大沙漠——库布齐沙漠 30 年内沙丘整体高度下降了一半，6000 km² 荒漠变成绿洲，占到荒漠总面积的 1/3；下游实施黄河下游生态流量调度，河口湿地面积逐年回升，生态廊道功能得以维持，鱼类种类及多样性增加，久违的洄游鱼类重新出现。流域水污染防治能力大幅提升，水质总体呈逐年好转趋势，Ⅰ～Ⅲ类水比例由 1991 年的 33%提升至 2020 年的 84.7%，并全面消除了劣Ⅴ类断面，见图 3-12。

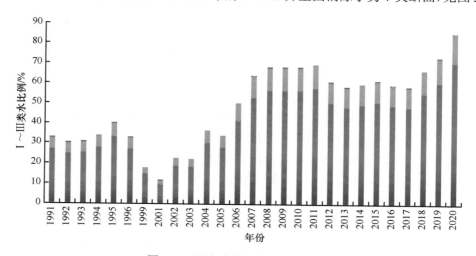

图 3-12　近年来黄河流域水质变化

（4）防洪工程体系布局科学。将防洪与减轻泥沙淤积统筹考虑，遵循"上拦下排、两岸分滞"调控洪水和"拦、调、排、放、挖"综合处理泥沙的方针，逐步发展以水沙调控体系为核心，以河防工程为基础，以多沙粗沙区拦沙工程、放淤工程、分滞洪工程等相结合的防洪工程总体布局，辅以防汛抗旱指挥系统、防洪调度和洪水风险管理等非工程措施，基本形成黄河流域防洪减灾体系，彻底扭转了历史上黄河下游频繁决口改道的险恶局面，取得了连续 70 多年伏秋大汛不决口的辉煌成就，保障了黄淮海平原 12 万 km²防洪保护区的安全和稳定发展。近年来，江恩慧等（2019a）聚焦泥沙的资源属性，变被动的泥沙处理为主动的泥沙利用，提出了"测—取—输—用—评"全链条泥沙资源利用技术体系，从根本上解决了黄河巨量泥沙处理的问题，并推动了黄河泥沙综合处理方针向"拦、调、排、放、挖、用"转变，为保障黄河长治久安提供了有力支撑。

（5）水沙联合调控成效斐然。根据黄河干流各河段的特点、流域经济社会发展布局，统筹考虑洪水管理、协调全河水沙关系、合理配置和高效利用水资源等综合利用要求，初步建成了以龙羊峡、刘家峡、三门峡、小浪底等骨干枢纽为主体的黄河水沙调控工程体系，在防洪防凌安全和全河水量统一调度、水资源高效利用、生态补水等方面发挥了巨大作用，实现了黄河连续 23 年不断流，以及黄河下游沿岸和河口三角洲生态状况好转，生物数量稳定增长。2002～2004 年，连续三次开展大规模黄河调水调沙人工试验，并进一步推进全河水沙联合调控，防洪、减淤、供水、生态、发电等综合效益显著提升。针对"调水容易调沙难"的技术难题，江恩慧等（2019a，2019b）依托"十三五"国家重点研发计划项目，提出了黄河干支流骨干枢纽群泥沙动态调控理论与技术，有力支撑了近年来的黄河汛前调水调沙和全河水沙联合调控。

（6）社会问题逐步达成共识。近年来，在气候变化背景下，黄河流域极端天气事件增多，水旱灾害频发，地质–水灾害风险不断增大，黄河防洪与水沙调控面临的挑战日益严峻。与此同时，流域总体水沙资源严重匮乏、生态环境脆弱，加之近年来水沙资源呈现不断减少的趋势，社会经济发展的资源约束趋紧。在此形势下，黄河流域生态保护和高质量发展重大国家战略的提出，对黄河治理保护提出了更高要求，流域内各省（自治区）政府和居民对治黄工作的支持力度与协调性不断提高，在确保防洪安全、塑造协调水沙关系的前提下，必须进一步发挥河流系统生态保护和促进经济社会高质量发展的作用，统筹提出山水林田湖草沙系统治理、多维协同的流域综合治理战略布局。

综合分析国内外河流治理开发历程可以看出，新形势下实现黄河流域生态保护和高质量发展，必须贯彻落实新时代生态文明建设思想，突出河流（流域）系统的整体性，立足流域自身禀赋、功能定位及国民经济发展需求，除了要大力推进水量、水质和水生态一体化管理，还需要将黄河治理的研究对象扩展到生态环境和社会经济系统，统筹气候变化、水、沙、粮食、能源、生态等自然要素与人口、经济等社会要素及其相互作用关系，注重结合水土保持、污染治理、生态修复等措施，构建相互协调、适度超前、能力提升的流域水沙资源一体化配置体系，实现水沙资源合理调配，促进流域行洪输沙、生态环境和社会经济子系统健康高效协同发展。这既是流域系统演化的内在规律，又是黄河流域治理保护的必然选择，更是在流域层面上配合国家发展战略、统筹推进十八大"五位一体"总体布局的要求。

目前，从科学研究层面，应用系统科学理论方法，研究河流系统各组成单元之间的相互关系、突破流域协调发展问题已得到国内外学者的关注，并促成了中国系统工程学会水利系统工程专业委员会、中国水利学会流域发展战略专业委员会等学术组织的成立。围绕黄河流域系统治理过程中不同层面的实际问题，我们从 2000 年开始先后在"十二五"国家科技支撑计划、国家自然科学基金重点项目、水利部公益性行业科研专项、"十三五"国家重点研发计划、"十四五"国家重点研发计划等项目的支持下，运用系统理论方法开展了探索性的研究，并取得了初步成果，后面将在第 7 章详细叙述。

第 4 章　新形势下黄河流域系统治理的战略需求

　　流域是以"水"为纽带形成的基本地貌单元，不仅涉及水、大气、生物、阳光、土壤、岩石等自然要素，还涉及人口、社会、经济、文化、行政管理等人文要素，各种要素间相互作用、相互影响，共同构成一个具有多层级结构的复杂巨系统。国内外河流治理史显示，仅聚焦于解决流域内局部的某个自然问题，已无法适应社会发展和生产实践需求，必须从流域的整体性、系统性出发，统筹考虑流域水安全、水资源、水环境、水生态以及区域社会经济发展，实施统一规划和综合治理。黄河一直"体弱多病"，面临着流域洪水风险巨大、水资源保障形势严峻、生态环境脆弱、发展质量有待提高等多方面突出困难和问题，加之近年来我国经济快速发展和全球气候变化，特别是黄河流域生态保护和高质量发展重大国家战略的提出，对黄河流域治理提出了新要求和新挑战。本章重点围绕黄河流域治理保护面临的五方面突出问题，剖析新形势下黄河流域系统治理的战略需求。

4.1　洪水风险依然是流域最大威胁

　　黄河流域特殊的水沙情势、经济社会水平、生态环境条件，使其一直以水旱灾害频发示人。特别是近年来在全球气候变化背景下，黄河流域极端天气事件增多，水旱灾害的风险不断增大，黄河防洪与水沙调控面临的挑战日益严峻。在此形势下，黄河流域生态保护和高质量发展重大国家战略的提出对防洪工程体系的功能定位提出了更高要求，要从流域尺度完善黄河防洪与水沙调控系统工程，建立流域洪涝旱灾协同防御及水资源优化配置理论技术体系，构建上下游联动、左右岸一体、干支流统筹的治理格局，在确保防洪安全、塑造协调水沙关系的前提下，进一步发挥流域生态保护和促进经济社会高质量发展的作用。

4.1.1　洪水威胁长期存在且风险增加

　　历史上黄河下游河道三年两决口、百年一改道，水旱灾害频发。据统计，从周定王五年（公元前 602 年）至 1938 年郑州花园口扒口的 2540 年中，黄河下游共决溢 1590余次，改道 26 次，北达天津，南抵江淮，给中华民族带来深重灾难。

　　对黄河防汛威胁较大的洪水主要来源于中游暴雨洪水，其中"下大洪水"起涨迅猛，预见期较短，威胁更大。自 1761 年至今的 260 多年，黄河花园口发生了 5 次接近和超过当前下游设防标准的洪水。其中，1761 年花园口发生超过 $32000m^3/s$ 的洪水，重现期约 450 年；1843 年陕县发生 $36000m^3/s$ 的洪水，重现期约 1000 年。两场洪水前后间隔不足百年，重现期均极长，表明黄河设计洪水指标体系相应的特大洪水出现概率不低。

近年来，全球气候变化正在加剧，我国暴雨事件增多，极端强对流天气点多、面广、破坏性极强，黄河流域主要产洪区遭遇极端暴雨洪水的风险增加。2016 年 7 月 18～20 日，海河流域发生与"63·8"暴雨天气背景类似、由西南涡东移北上、与其他系统叠加形成的强暴雨。黄河流域毗邻的新乡市，7 月 17 日 8 时至 22 日 6 时最大降水量达 907mm，全市 175 个雨量站点有 14 个大于 700mm。分析认为，海河流域本次区域降雨和较大水系洪峰的重现期为 50～100 年。2021 年 7 月 20 日前后，发生了以郑州为中心，涉及黄河流域小浪底至花园口干流下段和沁河流域的罕见特大暴雨。暴雨中心位于尖岗水库，最大小时降水量 147mm，最大单日降水量 694mm，均突破 1951 年郑州国家级气象观测站建站以来的记录。如果这场雨稍向西移动，则可能达到甚至超过小浪底水库设计时最大可能降水量，即约万年一遇的校核洪水量级。2016 年 7 月和 2021 年淮、海河两次间隔 5 年的特大洪水给我们带来警示，黄河发生极端暴雨洪水的可能性长期存在且风险增加（安新代，2021）。

4.1.2　水沙关系不协调的特性尚未根本转变

黄河水少沙多、水沙关系不协调，是导致河道淤积抬升、主槽过流能力下降、"二级悬河"局面形成和加剧、防洪问题突出的症结所在，也是明显区别于国内外其他大江大河的基本特征（张红武等，2016）。人民治黄以来，经过几十年的不断探索和实践，逐步形成了"拦、调、排、放、挖"综合处理和利用泥沙的基本思路。在上中游地区建成淤地坝 9 万多座（其中骨干坝 5399 座），有效减少了入黄泥沙。利用三门峡水库、小浪底水库的拦沙库容，累计拦沙 77 亿 t，减少了进入黄河下游的泥沙，有效减缓了河道淤积。2002 年以来，连续进行了以小浪底水库为核心的调水调沙，下游河道主河槽平均降低 2.6m，主河槽萎缩状况得到显著遏制，主河槽最小过流能力由 2002 年汛前的 $1800m^3/s$ 提升到 $5000m^3/s$。

然而，我们需要清醒地认识到，黄河水沙关系不协调的特性尚未发生根本转变。一方面，黄河流域的来水来沙量受降水、气候、下垫面、人工措施以及政策等的影响具有很大的不确定性，其变化具有随机性、周期性和趋势性等多重特征。近年来，黄河输沙量虽呈大幅度减小趋势，但随着水土保持措施拦沙潜力减小及黄土高原气候、下垫面等条件发生变化，未来黄河来沙量仍有增大的可能。目前研究普遍认为，黄河在较长时期年平均来沙量介于 $3×10^8～8×10^8$ t，始终是水沙关系不协调的多沙河流（胡春宏等，2022）。另一方面，现有成就是建立在水库调水调沙和拦沙运用基础上的，而目前小浪底水库运用以来已拦沙 32.1 亿 t，设计拦沙库容已经淤积 42%，调水调沙后续动力不足以成为调水调沙面临的难题。小浪底水库拦沙期结束后，下游河道还会不会重蹈三门峡水库时期的覆辙？

4.1.3　游荡型河道的河势稳定尚未得到有效控制

黄河下游游荡型河道起于河南孟津白鹤，止于山东东明高村，河道全长299km，流经洛阳、焦作、郑州、新乡、开封、菏泽、濮阳等地。该河段河道长期堆积抬升，在京广铁路桥以下形成了著名的地上悬河，是世界上公认的最复杂、最难治理的河段。国家高度重视游荡型河道整治，经过几十年的治理，陶城铺以下弯曲型河道河势已得到控制，高村至陶城铺由游荡型向弯曲型转变的过渡型河段河势也得到基本控制，高村以上游荡型河段已布设了一部分控导工程，缩小了游荡范围，防洪形势得到初步改善（胡一三等，1998）。

然而，目前一些河道整治工程不完善的河段，其河势仍出现上提下挫、工程靠溜不稳的现象，长期的枯水过程与中水整治工程布局不相匹配，甚至诱发并形成一些畸形河势、横（斜）河等，防洪压力巨大，直接威胁滩区群众的生命财产安全和黄河大堤安全，甚至给引水带来许多问题，已无法满足黄河流域生态保护和高质量发展重大国家战略"确保黄河沿岸安全"的要求。2013年，黄河下游花园口河段河道发生调整，主流在郑州白庙水厂花园口取水点处向北移了2km，致使2013年11月底至2014年1月取水泵站无法正常引水（图4-1），郑州市半城只能降压供水（李军华等，2020）。

图 4-1　泵站无法正常引水

黄河下游游荡型河道的"四最"（江恩慧等，2021）

黄河下游河道由主河槽与滩地共同构成，是典型的"宽滩窄槽"复式断面，滩槽关系十分复杂，历来是最复杂、最难治理的河段，河道滩槽结构见图4-2。

（1）游荡型最剧烈。黄河下游主流摆动频繁、摆动幅度最大，在低限以下到高耸河段，这个摆动的范围最大时可以达7~8km。河床沙洲密布，水流宽、浅、散、乱，横河、斜河时有发生，严重时还会发生滚河。

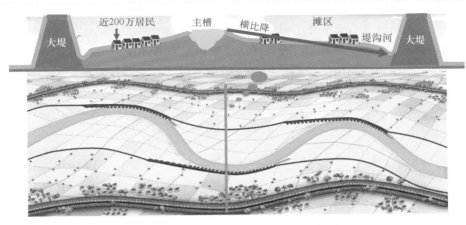

图 4-2　黄河下游河道滩槽结构示意图

（2）临背高差最大、防洪形势最严峻。现状黄河下游临背高差（指大堤之内河床和大堤之外的地面的高差）达 4～6m。与黄河沿岸城市的地面相比，河南新乡市的地面低于黄河河床 20m，开封市的地面低于黄河河床 13m。更甚者，近年来黄河下游主槽淤积加重，逐步形成了滩唇高仰、堤根低洼的"二级悬河"，进一步加大了大堤溃决的风险。

（3）大堤间距最宽。黄河下游陶城铺以上河段的大堤间距达 5～20km，其中最宽的地方约 24km，是世界上堤距最宽的河段。河道内的滩地总面积 3544km²，占河道面积的 84%，涉及河南、山东两省 14 个市 44 个县（区），滩区内有耕地 25 万 hm²，村庄 2056 个，人口接近 200 万。

（4）大堤决口最频繁。从周定王五年（公元前 602 年）至 1938 年郑州花园口扒口的 2540 年中，有记载的决口年份就有 543 年，有些年决口次数达数十次，共计决溢 1590 余次，改道 26 次，素有"三年两决口、百年一改道"之说。

4.1.4　下游滩区防洪运用与社会经济发展矛盾依然突出

黄河下游滩区是河道的一部分，既是河道整治工程的依托，又是堤防工程的防护屏障，在防洪工程体系中一直发挥着极其重要的作用，是黄河下游防御大洪水时行洪、滞洪、沉沙的重要场所。据实测资料统计，黄河下游 1950 年 6 月～1998 年 10 月，黄河下游共淤积泥沙 92.02 亿 t，其中滩地淤积 63.70 亿 t，占全断面总淤积量近 70%。同时，滩区又是 190 万群众长期生产生活的家园。由于滩区安全设施少、标准低，基础设施差，以及缺少洪水淹没补偿政策，滩区洪灾频繁、经济发展水平低、群众生命和财产没有保障，已经成为豫鲁两省最贫穷的地区之一；加之滩区人口的自然增长，过去人与洪水基本不发生矛盾的"一水一麦"的生产模式根本无法满足人们"奔小康"的需求。为了防止漫滩洪水危害，滩区群众逐步修筑生产堤、不让洪水上滩、力保秋粮收获，使主槽淤积更加严重，进一步加剧了滩区的洪灾风险，威胁下游整体防洪安全（张红武等，2016）。

近年来，在国家大力支持下，河南省和山东省启动了滩区居民迁建规划，并逐步实施。但是，规划实施后，仍有近百万人生活在受洪水威胁的区域中，滩区防洪运用和经济发展矛盾长期存在，其依然是制约黄河下游生态保护和高质量发展的重要因素。

4.2　流域水资源安全保障形势严峻

黄河水资源短缺，供需矛盾十分尖锐，成为黄河流域社会经济发展和生态环境修复的瓶颈，最突出的表现就是 20 世纪 70～90 年代黄河的频繁断流。1998 年，国家授权黄河水利委员会实施黄河水量统一调度，实现了黄河连续 23 年不断流，支撑了流域及相关地区经济社会发展和生态文明建设。但是，近年来随着流域内工业、农业和生活用水需求及流域外引水规模的不断增大，黄河水资源供需矛盾更加突出，水资源匮乏已经成为制约流域生态保护和高质量发展的关键因素之一。面对挑战，需要秉承系统科学理念，强化水资源刚性约束，综合考虑行洪输沙、生态环境和社会经济系统的用水需求，统筹协调上下游、干支流、左右岸的关系，继续加强和完善黄河水量统一管理和调度，优化水资源配置格局，促进流域各子系统健康高效协同发展。

4.2.1　流域水资源严重匮乏

1. 水资源严重短缺

黄河流域面积占全国国土面积的 8.3%，而年径流量只占全国年径流量的 2%，居我国七大江河的第五位（小于长江、珠江、松花江和淮河），承担着全国 17% 的耕地面积和 12% 人口的供水任务，属于资源性缺水河流。同时，黄河还承担着向海河流域、淮河流域及西北内陆河流域供水的任务（图 4-3），加之黄河又是世界上泥沙最多的河流，有限的水资源还必须承担一般清水河流所没有的输沙任务，使可用于经济社会发展和生态环境维持的水量进一步减少。

目前黄河流域人均占有河川径流量 408m³，为全国人均河川径流量的 27%，低于国际公认的人均 500m³ 极度缺水线，扣除调往外流域约 121.32 亿 m³ 水量后（2020 年），流域内人均水量更少。

2. 水资源时空分布不均

黄河河川天然径流量年际间变化大，干流断面最大年径流量一般为最小值的 3.1～3.9 倍，支流一般达 5～12 倍。自有实测资料以来，黄河源区出现了 1969～1974 年、1990～1998 年的连续枯水段；花园口断面出现了 1969～1974 年、1991～2002 年的连续枯水段。从径流量年内分布来看，最大月径流量发生在 8 月（占 16.1%），最小月径流量发生在 1 月（占 2.4%），连续径流量最大的时段发生在 7～10 月（汛期，占 57.9%）。黄河支流来水大部分主要由降水补给（汛期来水一般占 52% 以上），也有部分支流由降水和地下水等形式共同补给（如无定河，年内分配比较均匀，汛期来水占 43.7%）。

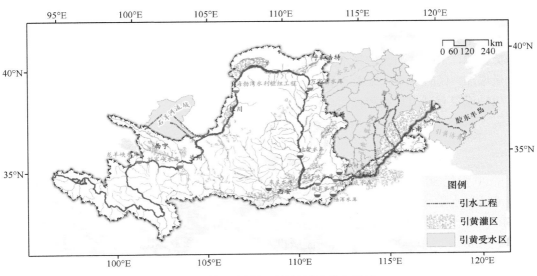

图 4-3　黄河流域主要的流域外供水区域

黄河河川径流大部分来自兰州以上，年径流量占全河的 66.5%，而流域面积仅占全河的 30%；龙门至三门峡的流域面积占全河的 25%，年径流量占全河的 17.1%；兰州至河口镇的流域面积占全河的 20.6%，河道蒸发渗漏强烈，基本不产流。

3. 水资源周期性波动

根据《黄河水资源公报》，2020 年花园口站天然河川径流量 720.05m³/s，较 1987～2000 年均值偏大 55.4%，较 1956～2000 年（《黄河流域水资源综合规划》采用径流系列）均值偏大 35.1%。

然而，黄河天然年径流量并不是持续增长的。从百年尺度来看，径流量呈现出明显的丰枯交替变化规律，如图 4-4 所示。1919～1959 年花园口站年均天然径流量为 543.3 亿 m³，若以此为基准值，则 1960～1989 年年均天然径流量增加了 11.2%，1990～2004 年减少了 21%，2005～2020 年减少了 5.6%（胡春宏等，2022）。

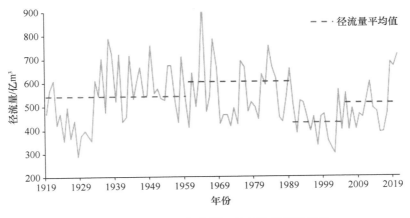

图 4-4　1919～2020 年花园口站年均天然径流量

　　黄河流域的来水来沙受降水、气候、下垫面、人工措施以及国家政策等的影响，具有很大的不确定性，对于未来流域来水量，目前尚没有明确的结论。但根据有关气候变化趋势预测，未来黄河流域降水量变化不大，而气温将呈升高趋势，这将导致流域面上蒸发量增加，同时受到未来黄土高原水土保持工程建设、水库工程建设等影响，未来黄河河川径流量有减少的趋势，而这使得水资源短缺的形势向着更加不利的方向发展。

4.2.2　流域内外用水需求不断增长

　　自 20 世纪 50 年代以来，随着国民经济的发展，黄河的供水量不断增加。1950 年，黄河流域供水量约 120.0 亿 m³，主要为农业用水，1980 年黄河流域各类工程总供水量为 446.31 亿 m³，2000 年总供水量达到 506.34 亿 m³，2020 年总供水量进一步增大为 536.15 亿 m³。1980～2020 年，黄河流域供水量增加 89.84 亿 m³，年均增长率为 0.5%，其中，1980～2000 年供水量增加 60.03 亿 m³，年均增长率为 0.7%；2000～2020 年供水量增加 29.81 亿 m³，年均增长率为 0.3%。1980～2020 年黄河流域供水量变化趋势见图 4-5。

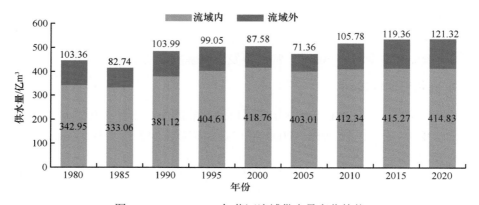

图 4-5　1980～2020 年黄河流域供水量变化趋势

　　其中，工业和生活用水的比例由 13.0%提高到 26.6%，尤其 2000 年以来黄河上中游地区依托煤炭资源优势形成的能源和煤化工产业发展迅速，用水增加较快。工业和生活用水的大量增加，一方面对供水保证率和供水水质的要求更加严格，另一方面废污水排放量也同步增加，对水资源和水环境的压力越来越大。随着郑州、西安、济南等中心城市和中原城市群建设推进，重要的农牧业生产基地和能源基地快速发展，即使采取强化节水等措施，未来黄河流域经济社会发展和生态环境改善对水资源的需求也将持续增长，加上向流域外引黄灌区及部分城市和地区的远距离供水，水资源供需矛盾日益突出，水资源与水环境对经济社会发展的约束日益凸显。

4.2.3　水资源开发利用远超其承载能力

　　根据《中华人民共和国水法》第二十二条的释义，"河流本身开发利用率不得超过40%，否则将造成生态环境的破坏"，但黄河水资源开发利用率已高达 80%，远超一般流域 40%生态警戒线，生态问题突出，部分河段生态功能受损。

20 世纪 70～90 年代，黄河曾有 22 年发生断流。自 1999 年实施黄河水量统一调度以来，下游花园口、利津等重要断面生态基流得到保障，实现了黄河干流连续 23 年不断流，但年均入海水量仅 161 亿 m³，与利津断面应入海水量相比仍有差距，黄河下游最小流量也远没有达到功能性不断流的要求。此外，黄河部分支流断流严重，据统计，1980～2020 年，汾河几乎年年出现断流，最大断流天数 208 天；大汶河戴村坝断面有 28 年发生断流，最大断流天数 365 天；沁河 2010 年、2011 年、2013 年、2019 年发生断流，最大断流天数 99 天；大黑河年年断流，年平均断流天数为 122 天，最长断流长度达 48 km。支流河道断流和流量减少不仅造成入黄水量减少，同时造成支流和干流生态环境恶化、生物多样性减少、河流生态功能退化，黄河流域生态安全受到严重胁迫（黄河勘测规划设计研究院有限公司，2019）。

由于水资源紧缺，挤占生态用水，流域湖泊湿地动态变化总体呈萎缩趋势。黄河流域内湖泊面积由 1980 年的 2702 km²，下降到 2016 年的 2364 km²，降幅达到 13%。与 20 世纪 80 年代相比，黄河宁蒙、小北干流下游等河段河流湿地面积减少 30%～40%；黄河三角洲天然湿地面积从 1986 年的 1582km² 降低至 2018 年的 1316km²，降低约 16.8%。湖泊湿地萎缩对水生生物带来明显影响，根据中国水产科学研究院的研究成果，黄河水系曾有鱼类 190 多种，湖泊湿地不断萎缩对流域水生生物影响显著，加上水质污染、大坝阻隔和过度捕捞等因素，近数十年已有 1/3 水生生物物种濒临绝迹（赵勇和何凡，2020）。

综上可以看出，一方面黄河流域水资源总量不足且未来有减少的可能，另一方面流域经济社会发展使工业、生活和生态用水需求增加，同时流域生态安全对水资源提出了更高的要求。因此，在充分考虑节水措施的前提下，黄河自身水资源量依然不能满足流域生态保护和高质量发展需求，未来水资源安全保障形势严峻。

4.3　流域生态环境脆弱性不容忽视

黄河是连接青藏高原、黄土高原、华北平原的生态廊道，具有重要的水源涵养、气候调节、水体净化和生物栖息等多重生态系统服务功能，是重要的"物种基因库"和"气候调节库"。但是，黄河流域生态本底差，生态脆弱区分布广、类型多，上游的高原冰川、草原草甸和三江源、祁连山，中游的黄土高原，下游的黄河三角洲等，都极易发生生态退化，恢复难度极大且过程缓慢，环境污染积重较深，水质总体差于全国平均水平（郜国明等，2020）。在此形势下，需要坚持山水林田湖草沙系统有机整体，统筹流域上下游、左右岸、干支流，充分考虑上中下游差异，因地制宜，分类推进上游水源涵养、中游水土保持、下游湿地生态系统保护和河流污染治理，持续推动黄河流域生态环境质量改善，加快构建坚实稳固、支撑有力的国家生态安全屏障。

4.3.1　源区生态退化问题仍未根本解决

黄河源区是世界上生物多样性较高的高海拔地区之一，受气候、海拔、地貌、地形等影响，生态环境十分脆弱。随着源区社会经济发展，其生态系统受到较大干扰，过度放牧和不合理的土地利用导致草地退化、湿地萎缩、土地沙化和水土流失等一系列生态问题。黄河源区土地利用以草地为主，占土地总面积的 71.02%（陈琼等，2020）。20 世纪 70 年代以来，黄河源区草地生态系统发生严重退化（徐田伟等，2020），牧草比例不断降低，毒害草比例有所增大（李世雄等，2020），草地退化引起水土流失、水源涵养功能下降、碳汇功能丧失等生态问题（易湘生等，2012；王聪等，2019；赵新全和周华坤，2005）。人类活动导致植被破坏，并带来弃土弃渣，在冻融侵蚀和水力侵蚀的共同作用下，造成了新的人为水土流失，加剧了生态环境的恶化。另外，在全球气候变暖的影响下，黄河源区面临着冰川退缩、冻土退化等生态问题。冰芯记录表明，当前为青藏高原 1000 年以来的最暖期。与 20 世纪 80 年代相比，河源区永久性冰川雪地面积减少52%，高覆盖度草地面积减少 5.2%。

　　2000 年以来，国家实施了一系列重大生态保护和建设工程，黄河源区生态环境质量得到逐步改善，退牧还草还湿等一系列生态保护措施的实施有效遏制了三江源地区草原退化、草地沙化的趋势。黄河源区草地面积达 10.4 万 km²，与 2000 年相比增大了 11.4%，森林面积达 0.92 万 km²，比 2000 年增大了 2.6%。但受气候和地貌条件以及人类活动的影响，黄河源区局部地区土地沙化、湿地萎缩的状况仍未得到根本改变，冰川、冻土、林草地等水源涵养单元的分布格局尚不稳定，现状水源涵养能力仍然偏低。

4.3.2　黄土高原水土流失治理任务依然艰巨

　　历史上黄河多年平均输沙量 16 亿 t，是长江的 3 倍，位列世界第 1 位，绝大多数泥沙来源于黄土高原地区。黄土高原地区土质疏松、地形破碎、植被稀疏，水土流失面积达 45.17 万 km²。经过持续治理，黄土高原地区植被覆盖度显著提高，林草覆盖率从 1998年的 32%提高到 2018 年的 65%以上（图 4-6）。截至 2018 年底，黄河流域采取各种水土保持措施，累计治理水土流失面积 27.5 万 km²，水土流失得到了有效治理。

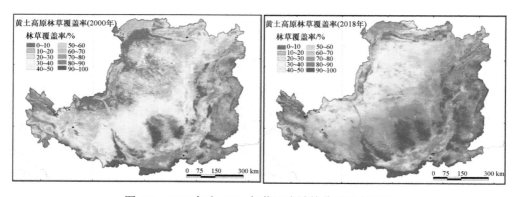

图 4-6　2000 年和 2018 年黄河流域林草覆盖率对比

　　然而，黄河流域水土流失未得到根本控制，根据 2018 年全国水土流失动态监测结果可知，黄河流域仍有水土流失面积 26.96 万 km²，其中黄土高原地区 24.2 万 km² 水土流失面积未得到有效治理。与初步治理区相比，未治理区自然条件更加恶劣、生态环境更加脆弱、治理难度更大，尤其是 7.86 万 km² 的多沙粗沙区和 1.88 万 km² 的粗泥沙集中来源区，导致治理总体进展缓慢。黄土高原地区植被恢复、生态建设及投资力度等中长期规划的体制机制有待完善创新（赵东晓等，2020），在区域植被持续增绿的过程中，植被蒸腾导致土壤水分不断消耗，植被恢复的可持续性面临威胁（Feng et al.，2016），一些地区人工生态林营建不合理，过度追求人工林草的高经济效益，出现了土壤干化和植物群落生长衰退的现象（邵明安等，2016；马柱国等，2020）。同时，2020 年黄土高原植被覆盖度已达 65%，其中黄土高原东南部子午岭、黄龙山林区等区域的植被覆盖度已达到 90% 以上，接近或超过该地区水分承载力阈值（Zeng et al.，2016），维持植被恢复及其减沙效益的可持续性已成为黄土高原生态恢复与重建面临的新挑战。

强降雨导致黄河上中游暴雨洪水和山洪灾害成为发生频率最高的自然灾害。随着全球气候变化和极端天气形势频发，近几年伏秋汛期连续发生暴雨和山洪灾害。例如，2016 年 8 月，内蒙古达拉特旗遭受暴雨，13 座骨干坝有 12 座决口；2017 年，无定河流域的"7·26"暴雨洪水，造成绥德县和子洲县严重受灾，白家川水文站最大含沙量达到 881.8kg/m³；2018～2020 年，黄河上中游不同区域都不同程度地出现了强降雨过程；特别是 2021 年，郑州及周边地区尚未完全从 7·20 暴雨洪水灾害中完全恢复，紧接着黄河中下游就连续出现严重的秋汛洪水。由于黄河中游黄土高原地区特殊的下垫面条件和脆弱的生态环境，一旦出现暴雨洪水，该区域就有可能发生严重的水土流失过程，对当地及其下游的生态环境破坏作用就会凸显。

4.3.3　下游河道及河口地区生态系统质量有待提升

黄河下游河道是多种鱼类的栖息地，同时也是鱼类洄游的重要通道，滨河区域分布大片湿地及国家级和省级自然保护区，河道及滨河带良好生态系统的维持对生态需水有一定的要求。自 1999 年实施水量统一调度以来，虽然实现了黄河干流不断流，但年均入海水量仅 161 亿 m³，下游河道内生态环境用水不充足。同时，下游河道内滩区不仅是黄河滞洪沉沙的场所，还是近 200 万人生活、生产的场所，现状条件下防洪、生态和社会经济发展矛盾尖锐，"与河争地""与河争水"和"水退人进"等现象屡禁不止，严重影响下河流廊道和生物多样性维持功能。

黄河下游三角洲和河口湿地由中游泥沙输入沉积而成（Zhao et al.，2016），是东北亚内陆和环西太平洋鸟类迁徙的重要中转站、越冬栖息地和繁殖地，有野生动物 1543 种，其中水生动物 641 种、鸟类 283 种。20 世纪 90 年代，黄河入海水沙量急剧减少，出现了湿地萎缩、生物多样性减少等问题。自 1999 年实施水量统一调度以及生态补水以来，河口芦苇沼泽湿地有所恢复，目前已达 1.5 万 hm²，接近 20 世纪 90 年代的水平。但受区域土地开发等人类活动影响，河口三角洲天然湿地仍然有所萎缩，与 20 世纪 80 年代相比，河口天然湿地萎缩 50%，坑塘、盐田等人工湿地面积增加了 11 倍。近年来，由于小浪底水库对黄河下游的调水调沙动力不足，河道冲刷效率明显降低，黄河下游湿地植物和水生生物健康状况逐步呈现下降趋势（Liu et al.，2017）。

4.3.4　流域水生态环境状况不容乐观

黄河流域煤炭、石油、天然气和有色金属资源丰富，长期以来，作为我国重要的能源、化工、原材料和基础工业基地，为全国的经济发展做出了突出贡献。历史上粗放发展导致黄河流域资源消耗过大、环境污染严重。近年来，通过大规模水环境综合治理工作，黄河流域水质总体呈逐年好转趋势，水质状况从轻度污染改善为良好。2020 年，黄河流域 Ⅰ～Ⅲ 类断面比例为 84.7%，比 2016 年提高 25.6 个百分点；无劣 Ⅴ 类断面，比 2016 年下降 13.9 个百分点（中华人民共和国生态环境部，2021）。然而，黄河干支流水质改善不同步，受宁蒙灌区、汾渭平原等农产品主产区农业面源污染严重的影响，汾河干流、涑水河、石川河和清涧河等部分支流水污染问题依然严峻（高欣等，2021）。此外，黄河流域水环境承载力分布与经济社会发展布局需求间的矛盾突出，主要纳污河段以约 35% 的水环境承载能力接纳了流域约 90% 的入河污染负荷，尤其是城市河段入河污染物严重超过水环境承载能力，流域水污染治理和环境风险防范工作压力依然巨大。

4.4　流域社会经济高质量发展任重道远

黄河流域资源能源丰富、人口众多，在国家生态安全和经济社会发展格局中占有重要地位。据统计，黄河流域经济占北方经济的"半壁江山"，黄河流域面积、常住人口、GDP 总量、地方财政一般预算收入分别占北方地区的 44.21%、57.72%、55.84%、48.93%。但受黄河水资源严重短缺的刚性约束，黄河 9 个省（自治区）的经济发展水平整体不高且不均衡性显著，黄河上中游 7 个省（自治区）同东部地区相比存在明显差距。更重要的是，经济社会能否可持续发展与河流是否健康、生态环境是否良性维持紧密相关。因此，要将水资源作为最大的刚性约束，严格遵循主体功能区差异性发展思路，从地区实际出发，合理规划人口、城市和产业发展，促进全流域合理布局产业及形成分工体系，加快推动黄河流域社会经济高质量发展。

4.4.1　流域整体发展水平不高

1. 人均 GDP 低于全国平均水平

从 1980～2020 年人均 GDP 数据来说，黄河流域人均 GDP 均低于同期的全国平均水平，人均 GDP 增长速度与全国 GDP 增长速度相比，从平稳到差距逐渐拉大。如图 4-7 所示，2021 年黄河流域 9 个省（自治区）人均 GDP 为 68187 元，相较于全国平均的 80976 元低了 15.79%。1980～2000 年，黄河流域人均 GDP 与全国人均 GDP 的差值维持在 24% 左右；自 2001 年中国正式加入世界贸易组织（WTO）以来，黄河流域经济发展迅速，不断缩小与全国经济发展水平的差距，至 2013 年差值比例缩小至 4.3%，但

2013～2021 年人均 GDP 差距又在不断扩大,从 4.3%增长至 15.8%。

2. 经济增速滞后于全国平均水平

黄河流域经济发展水平与国家整体发展趋势是一致的,经历了前期高速增长波动期
(1980～1996 年)、高速发展期(1997～2011 年)、快速稳定期(2012 年至今)。1980～
1996 年,人均 GDP 增速存在较大的波动,全国人均 GDP 从 1980 年的 467.5 元增长到
1996 年的 5898.2 元,保持了 10%以上(最高达到 1994 年的 24.4%)的高速增长;自 2001
年中国正式加入 WTO 以后,进入高速发展期,人均 GDP 增速保持在 15%左右,在 2008
年金融危机后,也出现了次年的增速陡降,但很快恢复;自 2012 年以来,人均 GDP 增
速稳定在 7%左右(2019～2020 年增速较低),见图 4-8。

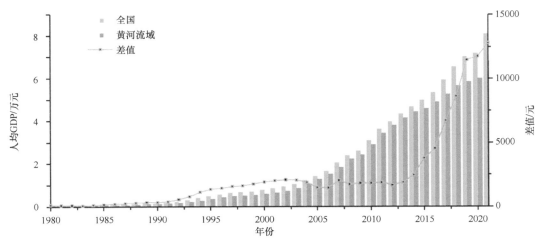

图 4-7 黄河流域人均 GDP 与全国人均 GDP 对比

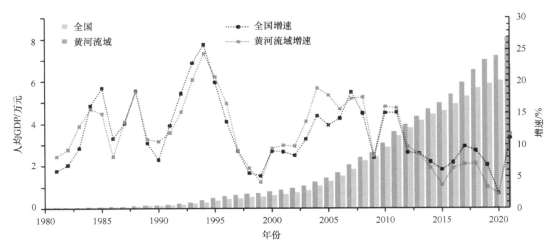

图 4-8 黄河流域人均 GDP 增速与全国人均 GDP 增速对比

黄河流域整体 GDP 增速自 2008 年全球金融危机后明显放缓,经济总量占全国的比
例也持续降低,由 2008 年的 23.24% 降至 2018 年的 21.98%。2018 年,黄河流域经济

增速落后于长江流域 1.21 个百分点，在全国 GDP 增速排名前 10 位的省份中，黄河流域仅有陕西入围，而长江流域有 8 个省份。作为黄河流域经济总量最大的省份，山东经济增速仅为 6.4%，滞后于全国平均水平 0.2 个百分点，无论从经济总量上还是增速上，与广东、江苏等经济大省的差距都在拉大。

4.4.2　流域空间发展不均衡

黄河流域内 9 个省（自治区）经济发展极不平衡、水平差异巨大，依据 2021 年统计数据，GDP 总量排名依次为山东、河南、四川、山西、内蒙古、山西、甘肃、宁夏、青海，比例为 24.8∶17.6∶16.1∶8.9∶6.7∶6.1∶3.1∶1.4∶1；人均 GDP 排名依次为内蒙古、山东、陕西、山西、四川、宁夏、河南、青海、甘肃，比例为 2.08∶1.99∶1.84∶1.58∶1.57∶1.52∶1.45∶1.37∶1，其中只有内蒙古和山东人均 GDP 略微超过了全国人均 GDP，而全国人均 GDP 是甘肃的 1.98 倍。山东的 GDP 总量、工业增加值、地方财政收入、全社会固定资产投资等指标分别是排名第二位的河南的 1.63 倍、1.56 倍、1.79 倍、1.24 倍，比青海、宁夏、甘肃、山西、内蒙古、陕西 6 个省（自治区）的总和还要多。青海的 GDP 总量、工业增加值、地方财政收入、全社会固定资产投资等指标仅相当于山东省的 3.61%、3.53%、4.04%、7.04%。流域内陕西、山西人均 GDP 增长速率较大，甘肃增长速率相对较小。受生态环境保护政策等的影响，山东、内蒙古在 2017～2020 年经济波动较大，其他省（自治区）未出现明显的波动。但从 2020～2021 年的趋势看，流域内经济发展已逐步得到恢复。

4.4.3　产业结构地域差异明显

2000～2020 年，黄河流域 9 个省（自治区）的三产比例明显提高，产业结构全部转变为"三二一"，见表 4-1。但总体而言，黄河流域的产业结构与全国、长江流域相比，层次仍然偏低。2020 年，黄河流域的第一、第二、第三产业比例为 9.7∶39.3∶51.0，第三产业比例滞后于全国 2.9 个百分点（全国第一、第二、第三产业比例为 7.7∶37.8∶54.5）。

流域内社会经济发展状况整体上处于工业化中期阶段，传统动能依然是黄河流域各省（自治区）经济增长的核心支撑，煤炭开采和洗选业、石油和天然气开采业、有色金属冶炼和压延加工业等资源能源产业和重化工业在黄河流域经济增长中的比例和贡献率相对较高。黄河流域资源开采及其加工业的比例为 36.34%，而全国、长江流域的比例仅为 27.17%、22.72%，分别超出 9.17%、13.62%；从内部差异来看，除山东、河南和陕西外，其他省（自治区）的资源开采及其加工业比例均达到 60% 以上，山西甚至高达 73.93%（煤炭工业增加值占规模以上工业增加值的比例近 60%）。而在长江流域，除云南和贵州外，各省（自治区、直辖市）资源开采及其加工业比例均在 30% 以下，最低的上海仅为 18.09%。相对而言，以新兴产业为代表的新动能对于经济增长的支撑较为薄弱，新动能对经济发展的引领支撑不够，其中山西战略性新兴产业增加值占规模以上工业增加值的比例仅为 9.8%；陕西战略性新兴产业增加值占全省 GDP 的比例为 10.8%（杨丹等，2020）。

表 4-1　黄河流域各省（自治区）三产比例　　　　（单位：%）

产业类型	地区	2000 年	2005 年	2010 年	2015 年	2020 年
第一产业	青海	14.6	11.6	10.0	8.6	11.1
	四川	23.3	9.1	14.7	12.2	11.4
	甘肃	19.6	15.6	14.5	14.1	13.3
	宁夏	17.3	11.9	9.8	8.2	8.6
	内蒙古	25	15.7	9.5	9.0	11.7
	陕西	16.8	11.9	9.8	8.9	8.7
	山西	10.9	6.3	6.2	6.1	5.4
	河南	22.6	17.5	14.2	11.4	9.7
	山东	14.9	10.4	9.1	7.9	7.3
	黄河流域	18.3	12.2	10.9	9.6	9.7
第二产业	青海	43.3	48.7	55.1	50.0	38.1
	四川	42.7	57.5	50.7	47.5	36.2
	甘肃	44.8	43.4	48.2	36.7	31.6
	宁夏	45.3	46.4	50.7	47.4	41.0
	内蒙古	39.7	44.1	54.6	51.0	39.6
	陕西	44.1	50.3	53.8	50.4	43.4
	山西	50.4	56	56.8	40.8	43.4
	河南	47.0	52.6	57.7	49.1	41.6
	山东	49.6	57.5	54.3	46.8	39.1
	黄河流域	45.2	50.7	53.5	46.6	39.3
第三产业	青海	42.1	39.7	34.9	41.4	50.8
	四川	34.0	33.4	34.6	40.3	52.4
	甘肃	35.6	41.0	37.3	49.2	55.1
	宁夏	37.4	41.7	39.5	44.4	50.4
	内蒙古	35.3	40.2	35.9	40.0	48.8
	陕西	39.1	37.8	36.4	40.7	47.9
	山西	38.7	37.7	37.0	53.0	51.2
	河南	30.4	29.9	28.1	39.5	48.7
	山东	35.5	32.1	36.6	45.3	53.6
	黄河流域	36.5	37.1	35.6	43.8	51.0

4.5　流域系统多维功能协同的管理理念有待加强

黄河流域范围较广，涉及青海、四川、甘肃、宁夏、内蒙古、山西、陕西、河南、山东 9 个省（自治区）。在实际管理中，各省（自治区）以及同一省（自治区）不同地区作为流域的治理主体，在自利化倾向的影响下，更多地考虑自身利益，造成相互之间矛盾重重，极容易出现条块分割和"九龙治水"现象。20 世纪 80 年代，随着人口增长和经济发展，为满足人们日益增长的用水需求，各省（自治区）利用沿河引水工程无序争抢水，造成黄河断流日趋严重，不仅给沿岸工农业生产和生活带来严重危害，还造成黄河下游河槽形态急剧恶化、河流生态尤其是河口地区生态急剧恶化。

不同领域、不同部门之间仍然存在"九龙治水"现象。例如，黄河水资源具有农田灌溉、城市供水、水产养殖、水力发电、旅游娱乐等多方面功能，但这些事情分属不同的部门管理，因此实际上形成了"管水量的不管水质、管水源的不管供水、管供水的不管排水、管排水的不管治污"这种分割管理局面。这种情况更加强化部门利益倾向，使各部门在制定自己的管理职能时更容易忽略流域整体利益，导致职权的重叠、交叉和空白，这样不但很难充分发挥各部门的合力作用以实现整体利益，反而会因为各部门的权力竞争造成对整体利益、长远利益的损害。最具代表性的为黄河流域几个重大水利工程的建设论证。下面以黑山峡河段开发与南水北调西线工程论证为例进行说明。

4.5.1 黑山峡河段开发方案论证应站位流域系统可持续发展高度

黄河黑山峡河段地跨甘、宁省（自治区）界，与上游龙羊峡和刘家峡一起，构成黄河上游的三大峡谷，见图 4-9。黄河黑山峡河段是三大峡谷最后一个未开发的河段，在黄河治理开发中具有承上启下、协调全局的战略位置。该河段包括靖远川、红山峡、五佛峡、五佛川和黑山峡峡谷段五个区段，全长约 140km，天然落差约 137m，多年平均径流量约 332 亿 m³。

图 4-9　黑山峡河段位置示意图

围绕着黑山峡黄河河段的水利开发，峡谷两端的甘肃和宁夏都希望把高坝建设在自己辖区，获得最大经济收益，故提出了两个不同的开发方案（图 4-10）：宁夏提出在大柳树修建高坝一级开发方案，坝址建在宁夏中卫境内，但会淹没甘肃景泰县很多土地，包括景泰县的石林景区；甘肃则提出了小观音高坝+大柳树低坝两级开发方案，小观音坝址位于甘肃景泰县境内，但采用这个方案，会造成工程蓄水能力大幅度减小，破坏黑山峡开发的整体价值。双方相持不下，多次报请中央和国务院裁决，自此开启了关于一个水利工程的博弈。

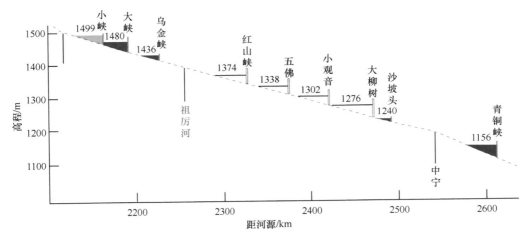

图 4-10　黑山峡河段开发方案示意图（张楚汉等，2023）

到了 20 世纪 80 年代，两省（自治区）各自投入资金做前期论证，但核心焦点的坝址选择仍未取得共识。与此同时，由于河段开发方案不确定，周边区域国土开发规划定位、布局长期处于悬置状态，造成了灌区改造、黄河治理、城镇供水等基础设施重复建设和巨大浪费。2008 年，甘肃在两级开发方案的基础上又提出了四级建坝方案，即在甘肃境内修建红山峡、五佛、小观音和在宁夏境内修建大柳树低坝四级径流电站方案，好处是不会淹没甘肃多少土地，且能为甘肃带来不菲的税收等效益。但这一方案将原来的高坝彻底变为低坝，失去了蓄水功能，既无法满足宁蒙河段防凌防洪需求，又不能满足宁夏、内蒙古等能源化工基地、农田灌溉的供水需求，同时还不利于充分发挥黄河水沙调控工程体系的整体合力，对提升梯级水库群发电效益、改善黄河水沙条件均有一定的影响。

黄河黑山峡水利工程虽然对国家能源安全、粮食安全、生态安全及沿岸居民都有巨大的红利，但自 1952 年提出以来，甘肃省和宁夏回族自治区之间的争论长达近 70 年，黑山峡水利工程仍处于图纸阶段。长期的意见分歧阻碍了区域合作发展，进而影响了黄河流域乃至整个国家的经济发展大局。究其原因，主要是宁夏和甘肃都只考虑自身的利益，没有站在流域和国家层面的高度，追求整个流域综合效益的最大化。鉴于此，我们认为，黑山峡河段的开发应从国家安全、黄河流域生态保护和高质量发展重大国家战略的高度去审视和论证，而非站在省（自治区）乃至更加局部的利益角度来思考。水利部原部长杨振怀等一些水利专家也从多个层面论证了大柳树工程建设的可行性，杨振怀部长亲自组建了一个议事机构，即大柳树办公室，专门推进大柳树水利枢纽工程建设。2020 年 6 月，习近平总书记在宁夏考察时提出了宁夏建设黄河生态先行区的设想，之后宁夏便将黑山峡水利工程列入了"十四五"十大重点工程，积极组织论证与协调，与甘肃已经初步达成统一，目前已完成工程项目建议书、可行性研究报告等前期工作，造福甘肃、宁夏、内蒙古等沿黄省（自治区）人民的黑山峡工程将逐步进入建设程序（图 4-10）。

4.5.2　南水北调西线工程关乎整个国家安全

南水北调西线工程项目是从四川长江上游支流雅砻江、大渡河等长江水系调水，至黄河上游青、甘、宁、蒙、陕、晋等地的长距离调水工程，是补充黄河上游水资源不足、解决我国西北干旱缺水、促进黄河治理开发的战略工程。南水北调西线工程预计总调水达 170 亿 m³，彻底解决青海、甘肃等西北地区严重缺水的问题，在惠及周边数亿居民的同时，还能缓解长江洪涝灾害问题。

南水北调西线工程研究自 1952 年开始，至今已 70 余年，目前仍存在较大的争议。水利部黄委会于 1958～1961 年勘查了怒江、澜沧江、金沙江、通天河、大渡河、岷江、涪江、白龙江，范围约 115 万 km²。1987 年，国家计划委员会以 1136 号文决定开展南水北调西线工程超前期规划研究工作，1996 年上半年，黄委会提交《南水北调西线工程规划研究综合报告》，完成了超前期规划研究，耗时 10 年。根据水利部水规〔1995〕236 号文，1996 年南水北调西线工程进入规划阶段。2001 年 5 月，黄河勘测规划设计院编制的《南水北调西线工程规划纲要及第一期工程规划》通过审查。次年 2 月 26 日，水利部在全国人民代表大会农业与农村委员会全体会议上汇报了《南水北调工程总体规划》方案。随后，国家计划委员会、水利部向国务院报送《关于审批南水北调工程总体规划的请示》（计农经〔2002〕2506 号）。2002 年 12 月 23 日，国务院做出《关于南水北调工程总体规划的批复》，提出"原则同意《南水北调工程总体规划》。根据前期工作的深度，先期实施东线和中线一期工程，西线工程先继续做好前期工作。"西线第一期工程规划工作完成，进入项目建议书阶段。2005 年 8 月 4 日，央视国际报道：南水北调西线工程 2005 年将正式提交工程项目建议书，力争在 2010 年前正式动工。黄委会决定将西线工程指挥部定在四川省阿坝藏族羌族自治州壤塘县。

西线工程论证半个世纪，研究方案 157 个，然而开工在即，却又出现变化。2004 年《科技导报》发表鲁家果的学术文章《南水北调西线工程应慎重决策》，其对南水北调工程的"工程可行性、经济合理性、可持续发展及风险因素"提出异议，进而质疑前期工作的科学性与民主性。同年 12 月，鲁家果给温家宝总理写信，陈述西线工程风险，总理批复给水利部。2006 年 7～10 月，"长江三源科学考察队"考察了"南水北调西线工程"长江三源（南源当曲、正源沱沱河、北源楚玛尔河）调水源区及通天河、金沙江、雅砻江、大渡河与黄河源区调水工程枢纽规划区，并向媒体通报考察结果，展示了大量的照片，对长江三源未来的水源、生态环境、社会问题表示担忧。2006 年 8 月 31 日，四川学者撰写的《南水北调西线工程备忘录》出版，就西线工程的重大工程地质问题、青藏高原冰川退缩与西线工程调水量不足问题、西线工程对青藏高原生态环境破坏问题、对西电东送工程发电影响问题、对调水区居民/生态补偿问题、西线工程与宗教/文化/文物等保护问题、西线工程投资和运作模式问题、西线工程替代方案等提出不同意见。

　　南水北调西线工程引起质疑的远不止上述几个问题。西线工程是南水北调工程中问题最复杂的调水线路，各相关方在工程建设必要性、生态环境影响、地质条件、民族宗教影响、水力发电损失、经济可行性和水价承受能力等方面存在分歧，导致西线工程 70 多年迟迟没有开工建设，严重影响了国家全局利益。王光谦院士表示，西线工程不但可为西部地区有效补充生产生活战略水资源，促进西部地区经济社会可持续发展，为实现国家东西部、南北方区域协调发展提供重要战略支撑，而且可以进一步统筹国家水资源优化配置，实现水资源南北互济，构建国家战略水网体系。2021 年 5 月 14 日，习近平总书记在推进南水北调后续工程高质量发展座谈会上强调，南水北调是我国跨流域跨区域配置水资源的骨干工程，要审时度势、科学布局，准确把握东线、中线、西线三条线路各自的特点，加强顶层设计，优化战略安排，统筹指导和推进后续工程建设。《中华人民共和国国民经济和社会发展第十四个五年规划和 2035 年远景目标纲要》也明确提出，推动南水北调东中线后续工程建设，深化南水北调西线工程方案比选论证。这些都为南水北调西线工程的推进指明了方向，按下了加速键。

　　综上，黄河流域治理涉及多个领域、多个部门、多个地方。因涉及不同的利益相关方，各方基于不同的权力、利益诉求，往往存在着各种矛盾和冲突，故导致一些流域重大决策长期议而不决，如黄河上游黑山峡河段综合利用、南水北调西线工程等，原因之一就是没有站在流域尺度和国家安全的高度，统筹考虑生态安全、供水安全、粮食安全、能源安全等方面的长远战略需求和布局，以及流域间不同区域和流域内上下游的博弈协同关系。因此，面对黄河流域发展困局，需要推动流域上下“一盘棋”共治共理，建立黄河流域跨区域、多部门协同管理机制和各省（自治区）协商机制，创新区域间生态、经济优化利益分配和补偿机制，强化全流域统一规划、统一管理、统一调度，实现流域山水林田湖草沙系统治理、行洪输沙-生态环境-社会经济多维功能协同发挥。

第5章 系统科学与流域系统科学基本架构

流域是地球表层系统演化的基本单元，流域系统强调的是流域自然与社会二元系统相互作用的整体效应。面对新形势下黄河流域系统治理的战略需求，亟须全面引入系统科学理论方法，开展流域系统治理相关战略布局及具体工程建设规划的理论和技术研究，构建完整的"流域系统科学"理论技术体系。流域系统科学是基于大系统思想，突出流域系统整体性，在现代系统科学框架内，将地球系统科学的理念和研究方法延展深入到流域系统内部，探究流域系统的行洪输沙、生态环境、社会经济三大服务功能彼此间的互馈与耦合作用关系，为流域生态保护和高质量发展战略布局及工程实践提供基础的科技支撑。因此，本章重点介绍系统科学的基本原理与方法，阐明流域系统科学的基本概念和特征，构建"流域系统科学"基本架构。

5.1 系统科学的产生与发展

系统科学是研究系统性质、结构、功能、关系和演化规律的一门科学，其诞生有力地推动了现代科学技术的发展和进步。系统科学以不同领域的复杂系统为研究对象，从系统的整体性出发，揭示系统演化过程中所遵循的共同规律。本节在系统思想的基础上，从现代系统科学的建立、现代系统科学发展的三个阶段分别来论述系统科学的产生和发展。

5.1.1 现代系统科学的建立

自然科学的很多方面早就用到了系统的概念。最典型的例子是力学，近现代科学以牛顿力学为开端，直至今天力学仍然是最基础的学科。牛顿三大定律研究的对象是质点，但很快就顺理成章地发展到刚体和系统。拉格朗日（Lagrange，1736—1813年）是法国著名数学家，他对系统的描述有着标志性的意义。1788年，他在其名著《分析力学》中首先引进了"系统"的广义坐标概念，建立了拉格朗日方程，为把力学理论推广应用到物理学和其他领域开辟了道路。分析力学研究的对象是力学系统，有一整套描述系统的方法和体系，并很自然地被运用到统计力学、量子力学、动力系统和其他学科。至今学界公认的物理学最经典、最全面的著作——朗道十卷《理论物理学教程》（被称为物理学"经典十卷"）的第一卷《力学》，就是从分析力学的"系统"写起的，而且这些描述系统的基本方法和原理贯穿整个十卷。以"系统"为基础的哈密顿原理和拉格朗日方程是现代几乎所有学科都离不开的基本理论和方法，并在各种"系统"研究中不断地发挥着巨大作用。"系统"是各种各样实际和理论研究都要面对的一个共性问题，人们对各种系统的性质和特点开展了大量的研究，把"系统"的共同特征作为对象进行一般性研究。

因此，19 世纪上半叶自然科学的三大发现——能量守恒与转化定律、细胞学说和达尔文进化论，使人类对自然过程的相互联系有了新的认识。从分析个体具体细节到了解事物之间普遍联系的系统思想重新引起人们的重视。恩格斯曾说过，"三大发现使我们对自然过程相互联系的认识不断前进，由于这三大发现和自然科学的其他巨大进步，我们现在不但能够指出自然界中各个领域内过程之间的联系，而且总的来说也能指出各个领域之间的联系了。这样，我们就能够依靠经验自然科学本身所提供的事实，以近乎系统的形式描绘出一幅自然界联系的清晰图画"。这段话不仅指出了系统思想兴起的必然性，还预言了系统思想进一步发展的前景。

电报和电话的发明，成为电信技术发展的开始，推动了之后信息学的兴起。电信技术的实践提出了大量需要从理论上回答和进行定量计算的问题，产生了对信息问题进行研究的需求。现代概率论为香农的统计信息理论提供了重要的工具。瓦特蒸汽机调速器中对自动调节技术的应用，引起了人们对控制技术的重视。蒸汽机的广泛使用，带来了大机器工业时代对自动化技术的社会需求，进而产生了对控制理论的需求。第二次世界大战中，控制系统提升的需要直接推动了控制论的产生。运筹学和系统工程也是在第二次世界大战期间产生并得到迅速发展的。

19 世纪末，物理学的三大发现——X 射线、电子和天然放射性，为 20 世纪科学技术的飞跃发展奠定了基础。而后，人们开始关注由大量分子所组成的体系，根据大量分子的运动来解释所观测到的物质的宏观性质。20 世纪初，出现了持续时间长达 30 年以相对论、量子论的创立为标志的人类历史上最伟大的科学革命。现代科技革命以物理学革命为先导，相对论实现了从低速推进到高速，以相对时空取代绝对时空；量子论从宏观推进到微观，以间断补充连续；统计物理学则从可逆推进到不可逆，以复杂性取代简单性。相对于经典统计物理学，量子统计物理学侧重对微观运动状态的描述。

全新科学理论、科学思想与科学方法的建立使人们摒弃了对自然界所持有的许多固有观念，重新审视其所生活的世界和宇宙。实证宇宙演化模型的建立，从根本上为科学系统演化理论的形成打下根基。综合的、宏观层次的研究获得了人们的重视。

系统思想发展到定量阶段和系统科学的建立，是 20 世纪生产力迅速发展的结果，也是现代科学技术发展的客观要求。随着新兴学科的蓬勃发展，人们的认识对象和社会实践活动不断复杂化，时常会遇到大范围、高参量和超微观、超宏观的问题，这在客观上要求人们必须去探索认识复杂系统的方法，迫切要求出现一种在整体上能够协调处理多个体、多层次系统行为的定量理论用以解决复杂的社会实践问题。因而，用于定量分析复杂问题的系统科学应运而生。

尤其是第二次世界大战的爆发，给科学技术提出了许多新的实际问题，为了解决这些问题，不仅需要制定相应的对策方案，还需要进行精确的定量分析，其结果使许多定量的系统科学方法与技术成功地运用于战争，并从中凝练了一些新的概念和方法。战后，科学工作者继续研究其中的某些实际问题，在理论上升华提高，出现了横跨自然科学、社会科学和工程技术的系统科学体系。

苗东升（2010）将现代系统科学体系的形成和发展分为三个重要的阶段，实现了系统科学从分立到整合的过程。第一个阶段也就是第一次整合工作，是贝塔朗菲（Bertalanffy）完成的，他试图按照一定的框架把不同的系统研究综合为一门统一的学科。第二个阶段以哈肯（Haken）的整合工作为代表，他明确提出要将系统科学相关研究统一起来，并试图以协同学为基础来实现。第三个阶段应归功于钱学森，他的体系结构的提出，标志着系统科学实现了从分立到整合。虽然"系统科学"是横跨自然和社会两大领域的科学，但是应当承认，它主要是在自然科学的基础上产生和发展起来的。可以说，"系统科学"是自然科学发展到一定阶段的产物。

5.1.2　现代系统科学发展的第一阶段

美籍奥地利理论生物学家贝塔朗菲继承了拉格朗日和哈密顿关于"系统"的研究方法和描述体系，明确地将系统作为直接的研究对象，以求找出各种各样"系统"的共同规律，其开创的"系统论"成为"系统科学"的核心。作为一门学科的系统论，通常以1937 年贝塔朗菲提出"一般系统论"的概念为标志。他在芝加哥大学的哲学讨论会上，第一次提出了一般系统论的概念和原理，奠定了这门科学的理论基础。1945 年，他在《德国哲学周刊》上发表了论文《关于一般系统论》，对系统的共性做了一定的概括，明确提出把一般系统论作为一门独立的学科，但是不久之后其毁于战火，这种思想几乎无人传播。1948 年，他在美国讲学和参加专题讨论会时进一步阐释"一般系统论"，并指出无论系统的具体种类、组成部分的性质和它们之间的关系如何，都存在着适用于综合系统或子系统的一般模式、原则和规律，从此一般系统论才引起了学术界的重视。1954 年，他发起成立了一般系统论学会，推动了一般系统论的发展，出版了《行为科学》杂志和《一般系统年鉴》。而真正确立这门科学学术地位的是 1968 年贝塔朗菲发表的专著——《一般系统论：基础、发展和应用》，该书被公认为是这门学科的代表作，也标志着"系统科学"这门综合性学科初步形成。一般系统论是研究复杂系统理论的学科，着重研究复杂系统潜在的共同规律，对系统科学的形成和发展有着巨大的意义。但其仍侧重于概念性的描述，缺乏定量的理论方法。

信息论、控制论和运筹学是现代系统科学的重要组成部分，都是从研究人工技术系统出发，将定量的系统科学的适用范围从自然物体扩充到人造物体。信息论伴随着近代电信技术的迅猛发展而产生，是在长期的通信实践中对信号的特征进行研究、总结而产生的一门学科。现代信息论是由美国科学家克劳德·香农（Claude Shannon）创立的，他最早对信息问题做了系统的理论阐述。1948 年，他发表了论文《通信的数学理论》，成为现代信息论的奠基性著作。次年，他又发表了《噪声中的通信》一文，奠定了现代信息论的基础。他首次针对通信过程建立了数学模型，用数理统计方法研究了通信和控制系统中普遍存在的信息传递和处理问题，来提高系统传输和控制信息的有效性和可靠性。之后他与其他合作者编著了《信息论》一书，建立起传递信息的通信系统模型，对信息进行了定量的研究，提供了研究信息流动过程的方法，对信息论的思想也做了广泛的拓展。自此，通信科学从定性进入定量研究阶段，信息论发展成为一门独立的科学。香农的信息论也存在着一些局限，即单纯研究信息的数量，抛弃了信息的具体内容；不能对大量存在的模糊信息进行定量描述等。现在，人们已经或正在努力克服这些局限，对信息中的语法信息、语用信息和语义信息等分别进行研究，还从不同学科的角度对信息产生、传递过程进行多方面分析，并运用信息处理的方法解决了很多其他学科的实际问题，使信息论不断丰富和发展，逐渐向其他学科渗透，成为一门多学科交叉的边缘学科——信息科学。

经过漫长的孕育和第二次世界大战的激发，以研究动物以及机器中控制和通信过程共同规律的控制科学应运而生。美国数学家维纳（Wiener）在第二次世界大战中应军事部门的要求参与火炮自动控制的研究工作，战后他将这些工作进行总结，提炼升华成一部关于工程控制的学术著作——《控制论（或关于在动物和机器中控制和通信的科学）》，并于 1948 年出版发行，成为控制理论的经典之作，同时也标志着这门新学科的诞生。在这本书中，他将火炮自动瞄准飞机的功能行为与猎手瞄准猎物的过程进行类比，引入反馈的概念，阐明了功能系统通过反馈进行调节和控制的基本思想。他指出，反馈是动物和机器中控制的共同特性，控制行为离不开反馈的作用。控制论的构建对系统科学有着重大的意义，其揭示了生命机体、社会与技术系统之间共同存在的控制规律，这正是系统科学研究的主要对象和内容。1954 年，我国科学家钱学森出版了《工程控制论》一书，对控制论的传播和推广起到了重要的作用。控制学是一门跨学科的横断科学，其产生和发展为许多领域提供了新的研究思路和方法，促进了多个学科的发展，甚至推动产生了一些新的学科。生物控制论已经是一门发展迅速、有着广阔前景的新兴学科。人工智能是实现智能控制的主要途径，已经发展成为一门新兴的边缘学科。同时，其方法和理论已经渗透到科学研究和生产生活实践的各个方面，最优控制理论、自适应和自学习控制理论、模糊控制理论、大系统控制论等理论方法，被广泛应用到工程与社会的管理和控制中；社会控制论、经济控制论、教育控制论、技术控制论等是控制论向社会、经济、教育、科技等领域渗透的结果，对现实生产生活有着深远的影响。

运筹学形成于 20 世纪 40 年代前期，其主要是在第二次世界大战中军事作战系统研究的需要和战后经济与管理系统工程开发及应用两种力量下推动起来的。普遍认为运筹学最早是第二次世界大战期间英国提出的。运筹学的活动是从第二次世界大战初期的军事任务开始的，当时迫切需要把各种稀少的资源，以有效的方式分配给各种不同的军事部门经营各项活动，为了有效地协调好每项活动，英美军事管理当局号召大批科学家运用科学手段来处理战略与战术问题，这些科学家小组正是最早的运筹学研究小组。运筹学作为一门现代科学和专门解决系统问题的科学方法，在第二次世界大战期间才真正产生和形成。第二次世界大战后，运筹学从军事应用转移到经济和管理等诸多领域的研究中，并在 20 世纪 50 年代以后得到了广泛应用。运筹学得到了飞速的发展，形成了一套完备的理论和方法，发展了运筹学的许多分支，如数学规划、图论与网络、排队论、对策论、决策论、搜索论、存储论等。1969 年，瓦格纳（Wagner）出版《运筹学的原理和对管理决策的应用》一书，标志着运筹学作为一门相对独立的学科发展到成熟阶段。伴随着运筹学在理论上不断成熟和电子计算机的问世，运筹学发展成为涉及数学、决策学、管理学等多个学科的理论研究和实际应用的庞大学科体系。世界上不少国家也都先后成立了运筹学学会，且创办了相关的期刊。20 世纪 50 年代中期，钱学森、许志国等一批科学家将运筹学由国外引入国内，并结合我国国情和特点进行推广应用。1982 年，我国加入国际运筹学会联合会（IFORS）。

理论的逐步完善也大力推动了技术的发展。第二次世界大战以后，运筹学、信息论、控制论、计算机技术、自动控制技术、电子模拟技术和模型理论等的飞速发展和相互融合，促进了以实际系统为研究对象的系统科学应用学科的产生和发展，包括系统工程、系统分析、管理科学等，它们具有高度综合性和交叉性。系统工程作为一门学科始于 20 世纪 40 年代，美国贝尔电话公司用系统工程方法来命名他们研制的新系统微波通信网。美国研制原子弹的曼哈顿计划、登月火箭阿波罗计划和北欧跨国电网协调方案，是自觉运用系统工程方法取得重大成效的典型例子。1957 年，美国的古德（Goodle）和麦克霍尔（Machol）合作出版了第一本以《系统工程》命名的专著。之后，相关学者又相继出版了《系统工程手册》和《系统工程方法论》。20 世纪 60 年代末，关于军事和工程等硬系统的系统工程方法论臻于完善。系统分析是第二次世界大战后兰德公司提出的概念，该公司认为系统分析是一种研究方略，其能在不确定的情况下，确定问题的本质和起因，明确咨询目标，找出各种可行方案，并通过一定标准对这些方案进行比较，帮助决策者在复杂的问题和环境中做出科学抉择。管理科学是以科学方法应用为基础的各种管理决策理论和方法的统称。1911 年，泰勒（Taylor）发表了《科学管理原理》，成为经典的管理科学理论的代表作。科学管理理论、管理过程理论和行政组织理论统称为"古典管理理论"。20 世纪 20 年代，美国的乔治·埃尔顿·梅奥和费里茨·罗特利斯伯格等提出了"行为科学理论"。50 年代，管理科学的基本方法形成，美国于 1953 年成立了管理科学学会，出版会刊《管理科学》。60 年代后，管理科学扩大到人事、组织和决策；80 年代，扩展到战略规划和战略决策。

5.1.3　现代系统科学发展的第二阶段

自现代系统科学产生以来，将自然和社会现象作为系统来研究信息传递与控制反馈等方面问题的系统论、控制论、信息论在理论及应用上都取得了很大的成功。20 世纪 70 年代前后，又出现了以系统为研究对象，既有比较严密的数学和物理学理论基础，又有一定的实验依据，并在生产生活实践中得到广泛应用的耗散结构理论、协同学、超循环理论和突变论等。这几种自组织理论是当代科学在探索复杂性、建立系统科学过程中的重要进展。

耗散结构理论是 1969 年比利时统计物理学家普利高津（Prigogine）提出的，他本人因此获得了 1977 年诺贝尔化学奖，这是普利高津学派 20 多年从事非平衡热力学和非平衡统计物理学研究的成果。他认为处于远离平衡态的开放系统可以通过能量或物质的耗散，自组织形成一种新的有序结构，这种有序结构称为耗散结构。1971 年，他出版了《结构、稳定和涨落的热力学理论》一书，比较详细地阐明了耗散结构的热力学理论，并将其应用到流体力学、化学和生物学等方面，引起了人们的重视。之后，他用非线性数学对分岔进行讨论,从随机过程的角度说明涨落和耗散结构的联系,以及把耗散结构应用在化学和生物学等方面,大大推动了耗散结构理论研究的发展。1977 年,他总结研究成果出版了《非平衡系统的自组织》一书。该书回答了开放系统自发从无序走向有序的问题,不只是生物系统,自然界的物理和化学系统也存在进化现象。耗散结构理论在现代系统科学占有重要的地位,为研究复杂系统演化发展提供了一种有效的工具。

协同学是 20 世纪 70 年代初德国理论物理学家哈肯创立的。他在深入研究激光发光原理的过程中发现,在合作现象的背后隐藏着某种更为深刻的普遍规律,随后对这种规律进行了不懈的挖掘。他发现激光是一种典型的在远离平衡态时由无序转化为有序的现象,但即使在平衡态时也会有类似现象发生,如超导现象的形成。1971 年,他首次提出了协同这一概念,1973 年提出协同学理论的基本观点,1977 年出版了专著《协同学导论》,系统阐释了协同学理论,初步形成了协同学的基本框架。1983 年,哈肯的《高等协同学》出版,充实了原来的协同学理论。协同学关注由许多子系统构成的系统如何协作形成宏观尺度上的空间结构、时间结构或功能结构,尤其关注这种有序结构是如何通过自组织方式形成的。

在讨论非平衡态系统的自组织现象时,20 世纪 70 年代前后德国生物物理学家艾根(Eigen)将协同学的研究对象扩展到生物分子方面,他在达尔文进化论的基础上把生命起源解释为自组织现象,提出了超循环理论。他在分子生物学水平上,将达尔文学说通过巨系统高阶环理论进行数字化,建立了一个通过自我复制、自然选择而进化到高度有序水平的自组织系统模型,以解释多分子体系向原始生命的进化。

20 世纪 70 年代,法国数学家勒内·托姆(René Thom)在从事微分拓扑学研究时发现,分析数学只能描述自然界与人类社会的渐变和连续光滑变化现象,但实际上世界上还存在着不连续跃迁和突变现象。1968 年,他出版了《结构稳定性与形态发生学》一书,这是突变论诞生的标志。突变论是用形象的数学模型来描述连续性行动突然中断导致质变的过程。在此,顺便指出,我们团队正是在 2006 年开展黄河下游游荡型河道新一轮整治理论研究时,发现了游荡型河道河势演变的连续性、缓变与突变关系等基本规律以后,又分别通过中央级公益性科研院所基金项目、国家自然科学基金面上项目的资助,继续开展了"游荡型河道河势突变调整理论模型"和"游荡型河道河势突变调整机制研究",并取得了突破。

5.1.4　现代系统科学发展的第三阶段

20 世纪 80 年代兴起的非线性科学和复杂性科学是系统科学发展的新阶段。它们不仅引发了自然科学界的变革,还日益渗透到哲学、人文社会科学领域。

线性和非线性是数学上的概念。非线性科学的兴起可以被看作是 20 世纪的一次科学革命。现代科学技术体系的基石是牛顿力学理论。牛顿力学是一门线性科学,解决各种线性问题常采用叠加原理。但是人们逐渐发现,现实生活中能应用牛顿力学解决的问题很少,很多关系不能仅仅用简单的线性关系来解释。而非线性才是事物之间关系的本质联系,线性关系仅是一种简化和近似。对于非线性问题,简单的叠加原理不再适用,而需要从整体出发，考虑系统中各要素间的相互作用及其产生的效果，还需要用非线性研究方法、非线性理论去讨论行为特点及演化方向。由于对现实世界中广泛存在的非线性现象的研究，非线性科学逐渐发展成为一门学科，研究的是非线性现象的共性问题。在研究过程中，人们又提出了孤立波、混沌、分岔、分形等相关概念，并逐步把这些概念发展完善。近年来，由于计算机定量仿真与试验技术的发展，一些新的数学工具与分析方法得到有效使用，非线性科学得到了飞速发展，取得了一系列重要的研究成果。非线性相互作用是系统出现复杂性的主要原因之一，复杂系统的演化现象是多个子系统之间非线性相互作用产生的结果。非线性科学着眼于定量的规律，主要用于自然科学和工程技术，在社会科学中的应用还在逐步渗透。对于非线性科学的主要研究对象——非线性系统，迄今依然没有建立起一套像经典牛顿力学的线性系统一样成熟、规范的理论，非线性科学中仍然存在着许多迫切需要解决的科学问题。

复杂性科学是当代科学发展的前沿领域之一。复杂性科学主流发展经历了三个阶段，即埃德加·莫兰的学说、普利高津的布鲁塞尔学派、美国圣塔菲研究所（Santa Fe Institute，SFI）的复杂性科学理论。埃德加·莫兰是当代思想史上最先把"复杂性研究"作为课题提出来的人。他的主要观点为无序性是有序的必要条件而不是充分条件，其必须与已有的有序性因素配合才能产生现实或更高级的有序性；打破了有关有序性和无序性相互对立与排斥的传统观念，揭示了动态有序现象的本质。普利高津的布鲁塞尔学派把复杂性科学作为经典科学的对立物和超越者，其提出的复杂性理论主要是揭示物质进化过程的理化机制的不可逆过程的理论，即耗散结构理论。复杂性科学在国际科学界的兴起以 1984 年 5 月在美国新墨西哥州成立美国圣塔菲研究所为标志。该研究所是一个以三位诺贝尔奖获得者盖尔曼（Gell-Mann）、阿罗（Arrow）、安德森（Anderson）为首的一批来自不同学科领域的著名科学家组织和建立的研究中心，被视为研究世界复杂性问题的中枢。20 世纪 80 年代，我国著名科学家钱学森最早明确提出探索复杂性方法论。他认为研究开放的复杂巨系统必须采用新的方法，即从定性到定量的综合集成方法，后来发展成为综合集成方法的研究体系。目前，国内外对复杂性研究方法论进行的系统研究还远远不够，很多方面都亟待做深入的探索。复杂性研究涉及传统科学中的许多领域，反映了不同学科领域的交叉和共识，这体现了现代科学技术发展的总趋势。总的来说，复杂性科学是一门以复杂性系统为研究对象，以超越还原论为方法论特征，以揭示和解释复杂系统运行规律为主要任务，以提高人们认识世界、探究世界和改造世界的能力为主要目的的新兴科学。其倡导的是一种新的思维方式、思想观念导向和理论研究模式，现在已经在经济系统的发展、免疫系统的形成、人类生命的诞生、人工神经网络的计算等方面取得了一定的成果，正在介入人类生活中的方方面面，并产生重要的影响。

5.2　系统科学的原理与方法

现代系统科学体系建立后对生产实践和社会经济的发展产生了深远的影响。以下从系统的概念、系统的结构和子系统、系统的环境与边界、系统的行为和功能、系统的演化以及系统的基本原理等方面介绍系统科学的内涵。

5.2.1　系统的概念和基本特征

随着科学技术的进一步发展，人们面临的问题越来越复杂、规模越来越大，系统科学应运而生。系统科学是研究系统一般模式、结构、性能、行为和规律的学科，研究各种系统的共同特征，用数学方法定量地描述系统的功能，寻求并确立适用于一切系统的原理、原则和数学模型，是具有逻辑和数学性质的科学体系，为人类认识各种系统提供一般方法论的指导。

本节重点介绍系统科学的一些基本概念和基本特征。

1. 系统的概念

"system（系统）"来源于古希腊语，是由部分构成整体的意思。系统的概念最早是在 1937 年由美籍奥地利理论生物学家贝塔朗菲提出的。贝塔朗菲在他的论著《关于一般系统论》《一般系统论：基础、发展和应用》《一般系统论的历史和现状》中，从理论生物学的角度总结了人类的系统思想，运用类比和同构的方法，建立了开放系统的一般系统理论。他在一般系统理论中，将系统定义为"相互作用的若干要素的复合体"，对系统的共性做了概括，明确提出无论系统的具体种类、组成部分的性质和它们之间的关系如何，都存在着适用于综合系统或子系统的一般模式、原则和规律。系统概念将整体性作为系统的核心性质，并将生物体的机体性视为这种整体性的典范。一般系统论用系统论的机体来对抗机械论的粒子，过于强调整体性、有序性和统一性的观念，从而完全否定了局部性、无序性和分散性。

与贝塔朗菲系统论不同的是，美国圣塔菲研究所关注系统的复杂性、无序性和多样性，其主张将环境中的有序性和无序性相结合，探测出大量的可能性，提出了复杂适应系统理论体系。

在此基础上，系统概念不断完善和阐释，中国著名科学家钱学森院士在回顾"两弹一星"工作历程时说，"我们把极其复杂的研制对象称为'系统'，即由相互作用和相互依赖的若干组成部分结合而成的，具有特定功能的有机整体，而且这个'系统'本身又是它所从属的一个更大系统的组成部分。"

系统的概念规定了系统的基本特征。

（1）整体性：系统的概念包含了系统的所有组成或要素，构成了一个有机整体。整体性是系统论的核心思想。贝塔朗菲强调，任何系统都是一个有机的整体，其不是各个部分的机械组合或简单相加。系统也拥有各要素在孤立状态下所不具有的特性和功能。

（2）多元性：根据系统的概念可知，系统至少包含两个组分和要素。一般情况下，系统都包含多个组分和要素。只有一个组分或者无法分割为两个或多个组分或要素的，不可以视为系统。

（3）相关性：系统的概念也规定了组成系统的组分和要素之间必须具有相互作用，彼此孤立没有联系的要素无法构成系统。任何孤立的单元在系统内部是不存在的，任何一个组分或要素都处于系统内部的相互关系中。系统的相关性也隐含着多元性的要求。

根据以上分析，黄河流域是一个有机整体，可以将其看作是一个复杂巨系统。首先，黄河流域从源头到河口，是一个完整、独立、整体性非常强的自然地理单元，其一方面为人类和其他生物体提供生存的空间场所，另一方面也是许多重要自然资源的载体和集散地带，在空间上相对封闭，具有鲜明的系统特性、服务目标和功能。其次，黄河流域系统不仅仅是一个自然的空间概念，还是由河流网络架构维系的具有行洪输沙功能的河流系统、直接提供服务的社会经济系统和生态环境系统及其彼此间相互作用的多元复合体。黄河流域系统内部以河流网络为载体，以水沙资源配置为主导，行洪输沙的河流系统、社会经济系统和生态环境系统各个组分或要素被有机地联结起来，共同处于相互联系、相互影响的动态发展演化过程当中。因此，黄河流域是一个有机的复杂巨系统。

黄河流域系统作为一个复杂巨系统，具有以下特征。

（1）规模庞大。黄河流域系统包含子系统、子子系统、元素、组分等更多层次结构内容。其占有的空间大、时间长、涉及的范围广、内容多，不仅包含物质流，还包含能量流和信息流。

（2）结构复杂。黄河流域系统中各个子系统、子子系统、元素、组分之间的相互关系复杂，不仅包含河流网络系统，还涉及人类社会经济系统、生态环境系统，具有河流–社会–生态等多种复杂关系。

（3）功能综合。黄河流域系统治理开发的目标不是单一的，而是多样的。不同发展阶段，其治理开发目标不尽相同。因此，黄河流域系统的服务功能必然是多方面的、综合性的。

2. 系统的结构和子系统

系统中具有结构的组成部分称为系统的要素（组分）。要素一般指的是系统中不能再细分的组分，也就是系统中最小的组分。

系统的组分一定是系统的一部分，但是系统的部分不一定是组分，只有具有一定结构的部分才能称为组分。

系统结构是系统内部各要素（组分）之间相互联系的全体集合。在系统中，只有要素之间存在相互作用，才有结构。

系统的结构和要素既相互联系，又有所不同。一方面，系统要素是系统结构的载体；另一方面，系统要素的划分需要根据系统结构来确定，不了解系统的结构就无法确定其要素（组分）。

系统中要素相互间的联系可以从联系的形式、联结链的多少、联系的强度三个方面体现。系统结构比系统要素和联系的层次更高，也更为复杂，系统内部每一个要素和联系的变化都会引起系统结构的变化。

通常情况下，系统具有非常丰富的结构方式，在此就不一一列举。以下简要介绍两类结构方式。

（1）框架结构和运行结构。当系统处于尚未运行状态时，诸要素之间的关联方式，称为系统的框架结构。当系统处于运行状态时，诸要素之间的关联运行方式，称为系统的运行结构。

（2）空间结构和时间结构。空间结构是诸要素在空间上的联系形成的排列组合形式。时间结构是诸要素随时间流程而形成联系的组合形式。空间结构和时间结构在某种程度上是相互匹配、相互统一的。有些系统兼有空间结构和时间结构，简称为时空结构，如河流的演化。

在系统中，要素和子系统都是系统的组分。要素是系统的基元，在系统中无须讨论其结构问题。而在复杂系统中，子系统具有系统性，可以讨论其结构问题。例如，针对黄河流域系统治理这个命题，可以将其划分为黄河干支流河流子系统、区域社会经济子系统和流域生态环境子系统等。这些子系统也具有系统性，拥有完整的结构和诸多相互作用的要素。在这些子系统中，水和沙是黄河干支流河流子系统的要素，人口数量、GDP等是区域社会经济子系统的要素，水质、生物数量、生物多样性等是流域生态环境子系统的要素。

3. 系统的环境与边界

系统环境是指系统赖以存在和发展的全部外界相关因素的总和，如河流系统的环境包括地质相关因素、地貌相关因素、气候相关因素、大气相关因素等。系统与环境具有相对性。首先，系统和环境的划分是相对的，系统是从环境中针对不同需要解决的问题划分出来的，不同的划分形成不同的系统。其次，两个或多个系统可以互为环境。最后，系统环境的范围具有有限性，即每个系统的环境是有限的，不可把环境看作是无限的，也不是需要考虑一切事物。外部环境中不同事物对系统的联系密切程度存在很大差别，有的关系很密切，有的关系很微弱，外部环境中相对无关的事物应予以忽略，考虑哪些对系统有不可忽视其影响的环境对象。系统与环境通过物质、能量和信息实现相互联系与相互作用。

系统边界是系统和环境的分界面，也是系统所包含要素的界限。边界对系统和环境具有一定的隔离作用，使系统具有了独立性。系统边界有物理边界和非物理边界两种。物理边界包括河流的边界、国家在地理位置上的分界、细胞的边界——细胞膜。非物理边界包括不同经济系统的边界、不同生态环境系统的边界。一般情况下，只有确定了系统的边界，才能开展系统的分析。复杂系统的边界具有一定的模糊性，有的系统边界清晰，有的不清晰，有的要素是逐步过渡到系统里的。例如，黄河流域系统是为解决黄河流域生态保护和高质量发展问题而提出的，其包含多个子系统，如为解决黄河及其支流自身问题的黄河干支流河流子系统、为解决流域生态环境保护问题的流域生态环境子系统、为解决流域社会经济高质量发展的区域社会经济子系统。不同子系统内部还包含针对解决具体局部问题的小系统，如黄河源生态系统、黄河干流枢纽群系统、黄河中游水土保持系统、黄河下游湿地系统、黄河下游河道整治工程系统、黄河下游涵闸系统、黄河水量调度系统、黄河三角洲生态系统等。

黄河流域系统的物理边界为黄河流域的地理边界，非物理边界依据需要解决的具体问题而定。不同的经济社会问题及不同的生态环境问题，设置的非物理边界不同。其中，黄河干支流河流子系统边界清晰，而区域社会经济子系统和流域生态环境子系统边界具有一定的模糊性。

一旦确定了系统的边界，边界以内为系统的作用要素，边界以外属于系统的外部环境。例如，对于黄河流域系统，空间的水文气象、国际环境、除黄河流域外的中国所有区域，均属于黄河流域系统的外部环境。有时系统的外部环境和系统内部要素之间是可以相互转化的。例如，青藏高原巴颜喀拉山上的积雪为黄河流域系统的外部环境，但是当积雪融化后流入约古宗列曲，便成为黄河流域系统的组成要素，当这些河水经过长途跋涉，流入渤海，就又转变为黄河流域系统的外部环境。

在复杂巨系统中，除了需要利用数据描述每一个系统之外，还需要利用数据描述系统与其他系统之间的联系和影响。暖数据就是能够描述系统各部分之间、各系统之间、各部门之间、各要素之间相互联系和相互关系的数据。例如，为了理解黄河流域系统，只理解黄河干流和每条支流是不够的，还需要理解它们之间的相互联系和相互作用，这时候就用到了暖数据。

4. 系统的行为和功能

系统行为是系统相对于环境所表现出来的变化，是系统自身特性的表现方式，也是系统状态变量随时间变化的特性。系统行为主要是由系统结构决定的，特别是系统的主反馈结构，对系统行为有决定性的影响。系统行为可以是单一的，也可以是多种组合的。例如，河流洪水期的流量过程呈指数型增长，非汛期水库下泄流量呈振荡行为，全年河流流量过程呈现多种组合的行为。

系统行为会对系统环境产生影响。系统行为所引起的对环境中某些事物乃至整个环境存续与发展的作用，称为系统功能。系统功能是系统整体与环境在相互作用中所表现出的能力，是系统整体对环境表现出的作用、效用、效能或目的。系统功能是刻画系统行为，特别是系统与环境关系的重要概念。系统功能是一种整体特性，具有要素总和所不具有的功能。一般情况下，系统要素和结构决定系统功能，不同的结构可以产生不同的功能。

以黄河流域系统为例，其表现出流域整体生态环境良好、经济社会快速发展，流域整体生态环境恶化、经济社会快速发展，流域整体生态环境良好、经济社会发展缓慢，流域整体生态环境恶化、经济社会发展缓慢，流域整体生态环境良好、经济社会高质量发展等行为。黄河流域系统的功能是系统整体面对环境所表现出的效能。黄河流域系统面向中国全域，表现出资源集聚和集散区、重要粮食产区、生态环境保护区、重要文化传承区等功能。

对于黄河流域系统的子系统来说，干支流河流子系统呈现水少沙多、水沙关系不协调的行为，承担着为其他子系统提供水沙资源、塑造地貌形态等功能。区域社会经济子系统呈现 GDP 逐步增长的行为，承担着为其他子系统提供反馈、沟通、调控、塑造特色文化等功能。流域生态环境子系统呈现生态脆弱、环境污染、水土流失、局部环境改善等多种组合的行为，承担着为干支流河流子系统提供健康维护、为区域社会经济子系统提供良好的可持续发展环境等功能。

5. 系统的演化

系统结构、状态、特性、行为和功能等随时间推移而发生的变化，称为系统的演化。系统科学是关于系统演化的科学。系统的演化包括从无到有的形成、从不成熟到成熟的发育、从一种结构形态转变为另一个结构形态、系统的退化和消亡等。系统的演化动力可以分为内部动力和外部动力。通常，系统的演化是在这两种动力的共同作用下发生的。

系统的演化方向存在两个基本方向，一个是从低级到高级，从简单到复杂的进化；另一个是从高级到低级，从复杂到简单的退化。例如，黄河流域系统存在着从低级到高级、从简单到复杂的演化。全新世以前黄河流域系统表现为纯自然环境。之后随着人类文明的发展，黄河流域系统越来越复杂，越来越高级。在农业社会，黄河流域系统内部要素还比较少，相互作用还比较简单。到工业社会，系统内部要素逐渐增加，相互作用关系开始变得复杂。到信息社会，系统内部作用要素进一步增加，相互作用关系比之前任何一个阶段更为复杂。黄河流域的治理是一个长期、复杂、艰巨的系统工程，运用系统的思维和方法，统筹兼顾，协同治理，将黄河流域系统推向生态环境良好、经济社会高质量发展的美好状态。

6. 系统的基本原理

每个系统都具有整体性、层次性、开放性、目的性、突变性、稳定性、自组织性和相似性等基本特性，由此构成了系统的基本原理（图 5-1）。

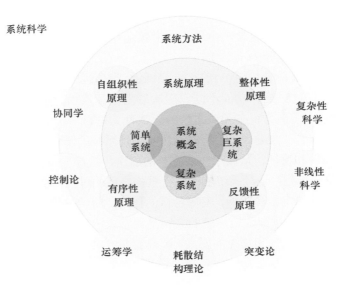

图 5-1　现代系统概念和系统科学方法

1）系统的整体性

系统论的核心思想是系统的整体观念。任何系统都是由所有要素构成的一个有机整体。系统的整体性是指各个作为系统子单元的要素一旦组成系统整体，就具有独立要素或者各要素简单加和所不具有的性质与功能，形成了系统的特性。

系统是以整体存在的，具有整体的行为，呈现出的是整体的特性，发挥的是整体的功能。整体性是系统最为鲜明和最为基本的特性之一。系统的整体性是系统存在的基础，如果系统不能作为整体事物而存在，那么系统也就不复存在了。

系统的整体性不仅存在于静态的系统中，还体现在系统的演化过程中。例如，黄河流域系统是以一个整体存在于周围的自然、经济和生态环境中，体现的是整体的特性，发挥的是整体的作用和功能，并且具有要素简单相加所不具有的行为和作用，如搬山造原的功能存在于黄河流域形成、演化的诸阶段当中。如果系统的整体性在演化中消亡了，那么系统也走向了消亡。

黄河流域系统生态保护和高质量发展也是基于黄河流域系统的整体性原理而存在。建设幸福黄河的目标和要求就需要打破原本行政辖区的碎片化问题，树立流域"一盘棋"的思想，协调好流域不同地理单元、不同功能区的格局和规划，形成不同单元优势互补、互利共赢的流域发展新局面。另外，基于子系统的不同功能，避免单纯过度强调生态环境保护或者经济高速发展单个功能，应将干支流河流自身功能维护、流域生态环境保护以及区域社会经济高质量发展看作一个整体，统一布局、多维统筹、科学管控、合力推进。

2）系统的层次性

系统层次性是指系统各要素在系统结构中表现出多层次状态的特征。层次性是系统的基本特征。任何系统都有层次性，且至少存在着两个层次，一个是要素层次，另一个是整体层次。复杂系统至少包含三个层次，也就是存在要素和系统整体之间的层次。存在中间层次的系统可以划分为子系统。

系统的层次性反映系统从简单到复杂、从低级到高级的发展过程。层次不同，系统的组成、属性、结构、特征、功能不同。层次越高，其属性、结构、功能也就越复杂。理解、分析、控制、干预系统必须以系统的层次性为基础。

系统的层次性包含三层含义：①层次结构明确是系统的基本要求，系统中的每一个要素都依赖自身的属性和特征，从属于与之相符的层次，执行上一级系统分配的相应职能。②管理、控制系统的过程，是对系统层次进行重构协调的过程。系统中不同层次的子系统或要素依据自己不同的定位和职能，发挥各自的作用，为系统整体的总目标服务，这保证了系统的有序运行。③干预和改造系统的关键是调整系统层次和要素的比例关系。把低层次要素中已具备高层次属性和功能的要素，调整到高层次；把不适合居于较高层次的要素调整到低层次，实现系统从层次上内容到形式的真正统一，保证系统的稳定和平衡。

3）系统的开放性

系统与环境的相互联系和相互作用通过交换物质、能量和信息来实现。因此，系统能够与环境交换物质、能量、信息的能力或属性，称为系统的开放性。

真实的系统或多或少都与外界环境存在着物质、能量和信息的交换，因此都是开放的系统。只有开放，系统才可能自发组织起来，向更有序状态发展。如果一个系统处于封闭状态，与外界完全没有任何交换，那么这个系统将逐渐走向"死亡"。与环境没有交换的系统是封闭的系统。有些系统与环境的交换极其微弱，在处理特定问题时，这种交换可以忽略不计，视为封闭系统。孤立封闭系统在现实世界不存在，但是在做科学研究时，具有重要的意义。

4）系统的目的性

每个系统都有其特殊的功能，这是区别系统的主要标志，不同的系统其目的不一样。系统的目的性是指系统在与环境的相互作用中，以追求有序稳定结构为目标的特性。系统的目的性是系统自身存在的需要。

系统的目的是通过系统的活动来实现的，系统行为保证了系统目的的实现。系统的目的是系统行为活动自组织的结果。在系统的自组织活动中，系统的目的引导着系统的行为。在系统目的的引导下系统行为表现出两方面的特征：一方面是当系统处于所需要的状态时，力图保持系统原状态的稳定；另一方面是当系统不是处于所需要的状态时，则引导系统由现有状态稳定地过渡到预期的状态。

系统的目的性与系统的开放性是相互联系的。一个有目的运动的系统必定是一个开放的系统。系统在开放中，体现了目的性。系统在外界输入物质、能量和信息时，做出反应、调整和选择，使系统的潜在发展能力表现出来。在系统潜在发展能力表现的过程中，系统的目的性蕴含其中。

5）系统的突变性

突变相对于渐变而言，是变化率在变化点附近（一个临界区域）有"不连续"性质出现。突变是原来变化的间断，渐变是原来变化的连续。系统的突变性是指系统从一种稳定状态变化到另一种稳定状态时是以突变形式发生的，是系统质变的一种基本形式，研究的是连续过程引发的不连续结果的变化。不连续原因引起不连续现象不是突变论所研究的突变现象。突变并没有使系统消失，是系统得以"生存的手段"，其帮助系统脱离通常的特征状态。

系统突变的方式多种多样，与系统发展存在着交叉，结果也具有多样性。突变在自然界和社会领域普遍存在，如焦散、非线性振动、水的气液相变等物理现象，滑坡、泥石流、河堤决口等自然灾害，基因突变、细胞分化等生物现象，经济危机、改革维新、政权更迭、战争爆发等社会现象，岩体失稳、大坝垮塌等工程问题，都遵循系统的突变性原理。

突变论被作为研究系统演化有力的数学工具，能较好地解说和预测自然界以及社会的突变现象。因此，在自然科学、社会科学、工程技术等领域有着非常广阔的应用前景。

6）系统的稳定性

系统的稳定性是指开放系统在外界影响下表现出的一定的稳定状态。也就是说，其能在一定范围内通过自我调节、自我修复来保持和恢复原有的有序状态，维护原有的结构并发挥原有的功能。稳定性原理的含义大致可以分为三层：①外界因素的各种变化不足以对开放系统的状态产生显著的影响。②系统受到某种干扰，会偏离初始平衡状态，但当干扰消除后，系统能通过自身的调节恢复到初始平衡状态。凡是具有上述特性的系统被称为稳定的系统。如果系统受到干扰再也不能恢复到初始平衡状态，而且偏离越来越大，那么系统是不稳定的。系统的稳定性也可以分为大范围稳定和小范围稳定。③如果系统自动趋向某一状态，则可以说这个状态比原有状态更稳定。

对系统进行稳定性分析是系统研究的重要内容之一。判断系统稳定性的主要方法有奈奎斯特稳定判据和根轨迹法等，它们也是控制论的主要内容。

7）系统的自组织性

系统的自组织指的是开放系统在内外两方面因素的作用下，结构和功能在时空中有序的演化。也就是说，在一定条件下，系统可以自动地由无序走向有序，由低级有序走向高级有序。系统的结构和功能如果不是外界强加给系统的，那么这个系统就是自组织的。系统自组织的研究对象主要是复杂自组织系统的形成和发展机制问题。

自组织是系统存在的一种形式，其符合涌现原理、非线性原理、反馈原理、开放原理、涨落原理、不稳定原理、支配原理、环境选择原理等。

8）系统的相似性

系统的相似性是指复杂系统具有同构和同态的性质，体现在系统的结构、功能、存在方式和演化过程具有共同性。这种共同性可以是差异的共性，也可以是系统统一性的一种表现。

系统具有某种相似性，是系统理论建立的基础。系统理论是寻找系统研究的共性。如果没有相似性，那么就没有具有普遍性的系统理论。系统之间的差异是绝对的，而相似是有条件的。

5.2.2　系统科学方法

系统科学研究主要采用系统论的原理和方法。系统论和系统方法是现代的科学和思维方法，是当今科学发展的前沿领域。

系统科学是以系统思想为核心，综合多门学科内容而形成的一个新的综合性科学门类。系统方法（systems approach）是运用一般系统论原理、原则去认识和解决问题的研究方法，是表征不同科学的共同现象、共同规律的方法体系，具有方法论性质。其把研究对象当作一个整体来对待，着重研究系统的整体功能。然后通过一系列科学的方法和步骤，把确定目标和实现目标这两个认识过程有机地统一起来，通过提出问题、选择目标、系统分析、系统综合、系统选择等步骤来确定目标，最后通过科学设计、规划、实施、分析、反馈、调节、优化、修正等来实现确定的目标。与传统方法相比，其能通过分析与综合、分解与协调、定性与定量更精确地处理部分与整体的关系，在系统总目标下，使各个子系统相互配合，并易于对整体进行有效的优化，从而实现系统整体的运行目标。

现阶段，系统科学所包含的学科内容大概可以分为三个方面。

（1）一般系统论：专门研究系统的一般性质、规律、特征、基本原理和共同的研究方法，是这门科学的基础和中心内容。

（2）侧重于帮助人们认识自然界中某些系统规律的专门学科：如耗散结构理论、协同学、突变论、系统动力学等；信息论、非线性理论等专门的理论也可归类于系统科学的专门学科中。

（3）侧重于帮助人们利用某些系统规律改造自然的专门学科：如系统工程、运筹学、控制论、线性规划、博弈论等，其主要功能就是指导人们如何优化解决问题的方案。

组成系统科学的各门学科都可以单独成篇，在科学的"百花园"中自有其一席之地。但是，这并不妨碍其共同构成一个有机的"系统科学"理论与方法体系，共同形成一门恢宏的综合性学科，同台奏响一场气势磅礴的交响乐。"系统科学"好比是一场交响乐，系统论就是这场交响乐的指挥，其他各门学科就像融入其中的各种乐器。如果没有系统论，就没有"系统科学"这门学科，如同交响乐没有指挥；如果没有或缺少其他专门学科的加持，系统科学就不可能丰满，甚至成为不了一门完整的学科，就像没有或缺少某些乐器的参与，交响乐就不完美甚至难以开演。这三个方面的学科有机结合，才构成了一门具有无比生命力和影响力的全新科学体系。

目前，现代系统科学已经被初步应用于流域系统治理开发的研究和工程实践中，最常用的方法有非线性科学、协同学、复杂性科学、突变论、耗散结构理论、运筹学、控制论等（图 5-2）。以下选择几种流域系统科学研究常用的专门学科方法，简要叙述其特点以及在黄河流域系统治理保护研究中的优势。

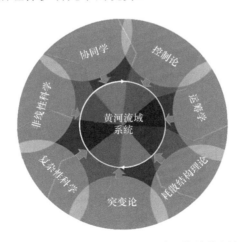

图 5-2 黄河流域系统研究可采用的科学方法

1. 协同学的特点及优势

1）协同学的特点

协同是指系统元素对元素的相干能力，表现了元素或子系统在系统整体发展运行过程中协调与合作的性质。协同学研究一个由大量子系统或要素组成的多组分系统，在一定的条件下，子系统或要素之间如何通过非线性相互作用产生协调现象和相干效应，使整个系统形成具有一定功能的自组织结构，出现新的有序演化状态。其主要特点是通过类比为从无序到有序的现象建立一整套数学模型和处理方案。

在协同学研究中，序参量是一个十分重要的基本概念，是描述系统宏观有序度或宏观状态的参量。无论什么系统，如果某个参量在系统从无序向有序的演化过程中，从无到有的自组织产生和变化，具有指示系统有序结构形成的功能，就认为该参量是序参量。序参量在系统内部一旦产生出来，就取得了支配地位，支配系统其他组分、子系统、模式的运行。序参量产生后，就凝聚了整个系统演化的主要标志信息，代表了系统演化的主要方向。系统中每个序参量都对应着一种微观组态和宏观结构。序参量数目可以是一个也可以是几个，如果是一个的话，其代表系统演化的主流；如果是几个的话，序参量之间的合作、竞争关系将决定系统从一种相到另一种相的状态转变和结果。

与其他大多数系统科学方法研究不同的是，控制论侧重对系统稳定性问题的研究，协同学则侧重探寻系统结构的有序演化，考察系统的不稳定性问题。不稳定性在系统结构的有序演化中具有积极的建设性作用，系统内任何一种新结构的形成都意味着原来的状态变成不稳定的，不能够再维持下去，系统的自组织现象将系统推向失稳状态的边缘，有利于系统建设一种新模式和新的运行状态。

除了序参量原理和不稳定性原理以外，协同学还有一个重要的原理——支配原理。系统内部以及各个子系统中存在两种变量，分别是快变量和慢变量。在系统结构的有序演化过程中，它们相互联系、相互制约，表现出协同运动。慢变量和快变量通常不能独立存在，慢变量支配快变量，快变量被慢变量支配。慢变量使系统摆脱旧结构，形成新结构，从而决定系统的演化进程。快变量使系统在新结构上逐渐稳定下来。这种协同演化表现为系统的自组织运动。

协同学聚焦不同系统存在和演化的共性，探讨从混沌中产生有序现象的机制和规律，并采用共同的数学模型去探索普遍规律，具有明显的方法论意义。

2）协同学在黄河流域系统科学研究中的优势

协同学的突出特点是研究系统的相变过程，因此也可用其来研究自然–人类社会复合系统中宏观结构出现的发展和变化，尤其是变化前后系统出现质的改变。黄河流域系统生态保护和高质量发展战略布局与工程技术研发中，可以利用协同学来开展黄河流域系统自然和社会自组织现象的分析、建模、预测和决策等。首先，必须建立能适当描述黄河流域系统生态保护和高质量发展不同状态的方法；其次，需要找出决定系统发展过程的决定性因子和随机性因子；最后，赋予这些因子分析计算的数学表达方法。

利用协同学研究黄河流域系统生态保护和高质量发展问题，首先要将黄河流域系统看成一个整体，从系统整体的角度出发，认识该系统的发展演化过程，这样有利于从宏观上认识黄河流域系统的发展水平，为推动系统的整体发展提供参考。其次，利用支配原理和序参量原理可以明确黄河流域系统演化的序参量、慢变量、快变量等概念，找出处于支配地位的变量或模式，有助于对系统进行有序和无序矛盾转化的分析，理解黄河流域系统发展过程中的决定性因子、随机性因子、不确定性因子以及各个因子之间的合作、竞争等协同关系。最后，微分稳定性理论和分岔理论是协同学基本而重要的非线性数学理论方法，利用这些数学方法进行定量分析、建模和择优，预测有助于获取黄河流域系统自组织运动的动力学信息，理解系统的宏观结构。

2. 控制论的特点及优势

1）控制论的特点

控制论主要从控制的角度掌握系统运行的一般规律，控制系统的运行，对各种系统进行控制使系统的运行符合人们的期望。在这里，控制的含义是广义的，包括调节、管理、操作、指挥和决策等内容。系统的控制问题包括控制原理、控制方法、控制技术、控制任务、控制方式、控制规律等。控制的目的是设法使系统运行中所产生的偏差不超出允许的范围，从而维持在某一平衡范围内。

信息是控制的基础，一切信息的传递都是为了控制，任何控制又有赖于信息反馈来实现。信息交换是控制论的重要内容之一。信息反馈也是控制论中一个十分重要的概念，是指控制系统把信息输送出去，又把其作用结果返送回来，并对信息的再输出产生影响，起到制约的作用，从而实现预先设定的目标。

反馈概念是控制论的核心概念，一般来说任何系统的输出对输入都会构成影响，这个影响被称为反馈。反馈都是系统存在的必要条件，几乎所有系统都要依靠反馈信息来提高自身对环境的适应性。系统存在反馈，才能发现偏差，纠正偏差。控制论最大的特点是在运动和发展中考察系统。反馈的作用使整个系统处于不断修正中，不断克服系统的不确定性，从而使系统保持在预定状态。

从反馈的效果来看，反馈可以分为正反馈和负反馈。为了实现反馈功能，系统中必须具备反馈环节，反馈环节往往不是单个的，而是由多个反馈环节构成多重反馈系统或多回路系统。系统的控制任务一般分为四种类型，包括定值控制、程序控制、随动控制、最优控制。系统执行控制任务时，需随时克服或排除干扰，使系统尽快地恢复并稳定在原来预定的状态。

给定系统控制任务后，还需要选择适当的控制方式和控制策略。通常可见的控制任务包括简单控制、补偿控制、反馈控制和递阶控制等。系统的控制作用通常会表现出一定的规律性，也就是系统调节器对偏差信息进行转换或处理的规律。目前应用较多的控制规律有位式控制规律、比例控制规律、比例积分控制规律和比例积分微分控制规律。

2）控制论在黄河流域系统科学研究中的优势

控制论为科学研究提供了一套思想和技术，用控制论的概念和方法分析系统控制过程，更便于揭示和描述系统的内在机理。

黄河流域系统科学研究中，利用控制论可以使处在复杂环境中的黄河流域系统有效、有序的运行，实现可持续运行的既定目标。黄河流域系统是一个开放的复杂巨系统，这就意味着系统与外部环境进行着物质、能量和信息的交换，在接收外部环境的输入和扰动时，也向外部环境提供输出。在此过程中，就需要使用控制论来指导黄河流域系统彼此间的协调运行，从而使黄河流域系统实现生态保护和高质量发展重大国家战略的目标。

3. 运筹学的特点及优势

1）运筹学的特点

运筹学是系统工程的主要理论基础，常被用于解决社会经济中的复杂问题，特别是改善或优化现有系统的运转效率，是实现社会经济系统有效管理和正确决策的重要方法之一。

运筹学的基本思想是合理安排，选优求好。运筹学研究的是系统资源的合理配置和有效的经营运作问题。运筹学的研究对象一般是社会经济系统，利用其对社会经济系统资源进行统筹规划，并做出最优决策。运筹学的主要操作方法是利用统计学、数学模型和算法等，去寻找复杂问题的最优解或近似最优解。利用运筹学解决实际问题时，一般有以下几个步骤，包括确定目标、制定方案、建立模型和制定解法。其运用模型化的方法，将一个已确定研究范围的现实问题，按照人们提出的预期目标，构建现实问题中的主要因素及各种限制条件之间的因果关系、逻辑关系，进而建立系统动力学模型，通过数学模型的求解来制定系统最优的运行方案。

目前运筹学经过不断的发展完善，已经成为涵盖线性规划、非线性规划、动态规划、整数规划、组合规划、图论、网络流、决策分析、排队论、库存论、博弈论、搜索论、可靠性理论等分支的科学体系。

2）运筹学在黄河流域系统科学研究中的优势

运筹学运用分析、试验、量化等方法，使系统在人力资源、资金资源、物质资源等有限约束条件下，进行统筹布局安排，为决策者实现最有效的管理提供最优的解决方案。

在黄河流域系统科学研究中，运筹学不仅可以在区域社会经济子系统的经营管理、规划计划领域研究中发挥作用，还可以在河流与社会经济复合系统研究中发挥其优势。例如，研究水力资源的多级分配优化问题时，就可以应用动态规划的方法；研究黄河下游宽滩区滞洪沉沙和防洪减灾综合效益问题时，就可以应用博弈论方法来进行优化选择；研究黄河流域系统水利工程配置格局问题时，如果涉及河流内部行洪输沙功能和流域面上社会经济、生态环境服务功能的复合效益评价，就可以采用多主体博弈的相关方法。

4. 突变论的特点及优势

1）突变论的特点

突变论主要讨论自然界和社会活动中的非连续突变现象和规律。其以数学中拓扑学、奇点理论为工具，直接研究系统演化的不连续性特征，尤其适用于研究内部作用机制未知的系统。

一个系统所处的状态可用一组参数（状态变量）组成的势函数来描述，当势函数取唯一极值时，说明该系统是稳定的；当参数在某个范围内变化，函数不止一个极值时，则说明系统是不稳定的，此时系统即进入突变发生的临界状态。

系统通过突变发生状态变化时，表现出多模态、不可达性、突跳性、滞后性等特征。多模态是指突变系统一般具有两个或两个以上可以分辨的稳定状态，也就是说系统的位势对于控制参数的某些范围可能有两个或多个极小值。不可达性意味着系统至少有一个不稳定的平衡位置，这些位置是不能实现的定态点。突跳性是指控制参量的微小变化即可引起状态变量的极大变化，使系统从一个稳定结构跳到另一个稳定结构，也就是说系统的位势将在很短的时间内有一个很大的改变。滞后性意味着突变过程具有方向性、历史性和不可逆性，在控制空间中，控制参量沿同一条路线的不同方向变化时，发生突跳的点可能不同，本来似乎应在分叉点 A 处发生，但实际上继续运动到分叉点 B 处才发生。

托姆（Thom）提出，发生在三维空间和一维时间四个因子控制下的初等突变，可用七种基本突变模式来解释，即折叠、尖顶、燕尾、蝴蝶、双曲脐、椭圆以及抛物脐。

突变论从系统演化的机制上，回答了为什么发生不变、渐变和突变的问题，深化了对系统从量变到质变的演化过程的认识。突变论对研究复杂性问题和变化时具有方法论意义。突变论虽然是创始人为了解释胚胎学中的成胚过程而提出来的，但是目前被应用到物理学、生物学、生态学、医学、经济学和社会学等各个方面，取得了引人注目的成绩。

2）突变论在黄河流域系统科学研究中的优势

黄河流域系统中，利用突变论研究河流、生态环境、社会经济等各个领域的突变现象和过程具有不可取代的优势。目前，突变论已经被用于研究黄河流域干支流河流子系统的泥沙起动、河床演变、大坝安全、边坡稳定性等问题，流域生态环境子系统的泥石流、沙漠化、滑坡、地下水环境风险评价等问题，获得了很好的效果，而且未来还将有非常好的应用前景。例如，利用突变论来研究脆弱生态系统的演化，原来的草地生态系统遭到破坏，不可逆转地变成荒漠或沙漠生态系统；也可以用来研究社会经济系统的突变转化问题。

5. 非线性科学的特点及优势

1）非线性科学的特点

非线性科学是相对线性而言的，是研究复杂性问题的科学。当今所有科学包括自然科学和社会科学的前沿问题都是非线性问题。由于学科的交叉性，非线性科学与其他学科如耗散结构理论、协同学、突变论有相通之处，相同的部分这里就不再赘述了。

这里着重讲述非线性科学的三个主要内容，即孤立波、混沌、分形。孤立波，又称孤波、孤子波、孤立子，其开始于对水波方程的研究，在数学上发展了一套系统的逆散射方法。孤立波是一类由非线性作用引起的横波，只有一个波峰或波谷，在运动过程中能经历交互作用保持速度和形状不变。孤立波有钟形孤立波、反钟形孤立波、扭形孤立波、反扭形孤立波、呼吸子等。除了水波，固体物理、流体物理、等离子体物理、光学实验中，都发现存在孤立波。物理学家们正试图通过研究孤立波揭示出来的规律描述基本粒子。现代物理学研究认为，孤立波是一种存在于具有无穷多自由度的连续介质或流体复杂系统中的相干结构。相干结构中有无穷个守恒的物理量，是当前非线性科学研究的前沿。

混沌是在确定系统中出现的貌似不规则的运动，是非线性动力系统具有内在随机性的一种表现。这里的确定系统是指通常可用常微分方程、偏微分方程和迭代方程来描述的动力系统。混沌的特征表现为系统对初始值的敏感性，也就是一个动力系统的确定解或演化过程，由于初始值的极微小变化而发生很大的改变。"蝴蝶效应""差之毫厘，失以千里"就是典型的混沌过程。混沌具备两个特征：一是某些参量值在几乎所有的初始条件下，都将产生非周期动力学过程；二是随着时间的推移，任意靠近的各个初始条件将表现出各自独立的时间演化，即存在对初始条件的敏感依赖性。一个确定系统在没有外部随机因素影响的情况下出现如此三种现象，那么就称这个系统是混沌的：一是系统的运动状态无规律而复杂，看上去与随机运动类似；二是系统的输出单个地看，敏感地依赖于初始条件；三是系统的某些整体特征与初始条件的选择关系不大。

分形是指某些具有不规则性、破碎形状的、同时其部分又与整体具有某种方式下的相似性，其维数不必为整数的几何体或演化着的形态。分形一般具有以下特征，可以作为判断事物是否具有分形特性的基本方法或条件：第一，分形具有精细结构，即分形集具有任意小比例的不规则细节；第二，分形具有高度的不规则性，以至于其局部和整体都不能用传统的几何语言或微积分来描述，其既不满足某些条件的点的轨迹，又不满足某些简单方程的解集；第三，分形具有某种自相似的形式，这种形式可以是近似的自相似或者统计的自相似；第四，分形的分维数严格大于其拓扑维数；第五，分形由非常简单的方法定义，如可以用递归方式或变换的迭代生产；第六，通常分形有"自然"的外貌。

非线性科学的发展虽然尚未达到完善的程度，还不能解决许多实际问题，但是其已经并将继续对理论科学和应用科学产生深刻的影响。

2）非线性科学在黄河流域系统科学研究中的优势

随着科学技术的飞速发展以及生产规模的不断扩大，许多系统越来越复杂。黄河流域系统作为一个复杂的巨系统，含有许多非线性、不确定性等复杂性因素，以及它们之间相互作用所形成的复杂的动力学特性。非线性科学是分析研究复杂系统复杂动态行为的有力工具。孤立波、混沌、分形是复杂巨系统的动态行为，也是黄河流域系统研究和实践中不可忽视的重要环节。非线性科学是探索复杂性的科学，揭示复杂系统发生复杂现象背后的规律性。无论在时间上还是空间上，黄河流域系统都表现出极其复杂的特征，虽然非线性科学直接应用于黄河流域系统的研究还不具备成熟的条件，还需要根据黄河流域系统的特点筛选适合其发展特点的非线性科学方法，但是在黄河流域系统研究中应用非线性科学已有一定的基础和可行性。目前，孤立波、混沌、分形等已经在水流运动、河床演变、地质、经济管理、景观生态有了初步应用，并取得了一些非常好的研究成果，这表明非线性科学在黄河流域系统研究中具有重要的可应用性。未来随着非线性科学的发展和突破，其在黄河流域系统的应用基础会更加扎实，并且基于非线性科学的复杂系统的智能控制和人工智能在未来黄河流域系统控制中也会拥有很大的发展空间。

以系统思维为统领，利用系统论方法开展黄河流域生态保护和高质量发展的科学研究工作，推进黄河流域协同治理，是提升黄河流域治理体系和治理能力现代化的现实需要。利用系统论，包括一般系统论，以及美国圣塔菲研究所提出的复杂适应系统理论、钱学森提出的开放复杂巨系统理论和方法、非线性科学等来统领和引导黄河流域系统治理，彰显出巨大的优势。

流域系统科学是现代系统科学在流域层面的应用。按照系统科学的观点，宇宙万物均以系统的形式存在和演变。将黄河流域看作一个整体系统，不仅有利于深刻认识黄河流域系统整体运行机制和规律，还有助于充分发挥黄河流域系统的整体功能，实现黄河行洪输沙健康生命维持、流域生态保护和区域社会经济高质量发展有机协同的治理目标。

5.3　流域系统科学的提出与基本概念

5.3.1　地球系统科学的发展

地球系统科学源于应对全球性环境问题的挑战。基于系统理论与方法，将地球看作是一个由大气圈、水圈、岩石圈、生物圈和日地空间组成的复杂系统，研究子系统之间相互联系、相互作用的运转机制，以及地球系统变化的规律和控制这些变化的机理，从而为全球环境变化预测建立科学基础，同时为地球系统的科学管理提供依据。经过几十年的发展，地球系统科学得到了广泛关注和飞速发展，并拓展到"生态学""水利学"领域，诞生了"区域生态学""流域科学"等诸多新的分支学科。

1. 地球系统科学的产生背景

自 20 世纪 80 年代，地球科学开始进入一个新的发展时期。随着人类谋求可持续发展的意愿不断加强，地球科学的研究需要迫切回答诸如地球资源还能支持人类社会发展多久、人类生存环境对人类自身发展的极限承载力多大、全球环境在人类活动扰动下的变化趋势如何，以及如何规范人类活动以达到人与自然协调发展等问题。回答这些问题，需要把地球的大气圈、水圈、岩石圈、生物圈、地幔和地核以及近地空间视作密切联系的整体，并关注人类活动对其影响，理解它们相互作用的过程和机理。

另外，随着科学技术的突飞猛进，尤其是空间对地观测技术、航空航天技术和计算机技术的发展，人类有可能从天空乃至宇宙的角度对地球进行整体观测，促进了关于在这个星球上人们具有共同命运这一新意识的形成。在这样的时代背景下，一个关于地球的新概念——地球系统，及其研究的新理念——地球系统科学应运而生，并逐渐成为引领 21 世纪地球科学研究发展的方向。

1）社会发展的需求

随着社会的发展，人类面临的环境问题不再只是局地的或区域性问题。例如，工业活动和日常生活对化石能源的消耗，不仅造成严重的环境污染，还导致 CO_2 和 CH_4 等温室气体排入大气，引发全球气候变暖；人口爆炸、城市扩张，以及森林草地被垦殖为农田，使土地利用格局发生了翻天覆地的变化，直接造成植被破坏、淡水资源趋势性减少、生物多样性锐减、土地荒漠化、气候异常等，这些无一不是全球共同面临的科学问题。这些重大环境问题对于科学研究而言，已经远远超出了任何一个单一学科的研究范畴，往往涉及大气、海洋、土壤、生物等各类环境因子，又与各种物理、化学和生物过程密切关联，只有从地球系统的整体着手才有可能理解这些全球环境问题是如何产生的，未来变化的趋势会是怎样的，从而规范、控制和调整人类自身的行为，尽可能避免或适应全球变化，最大限度地使地球环境朝着有利于人类可持续的方向发展。

2）科学技术的进步

科学技术的飞速发展、传统学科自身的完善，促进了各学科之间的紧密联系和相互依赖的认知。地球科学的发展已从学科分化为主体转向学科间大跨度交叉渗透的新时代。

20 世纪 80 年代开始的气候系统和全球变暖的研究，逐渐推动了大气科学的发展，建立大气–冰雪–陆地–海洋–生物过程相耦合的完整的天气、气候和环境动力学模型系统，注重系统中各组成成分相互作用的研究，尤其是其中物理、化学和生物过程的相互作用以及人类活动的影响，已成为国际大气科学发展的热点和难点。同时，人们已经认识到海洋是长期气候变化的根源，是揭开地球生命秘密的谜底，是地球深部与表层能量和物质交换的通道。对大气与海洋紧密联系日益增强的认识，使人们对两者相互影响以及海洋生物地球化学过程的重要性有了更深刻的理解。纵观海洋科学的发展，诸如大洋环流变异规律及其在气候变化中的作用、海–陆–气相互作用与碳、氮和水循环的演化规律、海洋生物地球化学过程、深海科学探测与研究、海岸带陆海相互作用和海洋生态动力学等，无疑是当今海洋科学发展的前沿。

板块学说被誉为 20 世纪地学的革命，但至今在解释大陆岩石圈的动力学特征时遇到诸多困难。地球深部探测结果使科学家意识到岩石圈的运动与地幔和地核相关，越来越多的海洋和气候学家深刻意识到岩石圈演化对洋流和大气环流的作用，可能是新生代全球环境变化的重要原因，并可能导致生物圈的重大变革，而一些重大气候变化又对岩石圈演化（如山地的剥蚀与隆升）有显著作用。科学的突破把地球固体圈层和流体圈层作为相互作用的更大体系紧密联系起来，使科学界深刻意识到，地球演化的行为具有整体性，不同圈层有着密切的相互作用。而对这种相互作用的行为、过程和机理的研究则要求具有全球的视野、更大跨度的学科交叉，这正是地球系统科学思维的主要特点。

近几十年来，生态学也面临同样的发展需求。由于人类活动的迅速发展，自然环境的变化扩展到越来越广阔的区域，甚至达到全球的规模。生态学关注的重点也逐渐从局地转变为整个地球，或者地球相当大范围内的生物有机体与其周围环境的相互关系。

3）观测技术的进步

20 世纪以来，计算机、电子学、空间、通信等新兴技术和传统的物理、数学、地理、生物等科学的融合、交叉、集成，形成了一些新兴的科学技术领域，尤其是空间遥感技术的飞速发展，使得以地球系统整体作为研究对象进行系统研究成为可能。

从空间观测、了解和认识地球，极大地改变了人们对地球系统演化的传统认识，全方位地在空间、时间和光谱上，提高了人们对地球系统的认知能力，改变了人们对地球系统的认知方式，成为人们认知地球系统变革的有力武器。空间遥感对地观测以其客观性和真实性为广大科学研究者所推崇，有利于更好地发挥空间遥感科学数据的监测作用。对地观测技术的发展，特别是卫星遥感技术提供了对地球整体行为进行长期、立体监测的手段；计算机技术的发展为收集、处理、分析海量的有关地球系统演化的信息，以及开展复杂的数学分析与数值模拟计算，提供了有力的工具。

2. 地球系统科学的发展过程

1）气候系统

20 世纪 70 年代，世界范围频繁出现的干旱和洪涝灾害引起了人类对全球气候异常的关注。大气科学家们经过深入研究发现，气候问题不仅与大气本身的行为有关，还与水圈、岩石圈、生物圈的行为有关，以及与发生在圈层界面上的相互作用过程，如海-气的相互作用、陆-气的相互作用有关。为此，1980 年，在世界气象组织（WMO）和国际科学联盟会理事会（ICSU）的共同支持下，诞生了第一个以全球气候问题为研究对象的世界气候研究计划（WCRP），第一次提出了"气候系统"的概念。此时，气候系统实际上已勾画了地球系统的轮廓，所不同的仅仅是探讨的实际问题集中在气候问题上。

2）地球系统

除了气候问题外，人类还面临着一系列其他全球性的环境问题，如陆地和水生生态系统退化、土壤侵蚀加剧和土壤质量恶化、生物多样性锐减、渔业产量下降、大气化学性质变化、洁净淡水资源短缺等。为了迎接上述全球性环境问题的挑战，1984 年在 ICSU 召开的第 20 届大会上，组织了一次广泛的全球性环境问题大讨论，并达成了一个共识，认为重大的全球性环境问题的研究和解决，已经远远超出了单一学科所涉及的范围。例如，全球变暖问题已不仅仅是大气科学家们的"猎物"，也是海洋学家、地质学家、地理学家、土壤学家、生物学家、化学家以及共同的研究对象。与会者指出，就其科学实质而言，全球性环境问题涉及地球的整体行为及其各部分的相互作用，涉及地球作为一颗行星的可居住性问题，从而将 WCRP 中针对全球气候问题而提出的气候系统概念，拓展到针对全球性环境问题的地球系统，从一个新的角度透视地球。会议一致赞同，在全球范围内正式发动被称为全球变化研究的重要计划——国际地圈生物圈计划（IGBP）。

同时，ICSU 责成特别计划小组对 ICSU 及其他国际科学组织正在进行的有关科学活动做出评论，提出优先研究领域，在全球范围内开始进行全球变化的可行性研究。

3）地球系统科学

地球系统科学与地球系统的提出相伴而生，它们最早非正式出现于 1983 年美国国家航空航天局（NASA）顾问委员会领导下的地球系统科学委员会内部文件中。该委员会在制定 NASA 的地球科学计划时，提出要把地球的各组成部分作为相互作用的一个系统加以评述；将透视和理解地球系统随时间的演化作为地球系统科学的最终目标。此后，该委员会通过一系列活动，集 240 余名著名科学家的智慧，于 1988 年出版了专题报告《地球系统科学》，正式系统地阐述了地球系统和地球系统科学的观点，强调从整体出发，将地球的大气圈、水圈、岩石圈和生物圈看作是一个有机联系的地球系统，研究发生在该系统中的各种时间尺度的全球变化是地球系统各子系统（圈层）相互作用的结果，以及三大基本过程（物理、化学和生物学过程）相互作用的结果；首次提出将人类活动作为与太阳和地核并列的、能引发地球系统变化的驱动力——第三驱动因素。

我国这些年在地球系统科学研究方面也取得了突破性进展，有些高校还专门成立了地球系统科学学院，研究方向及领域也得到了极大的拓展。各种层面介绍地球系统科学研究进展的文章很多，在此不再赘述。

3. 地球系统科学研究的基本概况

将地球作为一个整体来认识，体现了地球系统科学研究的整体观，在学术上也经历了一场质的变化，原来各自描述涉猎各种现象的学科，正在寻求在地球系统整体研究的高度进行交叉融合。但需要注意的是，地球系统整体完全不同于各个圈层研究行为的简单叠加，地球系统整体不等于部分的代数和，因此必须从复杂系统的科学理论出发，站在地球系统整体性的高度上，研究地球系统在不同驱动力作用下演变的规律和机制。

1）研究目标

地球系统科学的研究目标是从根本上回答地球是怎样运行的、怎样演化的、其未来如何等基本科学问题；同时，也有助于认识全球环境变化的发生、演化过程和控制机理，为人类合理利用地球资源和保护地球环境提供支持。

2）研究对象

从谱分析的角度来看，发生在地球系统中的各种变化具有很宽的时间和空间尺度谱，包括从微米到行星轨道的空间尺度、从毫秒到数十亿年的时间尺度上的物理、化学、生物过程及其相互作用。地球系统科学用尺度分析的方法和约定来确定研究对象，形成了与地球科学既互相配合又有明确分工的格局。当代地球系统科学的研究进展表明，只有那些具有行星尺度的变化反映了地球系统各组成部分之间的相互作用和反馈，而任何时间尺度的变化都包含了各种时间尺度上发生的地球系统过程的相互作用。因此，在空间尺度上，地球系统科学将其所关注的地球系统变化，定位在那些具有行星尺度（相当于地球半径）的变化上。在时间尺度上，地球系统变化的主要时间尺度用 5 个时段来定义，包括几百万年至几十亿年、几千年至几十万年、几十年至几百年、几天至几个季度、几秒至几小时。其中，前两个时段是传统的固体地球科学研究的对象，后两个时段是大气科学、生物科学和海洋科学涉及的范围，而中间这个时段（几十年至几百年的时间尺度）的全球过程正是当前人类面临的最大挑战，对于人类社会的利害关系和发展规划尤为重要。因此，地球系统科学首先要迎接这一挑战，广泛融合固体地球科学、大气科学、海洋科学以及生物科学的知识，从地球系统演化的本质上去认识几十年至几百年时间尺度的全球性变化过程。

3）研究基本思路

地球系统科学研究是对地球系统过程进行观测、理解、模拟和预测。将地球系统的变化用一些基本变量来描述，并通过全球范围的长期、持续、同步的观测（卫星和地面观测），建立全球变量信息库。地球系统科学尤其重视开展过程研究，以加深对全球环境变化的认识和理解，首先在此基础上建立地球系统概念模型和动力学模型，进行数值模拟；其次应用重建的过去环境记录检验模式检验，最后对地球系统状态变量的变化趋势、变化范围做出统计性预测。

4. 地球系统科学的拓展

地球表面一直保持着生命"宜居"的环境，是地球宜居性的重要载体。随着人类社会和工程技术的不断进步，人类活动对生态环境和人类健康带来不同程度的影响，为此联合国提出了一系列侧重于表层过程与人类可持续发展的方案，力图认识由水、土、气、生、人等多要素相互作用形成的人地耦合系统动力过程（傅伯杰，2020）。侯增谦院士认为，目前的研究距离回答和解决人类面临的可持续发展问题还相差甚远，未来还需更加关注人地系统耦合与可持续发展、陆–海–气相互作用、环境污染与效应与修复等地球系统科学的战略研究领域（朱日祥等，2021）（图 5-3）。

流域是地球表层的重要组成单元。近年来，随着流域尺度生态环境保护和可持续发展问题的日益凸显，将地球系统科学理论与方法进行拓展与延伸，在流域尺度上研究自然–社会间的相互关系、促进流域各组成单元协调发展得到了国内外学者的广泛关注，并由此拓展了"流域科学""人地系统耦合""流域泥沙与水圈科学""区域生态学"等众多学科方向。

1）流域科学

地球系统科学经过 20 多年的快速发展，已逐渐走向成熟。然而，地球系统科学研究中仍存在一个突出的问题，即难以确定地球系统的基本单元并划定单元之间的边界。流域作为自然界的基本单元，一方面是一个相对封闭的系统，其和外部系统的交换界面较为清晰，这有利于厘清系统的边界，相对独立而又可控地开展研究；另一方面，流域又是由水资源系统、生态系统与社会经济系统协同构成的，具有层次结构和整体功能的复杂系统，具有陆地表层系统所有的复杂性，其综合研究几乎需要涉及地球系统科学的各个门类。这两个特点相辅相成，使流域成为适合开展地球系统科学实践的绝佳单元。由此，流域科学得到国内外学者的持续关注，并逐渐发展成为一门新的学科。

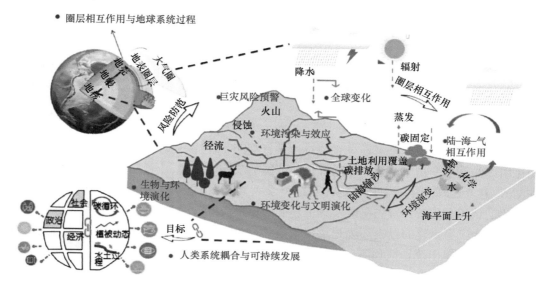

图 5-3　地球系统科学发展的优先战略研究领域（朱日祥等，2021）

程国栋院士提出的流域科学，是流域尺度上的地球系统科学，其继承了地球系统科学的认识论和方法论。在认识论上，将流域"水-土-气-生-人"作为一个整体，将多尺度的异质性作为流域的内在组成部分，旨在从流域整体上理解和预测流域复杂系统；同时，从应用科学的角度，流域科学也是强调人的因素的科学，是实现水资源和其他自然及社会资源综合管理，并最终实现流域可持续发展的科学基础。在方法论上，尝试找到从整体上分析流域的宏观规律和方法，但这种方法又不应流于空谈，而应是一种可操作的整体论加还原论的研究方法，包括自组织复杂系统方法，统计力学方法主导的升尺度方法，基于选择和进化原理、强调偶然性和自组织的达尔文学说，注重人-自然协同演进和长期可持续发展的水经济和生态经济思路，以及应对非结构化复杂问题的综合集成方法等。

2）人地系统耦合

人地系统包括由各种自然要素组成的自然环境综合子系统，以及由各种社会经济要素构成的人类社会综合子系统，具有综合性、开放性、并联性、地域性、动态性等特点。综合性是指其包括自然系统与人文系统两大系统，要关注两大系统之间的相互作用，体现"自然-人文"系统的综合效应；开放性是指人地系统不断与系统外部进行物质、信息等要素的交流；并联性是指系统内部某一要素的变化会导致其他要素甚至系统整体发生变化；地域性是指系统在空间上的区域化（吴传钧，1991）。

　　人地系统耦合研究旨在理解人类系统和自然系统之间复杂的双向反馈机制与调控机理（刘彦随，2020），其研究在这些年呈现蓬勃之势，以傅伯杰院士等为代表的一大批科学家致力于该领域的探索。人地系统耦合强调自然过程与人文过程的有机结合，注重知识–科学–决策的有效链接，通过不同尺度监测调查、模型模拟、情景分析和优化调控，开展多要素、多尺度、多学科、多模型和多源数据集成，探讨系统的脆弱性、恢复力、适应性、承载边界等（赵文武等，2020）。水是流域系统中串联其他自然要素过程的核心，人–水关系因而成为流域人地关系研究的核心（王浩等，2011），基于人地系统耦合机理的流域综合治理和优化受到高度关注。目前亟待解决流域人地系统耦合机理、人地系统耦合方法与模型模拟两项关键问题：一是人类对水循环过程的影响已从外部动力演变为系统内力，流域人地系统耦合机理是地球系统科学的前沿和应对环境变化挑战、保持人水和谐、实现流域可持续发展的重要科学基础，亟待通过阐释流域人水关系演变与互馈机理、水–粮食–能源关联机制，揭示人地系统耦合机理及其协同进化过程；二是流域可持续发展水平与发展趋向预测是进行流域有效调控的前提，人地系统耦合方法与模型模拟是其核心技术问题，亟待在发展大数据平台、构建人地系统指标体系的基础上，实现陆面过程模型与综合评估模型的耦合，建立流域人地系统耦合模型，为流域可持续发展提供科学依据与技术途径（傅伯杰等，2021）。

　　3）流域泥沙与水圈科学

　　当今河流泥沙界的代表性人物是王光谦院士，其先后提出了流域泥沙和数字流域、水圈科学的概念。在地表过程分支层面，王光谦院士依托水沙两相流的动力学模型和流域泥沙动力学模型，实现河道与流域过程的耦合，完整刻画了流域泥沙的侵蚀、搬运、沉积等整个过程，将泥沙研究从河流拓展到流域尺度（王光谦和李铁键，2009）。近年来，他进一步将研究视角拓展至大气分支，提出了空中流域的概念，并对"空中有没有河流？流域如何描述？如何利用？"三个问题进行了系统探索，提出了水函数的概念，建立了水函数的方程，并发现水循环并非我们想象中那么无序，空中不仅有"河"，还存在"流域"，这些"空中流域"内部的水汽具有显著的内循环特征（王光谦等，2016）。

　　水圈是地表及大气中，为运动水物质所占据、彼此关联形成的全球性动力结构，对其他圈层结构的存在和演化有基础性作用，乃人类命运所系。借此，为实现流域地表和大气两个层面的耦合研究，以及认识水循环规律提供一个新的视角和方法，他促成了"水圈科学中心"（依托于水沙科学与水利水电工程国家重点实验室）的成立，标志着水科学的研究拓展到更大的空间尺度。

　　4）区域生态学

　　人类聚居方式的变化和城市化过程的加剧，导致生态问题呈现出区域化和综合化的趋势。城市化促进了人口、产业向城市集中，在提高人们生活水平和促进社会经济发展的同时，也造成城市规模的迅速扩张和对自然资源的消耗，以及排放的废弃物成倍增长、资源耗竭、环境污染和生态破坏，影响区域的可持续发展。例如，流域上下游地区的水资源供给与生态补偿问题、资源域输出区和输入区的生态公平等。在此背景下，亟待跳出传统生态学的研究范畴，对复杂区域生态系统的结构、过程与功能之间的相互作用及其演变机制，不同空间尺度生态系统之间的作用机制，区域经济发展与资源、环境、社会、文化等各个方面的相互关系，以及自然生态系统与社会经济系统之间的耦合作用及系统优化作用机理等问题进行深入研究，区域生态学由此而生。区域生态学的基础是生态学，但不再限于生物学和自然科学，而是成为联系社会科学、经济科学以及人类科学的桥梁，为区域可持续发展提供指导。

区域生态学的代表性人物是高吉喜研究员。区域生态学的核心思想是，树立大区域、大流域的观念，不仅统筹考虑区域生态单元在结构、过程和功能的匹配性，还综合考虑区域间的相互影响、相互联系和相互依存，强调生态学与经济学的融合，注重生态与经济协调发展。

区域生态学属于交叉学科，具有鲜明的区域性、综合性和实践性。根据生态介质的不同，区域生态学研究的主要对象可划分为流域、风域和经济圈三大类型。生态介质包括水、风和资源 3 种，是区域生态的联系纽带和核心要素，也正是因为生态介质的作用，才使一个区域内不同单元之间联系起来，形成完整的更大的单元。区域生态学以区域生态结构、过程与功能研究为基础和核心，研究区域生态完整性和生态分异规律、区域生态演变规律及其驱动力、区域生态承载力和生态适宜性、区域生态联系和生产资产流转等，并基于上述内容研究区域生态补偿和环境利益共享机制。

"流域科学""人地系统耦合""流域泥沙与水圈科学""区域生态学"等在一定程度上拓展了地球系统科学的研究范畴，并为区域/流域治理保护提供了全新的研究思路和方法。然而，这几个学科关注的焦点问题并不能很好地解决区域/流域的所有问题，特别是流域系统治理的战略布局问题，面对不同领域的不同治理保护和发展需求，需要破解的关键科学问题和技术问题不同，研究的侧重点各不相同，仍需要继续发展出在一个或多个流域尺度上不同的地球系统科学分支学科。

5.3.2　流域系统科学的提出

流域系统科学的提出经历了大约 12 年的时间，与江恩慧 36 年从事黄河问题研究和参与治黄决策、具体工程实践的经验密切相关。随着对黄河认识的逐步深入，加上多次到发达国家考察学习，大量阅览科学文献，她发现黄河问题及其科学研究绝不是单单依靠自然科学就可以解决的，并逐步开始思考进一步完善黄河科学研究思路，思考开展黄河知识科学普及的重要性。2008 年，她和她的同事王仲梅、郜国明合作发表了《治黄实践中社会问题根源分析及对策探讨》文章。2012 年，她参加中国科学技术协会第八次全国代表大会，提交了《妥善解决黄河治理开发实践中有关社会问题的建议》的提案。"十二五"国家科技支撑计划项目中专门设立课题"黄河下游宽滩区滞洪沉沙功能及滩区减灾技术研究"，江恩慧等第一次尝试引入系统理论方法，建立了黄河下游宽滩区滞洪沉沙功能与减灾效应二维评价模型。2015 年，在国家自然科学基金重点项目"游荡性河道河势演变与稳定控制系统理论"的支持下，我们首次提出黄河下游游荡型河道是一个构成元素众多的复杂巨系统，按其功能划分为行洪输沙、生态环境、社会经济三个子系统，并阐明了各子系统内涵、功能、关键要素及相互作用关系。在"十三五"国家重点研发计划项目"黄河干支流骨干枢纽群泥沙动态调控关键技术"的资助下，我们进一步应用系统理论方法，揭示了水库高效输沙的水–沙–床互馈机理和下游河道河流系统多过程耦合响应机理，研发了多目标协同的泥沙动态调控模拟仿真系统和智慧决策平台。2017 年，在水利部公益性行业科研专项"黄河泥沙资源利用关键技术"的资助下，我们应用生态经济学能值理论提出了黄河泥沙资源利用综合效益评价双层三维评价指标体系，构建了黄河泥沙资源利用综合效益评价模型。2020 年 9 月，习近平总书记提出黄河流域生态保护和高质量发展重大国家战略一周年之际，为庆祝中国水利学会流域发展战略专业委员会（以下简称专委会）成立，专委会在《水利学报》杂志上组织了一期流域系统治理研究专稿，以王浩院士、胡春宏院士、黄建平院士、杨开忠研究员为代表的十几位专家学者为专刊撰写了文章，借此，"流域系统科学"正式提出并在这期专刊上发表。

正如前述，人类的发展史可谓人水关系演变史。早期人类傍水而居，水退人进，水进人退，河流自身演变主导了人水关系。随着人类社会和工程技术的不断进步，人类在人水关系中逐渐占据主导地位，尤其是第二次工业革命后，河流受到人类的强烈干扰。水库大坝建设显著改变了河流的天然形态与水流过程的时空分布，在获得防洪、发电、航运、供水等效益的同时，对原有自然生态系统也造成了不利的影响；工业和生活污水污染了河流，粗放用水方式导致干旱半干旱区一些河流出现断流、干涸甚至消失。因此，人们开始反思对待河流的态度，1938 年德国学者 Seifert 提出"近自然河溪治理"观念，标志着河流生态修复研究的开始。20 世纪 50 年代，德国提出了"近自然河道治理工程"，强调生态系统及影响因素之间的相互制约和协调作用。

保障河流自身安全是其为经济社会可持续发展提供支撑的前提。不同类型河流/河流系统，由于主导因素的千差万别，维持河流自身安全的条件也不同。对于多沙河流，泥沙的侵蚀、输移与沉积是必须考虑的重要因素；同时，由于河流/河流系统的空间尺度较大，流域内的水文特征、地形地貌、生态类型等往往差异极大，造成维持河流生命永续存在的需求也不相同。流域上中下游不同区域的水生态与水环境，既是一个整体又具有显著的空间异质性，不同生态类型、生物群落演变和演替的时间尺度也存在差异，不同区域之间互为边界和约束，且不断进行着物质、能量和信息的交换；此外，流域内由于水区范围内社会经济发展的不均衡性普遍存在，河流自身、生态环境、社会经济各要素之间的相互作用关系及其造成的问题表现形式复杂多样。例如，珠江流域西江上游经济欠发达的广西段污染物总量相对较小，水质尚好，下游广东段水质明显变差，但随着高耗水、重污染企业向上游转移，情况已在发生变化。

因此，流域所面临的各种问题不是孤立的，流域系统治理保护与区域社会经济可持续发展的有机协同是社会进步的必然选择。由于自然禀赋和社会经济发展程度的差异，河流上中下游的水安全保障需求具有显著的空间差异性，必须从流域层面统筹协调水资源的优化配置；从流域整体出发进行生态修复或从生态系统健康的角度综合整治流域生态环境，已成为流域治理保护和开发的重要抓手；以水为脉，统筹山、林、田、湖、草、城的流域系统治理保护方略，成为研究者与决策者的必然选择。所幸的是，许多学者已经从水环境承载力、水足迹、水环境生态安全等不同视角，研究社会经济与水环境的协调发展。国际社会致力于流域综合管理，全面提高流域水安全保障能力，实现流域协调的治理实践，也正逐步得到广泛认同。

流域系统的水文泥沙–生态环境–社会经济各要素自身的良性运转和彼此间的协同发展，存在着复杂的博弈关系。例如，人类社会必需的各种服务功能的充分发挥容易引起各类自然生态环境功能的失调，从而降低流域系统的自然生态环境功能；良好的自然生态环境功能的发挥必然会给人类社会经济的发展施加种种限制，从而削弱流域系统的人类社会服务功能。正是由于流域系统各要素之间存在的复杂联系，所以必须跳出流域内部任何一个单元的治理目标，将流域作为一个既有开放边界与外界进行物质与能量交换，又相对封闭具有明确的地理边界和治理保护目标的复杂巨系统，通过水利、经济、社会、生态和环境等诸多自然科学及社会科学的学科交叉，将系统科学的理论方法和地球系统科学研究模式引入流域系统的研究，构建兼顾流域系统河流行洪输沙–生态环境–社会经济多维功能协同发挥的流域系统治理理论与技术体系，孕育并发展流域系统科学这一新的学科方向，为流域系统治理保护和社会经济高质量发展的战略布局与协同推进提供有力的研究工具和坚实的科学支撑。

5.3.3　流域系统科学的内涵

1. 流域系统科学的研究目标

流域系统科学是以系统理论和方法为主要研究手段，以流域系统整体为研究对象，揭示流域各子系统内部演化机理和彼此间协调运转机制的科学。其研究对象和研究方法均具有自己的独特性。

从研究对象上，如果研究流域系统治理的战略问题，那么针对的是整个"流域系统"及其行洪输沙–生态环境–社会经济三大功能子系统，气候、水文气象及河口海洋条件就是其边界条件。如果降维研究某一个单一子系统的问题，如水沙资源配置或调水调沙方案、生态环境配置格局等，其他两个子系统的需求就成为其约束条件。

从研究方法上，采用的是"系统科学"的理论与方法体系，即以突变论、控制论、协同学、博弈论、非线性科学等基本原理为主导，以各子系统传统学科体系基本理论方法为依托，揭示各子系统内部演化及子系统相互之间的协同博弈演化规律和机理。

2. 流域系统科学与其他相关学科体系的关联性

从流域系统科学的研究目标可以看出，其与前述流域科学、区域生态学等学科，存在明显的区别，但又紧密联系。

1）与流域科学和区域生态学的联系

三者均是在地球系统科学基础上发展的分支学科，对流域和区域具有相同的认识基础和方法基础。

从认识基础来说，三者的核心思想都是从区域/流域的整体性、系统性出发，把流域/区域看作一个完整的复杂系统，不仅考虑各功能子单元/子系统内部演化过程与机制，还统筹考虑不同子单元/子系统之间的相互影响、相互联系和相互依存关系，注重区域/流域自然（包含生态）、经济、社会的协调发展。

从方法基础来说，三者都是系统理论与方法的有益补充，其基本方法大致相同，一般都利用协同学、控制论、博弈论、突变论、非线性科学以及综合集成研讨厅（hall for workshop of metasynthetic engineering）等系统工程方法研究子单元/子系统内部演化机制以及不同子单元/子系统之间的相关关系。

2）与流域科学和区域生态学的区别

首先，支撑的学科体系不同。区域/流域生态学的研究对象是区域、流域内部生态结构、过程与功能，其核心支撑学科为生态学；流域科学主要将流域作为研究地球系统科学的一个基本单元，研究流域内水–土–气–生的耦合作用，其核心支撑学科为地理学；流域系统科学主要是应用系统科学的理论和方法，以流域系统为整体，揭示流域系统三个服务功能子系统内部各要素及子系统之间关系与协同演化机制，其核心支撑学科为水利学。

其次，研究的侧重点不同。区域生态学以区域生态结构、过程与功能研究为基础和核心，主要侧重于区域/流域生态功能的实现；流域科学参照地球系统科学大气圈、水圈、岩石圈和生物圈的结构形式，研究流域"水–土–气–生–人"圈层在流域内的相互关系，追求更加宏观的、综合的功能实现，侧重的依然是水资源与生态环境问题；流域系统科学在考虑流域自然要素时，不仅仅把水或河流看作一种连接上下游、左右岸的传输介质，而是突出河流行洪输沙功能及其对流域社会经济发展的影响，关注战略层面的宏观布局及流域系统整体的可持续发展，与前两者有本质的区别。

河流治理保护是流域可持续的重要基础和依托。对于我国大江大河，尤其是黄河，洪涝灾害威胁巨大、水沙关系不协调、水资源严重短缺等仍是亟待解决的突出问题。如果简单地将地球系统科学理论与方法引入流域尺度，而不重视河流自身功能的发挥，可能难以真正实现自然–经济–社会的协调发展。因此，相对于区域生态学和流域科学而言，流域系统科学更适宜于当前社会经济发展和新形势下未来流域系统治理和高质量发展的战略需求。

我们用图 5-4 来展示流域系统和流域系统科学在整个科学研究体系中的位置，可以清晰地看出流域系统科学承上启下的重要性。从河流治理角度来看，以前我们主要关注的是河流泥沙动力学及相关学科的研究；2000 年前后，以王浩为代表发展了二元水资源配置理论，以王光谦为代表提出了数字流域概念。这期间地球系统科学得到了蓬勃发展，国内以侯增谦、傅伯杰等为代表开展了大量的地表动力过程的系统研究。这些研究成果都为流域系统科学的提出和深入研究奠定了坚实的基础。对应的学科研究空间尺度逐步放大，从河流到一般复杂巨系统，各自关注的问题存在明显的区别。

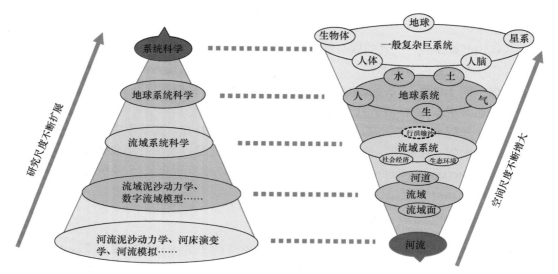

图 5-4　流域系统与流域系统科学在空间尺度和学科体系中的定位

3. 流域系统科学的研究内容

综上，从以下三个层面阐释流域系统科学的基础研究需求。

1）各子系统内部演化过程与机理

行洪输沙、生态环境、社会经济各子系统内部演化过程的阐释、模拟与预测，规律的凝练与机理的揭示，都需要全面应用系统理论和方法，这就构成了流域系统科学研究的第一个层次。这些研究过去散见于河流泥沙动力学、河床演变学、社会经济学、生态水文学等学科内部的科学研究中，已具备比较扎实的研究基础。

以行洪输沙子系统的研究为例，以连续方程、动量方程、能量方程为基础的牛顿力学体系在描述微观、局部的水流泥沙运动时具有显著的优势，但随着空间尺度逐渐放大到流域，研究对象成为河流这一复杂巨系统。其不仅由难以计数的水沙单元组成，还包含了与工程硬边界、生态软边界之间强烈的相互作用；更重要的是，由无数微观单元组成的宏观系统呈现了完全不同的系统特性和行为。此时，确定性的牛顿力学方法无法封闭求解宏观尺度的河流演化过程，经验性的河相关系目前仍是工程界用来预测河流宏观行为的主流方法，很多时候已经难以满足工程实践的需求。因此，热力学第二定律、自组织理论、突变论等系统理论与方法，已被广泛引入河床演变学的研究中。

2）各子系统之间相互作用关系与协同演化机制

应用系统理论和方法揭示流域行洪输沙、生态环境、社会经济各子系统间的相互作用关系与协同演化机制，构成了流域系统科学研究的第二个层次。这已经成为近年来跨学科研究的热点领域，也大大推进了如生态水文学、社会水文学、生态经济学、区域生态学等交叉学科的发展。

流域系统科学与上述交叉学科之间最大的区别在于其理论基础不同。生态水文学、社会水文学是考虑生态过程和社会过程的"水文学"，生态经济学是考虑生态过程的"经济学"，而流域系统科学的理论基础则是"系统科学"。概而言之，其他任何一门交叉学科均是以某一子系统本身涉及的学科为核心，综合考虑其他子系统作为边界条件产生的影响。在流域系统科学研究中，行洪输沙、生态环境、社会经济三个子系统的地位是完全平等的，协同学、博弈论等是研究三者之间相互作用关系与协同演化机制的有效基础理论与方法。

3）流域系统协调发展策略与战略布局

在前述两个层次的工作基础上，流域系统科学应用系统理论和方法，提出流域系统各子系统协同发展策略与长远战略布局，支撑流域系统治理保护的科学决策，构成流域系统科学研究的最高层次。这部分工作的重点是在复杂巨系统及其相互关系中发掘其核心进程，通过关键路径上的调控行为和复杂边界的精准控制，推动流域系统整体的协调发展。以黄河流域生态保护和高质量发展重大国家战略的推进为例，必须充分考虑黄河上中下游的实际情况，统筹黄河流域生态治理、资源调控和社会经济水平提升，提出多维协同的流域发展战略布局，支撑流域管理与区域发展的战略决策。协同学、控制论、综合集成研讨厅等是研究黄河流域系统协调发展策略与战略布局的有效方法。

5.4　流域系统科学基本架构

流域系统科学基于现代系统科学，在地球系统科学的框架下，将流域看作一个复杂巨系统，将现代系统科学理论和方法应用于流域系统治理的研究和实践中，重点关注研究各子系统内部演化过程与机理、各子系统之间相互作用关系与协同演化机制、流域系统协调发展策略与战略布局等，为支撑流域生态保护和高质量发展提供有效支撑。流域系统科学应属于地球系统科学的一个分支，仅仅是系统科学中的一个"微小浪花"。

5.4.1　基本架构

根据流域系统科学的概念和内涵，在架构上将流域系统科学分为三个层次。第一层次，研究各子系统内部演化过程与机理；第二层次，研究各子系统之间相互作用关系与协同演化机制；第三层次，研究流域系统协调发展策略与战略布局。第一层次涉及河流系统的宏观平衡状态与非平衡状态演变机理、流域生态系统演化与驱动机制、基于人地耦合系统产业协调发展驱动机制三个关键科学问题；第二层次涉及行洪输沙-生态环境子系统之间多尺度交互作用机理、行洪输沙-社会经济复合系统关联机制两个关键科学问题；第三层次主要关注多维协同的流域系统协调发展策略与战略布局（图 5-5）。

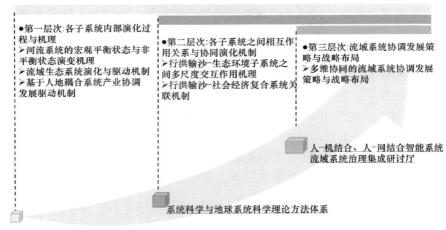

图 5-5　流域系统科学基本框架

5.4.2　关键科学问题

1. 第一层次：各子系统内部演化过程与机理

科学问题 1：河流系统的宏观平衡状态与非平衡状态演变机理，包括阐明河流系统的宏观平衡状态及阈值、河流系统远离平衡态演变机理与模拟方法、上下游边界协同作用下非平衡态河床时空演变模式和描述方法、气候变化与人类活动影响下河流系统演化的长远效应。

科学问题 2：流域生态系统演化与驱动机制，包括气候变化与人类活动对流域生态系统结构、功能及生态系统完整性和脆弱性的影响，流域生态系统演化的主控因素与驱动机制，变化环境下流域生态系统结构、功能变化趋势预测方法等。

科学问题 3：基于人地耦合系统产业协调发展驱动机制，包括城市群与产业转型发展的非线性增长规律、基于人地耦合系统的城市群与产业发展模型、城市群与产业发展规模及结构的适应性评价、城市群与产业高质量发展模式等。

2. 第二层次：各子系统之间相互作用关系与协同演化机制

科学问题 4：行洪输沙–生态环境子系统之间多尺度交互作用机理，包括河流全物质通量在水–沙–床–植物–动物多介质之间的相互转化过程、水流–泥沙–植被耦合作用机制、河口悬浮物与营养盐输运对水沙动力过程的响应机制、河流生态系统对多重胁迫的响应机理等。

科学问题 5：行洪输沙–社会经济复合系统关联机制，包括行洪输沙–社会经济复合系统的内部结构和运行机制，系统要素内部关联、因果反馈的响应关系，防洪安全对土地开发利用的约束效应和经济发展对土地需求的增长效应，土地利用方式与防洪安全和经济发展、流域机构与地方政府、局部利益与全局利益的博弈关系等。

3. 第三层次：流域系统协调发展策略与战略布局

科学问题 6：多维协同的流域系统协调发展策略与战略布局，包括水文–经济–生态信息之间的传递机制与纽带关系，确保流域水安全–粮食安全–能源安全–生态安全的水沙资源配置理论与技术，流域生态治理、资源调控和社会经济等综合治理提升模式，生态修复–资源配置–产业发展多维协同的流域发展战略布局，流域可持续发展决策与优化评价方法等。

5.4.3　流域系统科学研究方法

流域系统科学的研究方法分为基础支撑学科方法体系、系统科学理论与方法、流域系统治理综合集成研讨厅三类。

1. 基础支撑学科方法体系

行洪输沙子系统的基础研究主要集中在传统的水文泥沙方面，相关基础支撑学科包括河流尺度的泥沙运动力学、河床演变学等传统学科，以及近年来逐渐发展到流域尺度的流域泥沙动力学、数字流域等新兴学科。

生态环境子系统的基础研究主要集中在生态学和水文学的交叉领域，由此衍生出的生态水文学在过去 20 多年飞速发展，在河流治理领域得到广泛而深入的应用，但在大尺度多过程生态水文模型方面还有待进一步突破。

社会经济子系统的基础研究主要集中在经济学、社会学和与水文学的交叉领域，近些年衍生出的宏观经济水资源模型、二元水循环理论等跨学科理论，以及逐渐发展形成的社会水文学等新兴学科，都是社会经济子系统的基础支撑学科。

2. 系统科学理论与方法

流域系统科学研究常用的系统科学方法，包括协同学、控制论、博弈论、突变论、非线性科学等。不同层面的研究，这些方法均有各自的适用性。

针对流域子系统内部演化进程的研究，控制论、突变论、非线性科学等在泥沙起动、河床演变等领域已得到一定的应用；针对流域子系统间协同竞争关系的研究，协同学和博弈论的应用前景广阔；针对流域各子系统的协同演化机制研究，协同学也已取得了初步应用成果，展现出未来其在流域系统治理研究中的应用潜力。

3. 流域系统治理综合集成研讨厅

"综合集成研讨厅"是钱学森等基于系统理论与方法提出的。其含义是以科学的认识论为指导，充分利用现代信息技术，构成以人为主、人–机结合、人–网结合的智能系统，"把各种学科的科学理论和人的经验知识结合起来"，形成一个巨大的智能系统，解决一般复杂巨系统中定性与定量相结合的科学难题。

流域系统治理不仅涉及行洪输沙–生态环境–社会经济各子系统协同演化的定量研

究，还涉及一系列诸如政治、文化、宗教、民族等难以定量的非结构化影响因素。这类难以用定量化数学方程描述的非结构化问题，在宏观层面对流域重大治理工程与非工程措施的实施往往有重大影响。为此，必须构建"流域系统治理综合集成研讨厅"，结合新一轮科技革命引发的大数据技术、人工智能技术、数字孪生技术等的高速发展，形成一套综合河流、生态、社会、经济等基础学科及系统科学知识、相关学科专家经验和现代信息科学技术等的智能研讨系统，支撑流域系统治理的科学决策。

第6章 黄河流域综合治理的系统方法

系统科学的研究对象是各类系统。在诸多系统中，钱学森将元素和分系统数量巨大，种类繁多，组分异质性突出，相互作用复杂，除了元素层次和系统整体层次外还有大量中间层次的系统，定义为复杂巨系统。而将存在外部环境与系统相互作用的复杂巨系统，称为开放复杂巨系统。

人脑、人体、生物、生态、地理环境以及很多宇宙现象等都属于开放复杂巨系统。本章重点探讨黄河流域作为一个相对封闭的地理空间，是否具备开放复杂巨系统的特征，继而引入流域系统的概念，应用系统科学的理论与方法，展开黄河流域治理保护战略及其关键科学问题研究方法的讨论。

6.1 黄河流域治理保护是一项复杂的系统工程

6.1.1 黄河流域是一个开放复杂巨系统

正如第 5 章 5.2.1 节所述，黄河流域系统具有系统的所有特征。其作为陆地表层系统的一个子系统，受自然环境变化和人类活动共同影响，满足上述定义而构成一个开放复杂巨系统。

从微观尺度上，由水、沙、冰、污染物、有机质、溶解氧、微生物等共同组成的河流物质通量构成了流域系统的基本元素，其相互作用机制主要通过动力学方程、化学反应方程、生物学基本理论来描述。在学科分类上，它们属于两相流动力学、泥沙运动力学、环境水力学、生态水力学和河流动力学的研究范畴。

在中观尺度上，河流作为流域系统各功能子系统和各子系统内部基本元素彼此间互馈–影响的纽带，被视作一个整体进行研究。自降水产流产沙，到沟道汇流、河道输送、河床演变的全过程，属于传统的河床演变学和新兴的河流动力地貌学、流域泥沙动力学的研究范畴。从自然规律来看，河床演变学、地貌学、流域泥沙动力学已呈现出一些微观力学无法体现的系统行为，如河网的自相似结构、河道形态的滞后响应规律、弯道紊流结构的动力稳定与自适应特征等。这充分反映了钱学森对复杂巨系统性质的描述，即"高一级层次常常会出现低一级层次所没有的性质"。

从宏观尺度上，河流现有形态是自然条件和人类活动共同作用的结果。黄河是一条受人类活动影响剧烈的河流。从远古时代的大禹治水，到如今的"上拦下排，两岸分滞"处理洪水和"拦、调、排、放、挖"综合处理泥沙，人类活动与自然条件一直发生着剧烈的变化和相互作用。在全面考虑经济、社会、生态需求的基础上，遵循河流自然规律，塑造和谐人水关系，是治黄的根本立足点。从科学研究的角度来看，宏观尺度的研究范围进一步从河流系统扩展到全流域尺度和包括流域社会经济子系统、生态环境子系统的黄河流域系统，研究对象已从水沙运移、河床演变扩展到与河流息息相关的动植物与人类活动，研究学科则从自然科学领域扩展到河流生态学、河流管理学、政治学、法学、经济学等自然科学和社会科学的多学科交叉领域。

综上，黄河流域系统是一个开放复杂巨系统，亟待引入系统科学的思维方式与研究方法，评估历史和现有治理保护效果，规划未来的治理保护战略举措。

6.1.2 黄河流域治理保护复杂系统工程研究的层次架构

如上所述，黄河流域治理保护是一项复杂的系统工程，必须从微观尺度的水沙运动、中观尺度的河床演变和宏观尺度的人水关系三个层面开展系统研究，深化认识，凝练规律，探索行动方案。三者之间的相互关系如图6-1所示。

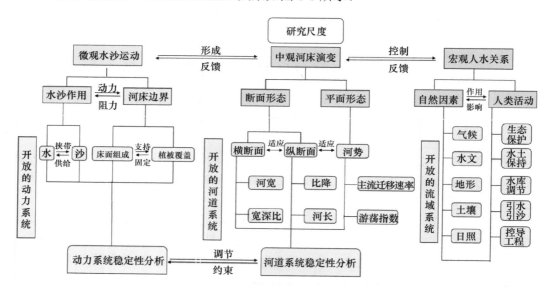

图6-1 黄河流域治理保护复杂系统工程研究的层次架构示意图

黄河流域治理保护，首先应建立在对微观尺度水沙动力系统作用机理的深刻认识上。关于这方面的研究属于河流泥沙动力学范畴，水沙是动力，河床边界是约束。水沙动力平衡条件是实现水沙输移和河床边界两者协调的关键。一是输水输沙效率最高的协调关系，即通过水沙调节，让水流能够在接近饱和输沙的状态下输送最多的泥沙入海；二是在水沙关系协调的基础上，实现水沙动力与河床边界的协调关系，即通过河道整治和植被恢复等措施，使河床边界条件与理想水沙过程相适应。需要注意的是，水沙动力是动态调整的，当调整幅度较小时，整个动力系统可能在某个稳定平衡位置附近波动，现有河道可以通过微调的方式（冲淤调节）适应水沙关系的波动。当水沙动力调整一旦突破某个阈值，则现有河道形态将无法适应新的水沙动力条件，河道必然发生显著调整，从而寻求新的稳定平衡状态。因此，水沙动力过程必然存在多个稳定平衡态，甚至是一个"无级变速"的过程。目前，对水沙动力过程的多级平衡态及其对应的水沙关系阈值的研究，是一个重要的研究方向。

黄河流域治理保护长期关注河流系统河道演变层面"善淤、善徙、善决"的特性。事实上，正是由于微观水沙运动的长期作用，形成了对应的河流平面形态和断面形态，产生了中观尺度河流河道系统的淤积抬升和平面摆动等问题。在河流河道系统中，纵横断面和河道平面形态均是其对水沙动力过程的响应结果，反过来也影响着水沙输移的过程。纵横断面与河道平面形态同样存在相互适应的协调关系。在传统河床演变学概念中，河道横断面的调整速率最快，幅度最大；河道平面形态次之；河道纵断面的调整速率最慢，幅度最小。因此，当水沙动力在某个平衡态附近波动时，河道横断面的调整即可使河道与水沙动力达到新的平衡；水沙动力一旦突破该级阈值，则河道横断面、平面形态与纵断面将以何种规律进行调整，以适应新的水沙条件，这既是河床演变学的传统课题，又是河流学者和泥沙专家始终关注的焦点。

黄河流域治理保护最终落脚在宏观流域系统的人水关系构建上。在该宏观流域系统中，气候和下垫面条件等自然因素是系统演化的输入条件，人类活动则是我们作用于整个复杂巨系统的主要干扰因素。这些干扰因素包括黄河源区的生态保护和修复、黄土高原的水土保持、沟道与河道的引水引沙、水库群的建设和调度运行、下游河道堤防与控导工程建设等，其共同构成了黄河流域广义水沙调控工程体系。其微观目标是协调水沙关系，保证水沙动力系统的稳定平衡；中观目标是尽可能长时间维持河道稳定，控制河道淤积与平面摆动；宏观目标是优化水沙资源配置，实现河流行洪输沙–生态环境–社会经济多维功能的有机协同。

既然黄河流域系统是一个开放复杂巨系统，黄河治理保护是一项复杂的系统工程，那么在流域保护治理实践中，从微观的水沙运动、中观的河床演变到宏观的人水关系，均存在多级稳定平衡状态和不同的驱动–响应机制。引入系统科学的理论与方法，探索和认识流域系统不同层次演化的规律和机制，将有助于我们全面、科学、系统地审视历史和现有的黄河保护治理策略，为黄河流域生态保护和高质量发展重大国家战略实施、流域保护治理战略制定提供科学支撑。当前黄河治理保护仍需在以下几个方面持续发力，从而实现黄河流域生态保护和高质量发展的目标。

1. 黄河水资源节约集约利用

黄河水资源节约集约利用肩负着维持河流行洪输沙、服务流域内生态环境良性维持和社会经济高质量发展的重任。从水量平衡来看，水资源开发利用过程中从河流取用水的同时，也有相当部分退排水进入河道，水资源的循环利用是水资源高效配置的重要内容之一。从内在机理来看，水资源系统一次性水资源和回归水等二次性水资源存在一个联动、互馈的关系，河道流量受天然来水和用水户取排水的联合作用，同时下游取用水与上游用排水之间存在动态响应关系。黄河流域水资源的统一调度和管理就是为了满足上述功能与目标的均衡实现。这就需要在厘清自然水循环与社会水循环过程的动态链接和互馈影响的基础上，实现水资源供给动态变化情势下的水资源适应性配置和有序开发利用，建立一套完整的、科学的黄河流域水资源配置系统理论体系。

2. 黄河流域生态保护

黄河流域生态系统无论从时空配置格局还是从结构组成的复杂程度、生物多样性层面，都极具特殊性。黄河流域生态保护已从灾害防治、因害设防、控制水土流失、保护耕地、强调农业开发等解决温饱和控制泥沙的目标导向，转变为现在统一的高质量发展，说明黄河流域生态保护是和水沙灾害防治、社会经济发展相辅相成的多过程、多因素伴生过程，是人工防治工程和自然生态环境相互作用的协调过程。因此，黄河流域生态保护归根结底也必须采用适宜于解决存在显著博弈、协同关系的系统科学理论方法开展系统研究。

3. 黄河下游河道滩槽治理

黄河下游河道滩槽治理是一个复杂的系统工程。这个复杂系统以抗御洪水为主导、自然环境为依托、土地资源为命脉、社会文化为经络，不但受系统外社会经济、生态环境和上下游边界条件的约束，而且受系统内滩与槽关系的强力制约，自然、经济、社会各种因素交织影响、错综复杂。如何解决好黄河下游河道河流系统自然属性与社会属性的整体协调、处理好治河与滩区社会经济发展这对千年矛盾，是黄河下游河道实现综合治理提升的关键。

4. 黄河三角洲地区综合治理

当前，作为三角洲演化主要驱动力和生态系统维持物质保障的黄河水沙等物质通量持续减少，直接影响三角洲自身及生态系统演化。河口地区面临着河道防洪与三角洲局部侵蚀压力并存、三角洲水资源紧缺且空间配置不均、湿地及滨海生态系统脆弱、社会经济发展布局受限等一系列迫切需要统筹解决的问题，亟须以系统科学为基础，统筹河口地区防洪保安目标、生态治理修复目标和支撑区域社会经济发展目标，摸清河口地区系统治理存在的主要问题与制约因素，厘清河口地区河流行洪输沙子系统、生态环境子系统和社会经济子系统的博弈关系。

5. 黄河流域水沙联合调控

过去几十年，黄河流域水沙调控关注的焦点是黄河下游河道的防洪减淤。近年来，随着国家对黄河治理保护提出更高的要求，保障黄河行洪输沙–生态环境–社会经济等多维功能协同发展，成为黄河流域水沙联合调控的主要目标。因此，迫切需要引入系统理论原理和方法，揭示泥沙动态调控多库间多功能维度的协同–博弈关系，研究各水沙资源分配对象之间（水库群–河道）在水沙调控过程中面临的水沙资源分配矛盾，进一步构建以博弈论为指导思想、以协调各博弈方水沙资源分配利益冲突为目标、以排沙和发电供水的综合效益为性能指标函数的黄河中游水库群–下游河道汛期水沙调控动态博弈理论与方法。

黄河流域系统是一个开放的、非平衡的复杂系统，水资源、水生态、社会经济之间存在各种冲突与矛盾。如何解决各矛盾主体之间的竞争与合作、保持河流系统平衡稳定或有序演化、揭示河流系统的变化规律，都是黄河流域生态保护和高质量发展战略研究的重要内容，同时也是博弈论、控制论、协同学及耗散结构理论等系统方法的研究范畴。需要指出的是，黄河流域系统治理保护涉及的诸多问题，因其各自研究对象的特点不同，适宜采用的系统理论与方法也各不相同，这里简要论述以下几个方面。

1）博弈论方法——水资源节约集约利用与水污染治理

水资源的稀缺性使得公共河流的水资源分配问题存在着各种冲突与矛盾，而水环境污染也存在跨区域河流污染治理的现实困境。博弈论可以用来分析公共河流流经的各用水主体之间在竞争与合作并存情况下的水资源分配问题及水污染治理问题。例如，使用动态博弈的方法来确定联盟之间通过竞争产生的均衡水资源分配量，然后在各联盟之内通过纳什（Nash）协商的方式来分配联盟的均衡水资源分配量，比较各种方案下用水主体产生的总效用，进而得到公共河流用水主体之间竞争与合作并存时的最优水资源分配方案和各用水主体之间形成联盟的具体形式。自 20 世纪 70 年代开始，国内外广泛开展了基于博弈论的流域内不同博弈方之间的水资源冲突研究。目前，博弈论在水资源冲突研究方面的运用主要体现在不同用水户之间水资源分配、成本或效益分配冲突、地下水管理、跨流域用水户之间水资源配置、水质管理以及其他类型水资源管理 5 个方面（王立平等，2015）。

2）控制论方法——流域生态保护与水沙联合调控

控制论是研究各类系统的调节和控制规律的科学。从自然科学的角度来看，人类在认识和利用自然环境的同时，合理地或最优地规划人类的活动，以达到对自然环境合理的和最优的调控，使自然环境和人类沿着"合理"和"协调"的发展方向演变。许多重大建设工程如水利工程、河道工程、治沙、水土保持、营造防护林等都属于控制论的研究范畴。在黄河流域，黄河中游水土保持、流域水沙联合调控均是利用自然规律和人为措施保持系统平衡或稳定，属于典型的控制论问题。

水土流失的过程可分解为产流、汇流和排洪三个阶段，现阶段水土保持的防治措施主要针对产流和汇流两个阶段进行控制和治理，对排洪阶段的控制和治理较为欠缺，对三者之间的级联效应考虑不足，因而水土保持工程措施的潜力得不到完全发挥。在水土保持问题上利用控制论方法进行研究，一方面应着重强调对排洪阶段的泥沙进行控制和治理，另一方面应致力于揭示产流、汇流、排洪三个阶段的工程措施对蓄水拦沙的非线性叠加效应。

流域水沙联合调控涉及多库群操控、多节点反馈，其中水库本身即可视为对水沙过程具有调节功能的伺服系统，可根据上下游河道关键断面节点的反馈信息，对入库水沙过程进行放大/缩小、频率变换与关系调控等处理，实现水沙资源的最优化配置。如何确定流域水沙联合调控最优化目标函数、构建全河水库群自适应的伺服反馈机制，是实现流域水沙调控智能控制需突破的关键科技挑战。

3）协同学方法——下游河道滩槽治理与黄河口综合治理

协同学是关于开放、非平衡系统的理论。无论是下游河道还是黄河口，均可视作一个开放的、远离平衡态的复杂系统，系统的可持续运行是治理保护的最终目标，而水沙资源优化配置是实现综合治理的根本手段。

根据河流系统的组成和结构关系，可以知道系统内部存在着协同关系，主要包括两个层次：①各子系统内部的协同。组成河流系统的各子系统——行洪输沙、生态环境、社会经济等内部各要素之间需保持协同发展，子系统内部的协同是河流系统整体协同的基础。②河流系统整体的协同。系统整体协同是宏观层面的协同，是在构成系统的各子系统内部协同的基础上，实现河流行洪输沙功能、良好生态环境和社会经济可持续发展之间的整体协同，即其中任何一个子系统功能的正常发挥不影响其他子系统功能的正常发挥，或在一定条件下将对其他子系统的不利影响降至最低。

应用协同学方法，可以有效确定复杂系统多要素中的关键控制因子，揭示系统协同演化的方向与驱动机制，指导水沙资源的优化配置和系统治理保护措施的制定。

4）耗散结构理论——滩槽协同治理与水污染治理

河流系统是行洪输沙、生态环境、社会经济相互耦合的一个复合开放系统，其通过水沙运动直接或间接地与外界进行物质与能量的交换，同时通过系统内部各组成部分之间的自组织协同作用将输入的物质和能量进行转化，并向外界排出物质和能量，从而在一定的时空尺度内，系统的输入和输出达到一种动态平衡，即耗散结构。

除了河流系统的三个子系统存在耗散结构，河道河型转化是在外界条件变化超过一定临界值时发生的突变，这种突变相当于热力学中的非平衡相变。在黄河流域，下游河道河势不稳定，滩槽关系复杂，可以运用耗散结构理论分析研究，系统能量耗散时熵变与河床反应情况如表6-1所示。同时，黄河水环境污染问题也可以运用耗散结构理论。对于一个原始河流系统，此时其处于一个定态，河流系统在与外界不断地进行物质、信息和能量交换的过程中，大量污染物排入水体，系统内出现正熵流，导致河流系统向无序状态演变；为维持河流系统良性循环，人们采用先进的科学技术和管理方法、治理污废水、增强水体自净能力等工程和非工程措施，通过增加系统负熵流，促使系统向有序状态演化，即系统形成新的耗散结构，或从低级的耗散结构向高级的耗散结构方向演化，这一过程被称为河流系统水质演化过程。

表6-1　系统能量耗散时熵变与河床反应情况

熵项	能量转换与耗散	熵变	河床反应
热交换效应	吸收太阳能、地热能等	熵产生	导致沙纹、沙坡、沙垄的形成或改变，影响河床表面平整
	通过蒸发释放能量	引入负熵	
质量交换效应	冲刷河床，耗散能量	熵产生	河床变粗糙，引入负熵河床变平整，熵产生
	泥沙淤积，减少能量消耗	熵减少	
不可逆效应	螺旋流耗散能量	熵产生	凹岸冲刷，凸岸淤积，河床形态变歪曲，引入负熵
	湍流运动（势能转换为动能）	熵产生	

6.2　黄河流域生态保护和高质量发展战略研究系统方法

黄河是一个复杂的巨系统，治理黄河是一项长期的系统工程。因此，无论黄河流域系统治理保护的整体战略布局、具体实施方案，还是不同河段的治理方略和工程布局，或是单一工程的具体设计、运行管理等，在其全生命周期的各个阶段，都必须以系统论思维为统领，把黄河流域作为一个有机的复合系统统筹考虑。黄河流域的系统治理要以河流行洪输沙基本功能维持、流域生态环境有效保护、区域社会经济高质量发展三维协同为整体治理目标，多维度研究黄河流域综合治理的整体布局及不同治理措施之间的博弈与协同效应。

6.2.1　黄河流域综合治理的总体框架

根据流域系统的概念和内涵，黄河流域系统是一个包含维持河流生命基本功能的行洪输沙子系统、表征流域生态系统良性维持的生态环境子系统和描述社会经济可持续发展的社会经济子系统的复合系统。各子系统内部存在复杂的运行规律和潜在的演化机制，彼此之间也存在复杂的相互作用和制约关系。

行洪输沙子系统与其水文泥沙特性直接相关联，而水文泥沙特征的变化受社会经济子系统和生态环境子系统的发展状况影响显著。如图 6-2 所示，从黄河水沙历史变化过程来看，2000 年是一个分水岭，前后两个阶段的年输沙量明显不同，其与黄河流域国内生产总值（GDP）和归一化植被指数（NDVI）的关系也出现了巨大变化。1980~2000年，黄河流域经济发展水平不高，流域 NDVI 在较低水平波动，造成年输沙量也居高不下，约 8 亿 t；2000 年以后，国家全面启动了退耕还林工程，流域 NDVI 迅速增大了近20%，产生了明显的减沙效果，黄河年输沙量持续减少至 2.5 亿 t。

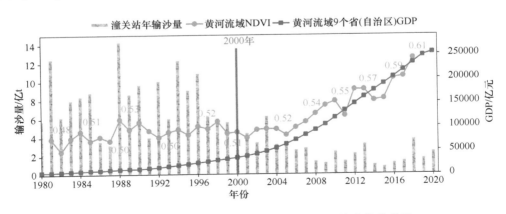

图 6-2　黄河水沙过程变化与社会经济和生态环境变化的关系

在生态环境子系统，上中下游生态问题不同却又相互联系，同时受黄河水沙情势和社会经济发展状况影响严重。如图 6-2 所示，1980 年，随着改革开放的推进，黄河流域的经济快速发展，但此阶段以追求单纯的经济发展为目标，缺乏生态环境保护意识，因此流域 NDVI 维持在较低水平（0.5）；2000 年以后，多年持续增长的流域 GDP，为国家实施退耕还林工程提供了坚实基础，加之习近平生态文明思想逐渐深入人心，流域社会经济发展对生态环境起到正向的促进作用，持续提升流域 NDVI 至 0.61。分析 2000～2020 年黄河流域 GDP 和 NDVI 的相关性，发现二者明显相关，相关系数达到 0.95。

社会经济子系统受黄河水资源严重短缺的刚性约束，黄河 9 个省（自治区）的经济发展水平整体不高，且不均衡性显著，黄河上中游 7 个省（自治区）同东部地区相比存在明显差距。更重要的是，社会经济能否可持续发展与河流是否健康、生态环境是否良性维持紧密相关。20 世纪 90 年代，黄河下游河道频繁断流，有水时流量也较小，无法塑造和维持中水河槽，"小水带大沙"现象造成河槽形态急剧恶化，防洪形势严峻；同时，断流不仅给沿岸工农业生产和生活带来严重危害，还对河流生态尤其是河口地区的生态环境产生重大影响，河流健康状况急剧恶化。

从表现形式来看，行洪输沙子系统的良性运转为社会经济子系统和生态环境子系统提供基础的水沙资源，生态环境子系统的健康是流域行洪输沙–社会经济功能可持续发展的重要保障，而社会经济子系统则是河流行洪输沙和生态环境子系统社会价值的具体体现，同时其也通过人工方式对行洪输沙和生态环境子系统进行干预和修复。在黄河治理保护实践中，不同目标之间往往处于一种动态博弈的状态，如果不能平衡三个子系统的关系，很容易出现各子系统之间的恶性竞争，从而引发一系列难以弹性恢复的问题。因此，黄河流域系统行洪输沙–生态环境–社会经济多过程耦合可持续运行的基本前提是平衡行洪输沙功能、生态环境服务功能和社会经济服务功能的关系，促进三大子系统协同共生。

6.2.2　黄河流域综合治理的目标与系统方法

黄河流域多维功能协同发挥需把握流域治理关键进程，统筹水沙输移平衡、生态系统稳定和社会经济高质量发展等多维功能协同，合理配置流域系统多维要素，实现流域系统整体最优。基于第 4 章新形势下黄河流域系统治理的战略需求和第 5 章系统科学与流域系统科学基本架构，探索提出黄河流域行洪输沙、生态环境和社会经济子系统及整个流域系统的治理目标与方法。

1. 各子系统治理目标与功效函数

1）行洪输沙子系统

行洪输沙子系统的目标是保障河流能够安全的永续存在，发挥其行洪输沙的自然功能，主要包括与河流基本水沙输移功能相关的各组成要素。当前形势下，黄河流域面临着洪水风险依然巨大、水沙不协调的特性尚未根本转变、游荡型河道河势尚未得到有效控制等问题，其治理涉及洪水、泥沙和河道边界等多方面要素的复杂问题。其中，洪水要素包括黄河下游各断面不同时间尺度的径流量、流量，具体有径流量、汛期径流量、年均流量、年最大流量、3 日最大流量、7 日最大流量、年最小流量、汛期平均流量等；泥沙要素包括黄河下游各断面不同时间尺度的输沙量、含沙量，具体有年输沙量、汛期输沙量、年平均含沙量、汛期平均含沙量、来沙系数等；河道边界要素主要包括反应对河势约束程度和过流能力的指标，有河道整治工程密度/长度、平滩流量等。

利用因子分析和主成分分析方法，识别行洪输沙系统关键变量$(X_{\mathrm{W}}=x_{\mathrm{w},1},\cdots,x_{\mathrm{w},i},\cdots,x_{\mathrm{w},ii})^{\mathrm{T}}$，辨识关键变量的波动性、变化趋势，结合突变点检验法划分关键变量的动态阈值区间，凝练主要变量的变化规律。在此基础上，利用熵权法、Critic 法等赋权方法对关键变量进行集成，形成行洪输沙子系统的功效函数：

$$U_{\mathrm{W}} = \sum_{i=1}^{n} \lambda_{\mathrm{w},i} x_{\mathrm{w},i} \tag{6-1}$$

式中，$x_{\mathrm{w},i}$ 为行洪输沙子系统各关键变量指标；$\lambda_{\mathrm{w},i}$ 为对应的指标权重。该功效函数用于表征黄河流域系统的行洪输沙能力，取值越高越好。

2）生态环境子系统

生态环境子系统关系着流域内河流内部和面上生态环境优劣与生态功能的可持续发挥，包括河流自身的生态环境要素和人类活动干预下的流域面上诸多生态环境要素。黄河流域包括各类生物与环境要素，是我国重要的生态屏障。该子系统主要涉及河流内的水环境要素和流域面上的生态要素，其中河流内的水环境要素包括重要断面生态基流保证率、重要水功能区水质达标率、重要支流水质达到或优于Ⅲ类河长比例、水网密度指数、水生生物丰度及多样性；流域面上的生态要素包括植被覆盖指数、水土流失治理面积、湿地面积、生境质量等。

同样地，利用因子分析和主成分分析方法，识别生态环境子系统关键变量 $X_{\mathrm{E}}=(x_{\mathrm{e},1},\cdots,x_{\mathrm{e},i},\cdots,x_{\mathrm{e},n})^{\mathrm{T}}$，并进一步构建该子系统的功效函数：

$$U_{\mathrm{E}} = \sum_{i=1}^{n} \lambda_{\mathrm{e},i} x_{\mathrm{e},i} \tag{6-2}$$

式中，$x_{\mathrm{e},i}$ 为生态环境子系统各关键变量指标；$\lambda_{\mathrm{e},i}$ 为对应的指标权重。该功效函数用于表征黄河流域系统的生态环境可持续性，取值越高越好。

3）社会经济子系统

社会经济子系统关系到河流对流域内和受水区范围内区域社会经济发展的支撑作用，以及社会经济发展对河流水沙资源供给能力的依赖程度，主要包括与系统社会服务功能相关的各组成要素。黄河流域是我国重要的经济地带，在我国经济社会发展、脱贫攻坚等方面也具有十分重要的地位，但受水资源短缺等条件的约束，目前仍面临社会经济发展整体水平不高、空间发展不均衡、产业结构不合理、人民生活贫困等突出问题，故其治理必须以社会和谐稳定、经济发展持续、产业结构合理为目标，涉及人口特征、居民生活质量、经济发展水平 3 个方面。其中，人口特征包括常住人口、人口自然增长率、城镇化率等；居民生活质量包括城乡居民人均可支配收入、人均公园绿地面积、每万人图书馆面积、人均床位数等；经济发展水平包括 GDP 增长率、人均 GDP、一二三产占比以及灌区面积、引水量、吨粮用水量等。

同样地,利用因子分析和主成分分析方法,识别社会经济子系统关键变量 $X_S=(x_{s,1},\cdots,$ $x_{s,i},\cdots,x_{s,n})^T$,并进一步构建该子系统的功效函数:

$$U_S = \sum_{i=1}^{n} \lambda_{s,i} x_{s,i} \qquad (6\text{-}3)$$

式中, $x_{s,i}$ 为社会经济子系统各关键变量指标; $\lambda_{s,i}$ 为对应的指标权重。该功效函数可用于表征黄河流域系统的社会经济发展水平,取值越高越好。

2. 流域系统治理保护目标与稳态控制

1)流域系统治理目标

黄河流域行洪输沙、生态环境、社会经济三大子系统是一个有机的生命共同体,彼此依托、相互依赖、互为约束、共生共荣。对于国家黄河治理政策不同阶段(T)、黄河流域不同区域(R)(包括源区、上游、中游、下游)来说,三个子系统协同发展水平可通过式(6-4)进行测度:

$$\begin{cases} D = \sqrt{C \times K} \\ C = \dfrac{3\sqrt[3]{U_W \times U_E \times U_S}}{U_W + U_E + U_S} \\ K = \eta_W U_W + \eta_E U_E + \eta_S U_S \end{cases} \qquad (6\text{-}4)$$

式中, D 为三个子系统的耦合协调度; C 为三个子系统的耦合度; K 为三个子系统的综合评价指数; η 为各子系统发展水平贡献系数。 D 取值越大越好,可将 D 值大小划分为 10 个等级,用于进一步评估黄河流域系统耦合协调水平(表 6-2)。

表 6-2　黄河流域系统治理耦合协调度等级

D	0.0~0.1000	0.1001~0.2000	0.2001~0.3000	0.3001~0.4000	0.4001~0.5000
等级	极度失衡	严重失衡	中度失衡	轻度失衡	濒临失衡
D	0.5001~0.6000	0.6001~0.7000	0.7001~0.8000	0.8001~0.9000	0.9001~1.0000
等级	勉强协调	初级协调	中级协调	良好协调	优质协调

由此,黄河流域系统治理的总目标(H)可表示为

$$H = \max\{D\} \qquad (6\text{-}5)$$

最佳状态下, H 取值为 1,表示黄河流域行洪输沙、生态环境和社会经济子系统高度协调发展。

需要注意的是,黄河流域系统治理极其复杂。对于不同区域,往往面临不同的配置需求,如生态环境子系统中源区主要是水源涵养、黄土高原主要是水土保持、河口主要是湿地维持等;对于同一个区域还要考虑上游的水沙条件和出口的水沙需求,不同水沙供需条件也面临不同的配置需求,如在极端枯水期应是优先保证黄河流域系统自身的生命健康,在此基础上才能进一步考虑生态环境和社会经济服务功能。因此,黄河流域系统治理目标

是动态调整的，需要基于博弈理论方法量化行洪输沙能力、社会经济发展水平、生态环境可持续性对黄河流域系统整体协调发展的贡献水平，确定不同功能子系统关键调控因子的重要程度及序列模式 $G = g\left[\left(U_{\mathrm{W}}, U_{\mathrm{E}}, U_{\mathrm{S}}\right), \left(\eta_{\mathrm{W}}, \eta_{\mathrm{E}}, \eta_{\mathrm{S}}\right)\right]$。进而，综合协调不同功能子系统、不同因子间的竞争性与协同性（图 6-3），得到各子系统、各关键变量的贡献系数。

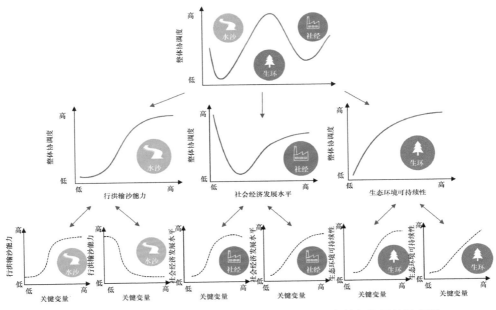

图 6-3　黄河流域不同功能子系统、不同因子间的竞争性与协同性示意图

特殊情况下，流域系统中某个子系统的贡献系数为 0，此时流域系统治理降维到某两个子系统协同的问题，但由于三个子系统的关联性和共生性，仍需将另一个子系统的需求作为其约束条件；极端情况下，流域系统中某两个子系统的贡献系数均为 0，此时流域系统治理降维到某一个子系统问题，同理，需将其他两个子系统的需求作为其约束条件。

总的来说，黄河流域系统治理针对的是整个"流域系统"及其行洪输沙–生态环境–社会经济三大功能子系统，气候、水文气象及河口海洋条件就是其边界条件；如果降空间尺度研究某一个典型区域，针对的就是区域内河流的行洪输沙–生态环境–社会经济三大子系统，其边界条件除了气候、水文气象等因素之外，还要增加区域上游的水沙条件和出口的水沙需求；如果降维研究某一个或两个子系统问题，如水沙资源配置、生态环境配置格局等，其他子系统的需求就成为其约束条件。

2）流域系统演化及其阈值

从协同学角度来说，流域系统演化过程中存在多级稳态及稳态转变（regime shift）现象，如图 6-4 所示。一般来说，当变化超出阈值导致系统结构和功能重组时（即当因果网络中主要变量间功效函数发生大规模突变时），可认为发生了稳态转换。此时，流域系统结构–功能发生重组，系统内关键变量的网络结构关系 $M_T = \sum\limits_{i,j=1}^{i<j} f(X_i) \sim f(X_j)$ 发生大规模变化，即 $M_{T1} \neq M_{T2}$。

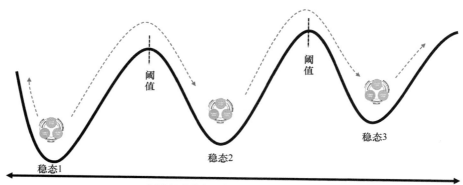

图 6-4　流域系统稳态及稳态转换示意图

借此，可对不同时段、不同子系统的功效函数及其关键变量的突变点进行分析，识别各子系统的主要稳态阶段 $\{T_W = T_{w1}, T_{w2}, \cdots, T_{wt}; T_E = T_{e1}, T_{e2}, \cdots, T_{et}; T_S = T_{s1}, T_{s2}, \cdots, T_{st}\}$，确定各子系统演化过程中的临界阈值。进而，对各子系统的突变点进行整合动态分析，识别耦合系统的主要稳态阶段 $T = T_1, T_2, \cdots, T_t$，确定黄河流域系统多时空尺度稳态转变规律及阈值，如图 6-5 所示。

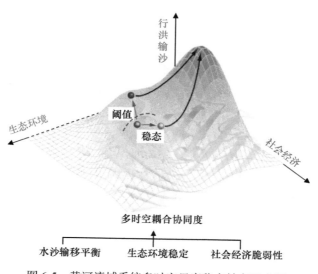

图 6-5　黄河流域系统多时空尺度稳态转变示意图

6.3　黄河水资源节约集约利用配置研究

6.3.1　黄河流域水资源节约集约利用配置研究现状

黄委会作为国务院水行政主管部门水利部授权的派出机构，对黄河流域水资源实行统一管理，制定流域内跨省区水长期供求计划和水量分配方案，开发管理具有控制性的重要水利工程，促进黄河的治理和水资源综合开发、利用与保护（席家治，1996；孙广生等，2001）。

20 世纪 70 年代起，随着黄河流域社会经济的迅猛发展，黄河水资源开发利用逐步突破承载极限，引发了黄河下游断流等一系列生态安全问题。为解决黄河断流的形势、水资源协同配置效率等问题，1987 年国务院颁布了《黄河可供水量分配方案》（以下简称 87 分水方案），该方案显示，黄河流域多年平均天然河川径流量为 580 亿 m³（1919～1975 年），其中的 370 亿 m³ 分配给沿黄 9 个省（自治区）及河北省、天津市耗用，保留河道输沙等生态用水 210 亿 m³，标志着黄河初始水权的建立（王煜等，2019）；1998 年，国务院授权黄委会对全河水量实施统一调度，国家计划委员会、水利部颁布实施《黄河可供水量年度分配及干流水量调度方案》和《黄河水量调度管理办法》的通知，自此 87 分水方案得以真正落实执行，将"国家统一管理"与"地方分级治理"相结合，扭转了黄河多年来频繁断流的局面，有效抑制了用水过快增长，用水效率提升显著，有力支撑了社会经济发展和国家粮食安全（乔西现，2019）。随着黄委会水资源管理制度建设逐步完善，黄河水资源配置效率和管理水平不断提升。

在国民经济和社会发展第十四个五年（2021～2025 年）规划的开局之年，国务院印发了《黄河流域生态保护和高质量发展规划纲要》，指出坚持节水优先，统筹地表水与地下水、天然水与再生水、当地水与外调水、常规水与非常规水，优化水资源配置格局，提升配置效率，实现用水方式由粗放低效向节约集约的根本转变，以节约用水扩大发展空间。同年，国家多个部委联合发布《关于印发黄河流域水资源节约集约利用实施方案的通知》，为黄河水资源节约集约利用的科学配置指明了方向。

流域水资源节约集约利用配置是在综合考虑水资源演变过程的基础上，以有效性、公平性和可持续性为基本原则，结合工程和非工程措施对特定流域定量的、不同形式的水资源实行再分配的综合体系。从调节供用水矛盾角度来看，流域水资源节约集约利用配置通过政府级行政管理行为实行自上而下的全河水资源统一管理制度；从用水供需角度来看，流域水资源节约集约利用配置需要协调不同时间与空间尺度下河流行洪输沙、生态环境和社会经济各子系统供水部门和需水主体之间的矛盾，以促进流域生态保护和高质量发展；从水资源利用角度来看，流域水资源节约集约利用配置针对天然水资源短缺、开发利用不充分等问题，通过工程和非工程的协同增效措施，调整不同类型水资源的天然供水格局，提高区域供水能力和用水效率，进而达到水资源节约集约利用的目的。

多年来，不同学者围绕黄河流域水资源配置，在流域水资源均衡配置理论、流域水资源优化配置方法、流域水资源配置的协同增效措施等方面取得了重要进展。

1. 流域水资源均衡配置理论

流域系统包括水沙、生态、经济多过程，彼此间存在着复杂的耦联关系（江恩慧等，2020b）。因此，揭示水沙–生态–经济多过程耦合机制，是实现流域系统多维功能协同发挥的基础。随着黄河流域生态保护和高质量发展重大国家战略的深入实施，黄河流域社会经济从"高速发展"进入"高质量发展"阶段，需从过去对水资源的过度开发和粗放式利用转向产业结构优化调整下的节约集约利用，对流域水资源配置提出更高要求。从流域系统整体出发，阐明不同时空尺度下河流–流域系统水沙资源利用–生态环境演化–社会经济发展之间的协同演化关系，揭示水沙–生态–经济多过程耦合机制，已成为当前水资源节约集约利用研究的热点与焦点（Zhang et al.，2021；王浩等，2020，2021；吴泽宁等，2005；王建华等，2020）。国内外学者基于人地耦合系统、水–经济系统、水文–生态系统、社会–生态系统、水–能源–粮食系统、人水关系等不同视角，开展了流域系统时空演变规律及演化机制研究（Wang et al.，2015；傅伯杰等，2021）。在黄河流域，Cai 和 Rosegrant（2004）构建了取水需求和生态用水需求的水利发展战略情景分析模型，将包括黄河流域在内的全球水和粮食分析模型作为建模单元之一，为生产用水和生态用水之间的权衡提供了解决方案；张洪波等（2006）引入博弈论、多目标优化、大系统理论、水权理论和系统动力学理论，研究丰余水量的市场配置问题，寻求协调流域不同区域经济、社会及生态环境建设的黄河水资源最佳配置模式；Wohlfart 等（2016）针对黄河流域的人地关系，概述了气候、水资源、生态、社会、经济等多种因素影响下不同的水资源政策和管理手段，以确保流域的长期可持续发展；岳瑜素等（2020）应用系统动力学模型优化了黄河下游滩区自然–经济–社会协同的可持续发展模式；Jiang 等（2021）建立系统动力学模型，从社会、经济、资源、生态、文化五个方面预测了在未来政策情景下黄河流域高质量发展水平；黄昌硕等（2021）建立了基于"经济社会–水资源–生态环境"的系统动力学模型，为动态预测区域水资源承载力的变化趋势和制定优化调控方案提供了参考依据；Yin 等（2021）从人–自然耦合系统的角度对黄河流域综合产水量进行分析，量化了生态恢复、农业灌溉用水和社会经济活动之间的相关性；Feng 等（2022）针对黄河流域协调发展能力提升的问题，解析了水资源利用、工业发展和生态福利之间的耦合与协调关系。

2. 流域水资源优化配置方法

在水资源分配过程中，各用户之间利益、目标不同，涉及经济效益、生态环境效益等，存在各种竞争和冲突，因此水资源配置是一种非线性、多目标、多阶段的复杂决策问题（Kucukmehmetoglu and Guldmann，2010），运用最优化理论和决策方法获得多目标优化策略是解决水资源配置冲突的有效手段（Reed et al.，2013）。

应用系统科学和管理学等现代理论方法对水资源进行优化配置和综合管理始于20 世纪 50 年代。随着计算机技术和水文水资源等学科的不断发展，配置空间从最初较单一的用水调配（如水库调度、灌区用水计划等）发展到流域、区域以及跨流域水资源调配；配置目标从单一的经济目标发展到综合考虑河流防洪防凌减淤、社会经济效益和生态环境保护等目标。随着生态环境越来越被重视，许多学者在进行水资源配置时将生态合理性和用水公平性考虑在内（康绍忠，2014），或将水资源的社会价值、经济价值和生态价值通过权重赋值的方法转化为单一综合目标（李原园等，2018），或直接将公平性与效率性作为目标函数或约束条件置于多目标优化问题中，根据决策偏好选择配置方案（王浩和刘家宏，2016）；配置水源从单一的地表水拓展到地表水、地下水、非常规水等多水源联合调配（Qadir et al.，2007；Han et al.，2013；Li et al.，2022；张权等，2022）；调配对象从水量调控逐步发展为水量–水质联合配置乃至水能资源、水土资源或水沙资源的多维联合配置等（牛存稳等，2007；夏星辉等，2007；彭少明等，2016；Wang et al.，2019；秦天玲等，2022；Chen et al.，2023），特别是应用于黄河等多沙河流，水沙情势演变影响巨大，水沙资源一体化配置已然成为当前研究的新兴热点（江恩慧等，2019b）。然而，这种多目标优化配置方法一般多关注整体效益，为了考虑各利益主体的诉求，部分学者尝试重新建立流域管理基础理论框架，将流域分解为自主的、独立决策的用水主体和管理主体，开发分布式优化算法解决流域非线性优化的维数灾难问题，基于主体建模思想构建水资源系统分析整体模型方法，并在经济学、生态学、土地资源利用、水资源配置等领域得到应用（Li et al.，2019）。

3. 流域水资源配置的协同增效措施

国内外学者为解决水资源短缺的问题，积极寻求水资源配置的协同增效措施，通过研究"开源"与"节流"并举的工程和非工程措施，拓宽水资源配置的研究思路，从而提高水资源的开发利用效率，为流域水资源配置的实施创造条件。按照配置思路主线的不同划分，目前取得的研究进展主要包括：①面向蓄水/引水/跨流域、跨区域调水工程（如南水北调、引黄入晋等工程）（孙广生等，2001），研究制定合理可行的调配方案，以调节流域间、区域间水量不均衡情况。Yang 等（2012）考虑了黄河干流主要水库的蓄泄规则，建立了社会、经济和生态环境多种目标下水资源配置的改进方案；王浩等（2015）从解决未来黄河泥沙、生态问题，保障国家能源安全、城市化战略格局、粮食安全等各个角度论证了南水北调西线工程建设对改善黄河流域水资源配置格局的必要性。②面向以节水灌溉、工业节水、生活节水为一体的重点领域节水工程，考虑国家节水激励措施和社会资本参与等因素，研究节水控制条件下的水资源配置效率问题（席家治，1996；Xu et al.，2010；Wang et al.，2017）。Wang 等（2005）探讨了改善水资源管理者行为的激励机制对引黄灌区农业水资源的影响，研究表明配水量的减少并没有导致生产或收入的减少，也没有增加贫困的发生率；Pereira 等（2007）使用模拟模型 SRFR（表面粗糙度流动程序）和 SIRMOD（地面灌溉建模软件）为地表灌溉系统的配水提供替代性改进方案，与实际需求相比，可节省33%的水，并减少土壤盐渍化；Shao 等（2009）提出了一套适用于黄河流域的用水弹性缺水量指标体系，在每个社会部门的不同用水弹性限制缺水量中，农业用水约为 90%，家庭用水约为 85%，其他工业用水约为 50%，为黄河流域未来水资源配置提供了一种简单而有效的方法；Zhang 等（2021）采用模糊多目标规划模型，建立了黄河流域河套灌区农业水资源优化配置模型，并提供了干旱条件与节水约束下的灌区水量分配方案。③面向非常规水源利用工程，目前黄河多地供水区推动将再生水、雨水、矿井水等非常规水源利用工程纳入地方供水规划、城市新区规划、新建项目水资源利用等规划中，向周边城镇居民和工业企业供水，减少新鲜水取用量、污水产生量和处理量，从而推进水资源节约集约利用。Pereira 等（2009）综述了非常规水源配置在黄河等缺水流域应用的重要性；Li 等（2022）建立了黄河流域区间数字–层次规划模型（INHPM），将非常规水资源纳入水资源配置体系，同时考虑不同层次决策者的利益和水资源配置体系中的不确定性。④面向水权制度与水市场建设，利用水资源的市场价值和经济杠杆作用，研究区域水权交易和水权转让节水量问题，以促进水资源节约集约利用（汪恕诚，2001；裴源生等，2003）。李海红和赵建世（2005）在评估黄河流域 87 分水方案的基础上，建立了一套新的初始水权分配方案；贾绍凤和梁媛（2020）提出完善水权转让与补偿制度、探索用水指标与土地指标调控联动机制下的水资源战略配置方案；Pang 等（2013）考虑到河流流量的季节性变化，提出了将水从农业用途释放到生态系统所需经济补偿标准的评估方法。

6.3.2　黄河流域水资源节约集约利用配置研究存在的问题

当前，黄河流域水资源节约集约利用配置尚未形成全流域行洪输沙–生态环境–社会经济发展协调的配置格局和管理体系。未来迫切需要以流域系统科学理论与方法为引领，以整体性、系统性、协调性为基本准则，加强流域上、中、下游的配合调度，加强流域内各省（自治区）的协同发展，形成流域生态保护整体意识，根据资源情况及产业布局，对黄河流域各省（自治区）实行针对性研究，推进系统协调统一治理，提升黄河流域整体高质量发展（Chen Y et al.，2020；Si et al.，2019；江恩慧等，2020b），具体表现为以下三个方面。

1. 研究理念上，统筹行洪输沙–生态环境–社会经济发展的流域水资源节约集约利用配置尚缺乏整体性

流域水资源节约集约利用配置的整体性主要体现在三个方面：一是国家管理与地方分级治理的协同，二是资源分配与市场调节相结合，三是以配置技术与监管手段为支撑，从而建立健全集行政管理、经济杠杆、工程体系、技术手段、法律约束、监督机制等多种方式、方法为一体的水资源整体配置体系。目前，面临的主要问题有：在行政管理上，国家流域级水量分配方案（87 分水方案）有待优化调整，地方分级治理的水资源分配细化方案尚未全面落实或颁布执行，流域内跨省区水长期供求计划和流域取水许可工作有待进一步完善；在经济杠杆方式上，水资源的经济投资政策、生态环境补偿政策、奖惩制度以及“水银行”资源储备制度等亟须突破创新；在法律约束与监督机制上，应贯彻执行并进一步完善包括《中华人民共和国黄河保护法》在内的黄河流域水资源管理法规，协调用水矛盾和水事纠纷，使水资源配置管理有章可循、有法可依；在工程体系上，开源（引调水工程）节流（重点领域节水）工程体系有待完善，流域内部、区域间以及跨流域等多种在建或待建的重要控制性水源工程（如南水北调西线工程、古贤水库等）的水资源配置研究成果亟待进一步丰富；在技术手段上，流域水资源配置智能化平台、引黄灌区及工业园区节水自动化测算系统等多学科技术亟待升级改造，以支撑黄河水资源分配计划制定和水量调度决策。

2. 配置目标上，统筹行洪输沙–生态环境–社会经济发展的流域水资源节约集约利用配置尚缺乏协调性

黄河流域生态保护和高质量发展战略的实施，是一项系统性、综合性的工程，黄河流域的水资源配置涉及产业、经济、社会、生态等多方面。其配置目标的协调性在于以优先满足城乡居民的生活用水和保证河道行洪输沙安全的水量配置为前提，兼顾水资源配置公平与利用效率，注重全流域行洪输沙–生态环境–社会经济协调发展，最大化发挥水资源综合利用效益。目前，大多数统筹公平与效率的流域水资源配置理论和技术的研究主要将生态环境作为边界约束，而对不同生态类型、生态修复对象和生态保护的配置目标考虑不足，并且不同区域的水资源配置尚未置于黄河全流域系统进行统一的协调优化。水资源配置过程中，应当充分考虑黄河流域脆弱的生态环境情况，强化重要生态节点的保护修复，提升生态化配水能力和水平；应当充分考虑到各省（自治区）的发展实际，因地制宜，优化流域水资源空间和时间配置，建立流域省（自治区）间的生态补偿机制，协调好黄河流域各部门间的用水矛盾，加强流域内各区域的相互协同，促进黄河流域用水公平和效率。

3. 配置格局上，统筹行洪输沙–生态环境–社会经济发展的流域水资源节约集约利用配置尚缺乏系统性

以行洪输沙、生态环境和社会经济三大子系统组成的流域系统是一个开放的、动态的、多层次的复杂巨系统，各子系统间通过物质、信息、能量的交换以及不同层次间的相互影响与制约，使流域系统处于不断发展变化中，形成了一个由上而下、由点到面的多层次多功能空间网络体系。当前，流域水资源节约集约利用配置格局大多以地区、区域或局部流域的单个子系统或水资源–经济、水资源–生态等二维子系统为主，而对统筹全流域三大子系统的配置研究尚缺乏系统性，迫切需要从各子系统内部演化过程与机理、各子系统间配置目标与协同演化机制、流域系统协调发展策略与战略布局三个层面，建立起统筹全流域行洪输沙–生态环境–社会经济发展的水资源节约集约利用配置格局。

6.3.3 黄河流域水资源节约集约利用配置的系统方法

1. 黄河流域水资源节约集约利用配置的科学内涵与实现路径

黄河流域系统是由河流行洪输沙、生态环境和社会经济三大子系统组成的流域复杂巨系统（江恩慧等，2020b）。在空间上，从河源到河口流经青海、四川、甘肃、宁夏、内蒙古、陕西、山西、河南、山东 9 个省（自治区）。上游的青海和内蒙古，是我国主要的畜牧业基地；上游宁夏和内蒙古的河套平原、中游陕西和山西的汾渭盆地、下游河南和山东的黄淮海平原，属于我国农业战略格局"七区二十三带"的农产品主产区。黄河上中游地区的甘肃陇东、宁夏宁东、内蒙古西部、陕西陕北、山西离柳及晋南是我国的能源基地；黄河流域相关省（自治区）第三产业发展迅速，特别是交通运输、旅游、服务业等发展速度较快，成为推动第三产业快速发展的重要组成部分。

　　黄河流域水资源节约集约利用配置的科学内涵是，以水资源为纽带，统筹全流域行洪输沙–生态环境–社会经济三大子系统功能效益最大化发挥；针对从极端干旱到天然水量丰沛的不同应用情景，需依次满足保障人类生活–维持河流生命–推动幸福黄河建设的配置优先序原则；在刚性约束和行洪输沙–生态环境–社会经济各子系统的约束条件下，确保流域水资源配置综合效益最大化，最终实现黄河流域水资源节约集约利用（图 6-6）。

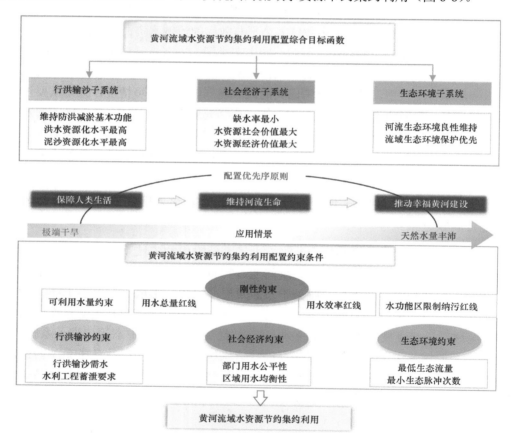

图 6-6　黄河流域水资源节约集约利用配置总体思路图

1）科学内涵

　　黄河流域水资源节约集约利用配置的目标是水资源综合效益最大化，记为 H_w。其中，社会经济和生态环境子系统各功能独立效益如式（6-6）和式（6-7）所示：

$$EM = \left(EM_{EL}, EM_{SC}, EM_{EN}\right)^{T} \tag{6-6}$$

式中，下标 EL、SC、EN 分别为经济服务功能、社会服务功能和生态环境服务功能。

水资源节约集约利用配置的约束条件 L，可表示为

$$L = \left(L_{B}, L_{C}, L_{R}, L_{S}\right)^{T} \tag{6-7}$$

式中，下标 B、C、R、S 分别为水资源节约集约利用配置的边界条件、一般约束条件、生态环境保护红线与底线、社会经济和生态环境子系统各功能之间的协同竞争关系。

子系统间的耦合协调程度为 D。由此，基于黄河流域水资源节约集约利用综合效益最佳的测度，构造如式（6-8）所示的非线性多目标优化配置目标函数：

$$H_{w} = f\left(EM, D, L\right) \tag{6-8}$$

在黄河流域天然来水量不充足的情况下，行洪输沙–生态环境–社会经济各子系统间的用水矛盾更为尖锐，各子系统内部不同用水部门在空间和时间上的水量配置过程也存在显著的协同竞争关系。因此，统筹行洪输沙–生态环境–社会经济的流域水资源节约集约利用配置的优先序至关重要，参照 2022 年 10 月 30 日颁布的《中华人民共和国黄河保护法》的相关规定，制定并遵循以下三个原则。

（1）保障人类生活原则。即在遭遇极端连续特枯水年份的罕见水文气候情势下，黄河流域水资源利用应当坚持节水优先、统筹兼顾、集约使用、精打细算，优先满足城乡居民生活用水。

（2）维持河流生命原则。即在遭遇枯水年份等极端水文气候情势下，在能够优先满足城乡居民生活用水的基础上，保证黄河流域行洪输沙子系统的最高优先级，保障维持黄河"活着"所需的基本生态用水。

（3）推动幸福黄河建设原则。即在来水量正常年份，应当充分考虑黄河流域水资源条件、生态环境状况、区域用水状况、节水水平、洪水资源化利用等，统筹当地水和外调水、常规水和非常规水，科学确定水资源可利用总量和河道输沙入海水量，分配区域地表水取用水总量，从而最大化发挥行洪输沙–生态环境–社会经济各子系统的功能，实现流域水资源综合效益最优。

2）实现路径

黄河流域水资源节约集约利用配置要从区域社会经济发展、生态系统良性维持及行洪输沙的可持续运行等多个维度考虑。统筹社会经济子系统与生态环境子系统之间的协同竞争关系，建立工程措施与非工程措施相结合的水资源节约集约利用措施体系，按照节水优先、统筹兼顾、集约使用、精打细算的理念，构建并优化流域水资源节约集约利用空间优化配置格局，提出水资源节约集约利用配置的整体实施方案，以优化人、城、地、产、节水措施的时空分布和配置格局，与行洪输沙子系统、生态环境子系统的发展实现良性协同。黄河流域水资源节约集约利用资源要素配置，包括水资源配置、人口发展规模配置、城市发展规模配置、产业结构和布局配置、土地资源配置、节水措施空间优化配置，具体通过合理分配流域空间可利用水量，优化水资源节约集约利用措施体系布局，调整区域土地利用方式、产业发展的结构和布局，控制城市和人口发展规模，保

证流域面不同区域社会经济系统的高质量发展。

综上分析，构建黄河流域水资源节约集约利用配置模型十分必要，是达到上述目标的主要抓手。黄河流域水资源节约集约利用配置模型以社会经济综合效益最佳为总体目标，考虑边界条件、约束条件，采用非线性多目标优化配置模型，确定不同水沙条件和社会经济发展情形下黄河流域社会经济子系统各项功能的水资源优化配置结果。其主要包括两个模块：①目标函数模块，水资源节约集约利用的综合效益最佳，目标可进一步细分为经济服务、社会服务、生态环境服务 3 个类别，包括工业、农业、生活、河道外生态环境保护等底层指标。②约束条件模块，综合考虑黄河流域社会经济子系统水资源供给边界条件、水资源节约集约利用刚性约束条件、行洪输沙和生态环境保护修复最低保障底线约束条件、社会经济子系统各功能的协同竞争关系，确定模型的约束条件。在实际运用过程中，可以在黄河流域水资源节约集约利用配置模型的总体框架下，根据不同区域自然禀赋的差异性和社会经济发展目标，对目标函数的内容和约束条件的范围进行适应性调整，以满足区域性的配置需求。

2. 黄河流域水资源节约集约利用配置模型

以上述黄河流域水资源节约集约利用配置综合效益最佳的测度函数［式（6-8）］为统领，依据黄河流域水资源节约集约利用配置模型架构，构建目标函数和约束条件。

1）各服务功能目标函数

A. 经济服务功能

水资源经济价值反映水作为一种生产要素在工、农业以及建筑业与服务业等各项经济活动中的贡献份额，可由水资源参与工、农业生产以及建筑业与服务业当中的贡献率乘以与之对应的能值产出计算得到。水资源经济服务功能目标为

$$\max f_1(X) = \sum_{k=1}^{SL} \sum_{i=1}^{3} \sum_{j=1}^{3} \frac{E_{ECO,i,k}}{E_{ECI,i,k}} \cdot \tau_{EC,i,j} \cdot x_{ij}^k \qquad (6\text{-}9)$$

式中，研究区域共有 SL 个子区，某特定子区用 k 表示；i =1，2，3 分别代表工业、农业及第三产业；j=1，2，3 分别代表地表水、地下水、其他水源；x_{ij}^k 为水源 j 分配给第 k 个子区用水部门 i 的水量之和；$\tau_{EC,i,j}$ 为第 j 种水源在第 i 种行业中的能值转化率，sej/m^3；$E_{ECI,i,k}$ 为第 k 个子区第 i 种行业的投入总能值，sej；$E_{ECO,i,k}$ 为第 k 个子区第 i 种行业的产出总能值，sej。

B. 社会服务功能

水资源社会服务功能目标为

$$\max f_2(X) = \sum_{k=1}^{SL} \sum_{j=1}^{3} \frac{E_{SOO,k}}{E_{SOI,k}} \cdot \tau_{SO,j} \cdot x_{4j}^k \qquad (6\text{-}10)$$

式中，x_{4j}^k 为第 k 个子区第 j 种水源生活用水量，m^3；$\tau_{SO,j}$ 为生活用水中第 j 种水源的能值转化率，sej/m^3；$E_{SOI,k}$ 为第 k 个子区的生活用水投入总能值，sej；$E_{SOO,k}$ 为第 k 个

子区的生活产出总能值，sej。

C. 生态环境服务功能

水资源生态环境服务功能目标为

$$\max f_3(X) = \sum_{k=1}^{SL} \sum_{j=1}^{3} [x_{5j}^k \cdot \tau_{EE,j} + \Delta P_{E,k} \cdot \tau_{PE} + \Delta C_{e,k} \cdot \tau_{CE} - W_{SE,k}(\tau_A - \tau_B)] \quad （6-11）$$

式中，x_{5j}^k 为第 k 个子区第 j 种水源河道外生态环境用水量，m^3；$\tau_{EE,j}$ 为河道外生态环境用水中第 j 种水源的能值转化率，sej/m^3；$\Delta P_{E,k}$ 为第 k 个子区河道水体势能变化量，J；τ_{PE} 为河道水体势能的能值转化率，sej/J；$\Delta C_{e,k}$ 为第 k 个子区河道水体化学能变化量，J；τ_{CE} 为河道水体化学能的能值转化率，sej/J；$W_{SE,k}$ 为污水排放量，m^3；τ_A 为污染前水体的能值转化率，sej/m^3；τ_B 为污染后水体的能值转化率，sej/m^3。

2）系统整体耦合协调程度函数

黄河流域水资源节约集约利用配置还需衡量各功能子系统间的耦合协调关系，在帕累托（Pareto）前沿集中选取耦合协调度最高的调控方案。耦合协调度 D 的计算公式如式（6-4）所示，耦合协调度等级划分如表 6-2 所示。

3）约束条件

A. 用水总量约束

满足水资源开发利用总量控制红线约束，区域各部门用水量之和不得超过区域用水总量控制目标：

$$\sum_{k=1}^{SL} \sum_{j=1}^{PWY+WY(k)} \sum_{i=1}^{WS(k)} x_{ij}^k \leqslant TW \quad （6-12）$$

式中，研究区内共有 PWY 个共用水源，第 k 子区共有 WY(k)(k=1,2,…,SL) 个专用水源，水源用 j 表示；x_{ij}^k 为水源 j 分配给第 k 个子区用水部门 i 的水量之和；TW 为该区域的用水总量控制目标；区域第 k 个子区共有 WS(k)(k=1,2,…,SL) 个用水部门，用水部门用 i 表示。

B. 可利用水资源量约束

可利用水资源量包括共用水源和专用水源，其中共用水源供给相关子区各用水部门的总水量之和不得超过其可供分配的水资源量，即

$$\sum_{k=1}^{SL} \sum_{i=1}^{WS(k)} x_{ij}^k \leqslant GYW_j \qquad j \in PWY \quad （6-13）$$

式中，PWY 为共用水源集合；GYW_j 为共用水源 j 的可利用水资源量。专用水源供给子区内相关用水部门的总水量之和不得超过其可供分配的水资源量。

a. 地表水源

$$\sum_{i=1}^{WS(k)} x_{ij}^k \leqslant WS_j^k \qquad j \in SWY(k), k=1,2,\cdots,SL \quad （6-14）$$

b. 地下水源

$$\sum_{i=1}^{\mathrm{WS}(k)} x_{ij}^k \leqslant \mathrm{WG}_j^k + \Delta W_j^k \qquad j \in \mathrm{GWY}(k), k = 1, 2, \cdots, \mathrm{SL} \qquad (6\text{-}15)$$

式中，WS_j^k、WG_j^k 分别为第 k 个子区专用地表水源和地下水源 j 可供分配的水量，可参考区域水资源评价成果；$\mathrm{SWY}(k)$、$\mathrm{GWY}(k)$ 为第 k 个子区专用地表水源和地下水源集合；ΔW_j^k 为第 k 个子区水源 j 地下水允许超采量。

C. 河道内生态需水量约束

在充分利用水资源的过程中，不但要保证水资源公平、高效地利用，而且必须在河道内预留足够的水资源。河道生态环境的最小需水量阈值必须得到满足，否则河道内的生物多样性、水体自净等功能都将遭到不同程度的破坏。

在周期 T 内，设时刻 t 流经省（自治区）r 河段的生态环境需水量为 $E_r(t)$，$Q_{\mathrm{Section}}^r(t)$ 表示时刻 t 省（自治区）r 所在河段的总水量，则各省（自治区）河道内总水量以及生态环境需水量之间满足式（6-16）的关系：

$$\int_0^T Q_{\mathrm{Section}}^r(t)\mathrm{d}t \geqslant \int_0^T E_r(t)\mathrm{d}t \qquad (6\text{-}16)$$

D. 行洪输沙需水量约束

河水在流动过程中会挟带大量泥沙，适当的水流量可以疏通河道，防止泥沙淤积，保证河道的基本功能。设时刻 t 省（自治区）r 的河段输沙需水量为 $S_r(t)$，河道内预留水量应当不少于输沙需水量阈值。因此，各水资源参数满足式（6-17）的约束条件：

$$\int_0^T Q_{\mathrm{Section}}^r(t)\mathrm{d}t \geqslant \int_0^T S_r(t)\mathrm{d}t \qquad (6\text{-}17)$$

需要强调的是，在黄河流域水资源节约集约利用配置模型中，虽然博弈的最终目标是整个流域水资源综合效益最大化，但该最大化建立的前提是不影响河道的基本功能，即满足河道各项基本功能需求条件下，最大限度地实现流域社会经济水资源的优化配置。

E. 用水效率控制红线约束（约束条件）

满足用水效率控制红线约束，工业、农业、生活以及国民经济需水定额均应小于考核用水效率控制指标。

$$D_{\mathrm{i}} \leqslant D_{\mathrm{id}}, D_{\mathrm{a}} \leqslant D_{\mathrm{ad}}, D_{\mathrm{e}} \leqslant D_{\mathrm{ed}} \qquad (6\text{-}18)$$

式中，D_{i}、D_{a}、D_{e} 分别为工业、农业、国民经济的需水定额；D_{id}、D_{ad}、D_{ed} 分别为按照用水效率控制红线设计的工业、农业、国民经济的用水效率控制指标。

F. 部门用水公平性约束

各省（自治区）的所有用水部门主要包括工业、农业、生活以及生态，为使流域内各省（自治区）经济、社会和生态环境均衡发展，流域水行政管理机构必须保证水资源配置博弈结果不小于任意省（自治区）s 所有用水部门的基本需水阈值，并不大于最大需水量阈值，从而得到如式（6-19）所示的约束条件：

$$D_{j,\min}^k \leqslant \sum_{s=1}^{I(k)} x_{sj}^k + \sum_{c=1}^M x_{cj}^k \leqslant D_{j,\max}^k \qquad (6\text{-}19)$$

式中，$D_{j,\min}^{k}$、$D_{j,\max}^{k}$ 为第 k 个子区用水部门 i 的基本需水量、最大需水量。

G. 区域用水均衡性约束

将流域每一个分区内不同用水部门满意度的均值定义为主体满意度，代表一个区域主体对于供水情况的整体满意程度，反映区域用水公平性：

$$A_k = \frac{1}{n}\sum_{i=1}^{n} S(P_{i,k}) \qquad\qquad (6\text{-}20)$$

式中，A_k 为第 k 个子区的主体满意度；n 为流域内用水行业数量；$P_{i,k}$ 为第 k 个子区第 i 种行业的缺水率。根据区域特点具体设定供水情况的整体满意程度约束。

上述模型构建后，需要通过微观子系统内演化规律基础研究、中观子系统间协同博弈研究和宏观战略规划解析研究三方面协同推进，科学确定模型中目标函数、各边界条件、约束条件的定量关系及其关键参数的合理阈值。在微观子系统内演化规律基础研究层面，通过自然-社会水循环过程、变化规律和演变机理等基础研究工作，探讨黄河流域水资源可利用总量；基于河流动力学、生态水文学研究水沙输移规律、生态保护和修复目标，确定行洪输沙子系统、生态环境子系统需水量；基于社会学、水文学、经济学及学科之间的交叉，研究土地、人口、城市、产业等社会经济子系统变量的数量和结构的变化特征以及对水资源需求的层次化特征。在中观子系统间协同博弈研究方面，基于系统科学、协同学、控制论等研究子系统间、子系统各变量间的关系网络及协同与博弈过程，以水资源为纽带揭示行洪输沙子系统、生态环境子系统对社会经济子系统的约束关系，以及社会经济子系统中土地、人口、城市、产业等变量间的竞争和共生关系，从而提出主要边界条件和约束条件的定量关系。在宏观战略规划解析研究层面，结合黄河流域现状和未来规划需求，明确社会经济变量的底线、红线和近中远期目标值，确保模型变量及约束条件具有公平性、代表性、动态性、协同性。在此基础上，利用该模型进行未来情景模拟与预测，提出适宜性的黄河流域水资源节约集约利用优化配置格局，以实现黄河流域社会经济系统高质量发展总体目标。

6.4　黄河流域生态环境保护治理与良性维持研究

6.4.1　黄河流域生态环境保护治理科学研究现状

生态环境是指影响人类生存与发展的水资源、土地资源、生物资源以及气候资源数量与质量的总称，是关系到社会和经济持续发展的复合生态系统（王孟本，2003）（图 6-7）。黄河流域横跨我国东中西部，地势跨越三级阶梯，连接了著名的青藏高原、内蒙古高原、黄土高原、华北平原，是连通我国北方地区的重要生态廊道，也是我国重要的农牧业生产基地和能源基地。受其所处区域的地势、地貌、气候、经纬度、海陆关系等自然环境的影响，从黄河源区到黄河河口，黄河流域形成了集冰川冻土、高山草甸、森林、草原、农田、湿地等生态系统类型于一体的复杂流域生态系统，拥有三江源、祁连山、若尔盖、宁蒙灌区、黄土高原、下游滩地、黄河三角洲等多个重要生态功能区，是我国北方地区的重要生态屏障，在保障国家生态安全上具有重要的战略地位。

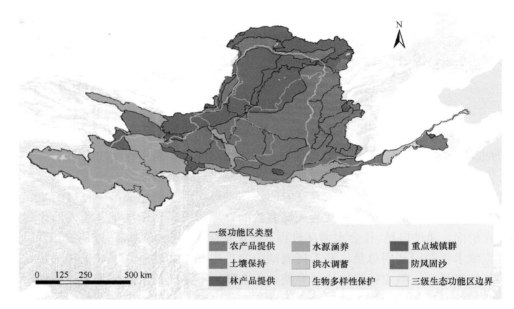

一级功能区类型
农产品提供　　水源涵养　　重点城镇群
土壤保持　　洪水调蓄　　防风固沙
林产品提供　　生物多样性保护　　三级生态功能区边界

0　125　250　　500 km

图 6-7　黄河流域战略位置和生态功能空间分布

黄河在经历了几千年中华文明的演变历程后，流域内的资源环境承载状况已经处于高负载状态，生态环境本底弱，而且随着流域社会经济的快速发展，生态环境承受了巨大压力，甚至一度遭受极大的破坏，使得黄河流域成为我国生态脆弱区分布最广、脆弱生态类型最多、生态脆弱性表现最明显的流域之一（金凤君，2019）。当前，诸多研究者围绕流域生态环境保护和良性维持，在流域整体层面的共性问题和区域层面的个性问题的相关方面，分别以生态系统功能恢复和水资源优化配置、泥沙资源合理利用、水生态环境提升等为调控目标，开展了一系列黄土高原水土保持、河湖及河口地区生态系统恢复与良性维持的野外观测、基础理论探索、修复技术创新等工作。

1. 面向黄土高原地区水土保持的生态治理研究

黄河流域水土流失面积为 46.5 万 km^2，占流域总面积的 58.49%，其中黄土高原是水土流失最为严重、生态环境最脆弱的地区。黄河上中游地区的水土流失是黄河流域最为重大的生态问题，关系到黄河下游河道来水来沙量和流域面上生态环境稳定性，防治中上游水土流失一直是黄河流域生态保护与修复的重点工作。

新中国成立以来，黄河流域水土流失治理能力不断提升。在治理理念上，紧跟不同发展时期的现实需求，从早期朴素地减少入黄泥沙，立足人民群众温饱问题，到 20 世纪末注重区域经济与环境的协调发展，再到 21 世纪强调生产–生活–生态的"三生一体"，流域生态环境的修复与综合治理的理念更加科学、系统、全面。在治理保护措施配置上，国家层面先后在黄土高原开展 "三北"防护林、天然林保护工程、退耕还林还草工程，梯田、淤地坝建设也全面开展，水土保持治理模式从早期的单项治理为主，逐渐形成以小流域为单元的综合治理模式，生态建设与经济发展统筹兼顾，形成了较为完整的黄土高原生态环境建设技术体系。近年来，水土保持措施配置和工程布设又逐渐向资源合理利用、开发与治理并重转变，工程措施布设的技术体系日趋科学完善。经过 70 年的不断治理，黄河流域生态环境明显改善，林草植被覆盖率显著提升，水土流失面积已由 1990 年的 45 万 km² 减至 2020 年的 23.42 万 km²，荒漠化状况被有效遏制，如陕西榆林地区沙化土地治理率已达 93.24%，历史上著名的毛乌素沙地也即将消失；潼关站入黄泥沙量较 20 世纪 60 年代以前减少了 85%，黄河中游水土保持措施减沙贡献率达 40% 以上（胡春宏等，2020），累计保土量超过 190 亿 t，实现粮食增产 1.60 亿 t，累计实现经济效益 1.2 亿万元（李文学，2016），水土保持效果显著。

与此同时，有关流域水土流失规律、土壤侵蚀原理、梯田淤地坝拦沙效应和水土保持措施减水减沙效益的理论研究也相继开展，界定了水土流失最为严重的多沙粗砂区和粗泥沙集中来源区，并针对性地开展了多沙粗砂区土壤侵蚀机理、水沙运移规律等理论研究，取得丰富的理论成果。随着科学研究手段的进步和社会发展需求的提升，黄河流域未来水沙演变趋势预测和水土流失精准治理日益受到关注，也推动了黄土高原水循环过程和土壤侵蚀过程模拟研究的进步。

2. 面向生态系统修复和保护的生态治理研究

黄河流域最大的陆地生态系统主要集中在黄河上中游地区，其中上游源区的森林、草原生态系统发挥着重要的水源涵养功能，上中游灌区的农业生态系统发挥着农产品供应和生态屏障的双重作用，黄河中游的黄土高原复合生态系统主要承担着蓄水保土、减轻入黄泥沙量的生态功能。受全球气候变化和人类活动的影响，黄河流域陆地生态系统的完整性和稳定性遭到破坏，生态系统服务功能下降，生态系统修复和保护工作受到广泛关注。

1）上游源区脆弱生态系统治理和恢复研究

上游源区是三江源的重要组成部分，发挥着重要的水源涵养功能，高寒高原区独特的自然气候环境，使得黄河源区的生态系统（图 6-8）十分脆弱，源区的生态保护十分重要。源区的生态问题研究起步较晚，1998 年黄河源头出现断流，源区生态问题开始引发全社会关注（李万寿和吴国祥，2000）。由于气候干暖化及其引起的多年冻土退化，河源区永久性冰川大量融化，与 20 世纪 80 年代相比面积减少 52%；源区以高寒沼泽草甸、高寒草甸和高山草原化草甸为代表的主要生态体系均呈现明显退化，与 70 年代相比，高覆盖度草地面积减少 5.2%；源的水源涵养能力下降，若尔盖泥炭湿地补给黄河的水量正以约 0.5 亿 m³/a 的速度减少（周冰玉等，2022），从 1956 年至今，黄河源区径流总量一直呈减少趋势，如果不采取有效措施，未来仍有下降的可能（王道席等，2020）。

在气候变化和人类活动的双重作用下，源区草地、湿地、冻土、冰川等陆面生态系统面临不同程度的退化（游宇驰等，2018；蒋宗立等，2018；孙华方等，2020），使区域水循环过程和生态水文过程受到严重影响，这也是源区生态系统水源涵养能力下降的主要原因。为保护和恢复源区的生态系统功能，2003 年国务院批准将三江源自然保护区晋升为三江源国家级自然保护区，黄河源区先后开展了围栏封育、轮封轮牧等一系列生态工程，遏制生态系统的继续退化；2005 年，我国正式公布实施《青海三江源自然保护区生态保

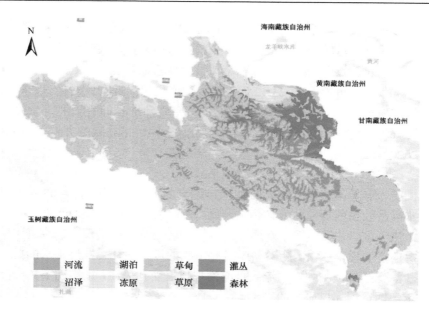

图 6-8 黄河源区生态系统分布图

护和建设总体规划》，投资 75 亿大力开展包括黄河源区在内的"三江源自然保护区生态保护和建设工程"，草地生态系统退化得到基本控制（徐新良等，2017），与此同时开展了大规模的生态移民工程，大大减少了人类活动对源区脆弱生态环境的干扰，为源区生态系统的恢复提供了休养生息的机会；2016 年，我国首个国家公园体制试点在三江源地区启动，2021 年包含黄河源区的三江源国家公园正式建立，黄河源区开始了生态环境整体系统修复的实践探索。

生态系统退化是黄河源区生态环境恶化、水源涵养能力下降的直接影响因素。为有效开展源区生态环境治理，国内外学者围绕黄河源区生态景观演变（王根绪等，2007；段水强等，2015；杜际增等，2015）、水文过程（王道席等，2020；李开明等，2013）、气候和人类活动等主要影响因素变化过程（郭忠胜等，2009；蓝云龙等，2022），气候变化对生态系统及其水文效应的影响，不同生态系统退化机理及其对源区生态水文过程的影响机制等方面（杜际增等，2015；王振兴，2020；杨磊，2020）开展了一系列研究工作，为深入了解黄河源区生态系统退化演变过程，揭示水源涵养演变机理，提升水源涵养能力提供了重要理论依据。黄河源区水源涵养演变呈现多过程、多因素耦合驱动的特征，各水源涵养主体的结构和功能在环境变化下相互影响且不断变化，从多尺度、多过程、多要素揭示黄河源区气候–水文–生态之间的互馈作用机制（莫兴国等，2022），是未来黄河源区水源涵养功能研究的重要发展方向。

2）引黄灌区农田生态系统生态安全保障研究

引黄灌区农田生态系统是黄河流域最大的"人工–自然–社会"复合生态系统，主要分布在银川平原、巴彦淖尔平原、土默川平原、汾渭平原和黄河下游的黄淮海平原等地区。引黄灌区农田生态系统对水资源和土地资源具有极高的依赖性，水资源利用不合理和土壤盐碱化是危害灌区水土资源安全，影响生态系统健康的最主要原因。人工建立的灌排水系统对生态系统的水量输入和输出起着决定性作用，并主导引黄灌区农田生态系统的水循环过程。农业生产活动中输入的化肥、农药等化学物质，经由生态系统水循环过程，对区域生态环境产生影响。过去以工程水利为主导的灌区建设过度重视灌排工程的输配水效率和灌排能力，而忽视了灌排工程对区域生态环境的影响、水资源利用效率低下、过量使用化肥农药等严重破坏灌区生态环境的现象，造成了生态系统水资源短缺、土壤次生盐碱化、地下水位持续下降及大面积地下水漏斗出现等问题，以及土地生产力下降，也直接危害着灌域内的水生态安全和下游地区的湿地生态系统的安全。

新中国成立以来，为了合理利用水资源，减少农田生态系统对水资源的损耗，人们对引黄灌区进行了大规模的改造和扩建。首先健全了灌溉水系统，20 世纪 50 年代就进行了内蒙古河套灌区的灌水渠系合并、平地缩块等工作；60 年代前期兴建了三盛公拦河闸，开挖了总干渠，开创了一首制引水的新纪元；随后健全了灌区排水系统，20 世纪 60 年代后期至 80 年代初期开始疏通扩建总排干沟，建成总排干红圪卜扬水站，打通入黄河泄水沟，并开挖了各级沟道；80 年代末至 90 年代中期开展了以排水为中心的灌排配套建设，从此有了较完整的灌区排水系统；1998 年开始至今，持续开展了以节水为中心的续建配套与节水改造工程建设。有效灌排体系减少了水分输送过程中的水分蒸发和入渗损失，节约了水资源；排水系统的畅通，也有效起到排盐治碱、改善土地次生盐碱化的作用，有效地遏制了灌区盐碱地面积的增长，但盐碱化的问题并没有得到根本改善，耕作方式的改变为改善盐碱化提供了有效办法。2000 年以来，巴彦淖尔市结合当地实际，针对不同类型、不同程度的盐碱化耕地集成了三种盐碱地改良技术模式。轻度盐碱地采用"五位一体"技术模式；中度盐碱地采用上膜下秸阻盐综改技术模式；重度盐碱地采用暗管排盐配合"五位一体"模式，进一步减轻了灌区的盐碱化问题。

在缺水条件下，如何实现灌区水资源的优化配置，维护农田生态系统的稳定，使其发挥最大效益，是灌区生态治理最迫切需要解决的科学问题。国内外学者先后从灌区水资源循环转化规律、灌区水资源优化配置模型与方法、灌区水文生态效应等方面开展相关研究工作，取得了丰富的研究成果。人们对水循环过程的认识从"四水"转化向"五水"转化转变，从单一水文过程向水文与社会复杂系统过程转变；水土资源配置研究也经历了从线性至非线性、单目标至多目标、确定性至随机性、解析模型至数值模型、低微至高微、单个系统至复杂大系统的转变过程。水资源配置模式对灌区生态过程影响颇深，与国外研究相比，国内水土资源配置主要以供水量和经济效益最大为目标，但国外更加关注水资源优化配置过程中的生态环境问题，注重水质约束、水资源环境效益以及水资源可持续利用研究。黄河灌区在水资源生态调控系统建设方面还存在许多不足之处。

3）中游黄土高原复合生态系统健康的可持续性研究

中游黄土高原是黄河流域生态系统最脆弱的地区，分布着黄河流域最密集的支流水系和水土流失最为严重的多沙粗砂区，也是黄河流域贫困人口分布最广泛的地区之一。与此同时，受不同历史时期气候变化和人类活动的长期影响，黄土高原地区的原生植被持续遭到破坏，导致区域生态系统长期处于结构功能单一、生物多样性差、生态系统服务功能低下的状态。中游黄土高原生态系统是黄河流域分布范围最大的复合生态系统，维持生态系统的健康稳定，对于提升植被的水源涵养、水土保持等生态系统服务功能，改善区域生态环境，维护黄河长治久安具有十分重要的意义。

植树造林是黄土高原生态系统恢复的重要手段。新中国成立以来，国家开展了大规模的国土绿化工程，黄土高原是生态建设中的重中之重。1978 年，《国务院批转国家林业总局关于在三北风沙危害和水土流失重点地区建设大型防护林的规划》印发，在东北西部、蒙新地区、黄土高原和华北北部地区开展"三北"防护林建设，着力建设了以水土保持林为主、农林牧协调发展的生态经济型防护林体系；1998 年，全国天然林资源保护工程启动，全面停止了黄河上中游地区天然林的商品性采伐，并在宜林荒山荒地开展造林绿化；1999 年，国家全面启动了退耕还林还草工程，明确规定"山区 25 度以上的坡耕地要有计划有步骤地退耕还林还牧，以发挥地利优势"。在国家各项大规模生态工程的建设下，黄土高原植被覆盖度快速上升，截至 2020 年，黄土高原植被覆盖度为 65%，其中黄土高原东南部子午岭、黄龙山林区等区域的植被覆盖度已达到 90%以上，黄土高原生态环境得到明显改善，生态系统服务功能显著提升。

黄土高原植被覆盖度的剧烈增加，显著改变了区域的生态水文过程，也引发了新的问题。土壤水分是植被生长的直接水分来源，黄土高原地处半湿润半干旱过渡带，降水条件是黄土高原植被恢复的主要限制因子，在区域植被持续增绿的过程中，植被蒸腾导致土壤水分不断消耗，植被恢复的可持续性面临威胁（Feng et al.，2016）。目前，现有的黄土高原植被恢复措施缺乏系统性、整体性和区域针对性，一些地区植被恢复措施与当地的降水条件不匹配，大规模植树造林，过度追求人工林草的高经济效益，导致出现了土壤干化和植物群落生长衰退的现象（马柱国等，2020；邵明安等，2016）。同时，黄土高原现有林草覆盖率已达 63%，其耗水接近该地区水分承载力阈值，不合理的人工林建设对区域水文循环和社会用水需求造成不利影响（李开明等，2013），黄土高原生态系统的稳定性和可持续性面临新的挑战（图 6-9）。目前，缺乏对大规模植被恢复驱动下生态系统结构、功能变化机理的深入研究，难以为未来生态建设格局优化提供支撑。

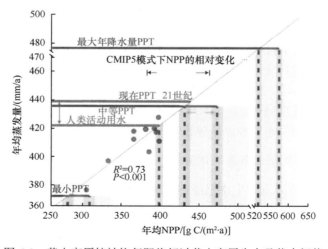

图 6-9　黄土高原植被恢复即将超过黄土高原生态承载力阈值

6.4.2　黄河流域生态环境保护治理研究存在的问题

影响和制约黄河流域生态保护和高质量发展的因素或环节较多，许多因素或环节盘根错节、互为因果。从前期的研究可以看出，当前的流域生态治理工作尚以解决区域主要问题为主，缺乏流域整体性、系统性的考虑，容易造成顾此失彼，且可能引发新的生态破坏。因此，当前迫切需要以流域系统科学理论与方法为引领，从以下几个方面思考未来黄河流域生态保护系统治理的研究方向。

1. 治理目标上，需从单一问题导向的针对性治理，向面向生态系统服务功能多目标统筹治理的理念转变

黄河流域幅员广阔，在气候变化和人类活动背景下，不同空间单元的生态脆弱程度和类型迥异，面临的问题各有不同。源区水源涵养、上游地区水污染治理、中游水土保持、下游生物多样性保护等，是黄河流域面临的几大主要生态问题。生态系统的服务功能涵盖水源涵养、水土保持、生物多样性、固碳等多个方面，过去黄河流域的生态治理多以减少入黄泥沙问题为导向，流域的生态保护修复多以湿地、森林或草原等单要素、单一类型的生态系统的特定生态服务功能修复为主，难免存在"头疼医头，脚痛医脚"的不合理现象，缺乏突出流域生态系统整体性的流域生态环境系统治理顶层设计，未来亟须在考虑流域空间协调性和流域系统整体性的基础上，制定面向流域生态系统服务功能的多目标协同的统筹治理方案，提升流域生态环境的综合治理水平。

2. 治理维度上，需从关注生态环境自身安全，向流域系统行洪输沙–生态环境–社会经济多功能协同的多维视角转变

近几十年的全球气候变化和人类活动加剧，流域水循环呈现出明显的"自然–社会"二元属性，加之流域水沙调控的独特需求，黄河流域生态环境治理涉及的因素更加复杂。水循环过程为维系流域生态系统的良性运转提供重要物质和能量基础，是流域产流产沙的核心动力，同时也是流域和区域社会经济发展的重要依托，并宏观影响黄河流域干支流河道的行洪输沙过程。生态环境子系统作为流域水循环的前端，与其他子系统的可持续运行具有十分紧密的联系；生态环境子系统在影响其他子系统水资源输入的同时，其自身用水也受到其他子系统对水资源需求的约束。过去几十年，黄河流域生态系统治理以流域面上的水土流失治理为主，缺乏与其他子系统之间协调运行联动性的系统考虑，无法满足黄河流域生态保护和高质量发展重大国家战略全面推进的新形势下，黄河流域生态环境系统治理的需要，未来还需从行洪输沙–生态环境–社会经济等人地耦合的多维功能协同治理的视角出发，明晰流域生态环境系统治理的约束条件。

3. 治理模式上，需要从分区域治理模式，向流域上–中–下游协同的系统治理模式转变

以流域宏观水循环和水沙运动过程为主导，黄河源区高寒高原区生态系统、上游引黄灌区农田生态系统、中游黄土高原复合生态系统、下游滩湖湿地三角洲生态系统之间形成了一个宏大的物质能量逐级传递和互为反馈的有机统一体，气候变化和人类活动的变化改变了各子系统内部的平衡状态和系统间的协同演变机制，任何一个单一生态功能区的水安全问题和生态安全问题都有可能引发全流域生态系统的链式反应，影响流域宏观生态系统的稳定性。因此，全面保障流域水安全与生态安全，需要以水沙资源优化配置为主要约束条件，统筹上中下游流域、区域多重主体的协同联动关系，从黄河流域系统整体视角出发，研究流域生态环境子系统的良性维持机制，针对多种情景制定生态系统配置格局优化调控方案，从而实现流域系统生态环境保护整体性和系统性的可持续运转。

6.4.3　黄河流域生态环境保护治理与良性维持的系统方法

1. 黄河流域生态环境保护治理的科学内涵与实现途径

黄河流域生态环境子系统是一个复杂的生态系统。在空间上，从河源到河口形成了"一廊五区"生态系统空间格局（图6-10）。"一廊"是指黄河干流河道，是水沙、物质、能量和信息输送与交换的通道；"五区"是指黄河源区、引黄灌区、黄土高原地区、下游滩区以及黄河三角洲地区。其中，上中游地区以河道外陆面自然生态系统为主，下游以受人类干预较大的河道内水域生态系统为主，黄河流域生态环境保护的重中之重是中上游广大的陆面生态系统。

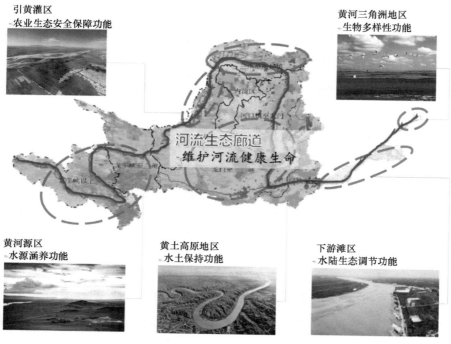

图6-10　黄河流域"一廊五区"生态系统空间格局

黄河流域生态环境保护治理与良性维持的内涵是，统筹黄河流域系统生态环境子系统的良性维持与河流行洪输沙子系统、流域面上社会经济子系统的可持续运行。其中，生态环境子系统是黄河流域生态环境保护治理的主体,其系统结构复杂,是所有陆面动植物及其赖以生存的土壤、水分等面上生态环境要素和所有水生动植物、微生物及其赖以生存的水量、水质等水环境生态要素的总体,上游涉及冰川冻土、高山草甸、湖泊湿地等,中游涉及森林、草地、梯田、淤地坝等,下游涉及滩区、河口三角洲等;社会经济子系统是在生态环境子系统支持下的人工子系统,涉及城镇居民区和工农业生产生活区;行洪输沙子系统是生态环境子系统和社会经济子系统的物质输入终端,涉及主要干支流河道及其附属水库大坝等行洪输沙水利基础设施等。

黄河流域生态环境保护治理的主要目标是,通过生态环境各要素的被动适应和主动调控等方式,实现流域生态环境子系统综合效益最大化。生态环境保护治理的效益体现在生态系统的四大生态服务功能,即水源涵养功能、水土保持功能、生物多样性保护功能和固碳功能。生态环境子系统的综合治理需要与行洪输沙子系统、社会经济子系统之间协调统一,主要体现在不同流域子系统在水资源利用之间的竞争和约束。黄河流域生态环境保护治理系统要素分布如图 6-11 所示。

图 6-11　黄河流域生态环境保护治理系统要素分布示意图

黄河流域生态环境保护治理需要通过系统理论方法,在黄河流域系统科学框架体系下,明确流域系统生态环境保护治理的总体目标及其约束条件,根据流域生态系统的自然背景条件和人类社会发展需求,将宏观的生态环境系统进行目标分解,合理确定中观层面系统的功能目标、约束因子,通过微观层面生态环境要素的调控和合理配置,构建符合黄河流域生态系统治理的系统方法,维持流域内生态环境子系统的完整性和良性发展。

1）科学内涵

首先，定义黄河流域生态环境子系统各服务功能的集合为 E，其表达式为

$$E = (E_w, E_s, E_d, E_c)^T \qquad (6-21)$$

式中，下标 w、s、d、c 分别为流域生态环境子系统的水源涵养功能、水土保持功能、生物多样性保护功能、固碳功能。

定义黄河流域生态环境保护治理的刚性约束条件为 L，可表示为

$$L = (L_B, L_C, L_O, L_Y)^T \qquad (6-22)$$

式中，B、C、O、Y 分别代表边界条件、一般约束条件、生态环境保护红线与底线、与其他子系统之间的协同竞争关系。

定义子系统间的耦合协同程度为 D。由此，基于黄河流域生态环境保护治理效益最佳的目标，就可以构造如式（6-23）所示的多目标优化模型目标函数：

$$\max H_E = \max f(E, D, L) \qquad (6-23)$$

上述优化模型的基本内涵可以表述为，黄河流域生态环境保护治理和良性维持的目标是在一定时空背景下，流域生态环境子系统在各项边界条件和政策红线等的约束，以及社会经济子系统、行洪输沙子系统可持续运行对水沙资源需求的限制条件下，遵循与其他子系统之间高度协调的前提，其自身各项服务功能效益达到最优。

2）实现路径

黄河流域生态环境保护治理要从国家生态发展战略、区域社会经济发展、生态系统良性维持等多个层次考虑。统筹生态环境子系统与其他子系统之间的协同博弈关系，建立生物措施、工程措施相结合的生态保护修复措施体系，按照山水林田湖草沙系统治理的理念，构建并优化流域生态系统保护空间优化配置格局，提出生态环境保护与修复的整体实施方案，以优化植被、土壤、径流、泥沙、碳等重要的生态环境系统关键要素的时空分布和配置格局，与行洪输沙子系统、社会经济子系统的发展实现良性协同。黄河流域生态环境保护资源要素配置，包括水资源配置、土地资源配置、植被和工程措施空间优化配置，具体通过合理分配流域空间可利用水量，调整区域土地利用方式，以退耕还林还草等植被建设工程、梯田和淤地坝等水土保持工程优化水土保持措施体系布局，保证流域面不同生态功能区生态环境子系统的完整性和良性维持。

因此，构建黄河流域生态环境保护综合治理优化配置模型十分必要，是达到上述目标的主要抓手。该模型主要包括两大模块：①生态系统服务功能效益评价模块，采用非线性多目标优化模型，确定不同生态保护空间格局情景下黄河流域各项生态系统服务功能的优化配置结果；②生态保护空间格局优化配置约束条件模块，综合考虑水资源供给边界条件、生态环境需水量约束、生态系统水资源承载力约束、生态环境保护红线与底线以及与其他子系统之间的协同和竞争关系等，确定模型的约束条件。在实际运用过程中，还可以在黄河流域生态环境保护综合治理优化配置模型的总体框架下，根据不同区域的生态治理目标及其自然禀赋的差异性，对目标函数的内容和约束条件的范围进行适应性调整，以满足区域性的配置需求。

2. 黄河流域生态环境保护综合治理系统方法及优化配置模型

黄河流域生态环境保护综合治理系统方法及优化配置模型，以上述黄河流域生态环境保护综合治理效益最佳的测度函数为统领，由以下 4 个服务功能指标构成。

1）各服务功能目标函数

A. 水源涵养目标函数（E_w）

生态环境子系统水源涵养目标包括蓄水效益 $f_{11}(E_w)$、干旱胁迫风险 $f_{12}(E_w)$ 和洪水调节能力 $f_{13}(E_w)$ 三个分目标，即

$$\max E_w = [\max f_{11}(E_w), \min f_{12}(E_w), \max f_{13}(E_w)]$$

$$\begin{cases} \max f_{11}(E_w) = \sum_{i=1, j=1}^{n,m} A_{ij}(P_{ij} - R_{ij} - ET_{ij}) \\ \min f_{12}(E_w) = -\sum_{i=1, j=1}^{n,m} \delta_{ij} \dfrac{W_{ij} - W_{ij}'}{W_{ij}} \\ \max f_{13}(E_w) = -\sum_{i=1, j=1}^{n,m} \tau_{ij} \dfrac{Q_{ij} - Q_{ij}'}{Q_{ij}'} \end{cases} \quad （6\text{-}24）$$

式中，$\max f_{11}(E_w)$ 为生态环境子系统的蓄水效益最大，采用水量平衡法计算；A_{ij} 为第 i 个空间单元第 j 类生态系统类型的面积；P_{ij}、R_{ij}、ET_{ij} 分别为第 i 个空间单元第 j 类生态系统类型的产流降水量、地表径流量、蒸散发量；$\min f_{12}(E_w)$ 为干旱胁迫风险评价最小，在干旱季节或枯水年份，干旱缺水越严重，干旱胁迫风险越高。良好的生态系统具有一定的水源涵养功能，可抵抗一定的干旱胁迫风险。干旱胁迫风险定义为平均缺水量与平均需水量之比；W_{ij}、W_{ij}' 分别为第 i 个空间单元第 j 类生态系统类型的生态需水量、水资源存储量；δ_{ij} 为干旱胁迫风险修正系数；$\max f_{13}(E_w)$ 为洪水调节能力评价最大，定义为洪峰流量与平水流量的差值和平水流量之比值，比值越小，洪水调节能力越强；Q_{ij} 与 Q_{ij}' 分别为第 p 个子流域第 q 时段的流域出口断面洪峰流量与平均平水流量；τ_{ij} 为洪水调节能力修正系数。

B. 水土保持目标函数（E_s）

生态环境子系统水土保持目标包括土壤保持量 $f_{21}(E_s)$、土壤退化指数 $f_{22}(E_s)$ 和水土保持率 $f_{23}(E_s)$ 三个分目标，即

$$\max E_s = [\max f_{21}(E_s), \min f_{22}(E_s), \max f_{23}(E_s)]$$

$$\begin{cases} \max f_{21}(E_s) = \sum_{i=1, j=1}^{n,m} A_j(sp_{ij} - sa_{ij}) \\ \min f_{22}(E_s) = \sum_{i=1}^{m} (x_i - x_{i0})/x_{i0} \times 100\%/n \\ \max f_{23}(E_s) = \sum_{i=1, j=1}^{n,m} \dfrac{A_{s\,ij}'}{A_{s\,ij}} \end{cases} \quad （6\text{-}25）$$

式中，$\max f_{21}(E_s)$ 为土壤保持量最大；sp_{ij} 为单位面积第 j 类生态系统类型第 i 时段初的潜在土壤侵蚀量；sa_{ij} 为单位面积第 j 类生态系统类型第 i 时段末的实际土壤侵蚀量；A_j 为第 j 类生态系统类型的面积；$\min f_{22}(E_s)$ 为土壤退化指数最小；x_{i0} 为基准土壤属性值；x_i 为其他各退化土壤类型土壤属性值；n 为选择的土壤属性数量；$\max f_{23}(E_s)$ 为水土保持率最大；$A_{s\,ij}'$ 为第 j 类生态系统类型第 i 时段轻度以下土壤侵蚀强度的现状国土面积；$A_{s\,ij}$ 为第 j 类生态系统类型第 i 时段国土总面积。

C. 生物多样性保护目标函数（E_d）

生态环境子系统生物多样性保护目标包括生境质量指数 $f_{31}(E_d)$、生态环境脆弱性指数 $f_{32}(E_d)$ 和生态环境健康指数 $f_{33}(E_d)$ 三个分目标，即

$$\max E_d = [\max f_{31}(E_d), \min f_{32}(E_d), \max f_{33}(E_d)]$$

$$\begin{cases} \max f_{31}(E_d) = \sum_{i=1}^{m} \sum_{j=1}^{n} \left| 1 - \dfrac{D_{ij}^Z}{D_{ij}^Z + k^z} \right| H_i \\[3mm] \min f_{32}(E_d) = -\sum_{i=1}^{m} \dfrac{A_i}{A_\tau} \sum_{j=1}^{n} \alpha_j F_{ij}' \\[3mm] \max f_{33}(E_d) = \sum_{i=1}^{m} \sum_{j=1}^{n} V_{ij} \cdot O_{ij} \cdot R_{ij} \end{cases} \quad （6\text{-}26）$$

式中，$\max f_{31}(E_d)$ 为生境质量指数最大；D_{ij}^Z 为第 i 种景观类型第 j 个栅格单元的生境质量指数；H_i 为第 i 种景观类型的生境适宜性分值，取值范围为[0, 1]；z 为尺度常数，一般取 2.5；k 为半饱和常数，由用户根据使用数据的分辨率自定义；$\min f_{32}(E_d)$ 为生态环境脆弱性指数最小；F_{ij}' 为第 i 种景观类型第 j 个评价指标的归一化值；α_j 为第 j 个评价指标的权重；A_i 为区域中第 i 种景观类型的面积；A_τ 为区域总面积；$\max f_{33}(E_d)$ 为生态环境健康指数最大；V_{ij}、O_{ij}、R_{ij} 分别为第 i 时段第 j 类生态环境系统类型的活力指数、组织力指数、恢复力指数。

D. 固碳目标函数（E_c）

生态环境子系统固碳目标包括碳储量 $f_{41}(E_c)$、碳排放量 $f_{42}(E_c)$ 和固碳潜力 $f_{43}(E_c)$ 三个分目标，即

$$\max E_c = \left[\max f_{41}(E_c), \min f_{42}(E_c), \max f_{43}(E_c) \right]$$

$$\begin{cases} \max f_{41}(E_c) = \sum_{i=1,j=1}^{n,m} G_{ij}\left(ca_{ij} + cb_{ij} + cs_{ij} + cd_{ij} \right) \\[3mm] \min f_{42}(E_c) = -\sum_{i=1}^{n} \varsigma_i c_i \\[3mm] \max f_{43}(E_c) = \sum_{i=1}^{n} \sum_{j=1}^{m} B_{ij} \cdot \Delta c_{ij} \cdot \alpha_{ij} \end{cases} \quad （6\text{-}27）$$

式中，$\max f_{41}(E_{\mathrm{c}})$ 为生态环境子系统碳储量最大；G_{ij} 为第 i 时段第 j 类生态环境系统类型的面积；ca_{ij}、cb_{ij}、cs_{ij}、cd_{ij} 分别为第 i 时段第 j 类生态环境系统类型地上碳存储量、地下碳存储量、土壤碳储量、枯落物碳储量；$\min f_{42}(E_{\mathrm{c}})$ 为生态环境系统碳排放量最小；c_j、ς_j 分别为第 j 类生态环境系统类型/碳排放用户的碳排放量、碳排放系数；$\max f_{43}(E_{\mathrm{c}})$ 为植被固碳潜力最大；B_{ij}、Δc_{ij}、α_{ij} 分别为第 i 时段第 k 类植被类型的规划面积、植被碳积累速率、修正因子。

2）系统整体耦合协调程度函数

黄河流域生态环境保护综合治理在评测各服务功能效益状况后，还需衡量生态环境系统中各功能子系统的耦合协调程度。耦合协调度 D 的计算公式如式（6-4）所示，耦合协调度等级划分如表 6-2 所示。

3）生态保护空间格局优化配置约束条件

黄河流域生态环境保护综合治理系统方法或者说生态环境子系统良性维持的优化配置模型构建的约束条件，包括边界条件、一般约束条件、生态环境保护红线与底线、与子系统间水沙协同竞争约束。

A. 边界条件

水沙资源供给条件。水沙资源供给条件在此缩减为水资源供给条件，主要是指通过天然降水、冰川融水、水库调节库容，经过蒸发之后的水资源剩余量，也是配置模型的边界条件，其函数表达式如式（6-28）所示：

$$\sum_{i=1}^{m} W_i = \mathrm{Wa}_i + \mathrm{Wb}_i + \mathrm{Wc}_i - \mathrm{Wd}_i \geqslant \mathrm{SW} \tag{6-28}$$

式中，W_i 为第 i 时段流域生态系统总的供水量；Wa_i 为第 i 时段的降水量；Wb_i 为第 i 时段的冰川融水量；Wc_i 为第 i 时段的水库调节库容；Wd_i 为第 i 时段的蒸发量，其总和要大于等于整个黄河流域地区生态系统年总耗水、工农业生产生活年总耗水和河流行洪输沙年总入海水量之和，即 SW。

B. 一般约束条件

a. 需水单元供需关系约束条件

统筹考虑流域系统各需水单元的需水关系，有

$$\begin{cases} \sum_{i=1, j=1}^{m, n} W_{ij} = W_i \\ \mathrm{DW}_{i\min} \leqslant W_i \leqslant \mathrm{DW}_{i\max} \\ \mathrm{DW}_{i\min} \leqslant \sum_{i=1}^{m} W_i = \mathrm{DW}_i \leqslant \mathrm{DW}_{i\max} \end{cases} \tag{6-29}$$

式中，W_i 为第 i 个需水单元的供水量；DW_i 为第 i 个需水单元的常规需水量；$\mathrm{DW}_{i\min}$ 为第 i 个需水单元的刚性需水量；$\mathrm{DW}_{i\max}$ 为第 i 个需水单元的最大需水量。

b. 生态环境用水约束条件

生态环境用水约束主要包括河道内和河道外两类,其中河道内的约束条件包括三个方面。

(1) 河道生态基流约束:

$$WS_{down} \geqslant WEBF \qquad (6\text{-}30)$$

(2) 最小河道输沙需水约束:

$$WS_{down} \geqslant \min WST \qquad (6\text{-}31)$$

(3) 断面形态维持流量约束:

$$WS_{down} \geqslant \min WF_{estuary} \qquad (6\text{-}32)$$

河道内生态环境用水约束最终取上述三种约束的外包线作为河道内综合生态环境用水约束。与其他约束不同,河道内生态环境用水约束仅应用于全局优化用水中。

河道外生态环境用水(WW$_{eco}$)约束,包括水土保持用水(WW$_{wsc}$)及绿洲、湿地和其他生态用水(WW$_{o\&m}$)约束:

$$WW_{eco} \geqslant \min WW_{wsc} + \min WW_{o\&m} \qquad (6\text{-}33)$$

(4) 最低保障约束条件(公平性原则)

就最低保障约束条件而言,其概念意味着流域面的产水量不可少于具有最低限制意义的数值,其函数表达式如式(6-34):

$$\sum_{i=1,j=1}^{m,n} d_i W_{ij} \geqslant k \cdot WC \qquad (6\text{-}34)$$

式中,d_i 为年均实际供水保障系数;W_{ij} 为年实际供水量;k 为规划年最低水保障系数;WC 为年均最低保障水量。

C. 生态环境保护红线与底线

a. 农业用地生态红线约束

为保证社会稳定,确保粮食安全,粮食作物种植面积必须达到最低要求:

$$A \geqslant A_{min} \qquad (6\text{-}35)$$

式中,A_{min} 为符合政策规定粮食作物最小种植面积;A 为粮食作物实际种植面积。

b. 植被水资源承载力约束

为保证生态系统的健康可持续,平衡生态需水量与可利用水量之间的关系,新增植被面积必须不突破区域水资源所能承载的植被覆盖度最大阈值:

$$A_0 + A_+ = A_{max} \qquad (6\text{-}36)$$

式中,A_0 为原有植被面积;A_+ 为新增植被面积;A_{max} 为区域水资源所能承载的最大植被覆盖面积。

D. 子系统间水沙协同竞争约束

水沙关系协调是指对于黄河流域上中下游地区的行洪输沙、生态环境和社会经济整个系统而言,三者之间存在交叉重叠的协同或竞争关系,用于行洪输沙系统的水沙资源可以同时满足生态环境系统和部分社会经济系统,用于生态环境系统的水沙资源可以同时满足部分行洪输沙系统和社会经济系统。

$$\sum_{i=1}^{m} W_{ij} \leqslant W_{Rij} + W_{Eij} + W_{Sij} \tag{6-37}$$

式中，W_{Rij}、W_{Eij} 和 W_{Sij} 分别为用于行洪输沙子系统、生态环境子系统和社会经济子系统的水沙资源配置量。

水沙资源的配置在水量不充足的情况下各子系统之间存在相互竞争关系，必须存在优先级问题。由于生态环境子系统的演变过程较慢，应对水沙资源变化的韧性较强，在考虑水资源供需平衡时还需遵循一个原则，即生态环境保护治理的水资源约束要首先考虑社会经济子系统和行洪输沙子系统的需求，如遇特枯年份等极端气候情势，流域水资源供给应在保全生态系统一定的安全稳定性阈值的前提下，尽可能向社会经济子系统和行洪输沙子系统服务功能的维持倾斜。

依据上述目标函数和约束条件构建系统模型时，还需科学确定模型中各约束条件、边界条件的定量关系及其关键参数的合理阈值。在微观层面，还需通过生态水文过程、土壤侵蚀过程和生态环境子系统碳循环过程及其变化规律与演变机理等基础研究工作，探讨生态环境要素变化的响应阈值；在中观层面，亟须开展黄河流域生态–水文–泥沙–碳多要素、多过程、多尺度互馈作用机理研究，揭示冰川冻土、林草植被、湿地等生境要素的数量和结构的变化特征，明确生态环境各要素之间的反馈路径和作用机理，构建关键因素之间的数量关系，寻找关键性关联因子，确定关键调控因子的约束条件及其相关制约关系；在宏观层面，结合黄河流域未来重大规划需求，明确黄河流域生态环境变量的底线、红线，以及近中远期的目标值，考虑生态环境子系统健康维系与社会经济子系统、行洪输沙子系统之间的协同博弈关系，确保模型变量及约束条件具有全局性、代表性、协调统一性、动态性等特征。在此基础上，利用该模型耦合适宜边界与约束条件，基于未来情景模拟，提出适宜性的黄河流域生态保护和系统治理空间优化配置格局，进行黄河系统治理方案的计算和效益评估，以实现黄河流域生态环境保护系统治理与良性维持的总体目标。

6.5　黄河下游河道滩槽协同治理理论与技术体系研究

6.5.1　黄河下游河道滩槽治理研究现状

黄河下游河道由主河槽与滩区共同构成，如图 6-12 所示。主河槽是中小洪水的惯常行洪输沙通道，广阔的滩地既是大洪水行洪、滞洪、沉沙的场所，又是滩区 189 万群众生活的家园。滩区总面积 3544km²，由大堤、险工以及生产堤所分割，共形成 120 多个自然滩，占河道面积的 84%，涉及河南、山东两省 14 个地市 44 个县（区），有耕地 25 万 hm²，村庄 2056 个，人口约 189 万。黄河洪水频繁漫滩，严重影响滩区的生产和生活，造成了这一地区社会经济发展缓慢、群众生产生活水平低下，已经成为豫鲁两省最贫穷的地区之一。加上，滩区人口的自然增长，过去人与洪水基本不发生矛盾的"一水一麦"的生产模式根本无法满足人们"奔小康"的需求。长期积累的治河与滩区社会经济发展的矛盾日益凸显，已成为影响黄河下游河道治理的突出问题。

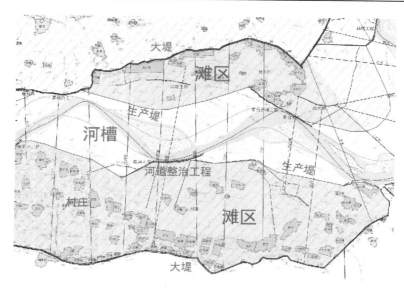

图 6-12 黄河下游河道示意图

1. 国内外河流治理方略

在人与河流共处进程中，人们根据河流水沙特性、河床演变特性和对河流的不同需求，开展了多种治理方略与技术的探索和实践。近代早期，美国、英国等发达国家以防洪减灾为目的，在密西西比河、泰晤士河等河流上修建了大量河道治理工程。随着水利枢纽的修建和河川径流调控能力的不断增强，工程措施与非工程措施有机结合成为河流治理的主要手段，河流的社会功能得以充分发挥，但同时也带来一定的生态环境问题。因此，自 20 世纪末起，河流综合管理成为人们关注的新热点，河流治理更加注重河流生态环境的保护与修复。以荷兰莱茵河治理为代表，"给洪水以空间"的河流管理理念与管理运行机制在世界范围内产生广泛影响（Chbab，1996）。

我国河流治理起步较早，自大禹治水以来已有数千年。对于黄河下游治理来说，长期存在着堤与河的博弈，即宽河与窄河之争。其中，"宽河固堤"主要是把河流固定在由大堤约束的河谷内，利用分洪渠道分洪，"窄河束水攻沙"是把水流限制在主河槽内，提高水流流速，从而使水流保持较高的挟沙能力，防止泥沙淤积甚至冲刷河道。人民治黄以来，以王化云为代表的治黄人结合黄河实际，使治理黄河工作由下游防洪走向全河治理，其治河思想是，在上段"宽河固堤"、下段"束水攻沙"的基础上，提出"蓄水拦沙"到"上拦下排、两岸分滞"，并逐步发展到全河采用"拦、调、排、放、挖"方法，在防灾、供水、灌溉和发电等方面都发挥了巨大的效益。近年来，随着进入黄河下游水沙条件、两岸社会经济发展状况等发生显著变化，特别是国家明确提出了实施河道和滩区综合提升治理工程之后，黄河下游河道治理目标已由以防洪安全为主提升为行洪输沙–生态环境–社会经济多维功能的协同发挥（江恩慧，2019c）。但不幸的是，在将河流作为一个完整系统加以研究和管理的理念上，我国仍处于起步阶段，尚没有建立起一套完整的河流系统治理理论体系。

2. 系统科学在河流治理中的应用

系统是由相互联系、相互作用的要素（部分）组成的具有一定结构和功能的有机整体，普遍存在于自然界和人类社会（冯·贝塔朗菲，1987）。系统科学是研究系统内部运行过程及系统间复杂作用关系的科学，是一门包括系统论、信息论、控制论、耗散结构理论、协同学、突变论等在内的综合性、交叉性学科，已在生物、社会、经济、管理等领域得到广泛应用（崔慧妮等，2018）。20 世纪 80 年代，面临温室效应、物种灭绝、淡水资源短缺等全球性环境问题，研究者们认为必须把地球看成一个由各组成单元或子系统组成的统一系统，才能回答诸如地球资源还能支持人类社会发展多久等一系列紧迫的环境问题（黄鼎成等，2005），由此提出了地球系统科学，通过全球性、统一性的整体观、系统观和多时空尺度，探索地球系统大气圈、水圈、陆圈（岩石圈、地幔、地核）和生物圈（包括人类）相互作用的过程和机理（毕思文，1997，2003）。

近年来，随着社会经济改革的逐渐深入，流域协调发展问题日益凸显（王浩和胡鹏，2020）。在此形势下，将系统科学进一步拓展至流域尺度，以多学科视角，将自然科学和社会科学相融合以研究变化环境下的水问题已成为当前国际地球系统水科学发展前沿（陆志翔等，2016；Robinson et al.，2018）。王浩和贾仰文（2016）构建了自然−社会二元水循环理论，指出应将流域水循环的自然过程和社会过程作为一个有机整体进行研究。Sivapalan 等（2012）提出了社会水文学，将人类本身以及人类活动作为水文循环的一部分，研究人−水耦合系统动力学特性与社会−水资源−生态环境之间的互馈关系。李少华等（2007）提出了水资源复杂巨系统的概念，研究水资源、人口、社会、经济、生态、环境等组成要素之间的相互关系。夏军等（2018）提出了流域水系统理论，将流域水系统视作由以水循环为纽带的三大过程构成的一个整体，关注水循环过程、水生态系统和人类社会活动的联系及其之间的相互作用。程国栋和李新（2015）将流域视为地球系统的微缩，考虑在流域尺度上开展"水−土−气−生−人"的集成研究。江恩慧等（2020b）在"十二五"国家科技支撑计划、水利部公益性行业科研专项、国家自然科学基金重点项目的支持下，初步将系统理论与方法引入黄河下游河道治理的研究中，将河流视为一个由行洪输沙、生态环境和社会经济子系统组成的复杂巨系统，提出了"流域系统科学"的概念，为实现黄河下游滩槽协同治理奠定了理论基础。

6.5.2　黄河下游河道滩槽治理研究存在的问题

黄河下游河道治理是一个复杂的系统工程，该系统是以抵御洪水为主导、自然环境为依托、土地资源为命脉、社会文化为经络，不仅受系统外社会、环境和上下游边界条件约束，还受系统内滩与槽关系的强力制约，自然、经济、社会各种因素交织影响、错综复杂。如何解决好河流自然属性与社会属性的整体协调、处理好治河与滩区社会发展的矛盾是黄河下游河道治理突破的关键。面对新的形势和挑战，目前研究主要存在以下几方面问题。

1. 治理理念上，亟待突破传统河流治理方略的束缚，统筹自然、经济、社会等因素整体协调

黄河下游河道整治缺乏一套系统理论体系来把河流作为一个整体开展研究，导致河道整治方案的确定、具体工程措施的实施都存在不同看法。特别是随着社会的发展和河流治理开发工作的推进，社会经济的发展、生态环境的良性维持对河流治理保护的需求都发生了较大改变，这些变化互相交织，既有独立，又有重叠。传统的河流治理理念理论与工程措施已不能适应当前需要，亟须发展一套科学系统的研究方法，实现河道整治的宏观问题和河流泥沙动力学的微观问题有机联系、社会科学问题与自然科学问题有机结合，开展定量化、模型化和择优化研究。

2. 治理对象上，亟待突破传统河流主槽的界限，统筹河流主槽和滩区协同治理

黄河下游河道的滩与槽是不可分割的整体，其既是行洪、滞洪、沉沙的主要通道，又是189万居民安居乐业的家园。以往治槽与治滩长期割裂，造成了"人与河争地"问题，滩区脱贫致富与防洪管理调度之间的矛盾日益凸显。近年来，随着当前流域自然、社会、经济条件发生深刻变化，在保障黄河防洪安全的同时，国家对下游河道治理进一步提出了"稳定主槽""实现保障黄河安全与滩区发展的双赢""实施河道和滩区综合提升治理工程"的更高要求，实现滩槽协同治理应成为新时代黄河下游河道治理的战略方向。

3. 治理目标上，亟待突破传统以防洪安全为主的局限，统筹行洪输沙–生态环境–社会经济多维功能协同发挥

纵观千年治黄历史，黄河下游河道治理紧密围绕防洪安全的目标。近年来，黄河下游河道治理面对的情势发生了重大改变（一是水沙条件发生显著变化，来水来沙呈大幅减少趋势；同时，随着小浪底水库及其上游水库群联合调控能力增强和水沙调控技术提高，黄河下游水沙过程已基本成为人为控制的过程。二是随着乡村振兴等国家战略的实施，黄河下游滩区作为我国最难以脱贫的地区之一，引起了中央和各级政府的高度重视），黄河下游河道治理目标已由以防洪安全为主提升为行洪输沙–生态环境–社会经济多维功能的协同发挥。在此形势下，必须立足流域自身禀赋、功能定位及国民经济发展需求，将黄河下游河道治理看作一项以河流基本功能维持（行洪输沙）、生态环境有效保护、经济社会可持续发展等为最终目标的复合系统工程，统筹考虑、系统治理，实现防洪、减淤、经济、社会、生态等综合效益的有机统一。

6.5.3　黄河下游河道滩槽协同治理的系统方法

1. 黄河下游河道滩槽协同治理的科学内涵与实现途径

按照系统理论的观点，黄河下游河道系统是一个人地耦合的复杂巨系统。按其功能分解，可划分为关系到河流基本功能的行洪输沙子系统、支撑经济社会可持续发展的社会经济子系统以及与生态功能发挥密切相关的生态环境子系统。黄河下游河道滩槽协同治理是以流域系统科学为引领,以稳定主槽和滩区高质量发展为目标,以水库群水沙调控、河段引水引沙、河道整治工程等工程手段与流域水资源管理等非工程手段为抓手,实现下游河道滩槽系统行洪输沙–生态环境–社会经济多维功能的协同发挥。

1）科学内涵

黄河下游河道滩槽协同治理需要同时兼顾行洪输沙–生态环境–社会经济三大子系统的效益,各子系统总效益表示为

$$T = \{T_1, T_2, T_3\} \tag{6-38}$$

式中,下标1、2、3分别表示行洪输沙、社会经济、生态环境三个子系统。

黄河下游河道滩槽协同治理的约束条件包括行洪输沙–生态环境–社会经济三大子系统的硬约束条件和软约束条件,具体形式如式（6-39）：

$$L = \{L_1, L_2, L_3\} = \{L_1^h, L_1^s, L_2^h, L_2^s, L_3^h, L_3^s\} \tag{6-39}$$

式中,L 为约束条件集合；上标 h 和 s 分别为硬约束条件和软约束条件。

由此,基于黄河下游河道滩槽三大子系统耦合协调发展程度最高的测度,可构建非线性的滩槽协同治理优化配置模型：

$$H_x = f\{T, D, L\} \tag{6-40}$$

从式（6-40）可知,黄河下游河道滩槽协同治理的科学内涵有两层含义：一方面是实现河道系统行洪输沙、生态环境、社会经济三个子系统内部各自服务功能的协同,另一方面是实现三个子系统多维服务功能的协同发挥。

就各子系统内部的协同而言,组成河道系统的各子系统——行洪输沙、生态环境、社会经济等内部各要素之间需保持协同发展,子系统内部的协同是河道系统整体协同的基础。在行洪输沙子系统中,水沙关系、河道演变、涉水工程等要素之间需维持协同关系；在生态环境子系统中,河流的流量过程需满足水生物种、湿地、植被等对生态流量（水量）的需求；在社会经济子系统中,用水量与相应的一产产值之间应保持合理的比例关系,由此可维持各子系统内部的协同关系。

河道系统整体的协同是指在构成系统的各子系统内部协同的基础上,河流行洪输沙功能、良好生态环境和社会经济可持续发展之间的整体协同,即其中任何一个子系统功能的正常发挥不影响其他子系统功能的正常发挥,或在一定条件下将对其他子系统的不利影响降至最低。黄河下游河道滩槽协同治理优化配置模型总体思路架构如图6-13所示。

2）实现路径

如上所述,黄河下游河道滩槽协同治理要立足乡村振兴战略、黄河流域生态保护和高质量发展重大国家战略,统筹滩与槽、保护与发展、行洪输沙–生态环境–社会经济间的协调关系。其对策是通过水库调度、堤防与河道整治工程建设、水资源统一管理、滩区合理利用等工程和非工程措施,优化配置河道内的径流、泥沙,规划合理的流路和滩区利用方式,实现资源的优化配置和河流多维功能的协同发挥。

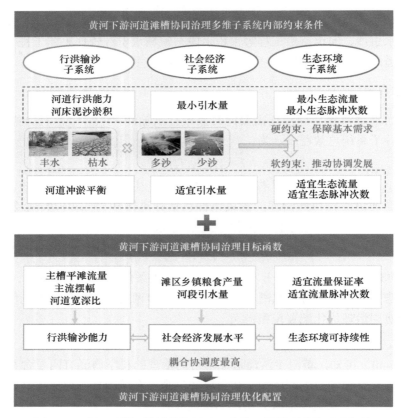

图 6-13　黄河下游河道滩槽协同治理优化配置模型总体思路架构

黄河下游河道滩槽协同治理优化配置模型以行洪输沙、生态环境、社会经济综合效益最佳和协调程度最优为总体目标。该模型如式（6-40）所示，主要包括 3 个模块：①子系统效益模块，采用多目标优化配置模型，确定各水沙条件下黄河下游河道各子系统的优化配置结果；②子系统耦合协调模块，引用物理学中的耦合度和耦合协调度的概念，表示子系统间功能协同发挥的程度；③约束条件模块，综合考虑黄河下游河道水沙供给和需求、水沙最低保障红线及河床边界等软硬约束条件，确定模型的约束条件。

2. 黄河下游河道滩槽协同治理优化配置模型构建

构建黄河下游河道滩槽协同治理优化配置模型，需明晰黄河下游河道滩槽协同治理各子系统优化配置目标函数，提出子系统耦合协调程度的计算方法，确定水沙与河床边界的软硬约束条件，最终实现水沙资源的优化配置，合理规划主槽流路与滩区利用方式。

1）各子系统效益目标函数

A. 行洪输沙效益目标（T_1）

就滩槽系统的行洪输沙功能而言，需要一个稳定的行洪输沙的主槽、一个稳定的平面河势和一个风险得到有效控制的滩槽关系。综上所述，此研究选取主槽平滩流量、主流摆幅和河道宽深比作为游荡型河道行洪输沙子系统的治理目标，数学表达式如式（6-41）所示：

$$T_1(W) = \left[\max T_{11}(W), \min T_{12}(W), \min T_{13}(W)\right]$$

$$\begin{cases} \max T_{11}(W) = \min\{v_{\text{bf},i} A_{\text{bf},i}\}_n \\ \min T_{12}(W) = \dfrac{1}{L}\sum_{i=1}^{n} l_i(y_{i,t+1} - y_{i,t}) \\ \min T_{13}(W) = \dfrac{1}{L}\sum_{i=1}^{n} l_i \dfrac{\sqrt{B_i}}{h_i} \end{cases} \tag{6-41}$$

式中，$\max T_{11}(W)$ 为全河段主槽平滩流量最大，代表最大的主槽过流能力，其计算采用下游河道典型断面平滩流量的最小值；$v_{\text{bf},i}$ 为第 i 断面的平滩流速；$A_{\text{bf},i}$ 为第 i 断面的平滩面积；$\min T_{12}(W)$ 为全河段平均的主流摆幅最小，代表最稳定的河段平面形态，其采用全部测量断面深泓点迁移幅度的河段平均值来衡量；$y_{i,t}$ 为 t 时段第 i 断面的深泓点横坐标；L 为测量河段的长度；l_i 为从第 $i-1$ 断面到第 $i+1$ 断面的河段长度的一半；n 为河段内测量断面的个数；$\min T_{13}(W)$ 为全河段平均的宽深比最小，代表最佳的河段横断面形态；B_i 为第 i 断面的平滩河宽；h_i 为第 i 断面的平滩水深。

B. 社会经济效益目标（T_2）

就滩槽系统对应的社会经济功能而言，河段引水对农业灌溉的支撑是首位的。因此，我们选取河段引水量与滩区乡镇粮食产量作为社会经济子系统的治理目标，数学表达式如式（6-42）所示：

$$T_2(W) = \left[\max T_{21}(W), \max T_{22}(W)\right]$$

$$\begin{cases} \max T_{21}(W) = \sum_{i=1}^{n}\sum_{t=1}^{T} w_{i,t} \\ \max T_{22}(W) = \sum_{m=1}^{M} F_m \end{cases} \tag{6-42}$$

式中，$\max T_{21}(W)$ 为全河段引水量最大，其计算采用全河段引水口总时段引水量加和；$w_{i,t}$ 为第 i 引水口第 t 时段的引水量；n 为引水口数量；T 为河段引水总时段；$\max T_{22}(W)$ 为全河段滩区乡镇粮食产量最大；F_m 为第 m 个乡镇的粮食产量；M 为河段内滩区乡镇个数。

C. 生态环境效益目标（T_3）

就滩槽系统对应的生态环境功能而言，为便于计算，我们选取适宜流量保证率与适宜流量脉冲次数作为生态环境子系统的治理目标，其数学表达式为

$$T_3(W) = \left[\max T_{31}(W), \max T_{32}(W)\right] \tag{6-43}$$

式中，$\max T_{31}(W)$ 为河段典型断面的适宜流量保证率最大，其采用该典型断面在一定时段内达到保证率的时段所占比例；$\max T_{32}(W)$ 为河段典型断面的适宜流量脉冲次数最大，其采用该典型断面在一定时段内流量超过某一阈值的次数。

2）系统整体耦合协调程度函数

分项评测各子系统的效益状况水平后，需衡量黄河下游河道系统行洪输沙–生态环境–社会经济三个子系统彼此间的耦合协调关系。耦合协调度 D 的计算公式如式（6-4）所示，耦合协调度等级划分如表 6-2 所示。

3）约束条件

黄河下游河道系统中，对滩槽演化和功能发挥起到限制作用且不易通过人工手段调节的各类水沙与边界限制因子统称为约束条件，同样可分为行洪输沙、社会经济和生态环境三类约束。

A. 行洪输沙约束

行洪输沙约束首先是指河道行洪能力和河床泥沙淤积的约束，其次还包括水沙协调的要求，其表达式如式（6-44）所示：

$$\begin{cases} Q_{\mathrm{bf}} \geqslant Q_{\mathrm{bf,c}} \\ Z_i \leqslant Z_{i,\mathrm{c}} \\ S/Q \leqslant (S/Q)_{\mathrm{c}} \end{cases} \tag{6-44}$$

式中，Q_{bf} 为河段内任一断面的平滩流量；$Q_{\mathrm{bf,c}}$ 为保证该河段行洪功能正常发挥的平滩流量下限值；Z_i 为河段内任一断面的河底高程；$Z_{i,\mathrm{c}}$ 为保证该河段河床淤积程度不威胁防洪安全的河底高程上限值；S 为一定时段内进入某河段的平均含沙量；Q 为一定时段内进入某河段的平均流量；S/Q 为一定时段内进入该河段的来沙系数；$(S/Q)_{\mathrm{c}}$ 为保证该河段能够实现冲淤平衡的临界来沙系数上限值。

B. 社会经济约束

社会经济约束是指河道引水量应满足社会经济用水的底线要求，其表达式如式（6-45）所示：

$$w_{i,t} \geqslant w_{i,t,\mathrm{c}} \tag{6-45}$$

式中，$w_{i,t,\mathrm{c}}$ 为 t 时段内进入第 i 个引水口的社会经济用水下限值。

C. 生态环境约束

生态环境约束是指河道内的生态流量保证率与生态流量脉冲次数均应满足生态环境良性维持的底线要求，其表达式如式（6-46）所示：

$$\begin{cases} \mathrm{ST}_i \geqslant \mathrm{ST}_{i,\mathrm{c}} \\ \mathrm{MC}_i \geqslant \mathrm{MC}_{i,\mathrm{c}} \end{cases} \tag{6-46}$$

式中，ST_i 为第 i 断面生态流量保证率；$\mathrm{ST}_{i,\mathrm{c}}$ 为第 i 断面最低生态流量保证率；MC_i 为第 i 断面生态流量脉冲次数；$\mathrm{MC}_{i,\mathrm{c}}$ 为第 i 断面最低生态流量脉冲次数。

上述模型构建后，其正常运转尚需科学确定模型中各约束条件、边界条件的定量关系及关键参数的合理阈值。行洪输沙子系统中，需要基于泥沙运动力学、河床演变学等学科理论和方法，研究河道纵横断面与平面形态对水沙过程的响应关系，特别是揭示在有限控制边界作用下的河床演变过程，确定行洪输沙子系统中待定变量取值及各项阈值；社会经济子系统中，需要基于与水文学交叉的经济学、社会学等学科理论和方法，从水沙资源供需两个角度，揭示社会经济子系统演化规律，确定关键变量及各项阈值；生态环境子系统中，需要基于生态水文学、环境水力学等交叉学科的理论和方法，研究滩槽生态环境演化机理，确定生态环境子系统的关键变量及各项阈值。进一步地，基于协同学、博弈论等系统理论与方法，揭示三大子系统的协同和竞争关系，确定耦合协调程度函数中的关键参数，综合衡量确定黄河下游河道系统耦合协调度。在此基础上，即可利用本模型耦合适宜边界与约束条件，进行黄河下游河道滩槽协同治理方案计算与效果评估，推进黄河下游河道的综合治理。

6.6　黄河三角洲地区综合治理与协调发展战略研究

6.6.1　黄河三角洲治理发展科学研究现状

黄河三角洲位于渤海湾和莱州湾之间，是黄河水沙承泄区，在黄河治理开发与管理中具有重要地位（凡姚申等，2022）。黄河口属于陆相弱潮堆积性河口，由于黄河挟带大量泥沙输往河口，河口淤积、延伸、摆动、改道循环演变，入海口频繁更迭，海岸线持续外移，三角洲面积不断扩大（王开荣等，2021；赵翔等，2021；陈沈良等，2019）。近代黄河三角洲以垦利区黄河口镇宁海村为顶点，北起套尔河口，南至支脉沟口，面积约 5400km²（图 6-14）。黄河三角洲拥有广阔的三角洲湿地，生物多样性丰富，是候鸟迁徙、鱼类洄游的重要栖息地（刘玉斌等，2019）。陆海交互海岸带地区也是人类生存和经济社会发展的核心区域。可见，黄河三角洲是由河流行洪输沙、生态环境和社会经济三方面交织组成的典型耦合系统。

黄河水沙是驱动支撑三角洲河流地貌演变、生态环境维持和社会经济发展的主要因素。研究者围绕以黄河入海水沙输移与配置为主线的河口海岸演变治理、生态环境修复治理以及支撑区域社会经济开发治理等方面开展了大量研究。

1. 黄河入海水沙输移与配置为主线的河口海岸演变治理

长期以来，进入河口地区的水沙量具有年内和年际变化大、洪水与断流交替发生、泥沙量大、河道淤积严重的特点，由此导致三角洲地貌演变剧烈，加之海洋潮波动力侵蚀作用，整体呈现海岸淤积与侵蚀并存的复杂局面，一直是河口海岸研究的重点、难点和焦点（Wu et al.，2022）。黄河年均入海水沙量在近似自然时期（1950～1985 年）分别为 416 亿 m³ 和 10.54 亿 t，20 世纪 90 年代进入枯水期出现连年断流，小浪底水库调控运用以来（2002～2020 年）不再断流，年均水沙量分别为 190 亿 m³ 和 1.48 亿 t，目前黄河水文形势仍处于枯水少沙期。

图 6-14　黄河口的地理位置

　　早期的黄河口治理研究主要围绕防洪防凌与流路运用。19 世纪中叶至 20 世纪 40 年代，黄河河口的入海流路堤防决口、洪水漫溢灾害的频度远胜于黄河下游地区。同时，由于其特殊的气候、地理环境和河道边界条件，其凌汛灾害尤为严重，20 世纪 50 年代曾发生两次凌汛决口，造成了人民生命财产的重大损失。后期相继提出了"截支强干、工程导流"等治理思路并付诸实施。同时，得益于 70 余年黄河下游防洪工程体系的建设，黄河河口防洪防凌的被动形势得到了极大改观。河口流路是黄河水沙入海通道，需要维持流路一定的过流能力和尽量长的使用年限，入海水沙量和水沙过程是其主要驱动力与控制因素。黄河河口流路遵循"淤积–延伸–摆动–改道"的基本规律，流路摆动在三角洲面上呈"大循环"及流路自身的"小循环"趋势（庞家珍和司书亨，1979；周志德，1980）。1855 年以来，黄河三角洲经历了 3 个阶段 10 次大的流路改道变迁（图 6-15）（徐丛亮等，2018）。1855~1938 年，以宁海为顶点的 7 次改道形成第一代三角洲；1953 年以来，三角洲顶点下移至渔洼发生 3 次大的流路改道（1953~1963 年神仙沟流路，1964~1976 年刁口河流路，1976~1996 年清水沟流路），形成第二代三角洲；1996 年至今，清 8 附近成为第三代三角洲新的顶点（徐丛亮等，2013）。

　　近期，随着入海泥沙的减少，地貌演变与河海动力定量关系、河口地区的平衡适宜沙量以及泥沙分布时空优化配置逐渐成为新的研究热点与治理难点。在少沙形势下，行河口门造陆幅度减缓，在个别来沙量较少年份甚至出现蚀退（Peng and Chen，2010），局部不行河的海岸出现侵蚀，黄河口海岸侵蚀主要受控于海洋动力，以潮汐和波浪为主，前期的人类围垦增加了蚀退动力机制的复杂程度。黄河三角洲 1976~2000 年最大的侵蚀区出现在刁口河和神仙沟行河期间形成的向海堆积的凸角处（Chu et al.，2006）；尾闾河道摆动、相对海平面变化、区域海洋水动力及地方工程建设是影响该区域岸线变化的重要因素（Zhang et al.，2016）。2000 年后的侵蚀主要在刁口河口门区域和清水沟附近，其中北部潮间带蚀退受海洋动力和人类活动双重作用，其动力因素和后续影响考虑还不充分（Fan et al.，2018）。当前，不同区域海岸动态平衡的沙量阈值是当前研究的焦点（许炯心，2002；Wang et al.，2006；Cui and Li，2011；Jiang et al.，2017；Ji et al.，2018；Fan et al.，2018），但研究成果差别较大。流域水沙资源优化配置是指通过合理分配水库调节水量、工农业用水量、输沙用水量和生态用水量等方式优化配置水资源，基于系统科学的多协同论为优化水沙配置提供了理论指导。水利部黄河水利委员会于 1999 年在水量统一调度中纳入生态环境因子，保持河道不断流、输送泥沙、输送污染物、维持地下水位和重要物种生境，先后开展了水量统一调度（苏茂林，2021）、调水调沙调度（郑珊等，2018）、生态调度（葛雷等，2022）和 "一高一低" 调度（魏向阳等，2021）等多种水沙调度模式。从反映流路淤积延伸、河海交汇作用最强、海岸侵蚀最剧烈的角度选择海岸线标准，研究三角洲陆地变化和海岸动态稳定沙量以及调配很有必要。

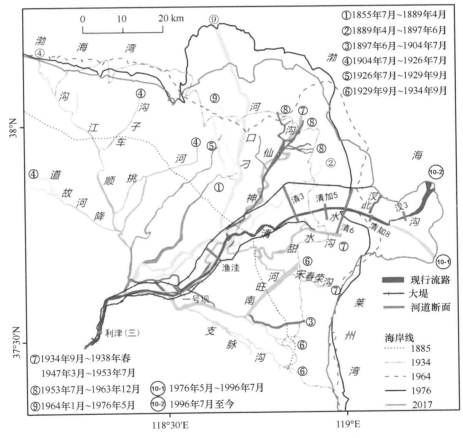

图 6-15 1855 年以来黄河三角洲河口流路变迁

这些变化综合表明，在经历了近 40 年的黄河来沙减少后，黄河河口地貌系统正在面临不同程度的转变，亟须在有限的入海水沙量前提下，开展水沙配置研究，并由此扩展至河口水沙调配需求、方式方法、工程和保障体系、关键技术、效果评价等方面，为保障黄河长治久安、维持河口三角洲生态系统良性发展提供科技支撑。

2. 生态环境修复治理

黄河是三角洲生态系统所需淡水的主要来源。如果没有黄河水的调节补给，三角洲的生态系统平衡很难维持，更谈不上良性循环。特别当黄河来水量充沛时，河水漫滩后，三角洲中较为低平的湿地得到富含有机质的水源补给，生物的生存环境得到良性改善（王建华等，2019）。黄河三角洲生态补水主要分为清水沟流路保护区生态补水、刁口河及其尾闾湿地补水和黄河三角洲河道外应急生态调水（图 6-16）。作为新生湿地生态系统，黄河三角洲生态环境本底条件较差，其滨海湿地发育、演变并不成熟（彭勃等，2015）。受自然因素和人为活动双重影响，自 1991 年以来，黄河三角洲自然湿地逐渐萎缩，次生盐碱化严重，其生态系统结构和功能面临严重威胁。针对黄河三角洲滨海湿地严重退化盐碱化问题，学者们开展了大量研究和示范工作（任葳等，2016；郭岳等，2017；Qiu et al.，2021；Xie et al.，2020）。前期，黄河三角洲退化滨海湿地的修复工作，多注重植被覆盖的恢复效果，且多简单采取围封和补充淡水相结合的方式，过分依靠自然恢复，人工重建发挥作用不足（Liu et al.，2020）。这样的修复方式，不仅耗水量巨大，还导致恢复后的植被群落结构简单，生物多样性丧失，其作为鸟类栖息地的重要生态服务功能严重削弱，影响了湿地功能的正常发挥。

图 6-16　黄河三角洲生态补水区域

黄河泥沙是维持河口岸线与生境稳定的基础，入海造陆形成的地貌是三角洲生态系统赖以生存的空间本底（于守兵等，2022）。充分的泥沙补给可维持岸线自然淤积延伸和动态平衡，促进生境的稳定性，保障湿地生态系统的功能和健康维持（王开荣，2020）。黄河三角洲生境类型丰富，生态系统多样，不同类型生态系统呈现明显差异（邓祥征等，2020；刘玉斌等，2019）。近 20 年，黄河平均每年约 190 亿 m³ 的径流、1.6 亿 t 的泥沙和 1.4 万 t 的营养盐入海，是三角洲及其邻近海域的环境演变与生态系统演变的重要驱动力，对河道、陆域湿地和近海物种繁殖与迁徙具有重要意义。对于三角洲湿地生态系统而言，除通过河流、海洋的地表水沙盐输移外，地下水作为"饱和带–包气带–植被"间的垂向联系纽带和潜水的"源"，对土壤及植物具有重要的生态环境效应（Fan et al.，2012；Mao et al.，2022），其矿化度和埋深作为关键生态因子通过影响土壤水盐特征来决定植被群落分布格局和健康状况（Xia et al.，2018）。

生态治理修复的重要措施是合理配置水沙，研究主要聚焦水系连通和修复技术两个方面。在水系连通方面，生态水网能够有效提升滨海湿地水文连通性（贺怡等，2021），充分发挥水沙资源的生态效益。随着生态保护修复日益受到重视，以黄河入海流路为主架构的三角洲区域内的水系连通方案被提出并部分实施，以期促进黄河三角洲整体生态环境质量的提升和自然岸线的稳定。在修复技术方面，近些年基于水位控制的黄河三角洲退化滨海湿地恢复方法，打破传统的单纯补充淡水压盐的退化湿地恢复方式，采取以恢复生物多样性为目标，构建基于水位控制及生境优化的重度盐碱退化湿地的生态系统恢复技术体系。

目前，生态补水仍然存在用水效率低、引水能力差、与输沙用水融合不足的问题。未来在水资源刚性约束和入海泥沙减少的条件下，需研究如何发挥水沙资源的多功能属性，加强水沙与生态的融合以及水沙配置，合理确定黄河口生态分区承载能力与修复目标，提高河口生态调度和生态补水的效率。

3. 支撑区域社会经济开发治理

黄河水沙资源为三角洲地区的经济社会发展提供了赖以生存的水资源和广阔稳定的空间。2019 年，东营市经济社会用水总量为 11.25 亿 m³（黄河水占比约 70%），其中，农业、工业、生活、生态用水分别占总用水量的 60.3%、22.5%、12.2%、5%（王开荣等，2022）。1885～1954 年，黄河三角洲造陆 1510km²，1954～1976 年造陆 548.3km²，1976 年～20 世纪末，造陆 441.7km²，近 20 年来保持总体平衡。国家先后颁布实施多项涉及黄河三角洲地区治理保护与发展的战略规划。《黄河三角洲高效生态经济区发展规划》提出，"三角洲发展具有典型生态系统特征的节约集约经济发展模式，实现经济、社会、生态协调发展，通过战略实施利于保护环渤海与黄河下游生态环境"；《山东半岛蓝色经济区发展规划》提出，"强化生态保护，实现持续发展；推动海陆统筹，实现联动发展。把海洋和陆地作为一个整体，实行资源要素统筹配置、优势产业统筹培育、基础设施统筹建设、生态环境统筹整治"；2013 年，启动"渤海粮仓"项目，计划通过对环渤海地区中低产田和盐碱荒地的改造，将长期遭受旱涝碱灾害的环渤海地区建成我国重要的"粮仓"；《黄河流域综合规划（2012—2030 年）》提出，"保障黄河下游防洪安全、维持黄河河口良性生态，发挥三角洲资源优势，促进三角洲区域内经济社会持续发展"，并重点对黄河未来入海流路进行规划。

水资源承载力是资源环境综合承载力的核心表征指标。从人均综合用水量来看，2022 年东营市人均综合用水量为 516m³，略高于水资源丰沛的广州、上海两市，远高于其他典型城市；万元 GDP 用水量为 38.6m³，低于当年全国平均值（60.8m³），高于山东省平均值（31.7m³）。围绕黄河三角洲及东营市的水资源承载力问题，在深入分析研究区水资源开发利用现状的基础上，提出由 25 个指标组成的黄河三角洲水资源承载力评价指标体系和分级标准，结果表明，研究区水资源承载力处于较低的水平，继续开发的潜力较小（张欣等，2012）。随着社会用水和排泄强度的不断增大，水资源逐渐成为影响黄河三角洲地区生产力布局的主要约束因子，区域水资源用量分配必须统筹协调当地生产力布局的区域经济社会发展（王奎峰和许梦，2018）。生产力布局与水资源因子的适配关系主要体现为：在产业结构与布局层面，支柱型产业的占比决定经济社会用水结构，低耗高效产业占比越大，经济发展对水资源的依赖度越低（侯永志等，2014）。从适配性评价结果来看，东营市高耗水产业占比较大，综合用水效率与效益不高，生产力布局对水资源依赖度高；通过对生产力布局的调整，未来经济社会的适水性调控还有较大空间。例如，根据工业、农业等产业结构与布局，通过实施工业产业转型升级，推进工业产业聚集式发展，逐步推进农、林、牧、渔业产业优化，打造盐碱地高质高效利用高地，建设特色农业种养基地等措施，推进区域经济适水发展调整。

当前，河口地区经济发展正在转型，按照"黄蓝融合、陆海统筹、一体发展"的要求，并遵循一二三产业相协调、经济文化相融合、人与自然和谐发展的原则，着力构筑包括国家级石油能源战略储备基地在内的八大产业基地，积极培育海洋生物、海洋工程装备制造和海水综合利用等海洋产业，壮大发展文化旅游、现代物流、金融保险、信息技术、商务服务等现代服务业，构建起以高效生态农业为基础、环境友好型工业为重点、现代服务业为支撑的高效生态产业体系。

实施上述治理开发举措，亟须以系统科学为基础，摸清河口存在的主要问题与制约因素，在新时期国家系统治水理念的指导下，结合未来水沙情势，优化水沙资源配置，强化节约集约利用，提高水沙资源利用效率，以尽可能少的水沙资源消耗获得尽可能大的综合效益。

6.6.2　黄河三角洲治理发展研究存在问题

1. 研究思路上，河口地区防洪–生态–发展统筹不足，以黄河为主轴的治理开发格局仍需完善

河口地区是"陆海统筹、河海联动"的交互区域，拥有我国最年轻的陆地和独特的湿地生态系统，是黄蓝经济区、渤海粮仓等国家战略的核心区域。当前，黄河水沙等物质通量持续减少，这些物质是三角洲演化的主要驱动力，同时也是生态系统维持的物质保障，直接影响三角洲自身及生态系统演化。河口地区面临着河道防洪与三角洲局部侵蚀压力并存、三角洲水资源紧缺且空间配置不均、湿地及滨海生态系统脆弱、经济社会发展布局受限等一系列迫切需要统筹解决的问题，亟须在新时期国家系统治水理念指导下，结合未来水沙情势、黄河综合治理战略与河口地区经济社会发展需求，统筹河口地区防洪保安、生态保护和社会经济发展，完善以黄河为主轴和以两岸三角洲生态、滨海盐渔、内陆农田、城市景观为重点的"一轴四区"治理开发格局，统筹河、陆、海系统治理，提出新时期河口治理开发战略。

2. 研究对象上，多针对黄河三角洲的单个系统，缺乏对水沙–地貌–生态环境–经济社会系统的整体把握

针对这些问题，大多数研究依然"就水论水、就生态论生态"。然而，河口来水来沙条件是动态变化的，三角洲海岸–河道边界约束条件是动态调整的，区域社会经济发展和生态健康维持的需求是动态增长的，特别是针对河口水少沙多、水沙变动频繁的现实状况，黄河三角洲综合治理不仅要注重水沙量的适应性调度，更要突出三角洲生态保护与区域高质量发展，实现行洪输沙–生态环境–社会经济等河口三角洲系统功能多维协同的目标。

3. 研究方法上，多采用单一学科方法，缺乏多学科交叉、多过程耦合、多尺度集成的系统融合研究方法

黄河三角洲研究涉及的学科（方向）有水利工程（水力学与河流动力学、河流泥沙工程学、工程水文与水资源利用等）、地球科学（地貌学、河口海岸学、遥感与地理信息科学、海洋地质学与物理海洋学等）、生态学（湿地生态学、修复生态学、生态系统生态学等）、社会经济科学（区域经济学、资源与环境经济学等）。其中，水利工程常见的研究方法有数值模拟、模型试验；地球科学常用的研究方法有调查法、比较法、统计法，如利用历史资料、现场观测资料或遥感影像资料，统计分析研究要素的时空演变过程及规律；生态学常用的研究方法有观察法、实验研究法；社会经济科学常用的研究方法有调查法、比较法、统计法。黄河三角洲综合治理研究是一项复杂的系统工程，需以系统论思想方法为统领，以各子系统传统学科基本理论方法为依托，把三角洲的河流系统、生态环境系统、社会经济系统作为一个有机的复合系统统筹考虑。基于系统理论与方法，探索多时空尺度、河流功能多目标维度协同的三角洲地区综合治理与协调发展理论技术体系，必将成为未来一定时期三角洲的发展方向，推动我国本领域相关学科发展和技术进步。

6.6.3　黄河三角洲综合治理与协同发展的系统方法

1. 黄河三角洲综合治理的科学内涵与实现途径

黄河三角洲是一个复杂的人地系统，包含了河流水沙、海岸海洋、湿地生态、资源环境、社会经济、区域发展等各个层面的诸多元素，其面临的各种问题不是孤立的，系统治理保护与区域社会经济可持续发展的有机协同是社会进步的必然选择。黄河三角洲复合系统在空间上包括行水河流河道、故道摆动形成的三角洲和濒临入海口的滨海区域，在内涵上涉及河口地区行洪输沙的水文泥沙子系统、依附于河流衍生的生态环境子系统和受河流影响的社会经济子系统，如图 6-17 所示。

图 6-17 黄河三角洲复合系统

黄河三角洲综合治理与协调发展总体思路架构见图 6-18，包括科学内涵和实现路径两个部分。

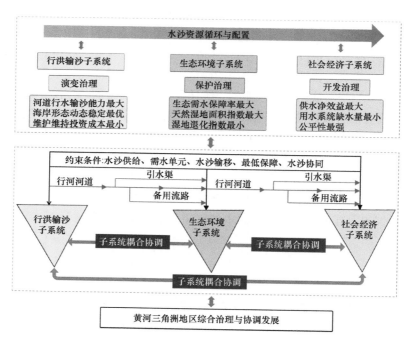

图 6-18 黄河三角洲综合治理与协调发展总体思路构架

1）科学内涵

黄河三角洲综合治理目标函数 H_c 包括：各子系统独立效益最佳 $W = (W_R, W_E, W_S)^T$，下标 R、E 和 S 分别代表行洪输沙、生态环境和社会经济子系统；子系统间的耦合协调

程度 $D = (D_{i,j}, D_{i,j,k})(i,j,k = \mathrm{R,E,S}; i \neq j \neq k)$；系统和各子系统刚性约束条件（边界条件、子系统红线与底线、子系统间容斥关系等）$L = (L_{\mathrm{R}}, L_{\mathrm{E}}, L_{\mathrm{S}})^{\mathrm{T}}$。

由此，基于黄河三角洲综合治理效益最佳的测度，就可以构造如式（6-47）所示的综合治理目标函数：

$$H_{\mathrm{c}} = f(W, D, L) \tag{6-47}$$

上述优化配置模型的基本内涵可以表述为，黄河三角洲综合治理取决于一定时空条件下，各子系统治理效益和彼此间的耦合协调情况达到最优，且又受制于黄河河口系统所能承受的约束条件。

2）实现路径

黄河三角洲综合治理要从水利行业、国家战略和区域发展三个视角出发，统筹防洪保安、生态保护和社会经济发展三个方面。其对策是构建长期稳定的入海流路运用与水沙调控方案，优化径流、泥沙、流路、水系等重要河流资源要素与行洪输沙子系统、生态环境子系统及社会经济子系统发展协同和高效利用模式。黄河三角洲河流资源要素配置包括径流资源配置、泥沙资源配置、河口流路运用方式及河口三角洲水系连通格局。其中，泥沙资源配置可以通过水沙资源量配置和水沙关系搭配配置实现，河口流路运用方式和三角洲水系格局配置主要由水沙资源的空间配置来实现，因此黄河三角洲综合治理与协同发展的关键是水沙资源优化配置。

黄河三角洲水沙资源优化配置以行洪输沙、生态环境和社会经济综合效益最佳为总体目标。水沙资源优化配置模型主要包括 3 个模块：①子系统效益模块，采用非线性多目标优化配置模型，确定各水沙条件情形下黄河三角洲地区各子系统的优化配置结果；②子系统耦合协调模块，引用物理学中耦合度和耦合协调度的概念，耦合度表示两个系统之间通过动态相互作用而彼此产生影响的现象；③水沙配置约束条件模块，综合考虑黄河三角洲地区水沙供给边界条件、水沙需求条件、水沙输移能力条件、水沙最低保障红线约束条件和子系统间的水沙协同条件，确定模型的约束条件。

2. 基于水沙资源配置的综合治理模型构建

综合黄河径流泥沙及其他供水来源，对黄河三角洲地区水沙资源进行供需平衡分析，厘清水沙资源配置的边界条件和约束条件，明晰优化配置目标函数，确定水沙需求单元的需水量，进而建立黄河三角洲水沙资源优化配置模型，实现水沙资源的优化配置。

1）各子系统效益目标函数

A. 行洪输沙效益目标 $f_1(W)$

行洪输沙效益目标包括河道行洪输沙能力 $f_{11}(W)$、三角洲海岸形态动态稳定 $f_{12}(W)$ 和维护维持投资成本 $f_{13}(W)$ 三个分目标，即

$$f_1(W) = \left[\max f_{11}(W), \max f_{12}(W), \min f_{13}(W)\right]$$

$$
\begin{cases}
\max f_{11}(W) = \sum_{i=1,j=1}^{n,m} \delta_{ij}\left(b_{ij} - c_{ij}\right) \\[2mm]
\max f_{12}(W) = \sum_{i=1}^{m} \varsigma_i S_i \\[2mm]
\min f_{13}(W) = \sum_{i=1}^{m} \eta_j \sum_{j=1}^{n}\left(I_{ij} - I'_{ij}\right)
\end{cases}
\tag{6-48}
$$

式中，$\max f_{11}(W)$ 为行洪输沙能力最大，其计算采用河口河道典型断面高程；b_{ij} 为第 j 断面第 i 时段初始时的断面高程；c_{ij} 为第 j 断面第 i 时段结束时的断面高程；δ_{ij} 为第 j 断面在 i 时段中的效益修正系数，与断面位置、形态等相关；$\max f_{12}(W)$ 为三角洲海岸形态稳定最佳，采用三角洲顶点（宁海）到岸线端点间断面距离的方差来衡量；S_i 为 i 时段的断面距离的方差；ς_i 为在 i 时段中的效益修正系数。S_i 越小表示三角洲岸线各处距离顶点的长度差异越小，表示三角洲形态越均衡，S_i 越大则表示三角洲形态的空间异质性越大；$\min f_{13}(W)$ 为维护维持投资成本最小；I_{ij} 为第 d 典型河段（一般为控导或险工处）第 i 时段初始时的过流能力；I'_{ij} 为第 d 典型河段第 i 时段结束时的过流能力；η_j 为第 d 典型河段的防护工程投资系数。

B. 生态环境效益目标 $f_2(W)$

生态环境效益目标包括生态需水保障率 $f_{21}(W)$、天然湿地面积维持指数 $f_{22}(W)$ 和湿地退化指数 $f_{23}(W)$ 三个分目标，即

$$f_2(W) = \left[\max f_{21}(W), \max f_{22}(W), \min f_{23}(W)\right]$$

$$
\begin{cases}
\max f_{21}(W) = \sum_{i=1,j=1}^{n,m} d_{ij}\left(W_{\mathrm{eco}_{ij}} - W_{\mathrm{eco}'_{ij}}\right) \\[2mm]
\max f_{22}(W) = \sum_{i=1}^{m} c_i\left(\mathrm{Sa}_i - \mathrm{Sa}'_i\right) \\[2mm]
\min f_{23}(W) = \sum_{i=1}^{m} \mu_j \sum_{j=1}^{n}\left(\mathrm{St}_{ij} - \mathrm{St}'_{ij}\right)
\end{cases}
\tag{6-49}
$$

式中，$\max f_{21}(W)$ 为生态需水保障率最大；$W_{\mathrm{eco}_{ij}}$ 为 j 类生态系统第 i 时段的供水量；$W_{\mathrm{eco}'_{ij}}$ 为 j 类生态系统第 i 时段的需水量；d_{ij} 为生态需水保障率修正系数；$\max f_{22}(W)$ 为天然湿地面积维持指数最大；Sa_i 为第 i 时段初始时期的天然湿地面积；Sa'_i 为第 i 时段结束时期的天然湿地面积；c_i 为天然湿地面积维持指数修正系数；$\min f_{23}(W)$ 为湿地退化指数最小；St_{ij} 为 W 类植被湿地在第 i 时段初始时期的湿地退化面积；St'_{ij} 为 j 类植被湿地在第 i 时段结束时期的湿地退化面积；μ_j 为不同植被湿地退化的修正系数。

C. 社会经济效益目标 $f_3(W)$

社会经济效益目标包括供水净效益 $f_{31}(W)$、用水系统缺水量 $f_{32}(W)$ 和公平性 $f_{33}(W)$ 三个分目标，即

$$f_3(W) = \left[\max f_{31}(W), \min f_{32}(W), \max f_{33}(W) \right]$$

$$\begin{cases} \max f_{31}(W) = \sum_{i=1,j=1}^{n,m} \tau_{ij} \left(e_{ij} - d_{ij} \right) \\ \min f_{32}(W) = \sum_{i=1}^{m} \left(\mathrm{DW}_i - \sum_{j=1}^{n} W_{ij} \right) \\ \max f_{33}(W) = \sum_{i=1}^{m} \sum_{j=1}^{n} \left(W_{ij} / \mathrm{DW}_i \right) / nM \end{cases} \qquad (6\text{-}50)$$

式中，$\max f_{31}(W)$ 为供水净效益最大；i（$i=1$，2，$\cdots$，m）为第 i 个用水户，分别表示居民生活用水、生态环境用水、农业用水、工业用水、公共用水等；j（$j=1$，2，$\cdots$，n）为第 j 处引水泵闸；e_{ij} 为第 j 处引水泵闸向第 i 个用水户的供水效益系数；d_{ij} 为第 j 处引水泵闸向第 i 个用水户的供水费用系数；τ_{ij} 为第 j 处引水泵闸向第 i 个用水户供水的供水效益修正系数，与用水户类型、供水次序、水源等相关；$\min f_{32}(W)$ 为用水系统缺水量最小；DW_i 为第 i 个用水户的正常需水量；W_{ij} 为第 i 个用水户的用水量；$\max f_{33}(W)$ 为公平性最强；M 为用水的供需比例。

2）系统整体耦合协调程度函数

分项评测各子系统的效益状况水平后，需衡量黄河三角洲复合系统中行洪输沙–生态环境–社会经济子系统间的耦合协调关系。耦合协调度 D 的计算公式如式（6-4）所示，耦合协调度等级划分如表 6-2 所示。

3）边界条件及约束条件

A. 水沙供给边界条件

水沙供给边界条件是进入河口地区的水沙，也就是模型的边界条件，其函数表达式为

$$\begin{cases} \sum_{i=1}^{m} W_i \leqslant \mathrm{SW} \\ W_i > 0 \end{cases} \qquad (6\text{-}51)$$

式中，W_i 为第 i 时段的供水量，其总和要小于等于河口三角洲地区年总的可供水量，即 SW。

B. 水沙需求条件

水沙需求条件的函数表达式为

$$
\begin{cases}
\sum_{i=1,j=1}^{m,n} W_{ij} = W_i \\
\mathrm{DW}_{i\min} \leqslant W_i \leqslant \mathrm{DW}_{i\max} \\
\mathrm{DW}_{i\min} \leqslant \sum_{i=1}^{m} W_i = \mathrm{DW}_i \leqslant \mathrm{DW}_{i\max}
\end{cases}
\tag{6-52}
$$

式中，W_i 为第 i 个需水单元的供水量；DW_i 为第 i 个需水单元的常规需水量；$\mathrm{DW}_{i\min}$ 为第 i 个需水单元的最小需水量；$\mathrm{DW}_{i\max}$ 为第 i 个需水单元的最大需水量。

C. 水沙输移能力条件

水沙输移能力条件是指河口河段各引水泵闸、分支流路过水能力或取水能力的条件：

$$
\begin{cases}
\sum_{i=1}^{m} W_{ij} \leqslant \mathrm{BW}_{\max j} \\
W_{ij} \geqslant 0
\end{cases}
\tag{6-53}
$$

式中，$\mathrm{BW}_{\max j}$ 为第 i 时段 j 处引水泵闸的年最大引水能力；W_{ij} 为第 i 时段 j 处引水泵闸的年引水量，该式表示年引水量要小于等于年最大引水能力。

D. 水沙最低保障红线约束条件

就水沙最低保障红线约束条件而言，其概念意味着水沙资源配置的最低量不可少于具有最低限制意义的数值，其函数表述为

$$
\sum_{i=1,j=1}^{m,n} d_i W_{ij} \geqslant K \cdot \mathrm{WC}
\tag{6-54}
$$

式中，d_i 为年均实际供水保障系数；W_{ij} 为年实际供水量；K 为规划年最低水保障系数；WC 为年均最低保障水量。

E. 子系统间的水沙协同条件

子系统间的水沙协同条件是指对于黄河三角洲地区的行洪输沙子系统、生态环境子系统和社会经济子系统，用于行洪输沙的水沙资源可以同时满足用于生态环境子系统和部分社会经济子系统，用于生态环境子系统的水沙资源可以同时满足用于部分行洪输沙子系统和社会经济子系统。

$$
\sum_{i=1}^{m} W_{ij} \leqslant W_{\mathrm{R}ij} + W_{\mathrm{E}ij} + W_{\mathrm{S}ij}
\tag{6-55}
$$

式中，$W_{\mathrm{R}ij}$、$W_{\mathrm{E}ij}$ 和 $W_{\mathrm{S}ij}$ 分别为用于行洪输沙子系统、生态环境子系统和社会经济子系统的水沙资源配置量。

上述模型构建后，亟须科学确定模型中各约束条件、边界条件的定量关系及关键参数的合理阈值，通过微观子系统内演化规律基础研究、中观子系统间协同博弈研究和宏观战略规划解析研究三方面协同推进。在微观子系统内演化规律基础研究方面，基于河流动力学、河口海岸学、海洋科学等学科理论和方法研究水沙输移与河道海岸演变规律，确定行洪输沙子系统变量；基于生态学、水文学和环境科学等学科理论和方法研究河口

生态环境演化机理，确定生态环境子系统变量；基于与水文学交叉的经济学、社会学等学科理论和方法研究三角洲地区的社会经济行为，确定社会经济子系统变量。在中观子系统间协同博弈研究方面，开展交叉学科、系统科学和控制论研究，明晰变量和子系统间的协同与博弈过程，揭示行洪输沙子系统、生态环境子系统和社会经济子系统三者的竞争关系和共生关系，构建关联和约束关系网络，提出主要关联因子和约束条件的定量关系，辨识约束因子间的独立性和融合度。在宏观战略规划解析研究方面，结合河口地区现状和未来重大规划需求，明确变量的底线、红线，以及近中远期目标值，确保模型变量及约束条件具有代表性、动态性、相关性和可取性。在此基础上，利用该模型耦合适宜边界与约束条件，进行黄河三角洲综合治理方案计算与效果评估，推进黄河三角洲综合治理。

6.7 黄河水沙调控理论与技术研究

6.7.1 黄河水沙调控理论与技术研究现状

百余年来，世界大江大河水（沙）资源的综合开发利用实践表明，不断完善的水利工程体系和不断扩大的开发规模，在兴利除害、促进社会经济发展的同时，也对天然径流和泥沙过程造成强烈扰动，对流域上、中、下游乃至河口地区的生态环境系统造成很大影响，甚至威胁河流系统乃至流域系统的整体健康（Di Baldassarre et al.，2018；Schmitt et al.，2018）。对此，国内外学者对江河水沙调控的研究越来越注重调控对象的整体性、调控目标的综合性，以减轻水沙不确定性对生态环境的影响和累积效应（Xu et al.，2020；Yan et al.，2021），调控理念也逐步从局部经济效益最大化转向水沙联合调控下流域系统的水沙–生态–经济可持续运行（胡春宏和陈建国，2014；江恩慧等，2020b；李爱花等，2011；马涛等，2021）。

水沙条件的不确定性是江河水沙联合调控面临的突出挑战。近年来，全球尺度上江河入海沙量减少 20% 以上，亚洲地区的大江大河入海水沙量减小趋势更加显著，尤以黄河为典型代表。过去 20 年，黄河入海径流量下降 48%，入海沙量锐减 84%。随着全球气候变化和人类活动加剧，极端天气事件频发（Wanders et al.，2015），剧烈的水沙情势变化打破了水文一致性假设，传统的基于历史水文泥沙资料分析，研究水库–河道耦合下的水沙运动规律，开展水沙调控工程体系的规划、设计与运行方式论证受到广泛关注（Bertoni et al.，2019；Di Baldassarre et al.，2017；Nourani et al.，2020；万文华，2018）。

水沙联合调控影响的累积效应正成为学术界研究的热点（Zhou et al.，2020；钟姗姗，2013）。累积效应往往由环境扰动的空间和时间拥挤所引起，当扰动的时空间隔小于系统恢复所需时间时，累积效应即会呈现。大江大河水（沙）资源梯级开发引起的累积效应是梯级水库群水沙联合调控对河流行洪输沙功能、生态环境效益、地方社会经济发展等不断进行影响的主要表现形式之一，时间尺度上累积影响的持续性、空间尺度上不同影响层面的关联性错综复杂（Belletti et al.，2020；Palmer and Ruhi，2019；Wen et al.，2018）。因此，从本质上科学认识梯级水库的开发利用对流域系统内河流本身的行洪输沙功能发挥、流域面上的生态环境影响和促进社会经济发展的累积效应、影响机理及互馈机制极具挑战性。目前，国内外学者对累积效应的概化模式、定量计算、案例剖析的研究均取得一定进展，但在累积效应形成机理、评价方法、关键阈值和应对措施等方面的研究仍显著不足，难以满足流域社会经济发展和生态环境保护不断提高的现实需求。

突出水沙调控对象的整体性已逐渐成为学界和工程界的共识。从 20 世纪 50～80 年代的西方筑坝热潮，到 20 世纪 80 年代至今中国水电工程大建设，世界范围内相当数量的江河实现水（沙）资源高度的开发利用。建设模式是以高坝大库为龙头，结合防洪大堤、分洪道和河道整治工程实现水（沙）资源的高效利用；一般优先建设条件好、效益大的工程，后建设效益低的辅助性工程，以实现工程群体效益的尽早发挥。当上下游已建工程开发目标难以协调时，通过多样性的工程和非工程措施联合调控与补偿，实现流域梯级开发综合效益最大化（赵麦换，2004）。美国田纳西河（代鑫，2020；李颖和陈林生，2003）、密西西比河（后立胜和许学工，2001）和欧洲莱茵河（陈维肖等，2019；王同生，2002）、伏尔加河（朱德祥，1986）等河流的治理开发，强调工程措施多样性及协同配合，保持河流上下游整体协调，已取得显著成效。然而，有些河流开发缺乏系统理论的指导，业已形成的工程体系难以有效发挥协同作用，治理过程中出现的利益冲突难以通过现有工程体系解决问题（Lehner et al.，2011；Wheeler et al.，2020）。

梯级水库群多目标优化调度是一个涉及范围广、层次交叉的复杂课题。梯级水库群需承担流域防洪减淤、供水发电、生态环境等多重服务功能，其服务对象和调度主体呈典型多元化特征，调度运行属于分层分区控制的多信息、多目标、多阶段、多部门协商决策过程（Castelletti et al.，2008）。对此，国内外学者在多目标互馈关系（Chen L et al.，2020；Huang et al.，2019；Raesaenen et al.，2015；何中政等，2020）、多目标优化决策方法（Giuliani and Castelletti，2016；Kasprzyk et al.，2013）、多目标优化调度模型与规则（Galelli et al.，2014；He et al.，2019；Jia et al.，2019；刘悦忆，2014）等方面均取得一系列进展。然而，从流域系统整体来看，多因素相互影响机制、多维功能协同方法、多目标协同调控技术等研究成果，还难以满足多重主体利益协调发挥和复杂系统可持续运行的现实需求（Zaniolo et al.，2021）。

黄河水沙调控理论与实践成果最为丰富。2002 年以来的黄河"调水调沙"原型试验和工程实践，初步构建了黄河水沙调控理论体系（李国英和盛连喜，2011；李强等，2014；王煜等，2013），不平衡输沙（韩其为等，2010；赵连军等，2006）、水库异重流（韩其为和李淑霞，2009；张俊华等，2018；李薇等，2019）、下游河道整治（韩其为，2008 a，2008 b；张红武等，2016；江恩慧等，2019c，2020a）、多沙河流水库泥沙数学模型与实体模型模拟（张俊华等，1999；王增辉，2016；王婷等，2020；闫振峰等，2019）等理论与技术取得显著进步，解决了以防洪减淤为主要目标的黄河水沙调控问题。

在"十三五"国家重点研发计划项目的支持下，江恩慧等以实现行洪输沙–生态环境–社会经济等河流系统功能多维协同为目标，构建了黄河干支流水库群多维协同的泥沙动态调控序贯决策理论，阐明了水库泥沙的高效输移机制及下游河流系统对泥沙动态调控的多过程综合响应机理，提出了黄河流域泥沙动态调控模式与技术，凸显了水库长期有效库容保持和黄河水沙调控体系多维功能充分发挥的作用，整体提升了水沙调控领域的理论与技术水平。

然而，黄河流域受全球气候变化、中游水土保持和流域梯级开发等综合影响，加之南水北调西线工程正在加紧论证，未来中长期水沙情势有可能进一步发生重大改变；流域生态脆弱，梯级水库群产生的生态环境累积效应还未厘清；现有工程体系空间布局不尽合理，规划的七大骨干枢纽仍有三座未开工建设，梯级水库群整体合力难以有效发挥；流域水资源严重短缺和水沙关系不协调，防洪减淤、供水发电、生态环境各目标间的竞争性凸显，流域–区域多利益主体的博弈关系复杂（王福博等，2021；王慧亮等，2020）。面临上述多重挑战，迫切需要以系统科学理论与方法为引领，构建变化环境下多时空尺度、河流功能多维目标协同的黄河流域水沙调控理论技术体系，突破传统黄河泥沙研究和水沙调控理论与技术的瓶颈，推动我国该领域相关学科发展和技术进步，继续保持整体国际领跑地位（王浩等，2020）。

6.7.2　黄河水沙调控理论与技术研究存在问题

1. 水沙调控工程实践的挑战

尽管黄河水沙调控理论与技术研究已取得长足进展，但面临新的时代背景、全球气候变化、新的水沙情势，当前水沙联合调控工程实践存在龙羊峡–刘家峡上游水库群丰水年径流利用效率不足、万家寨水库防洪库容被淤积泥沙严重侵占、三门峡水库综合效益发挥受到极大限制、小浪底水库调水调沙后续动力不足的问题，还面临待建水库迟迟无法达成共识的挑战。

1）待建的黑山峡水利枢纽困于地方利益之争

黑山峡水利枢纽建设论证除从宁蒙河段防洪减淤、新悬河治理等思路出发外，必须跳出局部河段约束，运用"流域系统科学"的思维模式，站在流域系统治理和国家安全战略（包括能源安全、粮食安全、生态安全、水安全等）需求层面进行论证，才能打破地方利益之争的樊笼，达成新共识，取得新进展。

具体而言，黑山峡河段的开发，不仅涉及黄河局部河段的治理，更是事关全流域社会经济发展、粮食安全、生态安全等国家安全的战略问题。第一，西北地区是我国重要的能源和粮食生产基地，黑山峡河段的开发可为西北地区能源和粮食产业发展提供重要的水资源保障，是解决我国社会经济发展不平衡不充分问题的重要抓手。第二，黑山峡河段的开发，将通过向周围干旱地区供水，发展绿洲生态农业，防止毛乌素沙漠、腾格里沙漠扩张，提高该地区的环境容量，构建我国西北地区生态屏障，事关国家生态安全。第三，黑山峡河段的开发，可发挥高坝大库优势，与龙羊峡、小浪底等骨干工程构建起全河水沙调控体系，是牵住水沙关系调节这个"牛鼻子"、保障黄河长治久安、支撑黄河流域生态保护和高质量发展重大国家战略的急迫需要。第四，黑山峡河段开发可以与南水北调西线工程有效衔接，有力支撑国家"四横三纵"水网布局，是构建国家骨干水网的重要节点工程。

2）待建的古贤水利枢纽陷入"多沙–少沙"与局部生态效益争论

古贤水利枢纽论证思路应跳出"多沙–少沙"与局部生态效益争论两个误区。一方面，从黄河长治久安的现实需求出发，多个水沙动力学数学模型和经验模型的模拟结果均表明，黄河下游年均 200 亿 m^3 来水和 3 亿 t 来沙是一个临界水沙关系，在修建古贤水库，使水资源得到高效利用、水库群调控潜力得到充分发挥的情况下，这一水沙组合可在百年尺度上实现"水库不淤积，河床不抬高，河口不退蚀"的输沙平衡状态，这是当前仅有小浪底水库条件下无论如何都无法达到的目标，从这一角度出发，在少沙情景下建设古贤水库同样意义重大，不可或缺。

另一方面，目前已针对古贤水库建设对上游蛇曲国家地质公园、下游壶口瀑布的环境影响做了大量的调查、分析和论证工作，但对生态环境效益的评估决不能局限于上下游数十公里的范围之内，而必须从全流域的角度综合考量。通过古贤水库的人造洪水，冲刷潼关高程，重新焕发三门峡水库的生机活力，带动周边城市发展，这部分社会效益如何评价？通过龙羊峡–刘家峡–古贤–三门峡–小浪底水库群联合调度，实现水库–河道–河口整个河流系统的水沙协调，确保黄河的长治久安，这部分生态效益如何评估？这都是当前仍未得到很好解答但更加重要的问题。

2. 亟待破解的科学技术问题

1）水库群调度下河流系统水–沙–生态多维互馈关系与耦合机制

河流具有多维功能属性，河流系统可持续运行既要有效发挥基本的行洪输沙功能，又要维持良性的生态环境功能。传统河流研究多关注水沙变化对生态环境的单向影响，实际上，河流中的水、沙、营养物质、污染物、温室气体等非生物物质与各类生物之间相互依存、相互作用，水–沙–生态各要素的数量、结构与相态，因相互作用而不断地发生时空演化。水沙通量作为物质与能量的传输介质，如何影响其他物质的行为、通量及其效应变化？多沙河流水沙介质中多物质间相互作用的机制如何？多相负载物质的运动与物种行为又如何反作用于水沙动力过程？这些问题是解析梯级水库群开发对河流生态环境影响与累积效应的关键。因此，亟待基于全流域、多尺度、长序列的水–沙–生态多要素监测，揭示水库群调度下河流系统水–沙–生态多维互馈关系与耦合机制。

2）流域系统行洪输沙–生态环境–社会经济各子系统多尺度交互作用机理

流域系统可持续运行有赖于行洪输沙–生态环境–社会经济三大子系统功能的协同发挥。以往水沙调控主要关注河流的防洪减淤，社会经济发展与生态环境维持对水沙资源的需求常退缩为边界约束。随着国家社会经济快速发展与公众生态环境保护意识的提高，原有的水沙调控理论与技术体系已难以满足流域系统治理和区域高质量发展的要求。行洪输沙–生态环境–社会经济三大子系统各要素复杂交织、相互作用、相互制约、相互反馈，应用传统泥沙运动力学和河床演变学等学科研究手段揭示多要素间协同竞争关系、阐明各子系统交互作用机理力有未逮，成为制约梯级水库群多目标水沙调控和流域系统多维功能协同发挥的关键。因此，亟待应用系统科学理论与方法，揭示流域系统行洪输沙-生态环境-社会经济各子系统多尺度交互作用机理。

　　3）流域系统水沙调控工程体系适宜格局和功能配置优化方法

　　黄河流域水沙调控工程体系待建工程黑山峡、碛口、古贤等水库的功能定位、建设规模与开发时序广受争议，其主要症结在于对流域整体性和流域系统可持续发展的动态需求认知缺乏共识。一方面，工程规模与功能论证必须站在国家安全高度和流域尺度，统筹考虑生态安全、供水安全、能源安全等国家长远战略需求，以及流域内上下游的协同博弈关系；另一方面，流域水沙条件是动态变化的，流域生态环境的健康维持及区域社会经济发展对水沙资源的需求是动态增长的，当前基于确定性水文序列规划设计的水库规模及调度规则难以适应动态变化的系统输入及外界环境需求。因此，亟待从流域系统整体出发，多角度辨识行洪输沙-生态环境-社会经济多维功能协同发挥的水库功能定位及规模论证的不确定性，建立流域系统水沙调控工程体系适宜格局和功能配置优化方法。

6.7.3　黄河水沙调控理论与技术研究的系统方法

1. 广义水沙调控体系的概念

　　随着经济社会的发展，黄河流域系统的整体结构已经发生变化，黄河供水区已由过去仅包含黄河流域内部和持续了 70 年的黄河下游引黄灌区等范围，随着国家水网建设进一步扩展到永定河和白洋淀生态补水，传统的黄河流域已悄然演变为广义的黄河流域系统。

　　随着黄河水沙情势的深刻变化，特别是黄河流域生态保护和高质量发展重大国家战略的实施，国家对黄河治理保护提出了更高要求，破解上述关键科学技术问题，需以系统方法为引领，拓展水沙调控的科学内涵。针对黄河"调水容易调沙难"的技术瓶颈，江恩慧等（2019b）构建了黄河流域干支流骨干枢纽群泥沙动态调控系统理论，使得传统调水调沙实现了从水沙联合调控到泥沙动态调控的跨越；随着社会经济的不断发展和生态环境良性维持战略需求的提升，泥沙的"资源属性"凸显，泥沙资源利用促使人们对调水调沙的理解从传统的协调水沙关系上升到水沙资源的优化配置。随着系统理论方法在自然科学研究中的逐步深入和流域系统科学理念的提出，研究者们逐渐意识到，中游水土保持、河段引水引沙、水库调水调沙乃至水库-河道的泥沙处理与资源利用共同构成了调节水沙关系的完整"工具箱"，各类措施间有着显著的级联效应。因此，水沙调控体系的概念应当从狭义的干支流水库群调度，扩展到包括水土保持、引水引沙和泥沙资源利用等措施在内的广义水沙调控体系（图6-19）。

　　水沙资源配置是连接流域系统各功能子系统和各要素之间的纽带。尽管黄河流域水沙情势和生态环境向好发展，但水沙关系不协调仍未发生根本转变，水沙资源配置对社会经济高质量发展和生态环境良性维持的支撑仍然不足，未来一定时期水沙资源的供需矛盾依然十分严峻。在气候变化和人类活动的双重影响下，黄河流域水沙关系的时空变异特征和不确定性，显著影响着广义流域系统水沙资源利用方式、配置效益、开发模式及水沙–生态–经济耦合关系的演化趋势。

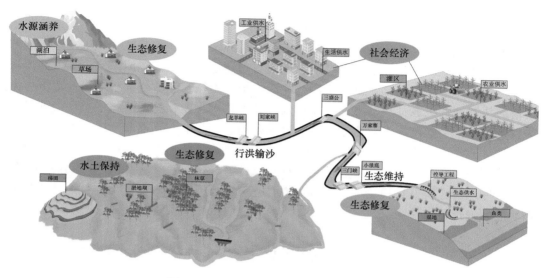

图 6-19　广义黄河水沙调控体系示意图

目前，黄河流域系统治理必须有效提升水土保持和传统水沙调控对水沙资源配置的整体协调度，全面发挥广义水沙调控体系的整体合力，充分挖掘协调水沙关系的调控潜力。因此，构建包括传统水沙调控、水土保持和泥沙资源利用的广义黄河水沙调控体系，揭示黄河流域水沙资源配置与生态环境–社会经济的协同演化关系，探明水沙–生态–经济多过程耦合机制，提出黄河流域系统"行洪输沙–生态环境–社会经济"多维功能协同的水沙资源配置格局和调控对策，是落实黄河流域生态保护和高质量发展重大国家战略的现实需求，对促进自然科学与社会科学的交叉融合，以及丰富地球表层系统科学、河流泥沙动力学等学科内容，具有重大的科学意义和实践价值。

2. 黄河水沙调控多目标协同的科学内涵与实现路径

黄河水沙调控多目标协同，是以流域系统科学理论和方法为引领，以流域系统行洪输沙–生态环境–社会经济三大子系统服务功能协同发挥为目标，揭示坡面水土保持–河段引水引沙–干支流骨干枢纽群调度–泥沙资源利用等措施的级联效应与协同策略，优化流域水沙资源时空配置，支撑流域生态保护和高质量发展。

1）科学内涵

黄河水沙调控多目标协同需要同时兼顾行洪输沙–生态环境–社会经济三大子系统的效益，各子系统总效益表示为

$$F = \{F_1, F_2, F_3\}　　　　　　（6-56）$$

式中，下标 1、2、3 分别为行洪输沙、生态环境、社会经济三个子系统。

黄河水沙调控多目标协同的约束条件包括行洪输沙–生态环境–社会经济三大子系

统的一级约束条件和二级约束条件，具体形式如式（6-57）所示：

$$L = \{L_1, L_2, L_3\} = \left\{ L_1^a, L_1^b, L_2^a, L_2^b, L_3^a, L_3^b \right\} \tag{6-57}$$

式中，L 为约束条件集合；a 和 b 分别为一级约束条件和二级约束条件。

定义子系统之间的耦合协调程度为 D。由此，基于黄河流域三大子系统耦合协调发展程度最高的测度，可构建如式（6-58）所示的非线性的水沙调控多目标协同模型：

$$H_R = \{F, D, L\} \tag{6-58}$$

在复杂水沙情境下水沙调控多目标协同的科学内涵有两层含义：一方面，流域水沙调控应在满足行洪输沙、生态环境及社会经济三大子系统一级或二级约束的前提下，使黄河流域系统行洪输沙–生态环境–社会经济三大子系统各自的综合效益和内部的协同性达到最大，优选出一系列满足上述准则的 Pareto 最优调控方案；另一方面，考虑各子系统间存在的复杂协同–竞争关系，应根据流域系统整体耦合协调度最高从 Pareto 先锋面中确定最终调控决策方案，以期实现流域系统整体的可持续运行。黄河水沙调控多目标协同总体思路架构如图 6-20 所示。

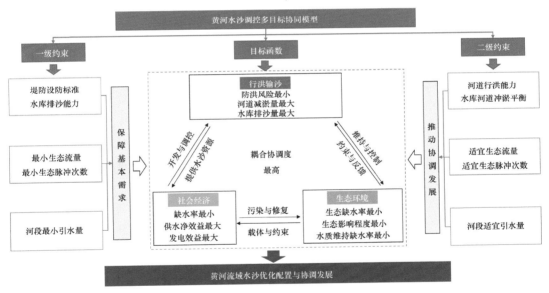

图 6-20　黄河水沙调控多目标协同总体思路架构

2）实现路径

实现黄河流域水沙资源优化配置与协调发展，需要以黄河流域系统耦合协调度最高为目标函数，耦合行洪输沙–生态环境–社会经济三大子系统的约束条件，构建黄河水沙调控多目标协同模型。考虑到边界条件的时空差异，需综合考虑来水来沙条件、水库蓄水状态、水沙调控服务对象的具体需求等因素，选择合适的水库群组，确定目标函数中各参数的最佳取值。此外，黄河流域上中下游具有不同的自然地理禀赋条件，各子流域和区域社会经济、生态环境差异悬殊，导致流域系统水沙调控约束条件的复杂性，因此，实际应用时，需有针对性地选择和动态调整黄河流域各河段的约束条件及参数阈值，这也是该模型应用的一个难点与亮点。这就要求我们在微观层面上阐明水库–河道的水沙运动机理和河床演变过程，揭示水生和陆生生物群落对水沙条件变化的响应机制，解析区域社会经济发展及各用户对水沙资源的依赖性；在中观层面上厘清行洪输沙–生态环境–社会经济三大子系统中各因子之间的互馈作用，揭示三大子系统之间各因子的竞争–协同关系及演化机制；在宏观层面上综合考虑黄河流域生态保护和高质量发展重大国家战略、国家水网建设等重大战略规划，才能够最终确定合理的水沙调控多目标协同模型的目标函数与约束条件，并确定与之相关的一系列参数阈值。基于构建成熟的水沙调控多目标协同模型，结合未来水沙情景模拟，即可提出流域系统水沙调控工程体系适宜配置格局和调控策略，支撑黄河流域水沙资源优化配置和高质量发展。

3. 黄河水沙调控多目标协同模型构建

按照流域系统科学观点，综合考虑行洪输沙–生态环境–社会经济三个子系统的目标函数，耦合形成黄河水沙调控多目标协同模型的目标函数，厘清各子系统内部的一级约束条件和二级约束条件，构建黄河水沙调控多目标协同模型，实现黄河流域水沙资源优化配置与协调发展。

1）各子系统效益目标函数

A. 行洪输沙效益目标（F_1）

河道基本功能即行洪和输沙，因此行洪输沙目标包括防洪风险 F_{11}、河道减淤量 F_{12} 和水库排沙量 F_{13} 三个分目标，即

$$F_1 = \{\min F_{11}, \max F_{12}, \max F_{13}\}$$

$$\begin{cases} \min F_{11} = \omega_1 \sum_{i=1}^{N} \dfrac{V_{\max i} - V_{1i}}{V_{Di}} + \omega_2 \sum_{l=1}^{L} \sum_{t=1}^{T} \dfrac{Q_{l,t} - Q_{Bl}}{Q_{Bl}} \\[3mm] \max F_{12} = \sum_{l=1}^{L} \sum_{t=1}^{T} \left(S_{\text{out } l,t} - S_{\text{in } l,t} \right) \\[3mm] \max F_{13} = \sum_{i=1}^{N} \sum_{t=1}^{T} \left(S_{\text{Rout } i,t} - S_{\text{Rin } i,t} \right) \end{cases} \tag{6-59}$$

式中，$\min F_{11}$ 为防洪风险最小；T 为调度时段总数；N 为水库总数；L 为河段总数；ω_1 和 ω_2 分别为洪水过程中水库和河道防洪安全所占的权重；$V_{\max i}$、V_{1i} 和 V_{Di} 为第 i 水库最高水位、初始水位和设计洪水位对应的库容；$Q_{l,t}$ 为第 l 河段（此处用防洪控制断面表示）第 t 时刻的流量；Q_{Bl} 为第 l 河段的设防流量，保滩调度时是平滩流量，保堤调度时是堤防标准；$\max F_{12}$ 为河道减淤量最大；$S_{\text{out } l,t}$ 和 $S_{\text{in } l,t}$ 分别为第 l 河段第 t 时刻的出口沙量和入口沙量，$S_{\text{out } l,t}$ 根据经验公式计算；$\max F_{13}$ 为水库排沙量最大；$S_{\text{Rout } i,t}$ 和 $S_{\text{Rin } i,t}$ 分别为第 i 水库第 t 时刻的出库沙量和入库沙量，$S_{\text{Rout } i,t}$ 根据经验公式计算。

B. 生态环境效益目标（F_2）

生态环境维持应从生态系统需水及环境需水两方面衡量，因此生态环境目标包括生态缺水率 F_{21}、生态影响程度 F_{22} 和水质维持缺水率 F_{23} 三个分目标，即

$$F_2 = \{\min F_{21}, \min F_{22}, \min F_{23}\}$$

$$
\begin{cases}
\min F_{21} = \begin{cases} \displaystyle\sum_{t=1}^{T}\sum_{i=1}^{N} \frac{D_{\mathrm{E}\,i,t} - Q_{\mathrm{E}\,i,t}}{D_{\mathrm{E}\,i,t}} & Q_{\mathrm{E}\,i,t} < D_{\mathrm{E}\,i,t} \\[2mm] 0 & Q_{\mathrm{E}\,i,t} \geqslant D_{\mathrm{E}\,i,t} \end{cases} \\[8mm]
\min F_{22} = \dfrac{1}{Z}\displaystyle\sum_{z=1}^{Z}\left|\dfrac{N_{\mathrm{o},z} - N_{\mathrm{e},z}}{N_{\mathrm{e},z}}\right| \times 100\% \\[8mm]
\min F_{23} = \displaystyle\sum_{t=1}^{T}\sum_{i=1}^{N}\left(\dfrac{D_{\mathrm{q}\,i,t} - Q_{\mathrm{q}\,i,t}}{D_{\mathrm{q}\,i,t}}\right)^2
\end{cases}
\tag{6-60}
$$

式中，$\min F_{21}$ 为生态缺水率最小；$D_{\mathrm{E}\,i,t}$ 为第 i 水库下游河段第 t 时段适宜生态流量，m^3/s；$Q_{\mathrm{E}\,i,t}$ 为第 i 水库第 t 时段生态供水流量，m^3/s；$\min F_{22}$ 为生态影响程度最小；Z 为水库调度对生态影响的评价指标个数；$N_{\mathrm{o},z}$ 为实际数值在指定范围内的时段数；$N_{\mathrm{e},z}$ 为预期数值在指定范围内的时段数（Richter et al.，1998）；$\min F_{23}$ 为水质维持缺水率最小；$Q_{\mathrm{q}\,i,t}$ 为第 i 水库第 t 时段下泄流量中除去引水等，能用于净化水质的流量，m^3/s；$D_{\mathrm{q}\,i,t}$ 为第 i 水库下游河段第 t 时段遭污染所需的净化水质的流量，m^3/s，采用一维水质模型计算（郝伏勤等，2005）。

C. 社会经济总效益（F_3）

黄河水库的主要社会经济功能是供水和发电，因此社会经济目标包括缺水率 F_{31}、供水净效益 F_{32} 和发电效益 F_{33} 三个分目标，即

$$F_3 = \{\min F_{31}, \max F_{32}, \max F_{33}\}$$

$$
\begin{cases}
\min F_{31} = \displaystyle\sum_{t=1}^{T}\sum_{j=1}^{J}\left(\dfrac{D_{j,t} - W_{j,t}}{D_{j,t}}\right)^2 \\[8mm]
\max F_{32} = \displaystyle\sum_{t=1}^{T}\sum_{j=1}^{J} c_j \times W_{j,t} \\[8mm]
\max F_{33} = \displaystyle\sum_{t=1}^{T}\sum_{i=1}^{N} \varphi K Q_{i,t} \Delta H_{i,t} \Delta t
\end{cases}
\tag{6-61}
$$

式中，$\min F_{31}$ 为缺水率最小；J 为用水部门总数，包括工业用水、农业用水、生活用水

三类；$D_{j,t}$ 为第 j 用水部门第 t 时段的需水量，m^3；$W_{j,t}$ 为水库对第 j 用水部门第 t 时段实际供水量，m^3；max F_{32} 为供水净效益最大；c_j 为水库对第 j 用水部门单位体积供水量的净效益，元/m^3；max F_{33} 为发电效益最大；φ 为水库的入网电价，元/（kW·h）；K 为水库水电站的出力系数；$Q_{i,t}$ 为第 i 水库第 t 时段发电流量，m^3/s；$\Delta H_{i,t}$ 为第 i 水库第 t 时段发电水头，m；Δt 为时段长。

2）系统整体耦合协调度函数

根据上述各子系统目标计算 Pareto 前沿集后，需评估行洪输沙–生态环境–社会经济三大子系统之间的耦合协调关系，在 Pareto 前沿集中选取耦合协调度最高的调控方案。耦合协调度 D 的计算公式如式（6-4）所示，耦合协调度等级划分如表 6-2 所示。

3）子系统内部一级和二级约束条件

如图 6-20 所示，黄河水沙调控多目标协同模型的约束条件包括行洪输沙、生态环境和社会经济三个子系统的一级和二级约束条件。其中，一级约束条件是指在极端水沙条件下为维持三大子系统基本功能必须满足的约束条件，二级约束条件是指在非极端水沙条件下，为使三大子系统发挥更大效益需满足的约束条件。

A. 行洪输沙一级约束

在行洪输沙子系统中，极端水沙条件下水库群下泄流量过程应小于堤防设防标准，否则将造成溃堤，出库沙量应小于水库排沙能力，为该子系统一级约束，函数表达式如式（6-62）所示：

$$\begin{cases} \mathrm{QO}_i \leqslant \mathrm{QS}_i \\ \mathrm{SR}_i \leqslant \mathrm{SRU}_i \end{cases} \qquad (6\text{-}62)$$

式中，QO_i 为第 i 座水库的下泄流量，m^3/s；QS_i 为第 i 座水库下游河段的堤防设防流量，m^3/s；SR_i 为水库出库输沙量，kg；SRU_i 为第 i 座水库在该水沙情景下的输沙量上限，kg。

B. 行洪输沙二级约束

一般水沙条件下，水库下泄流量应小于河道行洪能力，塑造协调的水沙过程，使水库和河道处于平衡状态，将此作为二级约束，函数表达式如式（6-63）所示：

$$\begin{cases} \mathrm{QO}_i \leqslant \mathrm{QSP}_i \\ |\mathrm{SRI}_i - \mathrm{SRO}_i| \leqslant \delta_{\mathrm{R}} \\ |\mathrm{SI}_i - \mathrm{SO}_i| \leqslant \delta \end{cases} \qquad (6\text{-}63)$$

式中，QSP_i 为第 i 座水库下游河段的行洪能力，即平滩流量，m^3/s；SRI_i 和 SRO_i 分别为第 i 座水库的入库沙量和出库沙量，kg；δ_{R} 为水库处于平衡状态的沙量变化临界值，kg；SI_i 和 SO_i 分别为流入和流出第 i 河段的沙量，kg；δ 为河段处于平衡状态的沙量变化临界值，kg。

C. 生态环境一级约束

生态环境子系统中，在枯水情景下，为保障河道内鱼类等生物的产卵繁殖，并维持河道外生态环境，设置最小生态流量和最小生态脉冲次数约束作为一级约束，函数表达式如式（6-64）所示：

$$\begin{cases} QO_i \geqslant QEL_i \\ QO_{\max i} \geqslant N_i \end{cases} \tag{6-64}$$

式中，QO_i 为第 i 座水库的下泄流量，m^3/s；QEL_i 为第 i 座水库下游河段河道内和河道外最小生态流量，m^3/s；$QO_{\max i}$ 为第 i 河段的生态脉冲次数；N_i 为第 i 河段的最小生态脉冲次数。

D. 生态环境二级约束

在平水或丰水年份，应使河段生态流量和生态脉冲次数尽量满足最适宜生态流量和生态脉冲次数，以保障河道内外生态环境良性维持和改善，将此作为二级约束，函数表达式如式（6-65）所示：

$$\begin{cases} QO_i \geqslant QEB_i \\ QO_{\max i} \geqslant B_i \end{cases} \tag{6-65}$$

式中，QEB_i 为第 i 座水库下游河段河道内和河道外适宜生态流量，m^3/s；B_i 为第 i 河段的适宜生态脉冲次数。

E. 社会经济一级约束

社会经济子系统中，在枯水情景下，应满足流域内生活、生产、灌溉最小引水需求，为此设置河段最小引水量作为一级约束，函数表达式如式（6-66）所示：

$$W_i \geqslant WL_i \tag{6-66}$$

式中，W_i 为第 i 河段的引水量，m^3；WL_i 为第 i 河段的最小引水量，m^3。

F. 社会经济二级约束

在满足流域内生活、生产、灌溉最小用水需求的基础上，在平水或丰水年份，应使河段引水量尽量满足流域内生活、生产、灌溉适宜用水需求，将河段适宜引水量作为二级约束，函数表达式如式（6-67）所示：

$$W_i \geqslant WB_i \tag{6-67}$$

式中，WB_i 为第 i 河段的适宜引水量，m^3。

基于上述各子系统目标函数、系统整体耦合协调度函数及各子系统内部约束条件，构建黄河水沙调控多目标协同模型，可实现流域系统水沙资源协同调控与优化配置。不同水沙情景下决策者关注重点不同，表现流域系统整体耦合协调度评价时三大子系统权重不同，同时各系统内部目标间的权重亦有所差异。在极端枯水条件下，生活供水具有最高优先级，因此社会经济子系统中缺水率目标的权重应相应增大，而供水净效益和发电效益的权重相应减小；对于流域系统整体耦合协调度而言，社会经济子系统权重较大，行洪输沙及生态环境子系统发展指数可能小于可持续发展阈值，基本功能丧失。在适宜水沙条件下，应在满足行洪输沙–生态环境–社会经济三大子系统可持续发展的同时，使流域系统整体耦合协调度最高，推动流域系统协调发展。在极端丰水条件下，能满足生态环境和社会经济子系统可持续发展，但具有较大的洪涝风险，因此应着重考虑行洪输沙子系统中防洪效益，同时利用大流量洪水过程最大限度发挥减淤效益和排沙效益。

黄河水沙调控多目标协同模型是"黄河广义水沙调控体系多维功能协同智慧决策平台"模型库的关键组成部分。该智慧决策平台模型库中水沙–生态–经济多过程耦合系统动力学模型可预测水沙–生态–经济多过程协同演化趋势并揭示耦合作用机制，在此基础上，黄河水沙调控多目标协同模型可实施各种供需情景下的水沙调控，并在以下方面推广应用：一是实现黄河流域系统水沙资源优化配置与协调发展，在国家水网建设背景下，根据水沙调控多目标协同方案及三大子系统协同发展态势，优化水沙资源利用方式及在三大子系统之间的配置效益；二是黄河广义水沙调控体系工程布局优化和待建水库规模论证，通过探究不同水沙调控工程布局方式和待建水库库容规模下的流域系统协同发展趋势，确定最佳的工程布局和待建水库规模，全面发挥水沙调控工程体系的整体合力；三是指导黄河流域高质量发展战略决策，将流域水沙调控多目标协同方案集成至智慧决策平台决策层的集成研讨厅，进行专家研判，提出流域系统多维功能协同的水沙资源配置格局、实现黄河流域协同发展的水沙调控对策、水沙调控工程体系管理政策和体制机制建议，指导国家及流域层面的战略决策。

第7章 黄河流域综合治理系统理论 方法的初步应用

围绕黄河流域系统治理过程中不同层面的实际问题，研究团队先后在"十二五"国家科技支撑计划、国家自然科学基金重点项目、水利部公益性行业科研专项、"十三五"国家重点研发计划等项目的支持下，运用系统理论方法在黄河下游游荡型河道整治、宽滩区防洪减灾综合效应评价、泥沙资源利用综合效益评估、干支流泥沙动态调控综合效益评价等方面开展了探索性研究。

7.1 黄河下游游荡型河道河势稳定控制系统理论方法与应用

7.1.1 河势稳定对游荡型河道河流系统多维功能协同发挥的重要性

游荡型河道是天然河流常见的河型之一，国内外分布非常广泛，尤以黄河下游白鹤至高村河段最为典型。该河段河道比较顺直，河岸泥沙颗粒组成较粗，抗冲性差，极易发生坍塌、冲刷展宽；由于水流含沙量大，河床极易堆积抬高。游荡型河道的淤积使平滩流量减小，对防洪安全极为不利，洪水上涨时，水沙漫流，往往造成大堤溃决，泛滥成灾；洪水降落时，往往引起主流坐弯，进而顶冲河道整治工程或黄河大堤，出现重大险情。该河段的滩区居住有189多万居民，历史上素有"三年两决口、百年一改道"之说，拥有高悬于黄淮海平原之上的地上悬河，黄河大堤一旦决口不仅造成人员伤亡和经济损失，还将造成沿河两岸地区内涝和盐渍化等严重的生态问题，几十年甚至上百年都难以修复。这些影响因素和制约因素交织耦合，使得黄河下游荡型河道成为世界上最复杂、最难以治理的河流，游荡型河道整治理论与技术的提升也成为最富有挑战的前沿性科学难题。

黄河下游游荡型河道整治的历史由来已久。新中国成立以来，国家投入了大量人力物力开展系统的治理与研究。"八五"科技攻关期间，胡一三等分析了下游游荡型河道河势演变规律，提出了"微弯型整治方案"，并开始了有计划地逐步实施，河势游荡范围明显减小。2002～2006年，针对小浪底水库运用以后进入黄河下游的水沙过程发生的显著变化，江恩慧等（2006）进一步开展了黄河下游荡型河道河势演变机理与整治方案研究，揭示了"河性行曲""大水趋直、小水弯""河弯蠕动"等河势演变机理，进一步优化了游荡型河道整治方案，并据此于2006年底开展了新一轮黄河下游荡型河段河道整治。近些年持续治理的效果表明，该河段游荡范围显著减小。

　　实际上，游荡型河道治理面对的情势发生了重大改变。首先，进入下游的水沙条件发生了显著变化，来水来沙呈大幅减少趋势；同时，随着小浪底水库及其上游水库群水沙联合调控能力的增强和水沙调控技术的提高，进入黄河下游的水沙过程已基本成为人为控制的过程。其次，国家全面建成小康社会战略目标的实施，要求实现下游滩区脱贫致富、滩区高质量发展，长期积累的治河与滩区社会经济发展之间的矛盾日益凸显，已成为影响黄河下游河道治理的突出问题，中央和各级政府也都在积极探索改变滩区社会经济发展滞后的各种战略措施。最后，国家颁布实施黄河下游滩区淹没补偿政策、水利工程建设补短板投资力度加大、社会公众对生态环境保护和黄河防洪安全重要性的认知水平提升等，都为黄河防洪安全和滩区适时分洪提供了灵活调度的前提。

　　游荡型河道作为河流系统的一部分，对其演变规律的认知、河道整治方案的确定与工程布局都受系统内外各种因素的约束。随着社会的发展和河流治理开发工作的推进，社会经济的发展、生态环境的良性维持对河流的需求都发生了较大改变，这些变化互相交织，既有独立，又有重叠。传统以防洪安全为主的河道整治理论与工程措施已不能适应当前需要，亟须建立一套科学系统的研究方法，将游荡型河道行洪输沙–生态环境–社会经济多维功能统筹考虑，实现河道整治的宏观问题和河流泥沙动力学的微观问题有机联系、社会科学问题与自然科学问题有机结合，开展定量化、模型化和择优化研究。

　　2019 年 9 月 18 日，习近平总书记在黄河流域生态保护和高质量发展座谈会上明确提出，"黄河流域生态保护和高质量发展是一个复杂的系统工程""更加注重保护和治理的系统性、整体性、协同性"，这些重要论断使"系统治理"的理念愈发深入人心。因此，新形势下黄河下游游荡型河道的进一步整治必须解决黄河防洪减灾与滩区社会经济发展、生态环境良性维持的协同问题；开展游荡型河道河势演变与稳定控制系统理论研究，既是当前治黄面临的现实挑战，又是新时代重大国家战略的迫切需求，相关研究成果将为河床演变与河道整治研究实现从经验到理论、定性到定量的跨越开创新思路，为实现由游荡到稳定的整治目标奠定理论基础。

　　为此，我们收集整理了大量的行洪输沙、生态环境与社会经济数据，基于系统理论方法，识别了影响游荡型河道河势演变、河道整治目标（实现河流行洪输沙–生态环境–社会经济等多维功能良性维持）能否实现的约束因子，构建了各因子与河势演变的内在关系网络结构，确立了关键约束因子与调控因子的定量关系，建立了以调控因子为广义自变量的游荡型河道河势演变与稳定控制广义目标函数；基于河道平面形态特征（主流振荡幅度、迁移速率及迁移），提出了河势稳定状态量化指标及阈值。在此基础上，我们构建了游荡型河道河势稳定控制多维协同效应评价模型，应用该模型评价了河势稳定控制对河流多维子系统的综合影响；确定了满足多维约束的河势相对稳定特征指标阈值，构建了游荡型河道河势稳定控制系统模型，固定工程边界条件，应用启发式算法求解小浪底水库下泄水沙过程的可行解空间，确定了最优的水沙调控过程。

7.1.2　游荡型河道河势稳定控制多维协同效应评价模型构建

　　基于系统理念，结合多年的治黄实践以及小浪底水库的运用方式，遵循水沙统筹、空间统筹、时间统筹的原则，构建基于 Pareto 原理的三维结构河势稳定控制效应评价模型。

游荡型河道河势稳定控制效应评价模型指标分为 4 层，其指标体系逻辑关系如图 7-1 所示。底层评价指标采取无量纲化与归一化方法处理；三层功能指标按照乘法与加法原则相结合的方法计算，涉及的公式系数用层次分析法确定；二层协同指标按照功能指标的内积除以指标向量的长度计算；上述三个协同指标共同将全部空间切成了 2^3 部分，在这个三维空间中，不同水沙条件与河床边界条件产生的河势稳定性控制效应将会落在不同的空间内，形成 Pareto 先锋面。通过大量的情景模拟，我们将得到一组 Pareto 最优解，为河势稳定性控制决策提供理论支撑。

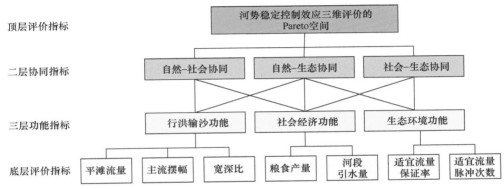

图 7-1　游荡型河道河势稳定控制效应三维评价指标体系逻辑关系图

（1）通过层次分析法，确定黄河下游河道行洪输沙子目标对黄河下游行洪输沙功能的判断矩阵如表 7-1 所示。求出表 7-1 三阶正互反矩阵的最大特征值 $\lambda_{max}=3$，该矩阵为完全一致矩阵，$CI=0$，最大特征值对应的特征向量归一化后，即为要求的权重系数 $w=[0.6,0.2,0.2]$。

表 7-1　黄河下游河道行洪输沙子目标对总目标 A1 的判断矩阵

行洪输沙功能 A1	平滩流量 B1	主流摆幅 B2	宽深比 B3
平滩流量 B1	1	3	3
主流摆幅 B2	1/3	1	1
宽深比 B3	1/3	1	1

权重系数特征向量 w 表明，平滩流量 B1 对于总目标行洪输沙功能 A1 的权重系数为 0.6，主流摆幅 B2 对于总目标行洪输沙功能 A1 的权重系数为 0.2，宽深比 B3 对于总目标行洪输沙功能 A1 的权重系数为 0.2。

（2）黄河下游河道社会经济子目标对黄河下游社会经济效应的判断矩阵如表 7-2 所示。此二阶正互反矩阵为完全一致矩阵，最大特征值对应的归一化权重系数特征向量为 $w=[0.5,0.5]$。

表 7-2　黄河下游河道社会经济子目标对总目标 **A2** 的判断矩阵

社会经济效应 A2	粮食产量 B4	河段引水量 B5
粮食产量 B4	1	1
河段引水量 B5	1	1

权重系数特征向量 w 表明，粮食产量 B4 对于总目标社会经济效应 A2 的权重系数为 0.5，河段引水量 B5 对于总目标社会经济效应 A2 的权重系数为 0.5。

（3）黄河下游河道生态环境子目标对黄河下游生态环境效应的判断矩阵如表 7-3 所示。此二阶正互反矩阵为完全一致矩阵，最大特征值对应的归一化权重系数特征向量为 $w = [0.5, 0.5]$。

表 7-3　黄河下游河道生态环境子目标对总目标 **A3** 的判断矩阵

生态环境效应 A3	适宜流量保证率 B6	适宜流量脉冲次数 B7
适宜流量保证率 B6	1	1
适宜流量脉冲次数 B7	1	1

权重系数特征向量 w 表明，适宜流量保证率 B6 对于总目标生态环境效应 A3 的权重系数为 0.5，适宜流量脉冲次数 B7 对于总目标生态环境效应 A3 的权重系数为 0.5。

由上述结果可得，黄河下游基层物理指标权重如表 7-4 所示。

表 7-4　黄河下游基层物理指标权重

功能指标	物理指标	权重系数
行洪输沙功能	平滩流量	0.6
	主流摆幅	0.2
	宽深比	0.2
社会经济效应	粮食产量	0.5
	河段引水量	0.5
生态环境效应	适宜流量保证率	0.5
	适宜流量脉冲次数	0.5

7.1.3　河势稳定控制对下游河道河流系统多维功能综合影响评价

为了进一步验证模型的可靠性及适应性，搜集黄河下游河段系列年（1980~2020 年）水沙过程、社会经济情况及适宜流量情况的资料，计算不同年份下游河道河势稳定控制效应的评价指标。再采用评价模型，对系列年河势稳定控制效果做出相应的评价，通过与河势稳定性指标 Ω 对比，给出各子目标协同条件下的河势稳定性指标阈值。

1. 系列年功能指标计算

基于 1980～2020 年洪水的水沙条件和当时河道地形特点，利用评价模型对黄河下游河道的行洪输沙功能、社会经济效应和生态环境效应进行评价。

2. 协同指标

根据前文得到的黄河下游河道行洪输沙功能、社会经济效应及生态环境效应功能指标的权重系数，进一步得到行洪输沙–社会经济、行洪输沙–生态环境、社会经济–生态环境功能协同指标的计算结果。

最终计算结果如图 7-2 所示。

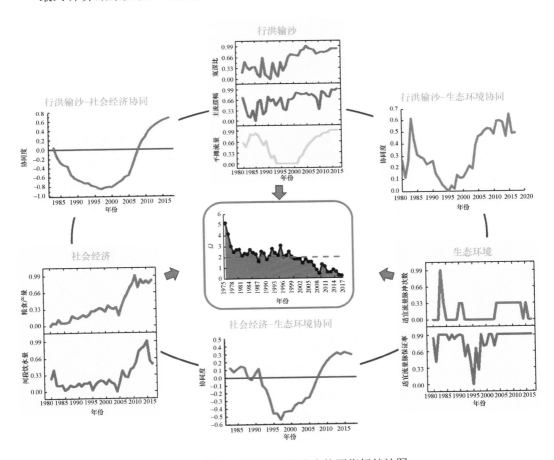

图 7-2　黄河下游河道河势稳定协同指标统计图

由此结果我们可以得到如下清晰直观的认识：全断面稳定性指标的均值逐年减小，1985 年以前 Ω 的均值一直在稳定河段的阈值之上，1986～2000 年，Ω 的均值略有减小，但仍在稳定河段的阈值之间徘徊，直到 2000 年，河道稳定性指标开始稳定在临界点（$\Omega=2$）之下。对于功能评价指标来说，随着河势稳定性的减小，行洪输沙、社会经济各评价指标整体呈现逐年向好的趋势，生态环境评价指标在 20 世纪 90 年代中期最差，之后开始逐年向好。

对于协同指标来说，三类协同指标都在 20 世纪 90 年代中期取得最小值，随后逐渐向好发展，在 2000 年前后协同指标均超过了物理意义上两系统协同的平均值（0.25）。从总体上看，行洪输沙、生态环境和社会经济三个子系统都在向好的方向发展，同时协同度也在提高；且自 2000 年之后，当河道稳定性指标稳定在临界点（$\Omega=2$）之下时，协同指标基本能达到较高水平，并呈现协同度逐渐提高的趋势。

7.1.4 游荡型河道河势稳定控制系统模型构建及水沙过程优化

由 7.1.3 节可知，当河势相对稳定指标 Ω 控制在 2 以下时，黄河下游游荡型河道河流系统的行洪输沙–生态环境–社会经济子系统的功能发挥良好，且相互协同度也能够达到较高水平。而河势相对稳定指标又是小浪底下泄水沙过程与工程边界的函数，本节即研究如何在考虑河势相对稳定目标的情况下，优化小浪底水库下泄水沙过程。

1. 目标函数

对于小浪底水库而言，我们重点考虑其发电、防洪减淤和下游河道的河势稳定控制三个目标，分别选取发电量、水库减淤量（排沙量）以及水沙不和谐度作为目标函数考虑的主要指标。同时以水库水位设计要求、库容设计、供水保证率、生态流量、泄水建筑物蓄泄规则、调度原则等作为约束条件，采用粒子群算法这一启发式算法反求优化的水沙过程。其目标函数的表达形式为

$$\text{Max}F = \frac{1}{\overline{\psi}}(aE - b\Delta V) = \frac{1}{\overline{\psi}}[a\sum_{t=1}^{T}KQ_{\text{out}}^t\left(H^t - H^0\right)\Delta t - b\Delta V] \tag{7-1}$$

$$E = \sum_{t=1}^{T}KQ_{\text{out}}^t(H^t - H^0)\Delta t \tag{7-2}$$

$$\overline{\psi} = \frac{1}{T}\sum_{t=1}^{T}\left|\left(Q_{\text{out}}^t\right)^k - Q_0^k\right|\bigg/Q_0^k \tag{7-3}$$

式中，F 为综合效益函数；$\overline{\psi}$ 为年度水沙过程的不和谐度（取值范围在 0～1）；k 为不和谐度系数；E 为发电效益；a 为水库发电上网电价，元/（kW·h）；b 为水库建设费用总库容的比值；ΔV 为水库时段内的泥沙淤积量，m³；K 为电站出力系数；Q_{out}^t 为水库日均过机流量，m³/s；H^t 为一年中第 t 天的坝前平均水位，m；H^0 为发电洞高程，m；Δt 为计算时长；T 为一年总天数；Q_0 为花园口站的和谐流量，是当 $\overline{\psi}$ 取得最小值时的流量取值。

其中，时段的转换通过水量平衡方程实现，各个时段初和时段末的库容作为状态变量，区间泄流作为决策变量，通过水量平衡实现状态的转移：

$$V_t = V_{t-1} + (Q_{\text{in}}^t - Q_{\text{out}}^t)\Delta t \tag{7-4}$$

式中，V_t 和 V_{t-1} 分别为该时段内时段末和时段初的库容，m³；Q_{in}^t 为该时间段内的平均入库流量，m³/s；Q_{out}^t 为该时间段内的出库流量，m³/s；Δt 为 t 划分的时间段。

2. 决策变量的选取

在构建的小浪底水库水沙联合调度模型中，各个模块之间通过流量、含沙量、坝前水位等参数进行相互传递，达到对整个模型的可行解的约束，实现各个模块的反馈和耦合。

3. 约束条件

（1）流量平衡约束：

$$Q_{in}^t = Q_{out}^t + q^t \tag{7-5}$$

式中，Q_{in}^t 和 Q_{out}^t 分别为第 t 个时段下水库的入库流量和上游水库出库流量，m³/s；q^t 为第 t 个时段下区间入流量，m³/s。

（2）水位约束。水库在设计初都已经从大坝安全的角度设定了正常蓄水位、防洪高水位、汛限水位、死水位等，水库在不同的运用阶段对水位的要求也不同，同时同一时段内从泄流安全的角度规定了水位的变幅，因此水位满足如式（7-6）所示的条件：

$$Z_{min}^t \leqslant Z^t \leqslant Z_{max}^t \tag{7-6}$$

式中，Z_{min}^t 为在 t 时段内水库可能的最低运行水位，m；Z_{max}^t 为在 t 时段内水库达到的最高运行水位，m。

（3）下泄流量约束。下泄流量受泄洪排沙洞、发电洞等泄水建筑物的过流能力限制，在具体的不同时段，是在其过流能力范围内，考虑防洪防凌、减淤、供水、发电及生态的需求进行下泄，不同时段其泄流满足时段内允许的泄流范围：

$$q_{min}^t \leqslant q^t \leqslant q_{max}^t \tag{7-7}$$

式中，q_{min}^t 为 t 时段水库允许下泄的最小流量，m³/s；q_{max}^t 为 t 时段水库允许下泄的最大流量，m³/s。

（4）水库出力约束。水库出力约束应满足：

$$N_{min}^t \leqslant N^t \leqslant N_{max}^t \tag{7-8}$$

式中，N_{min}^t 为 t 时段水库发电机组限制最小出力，$10^4\,kW$；N_{max}^t 为 t 时段水库发电机组限制最大出力，$10^4\,kW$；N^t 为 t 时段内任一时刻的出力，$10^4\,kW$。

（5）非负约束。非负约束即所有变量均为非负。

4. 水库排沙的计算方法

小浪底水库在拦沙初期，库区内泥沙输移以壅水输沙、沿程冲刷及异重流排沙为主。进入拦沙后期后，泥沙输移在拦沙初期的基础上增加了溯源冲刷模式，即降低库水位至三角洲顶点附近，从而降低淤积三角洲侵蚀基准面，在淤积三角洲洲面形成溯源冲刷，增加了异重流潜入点泥沙含量。其计算方法是利用入库流量过程和优化的坝前水位过程，根据以下经验公式计算出水库淤积量和出库水沙过程。

（1）水库泥沙冲淤模块：主要是利用质量守恒方程，利用淤积量来计算水库冲淤量，忽略了泥沙在库区淤积部位对泥沙冲淤的影响：

$$\Delta V = \sum_{t=1}^{T}(Q_{in}^{t}S_{in}^{t} - Q_{out}^{t}S_{out}^{t})\Delta t / \rho \tag{7-9}$$

式中，Q_{in}^{t} 为第 t 时段的平均入库流量，m³/s；Q_{out}^{t} 为第 t 时段的平均出库流量，m³/s；Δt 为 t 时段的计算时长；ρ 为水库淤积泥沙的干容重，kg/m³。

（2）水库排沙模块：水库排沙从大类上可分为壅水排沙、降水溯源冲刷和敞泄排沙三类，在水库排沙运用不同时期，水库各种排沙方式会在不同的边界条件下实现。

在水库运用初期，由于水库库容较大，水位较高，拦沙库容较大，以壅水排沙为主；随着水库逐渐淤积，拦沙库容减少，在遇到丰水年高含沙洪水过程时，为了减少水库淤积，则采用降水溯源冲刷方式排沙；当水库拦沙库容淤满，进入冲淤平衡时，水库为了维持库容，则采取敞泄排沙方式，该表达式为

$$Q_{in}^{t} = Q_{out}^{t}, S_{in}^{t} = S_{out}^{t} \tag{7-10}$$

在水库正常运用期，当水库的水位较高，潜入点处水深满足异重流潜入水深时，泥沙输移表现为壅水异重流排沙，异重流潜入过程中能量损失，沿程泥沙淤积，因此排沙比小于 1，出库沙量一般小于入库沙量；当汛期水位较低，库区水深达不到异重流潜入水深时，则排沙主要表现为沿程冲刷并结合产生异重流排沙，或者三种排沙方式在不同时段不同河段共同作用的形式，沿程冲刷计算公式为

$$G = \Psi \frac{Q_{out}^{1.6}J^{1.2}}{B^{0.5}} \tag{7-11}$$

式中，G 为沿程输沙率，t/s；J 为库区内水面比降；B 为库区内河道宽度，m；Ψ 为表征库区河床抗冲性能的系数。根据经验总结，抗冲性能的系数取值范围在[180，650]，取值越大，抗冲性能越小，反之则越大。

异重流排沙计算公式为

$$S = S_0 \sum_{t=1}^{T} P_i e^{-\frac{\alpha \omega_i L}{q}} \tag{7-12}$$

式中，S 为库区异重流输移到坝前下泄出库的含沙量，kg/m³；S_0 为异重流形成时潜入点的含沙量，kg/m³；P_i 为异重流潜入点河床泥沙级配；α 为泥沙饱和系数；ω_i 为第 i 组粒径沉速，m/s；L 为异重流输移的长度，m；q 为异重流演进时库区内的单宽流量，m²/s。

以 2010～2017 年小浪底水库实际调度过程为比对方案，以综合效益最大为目标，对小浪底水库调度进行优化，模型模拟计算小浪底水库的优化调度结果见图 7-3～图7-18，计算得到的年度水沙不和谐度指标计算结果如表 7-5 所示。

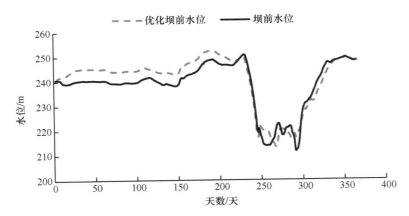

图 7-3　2010 年综合效益最优水位过程图

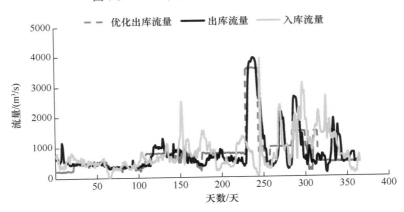

图 7-4　2010 年综合效益最大出库流量过程图

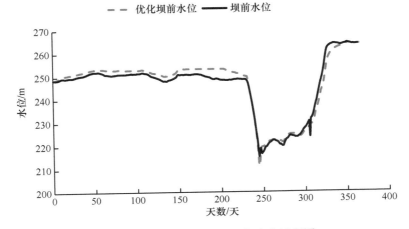

图 7-5　2011 年综合效益最优水位过程图

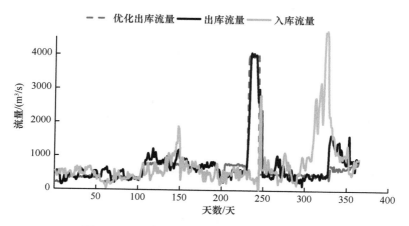

图 7-6　2011 年综合效益最大出库流量过程图

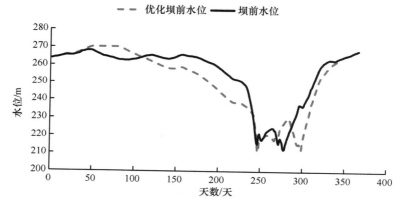

图 7-7　2012 年综合效益最优水位过程图

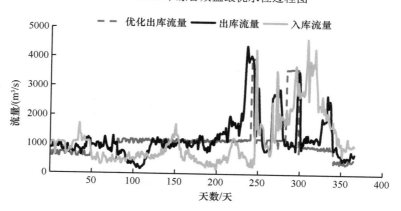

图 7-8　2012 年综合效益最大出库流量过程图

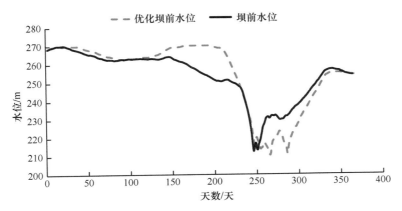

图 7-9　2013 年综合效益最优水位过程图

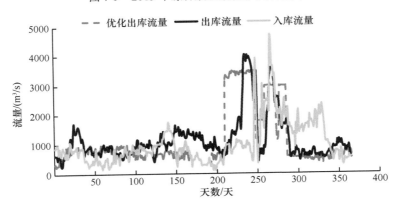

图 7-10　2013 年综合效益最大出库流量过程图

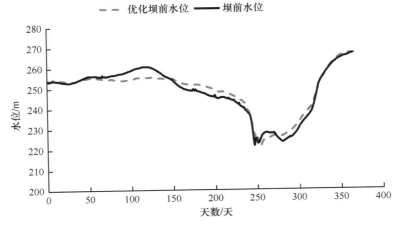

图 7-11　2014 年综合效益最优水位过程图

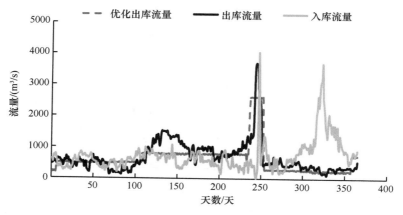

图 7-12　2014 年综合效益最大出库流量过程图

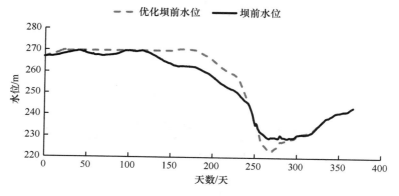

图 7-13　2015 年综合效益最优水位过程图

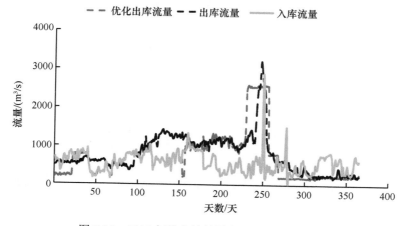

图 7-14　2015 年综合效益最大出库流量过程图

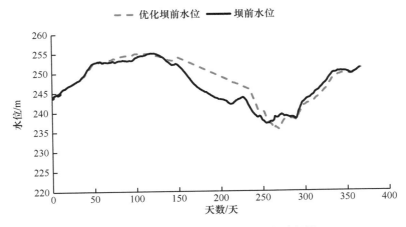

图 7-15　2016 年综合效益最优水位过程图

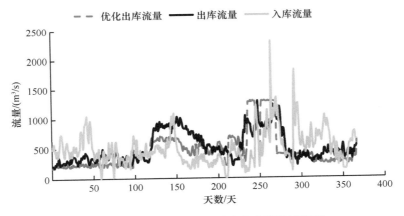

图 7-16　2016 年综合效益最大出库流量过程图

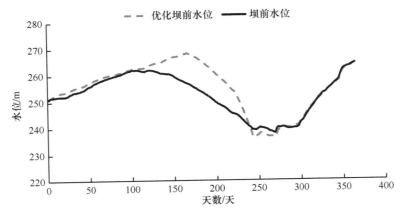

图 7-17　2017 年综合效益最优水位过程图

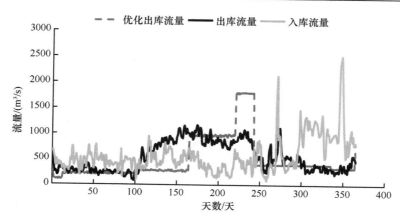

图 7-18 2017 年综合效益最大出库流量过程图

表 7-5 年度水沙不和谐度指标计算结果

年份	年度水沙不和谐度	小浪底年径流量/亿 m³	排沙量/亿 t	排沙比
2010	0.90	253	1.23	0.35
2011	0.90	235	1.12	0.64
2012	0.85	358	1.31	0.39
2013	0.71	323	3.15	0.80
2014	0.96	230	0.31	0.22
2015	0.94	184	0.02	0.04
2016	0.98	158	0.45	0.41
2017	0.95	181	0.09	0.08

由图 7-3～图 7-18 和表 7-5 可知，在丰水年份（2012 年、2013 年），年度水沙不和谐度较小，对于控制河势相对稳定指标 $\Omega<2$ 是有利的；但是遇到枯水年份（2015～2017年），年度水沙不和谐度较大，要想保证河势相对稳定指标 $\Omega<2$，对工程密度和工程布局将提出更高要求。

7.2 宽滩区滞洪沉沙功能与综合减灾效应二维评价方法及应用

多少年来，黄河下游宽滩区的运用方式一直是黄河防洪调度决策的难点。宽滩区作为黄河下游河道的一部分，大洪水期其必定要发挥行洪、滞洪与沉沙的功能，同时还是 189 万居民生产生活的场所。特别是近年来进入黄河下游的洪水量级和频次大幅减少，更是引起了社会各界对黄河下游宽滩区治理方向和管理问题的极大关注。宽滩区不同滞洪沉沙运用方式不仅仅关乎上游宽河段防洪减灾和滩区老百姓生命财产安全，还直接影响山东窄河段的行洪能力和堤外广大黄淮海平原的防洪安全。因此，科学构建黄河下游宽滩区滞洪沉沙功能与综合减灾效应评价指标体系和评价模型，是黄河防洪调度决策的关键；评价指标体系和评价模型既要能反映不同量级洪水在宽滩区滞洪沉沙的功能，又要能反映宽滩区不同运用方式的综合减灾效应，以此达到综合评判黄河下游河道河流系统自然属性和社会属性各自的功能与效应的目的。面对这一决策难题，必须以系统理论方法为引领，将黄河下游宽滩区运用方式的确定作为一项复杂的系统工程，分别将宽滩区应发挥的行洪滞洪沉沙功能、社会经济可持续发展功能作为宽滩区的两个子系统，建立能同时反映河流自然属性和社会属性的二维评价指标体系，综合分析大洪水对黄河下游宽滩区的影响，优化宽滩区运用方式，为宽滩区合理高效运用提供科技支撑。

7.2.1　评价指标体系与评价模型的构建

1. 评价指标体系与评价模型构建原则

在充分考虑评价模型科学性、系统性、层次性、代表性、定量化和可比性的基础上，本研究提出宽滩区滞洪沉沙功能与综合减灾效应评价指标体系和评价模型构建应遵循的主要原则。

（1）水沙统筹原则——洪水滞洪效应与沉沙功能的统筹兼顾。不同于少沙河流，黄河下游宽滩区的滞洪与沉沙功能紧密联系，强大的滞洪能力伴随着高效输沙和沉沙功效，二者的协调关系不应忽视。

（2）空间统筹原则——宽滩区与山东窄河段洪水风险的统筹兼顾。相同流量在宽河段的水位涨幅明显比窄河道小，更高的水位涨幅意味着更大的淹没损失和洪水威胁。因此，相比东平湖分洪和窄河道防洪措施，尽可能优先发挥下游宽滩区的滞洪沉沙功能，充分削减进入窄河道的洪峰与沙峰。

（3）时间统筹原则——现实洪水风险与未来河道基本功能维持的统筹兼顾。一方面，如果黄河下游宽滩区不可避免地要发生漫滩洪水，必须考虑滩区人民的受灾状况与经济损失，将其控制在可接受的范围内；另一方面，从长远看，适度的大流量洪水过程是塑造窄深稳定河槽、稳定河势的难得机会。黄河的调水调沙实践及宽滩区的行洪应用必须综合考虑当前的洪水灾害影响与未来河势稳定控制的效应，达到两者的平衡。

2. 二维评价指标体系与模型的基本架构

对黄河下游宽滩区运用的效果评价既要反映宽滩区的滞洪沉沙功能，即能滞多少洪、能沉多少沙，又要反映宽滩区发挥其滞洪沉沙功能以后的灾害效应，即宽滩区发挥滞洪沉沙功能给宽滩区造成的灾情和对山东窄河段的影响，二者不能直接相叠加。因此，需要构建能同时反映滩区滞洪沉沙功能和综合减灾效应的二维评价指标体系和评价模型。滞洪沉沙功能除体现在能直接反映其滩区滞洪沉沙能力的滞洪量、沉沙量、削峰率等以外，同时还应表现在长远对主槽形态的调整、二级悬河形态的改善等间接指标；减灾效应则既应体现宽滩区的综合灾情损失，又应考虑对山东窄河段冲淤演变及防洪情势的影响等方面。

基于上述思路提出二维评价指标体系及评价模型架构，如式（7-13）所示：

$$F = \{ f_1(x), f_2(x) \} \qquad (7\text{-}13)$$

式中，$f_1(x)$ 为滞洪沉沙功能评价函数，侧重评价滩区运用发挥的滞洪沉沙自然功能；$f_2(x)$ 为减灾效应评价函数，侧重评价滩区运用发挥的防洪减灾社会效应；x 为 n 维自变量，表示对 n 个滩区的调度指令。该指令既可以是简单的布尔变量，即仅使用 0 和 1 表示滩区的"启用"和"不用"，又可以是实数变量，表示对滩区运用方式更细程度的划分。对于每一场漫滩洪水，都可以采用式（7-1）体现的指标 F 来评价滩区的运用效果。

基于河流自然功能与社会功能既相互依存又相互制约的属性，在分别计算出不同水沙条件、不同滩区运用方案下的滞洪沉沙功能和减灾效应后，采用基于 Pareto 最优解的二维模型来综合评价宽滩区运用效果。子函数 f_1 为宽滩区的滞洪沉沙功能，f_2 为宽滩区的综合减灾效应，如果某种滩区运用方式相比原有方式能够提升滞洪沉沙功能，则其相对于原有的运用方式，就是一个 Pareto 改进。通过对所有滩区运用方式进行寻优计算，最终将确定一组相对最优的 Pareto 最优解，共同组成 Pareto 最优解集。在最优解集中，决策者可以自由地在不同解中选取相应的滩区运用和水沙调度方式。

基于 Pareto 最优解的黄河下游宽滩区滞洪沉沙功能与综合减灾效应评价模型构建的技术路线如图 7-19 所示。

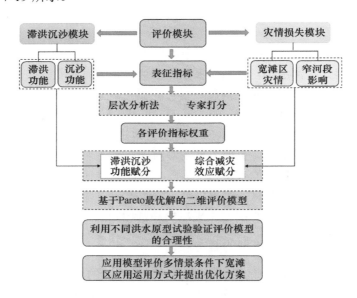

图 7-19　黄河下游宽滩区滞洪沉沙功能与综合减灾效应评价模型构建技术路线

3. 评价指标的物理意义及权重确定

1）评价指标及物理意义

基于对真实洪水条件下黄河下游典型滩区滞洪沉沙功能与综合减灾效应发挥的广泛调研，确定二维评价指标体系如图 7-20 所示，其具体指标的物理意义、计算方法如下。

宽滩区的滞洪功能重点关注其对主槽的塑造作用、对最高洪峰的削峰作用、对总洪量的迟滞作用，包含主槽平滩流量（P_1）、运用滩区削峰率（P_2）、运用滩区滞洪量（P_3）3 个评价指标。宽滩区的沉沙功能重点关注其对滩槽交换的积极影响、容纳淤积泥沙能力和对滩区横比降的改善作用，包含滩槽冲淤比（P_4）、运用滩区沉沙量（P_5）、运用滩区横比降（P_6）3 个评价指标。

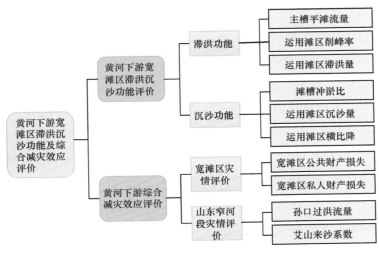

图 7-20 黄河下游宽滩区滞洪沉沙功能与减灾效应二维评价指标体系

宽滩区灾情损失模块主要分析在不同时期、不同漫滩程度和不同含沙量洪水的滞洪沉沙以后的综合减灾效应，选择宽滩区公共财产损失（P_7）、宽滩区私人财产损失（P_8）作为宽滩区灾情评价的指标。宽滩区运用对山东窄河段的影响主要从超标准洪水风险与淤积风险两个层面进行评价。孙口过洪流量（P_9）直接与东平湖分洪调度相关。当孙口过洪流量超过 10000m³/s 时，东平湖将实行分洪运用，因此该指标取值即为孙口过洪流量与东平湖必须分洪的临界流量的比值。该值大于 1，则说明东平湖必须分洪，该值越大，表示进入下游窄河段的洪水越多，宽河段的防洪压力越大。艾山来沙系数（P_{10}）用来判断下游山东窄河段的淤积风险。研究表明，下游河道的临界来沙系数约为 0.014kg·s/m⁶，当大于该临界来沙系数时，下游河道大概率产生淤积，当小于该临界来沙系数时，下游河道可能冲刷。

2）评价指标的权重确定

由于 10 项指标单位不统一，取值范围偏差较大，因此通过离差标准化进行归一化处理，对原始数据做简单的线性变换，将结果迅速映射到 0～100 进行处理，转换函数如式（7-14）所示：

$$Z^* = \frac{Z - Z_{\min}}{Z_{\max} - Z_{\min}} \times 100 \qquad (7\text{-}14)$$

式中，Z^* 为归一化后的数值；Z 为真实数据值；$Z_{\max}$ 为样本数据集中的最大值；$Z_{\min}$ 为样本数据集中的最小值。在计算多个滩区运用功效时，为避免特殊极大值对分数造成的异常影响，取多个滩区对应最大值中的中位数作为 $Z_{\max}$ 的取值，取多个滩区对应最小值中的中位数作为 $Z_{\min}$ 的取值。如果归一化的 Z^* 超过 100 则按 100 处理，小于 0 则按 0 处理。

经过归一化计算后，得到最终宽滩区滞洪沉沙功能与综合减灾效应二维评价指标的数学关系式，如式（7-15）所示：

$$f_1(x) = \sum_{j=1}^{6} \beta_j P_j(x), f_2(x) = \sum_{j=7}^{10} \beta_j P_j(x) \qquad (7\text{-}15)$$

式中，$f_1(x)$ 为滞洪沉沙功能评价函数；$f_2(x)$ 为综合减灾效应评价函数；$P_j(x)$（j=1，2，…，10）为上述经过归一化计算后的具体 10 个底层计算指标，其中，前 6 个为滞洪沉沙功能计算指标，后 4 个为综合减灾效应计算指标；$\beta_j(x)$（j=1，2，…，10）为计算指标的权重系数，需用层次分析法确定其大小。

经专家打分计算各评价指标对总目标评价的权重系数，得到黄河下游宽滩区滞洪沉沙功能评价函数 $f_1(x)$ 为

$$f_1(x) = 0.11P_1(x) + 0.18P_2(x) + 0.11P_3(x) + 0.15P_4(x) + 0.30P_5(x) + 0.15P_6(x) \qquad (7\text{-}16)$$

黄河下游综合减灾效应评价函数 $f_2(x)$ 为

$$f_2(x) = 100 - \left[0.25P_7(x) + 0.25P_8(x) + 0.40P_9(x) + 0.10P_{10}(x)\right] \qquad (7\text{-}17)$$

运用层次分析法确定权重后，采用式（7-16）和式（7-17）的最终形式，运算得到 $f_1(x)$ 和 $f_2(x)$ 之后，即可将其点绘在基于 Pareto 最优解的评价模型得分图 [横轴为 $f_2(x)$，纵轴为 $f_1(x)$] 上，清晰地评价和决策不同类型洪水宽滩区的运用方式。

7.2.2 二维评价模型合理性验证

为了进一步验证模型的合理性，我们系统搜集了黄河下游兰东滩、习城滩、清河滩 3 个典型滩区在 4 场不同洪水（1958 年、1982 年、1992 年、1996 年）条件下的宽滩区滞洪沉沙及灾情损失资料，综合评价了 4 次洪水条件下宽滩区的滞洪沉沙功能与综合减灾效应，检验该评价模型的适应性和可行性。

黄河下游宽滩区典型洪水滞洪沉沙功能评价指标统计结果见表 7-6，典型洪水下黄河下游宽滩区和山东窄河段灾情评价指标统计结果见表 7-7。

表 7-6 黄河下游宽滩区典型洪水滞洪沉沙功能评价指标统计结果

年份	滩区名称	主槽平滩流量	运用滩区削峰率/%	运用滩区滞洪量/%	滩槽冲淤比	运用滩区沉沙量/10³m³	运用滩区横比降
1958	兰东滩	1	11.7	3.24	0.317	728.85	0.769
	习城滩	1.04	6.6	12.03	1.669	816.56	0.722
	清河滩	1.28	2.3	8.08	1.667	484.05	0.643
1982	兰东滩	1	9.8	4.43	0.242	1406.10	0.697
	习城滩	1.51	14.04	12.26	1.477	1584.68	0.659
	清河滩	1.59	4.92	8.23	1.474	935.83	0.616
1992	兰东滩	0.94	9.62	12.99	0.001	866.88	0.098
	习城滩	0.73	5.22	17.32	0.001	889.08	0.457
	清河滩	0.88	1.83	7.01	0.124	231.24	0.179
1996	兰东滩	0.97	12.76	6.11	0.178	2083.11	0.627
	习城滩	0.93	6.43	9.50	0.778	1436.49	0.07
	清河滩	0.92	2.25	6.39	0.778	861.27	0.352

表 7-7 典型洪水下黄河下游宽滩区和山东窄河段灾情评价指标统计结果

年份	滩区名称	宽滩区公共财产损失占比	宽滩区私人财产损失占比	项目	指标	项目	指标
1958	兰东滩	0.696	0.745	过洪流量/（m³/s）	15900	来沙系数/（kg·s/m⁶）	0.0067
	习城滩	0.684	0.731	东平湖分洪所需流量/（m³/s）	10000	不淤来沙系数/（kg·s/m⁶）	0.014
	清河滩	0.656	0.721	孙口过洪流量	1.59	艾山来沙系数	0.479
1982	兰东滩	0.844	0.682	过洪流量/（m³/s）	10100	来沙系数/（kg·s/m⁶）	0.011
	习城滩	0.638	0.677	东平湖分洪所需流量/（m³/s）	10000	不淤来沙系数/（kg·s/m⁶）	0.014
	清河滩	0.625	0.451	孙口过洪流量	1.01	艾山来沙系数	0.786
1992	兰东滩	0.621	0.497	过洪流量/（m³/s）	3490	来沙系数/（kg·s/m⁶）	0.0303
	习城滩	0.538	0.624	东平湖分洪所需流量/（m³/s）	10000	不淤来沙系数/（kg·s/m⁶）	0.014
	清河滩	0.607	0.413	孙口过洪流量	0.349	艾山来沙系数	2.16
1996	兰东滩	0.691	0.739	过洪流量/（m³/s）	5540	来沙系数/（kg·s/m⁶）	0.0079
	习城滩	0.683	0.721	东平湖分洪所需流量/（m³/s）	10000	不淤来沙系数/（kg·s/m⁶）	0.014
	清河滩	0.655	0.714	孙口过洪流量	0.554	艾山来沙系数	0.564

注：过洪流量和东平湖分洪所需流量的单位为 m³/s；来沙系数和不淤来沙系数的单位为 kg·s/m⁶。

上述结果经归一化处理后代入式（7-16）和式（7-17），即可得到四场洪水的最终评价得分，将其绘制在二维评价模型得分图上，结果如图 7-21 所示。

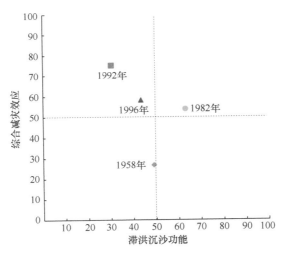

图 7-21 四场真实洪水条件下宽滩区滞洪沉沙功能与综合减灾效应评价

从图 7-21 可以看出，1982 年和 1958 年洪水的滩区滞洪沉沙功能评价较好，1996年次之，1992 年的得分较低，这与 1992 年洪水量级低，滩地滞洪削峰不充分有很大关系。此外，1992 年洪水由于含沙量很高且沙峰在前洪峰在后，造成了滩槽皆淤、主槽大淤的不利局面，滩区的沉沙功能也没有得到充分发挥，因此其滞洪沉沙功能最差。

从减灾效应来看，减灾与滞洪沉沙存在一定程度的互抑机制。1958 年洪水量级最大，淹没损失最大，因此综合减灾效应得分最低；1996 年洪水量级本身远小于 1982 年洪水，但由于河道前期淤积使同流量水位显著抬升，造成典型的"小水大灾"，因此综合减灾效应的得分与 1982 年相近；1992 年洪水因量级最低，综合减灾效应得分最高。在这 4 场洪水中，1982 年洪水、1992 年洪水和 1996 年形成了图形的上包线，它们共同构成了这 4 场洪水的 Pareto 最优解集。而 1958 年洪水无论在滞洪沉沙功能还是在综合减灾效应上的评价均低于 1982 年洪水，1982 年洪水的滞洪沉沙功能与综合减灾效应相对于 1958 年就是一个全面的 Pareto 改进。

7.2.3 二维评价模型的应用效果

针对黄河下游宽滩区三种不同治理和管理方式（现行无防护堤方案、滩区修建防护堤方案、滩区分区运用方案），以 1958 年洪水（以下简称 58·7，花园口站最大洪峰流量 22300m³/s）和 1977 年洪水（以下简称 77·8，花园口站最大洪峰流量 10800m³/s）为例，分别考虑宽滩区无防护堤方案、可防 8000m³/s 洪水防护堤方案、可防 10000m³/s 洪水防护堤方案，以及防护堤无控制运用（无闸）、防护堤有控制运用（有闸）和滩区部分运用（5 滩区运用、10 滩区运用）等共计 12 种方案，采用二维数学模型分别计算了各评价指标取值和得分，见图 7-22。

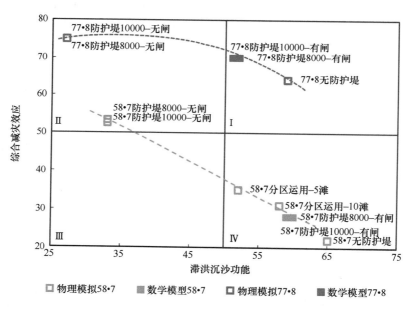

图 7-22 不同洪水条件与滩区运用方式下宽滩区滞洪沉沙功能与综合减灾效应评价结果

基于 Pareto 最优解的二维评价图，按照滞洪沉沙功能和综合减灾效应[50，50]分值将整个空间分为 4 个象限，第Ⅰ象限滞洪沉沙功能和综合减灾效应得分均大于 50，为整体最优象限；第Ⅱ象限滞洪沉沙功能得分小于 50，综合减灾效应得分大于 50，说明滩区滞洪沉沙功能未得到充分发挥，但滩区灾情得到有效控制，为滩区社会功能占优象限；第Ⅲ象限滞洪沉沙功能和综合减灾效应得分均小于 50，为整体最差象限；第Ⅳ象限滞洪沉沙功能得分大于 50，综合减灾效应得分小于 50，说明滩区滞洪沉沙功能得到较充分发挥，但滩区灾情损失较重，为滩区自然功能占优象限。滩区运用的目标即尽可能使评价结果出现在第 I 象限或者接近第 I 象限的区域。

从图 7-22 可以看到，77·8 洪水整体的减灾效应要全面优于 58·7 洪水，说明洪水量级对综合减灾效应的得分影响很大，无论采取何种宽滩区运用方式，量级较小的洪水通常综合减灾效应的得分较高。针对同一场洪水而言，无防护堤方案的滩区运用方式下滞洪沉沙功能发挥最好，但综合减灾效应得分最低；防护堤无控制运用（无闸）的综合减灾效应得分最高，但滞洪沉沙功能发挥不佳；防护堤有控制运用（有闸）或分区运用（5 滩区运用、10 滩区运用）方案则在滞洪沉沙功能和综合减灾效应之间有可能取得更好的平衡。

7.3 黄河泥沙资源利用综合效益三维评价指标体系构建及应用

黄河"拦、调、排、放、挖"综合处理泥沙方略，为保障黄河 70 多年伏秋大汛防洪安全发挥了巨大作用，但也表现出这些被动处理黄河泥沙措施的局限性。进入 21 世纪，随着社会经济的发展和科学技术的进步，泥沙作为一种可利用资源逐步被人们认识、接纳和重视，泥沙资源利用技术也取得了长足进步。大量研究和实践表明，实施水库清淤和泥沙资源利用，不仅可以实现延长水库使用寿命、减轻水库下游防洪影响、保护生态环境的战略目标，还可以创造可观的经济效益（尤其是水力发电效益的增加），为解决黄河巨量泥沙问题提供了新的途径。

黄河泥沙资源利用是一项复杂的系统工程，黄河泥沙资源利用综合效益评价必须以流域系统科学为基础，充分考虑泥沙在整个黄河流域系统中所具有的功能和发挥的作用，全面认识泥沙的自然属性和社会属性，厘清其在防洪安全保障能力提升、社会经济效益和生态环境效益发挥等多维功能的协同效应。

7.3.1 黄河泥沙资源利用综合效益评价指标体系构建

1. 评价指标选取原则

黄河泥沙资源利用综合效益评价应遵循全面性、代表性、时效性和空间差异性等原则。

1）全面性原则

选取的指标要涵盖泥沙作为资源所能够产生显著效益的所有维度。社会经济效益包括泥沙资源转型利用的直接经济效益、发电供水产生的间接经济效益和防洪、供水等社会效益；生态环境效益包括对生物与非生物的影响。各维度效益之间以水沙资源配置为纽带存在着耦合关系，在具体的案例分析中应根据研究水体所处的不同区域与社会功能，采取相应的数学手段解耦。

2）代表性原则

水体生态系统是开放的，对水体生态系统的任何扰动，其影响均是普遍而深远的。因此，在选取泥沙资源利用的评价指标时，既要力求能够覆盖与国家战略需求相关的各个层面，又必须去芜存菁，抓住事物的主要矛盾，对于影响较小的、当前认识不清的一些效益与影响暂不予考虑。

3）时效性原则

泥沙资源利用既有一次性的短期收益，又有其长远效应。从泥沙资源直接利用的角度来看，其作为工业原材料的出售是一次性收益，造陆、改良土壤的收益却是长远的；从水库供水发电与生态的效益来看，只要取出的泥沙不再占用库容，则多出的库容就能够持续发挥防洪效益。因此，指标选取时，必须区分不同指标的效益时效性，对于具有时效性的评价指标，必须考虑水库与河道大量减沙后的逐渐回淤过程，对于黄河这样的多沙河流而言，这一点尤为重要。

水库或河道中泥沙资源利用的效益评价是多个维度的，部分维度的效益具有显著的时间效应，如发电、防洪、生态、环境、供水等，因此，水库泥沙资源利用的时间效应尤为显著。泥沙资源利用的时间效应即指水库新增库容或河道新增挖深体积随时间的延长逐渐淤积，各维度的效益随之逐渐降低。泥沙资源利用新增库容或挖深体积的恢复过程与水库或河道的淤积规律和过程相关，有必要对其进行深入研究并清晰表述，计算与时间有关的效益是如何衰减的。

以水库为例，目前通用的计算方法是根据水库的淤积库容/剩余库容与时间的关系，拟合其衰减曲线，确定水库泥沙处理恢复库容及其在关系曲线上的位置，计算恢复库容重新淤满的年数及每年的淤积量，以年为时间效应的计算单位，根据每年新增库容的衰减程度计算发电、防洪、生态、供水等各方效益的衰减过程。

根据沙莫夫经验公式，水库剩余库容与淤积年份呈指数衰减关系（涂启华和杨赉斐，2006），因此在本研究中我们采用指数衰减方程来拟合曲线。其计算公式为

$$V = V_0 e^{-kt}$$

（7-18）

式中，V 为 t 年后水库剩余库容，亿 m^3；V_0 为水库计算初始库容，亿 m^3；t 为淤积时间，年；k 为水库库容衰减参数。本方法为经验方法，未来将针对具体的案例，开发专门的水沙模型对其淤积过程展开更细化的计算。

4）空间差异性原则

无论在河道还是水库取沙，无论在哪条河流或哪座水库取沙，取出泥沙的沙质和位置均影响着泥沙资源利用的综合效益。从直接效益上讲，不同空间位置取沙的粒径级配不同，用沙区域的市场需求不同，直接经济效益相差甚远；从间接效益上讲，不同空间位置取沙影响着防洪影响区域的划定，涉及发电、供水、调洪可利用库容的区分与联系。因此，必须具体位置具体分析，在统一计算方法的指导下根据空间的差异性调整具体的评价指标与评价模型参数。

河道泥沙资源利用的空间差异性主要体现在两个方面：一是直接经济效益计算，涉及河道不同位置的级配组成和沿岸市场需求的差异；二是防洪效益计算，一般地，如果取沙位置处于易淤积河段及其上游，则防洪效益较大，水库泥沙资源利用的空间差异性则更为复杂。除了上述两项外，还需要考虑发电效益、供水效益、生态环境效益分别针对的是不

同的库容,因此对取沙的高程区间应做具体区分。具体而言(图7-23),发电效益与供水效益针对的是水库的兴利库容(正常蓄水位至死水位之间,Ⅱ+Ⅲ),防洪效益则可分为两部分,调洪效益针对的是水库的调洪库容(校核洪水位至汛限水位之间,Ⅲ+Ⅳ),减淤效益针对的是水库的总库容(校核洪水位至坝底高程之间,Ⅰ+Ⅱ+Ⅲ+Ⅳ),生态环境效益针对的也是水库的总库容(校核洪水位至坝底高程之间,Ⅰ+Ⅱ+Ⅲ+Ⅳ)。可以看出,在水库的不同淤积高程取沙,其对各类效益的影响是不同的,既有区别,又有重叠,这部分重叠区域正是我们计算的关键难点之一,具体计算方法见7.3.2节。

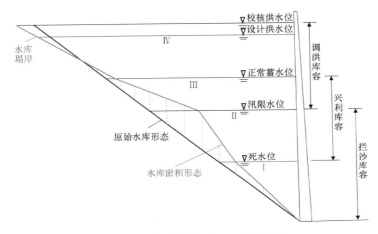

图 7-23　典型水库的库容功能区划分

Ⅰ指死水位以下的库容;Ⅱ指汛限水位至死水位之间的库容;Ⅲ指正常蓄水位至汛限水位之间的库容;Ⅳ指校核洪水位至正常蓄水位之间的库容

2. 评价指标体系框架

根据上述原则,构建黄河泥沙资源利用综合效益评价指标体系,框架如图7-24所示。

图 7-24　黄河泥沙资源利用综合效益评价指标体系框架图

该框架以全面客观评价泥沙资源利用综合效益为目标，包括目标层、理论层、技术层和应用层四个层次。一是黄河泥沙资源利用综合效益指标体系的逻辑构架；二是指标体系的理论支撑；三是指标体系的求解方法和计算方式；四是指标体系的应用范畴。

在上述评价指标体系构建的基础上，综合运用多学科理论，最终确定一级评价指标2项，二级评价指标7项，其关系图如图7-25所示。

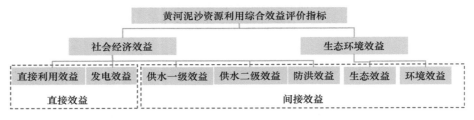

图 7-25　黄河泥沙资源利用综合效益评价指标逻辑关系图

需要指明的是，并不是每一个水库或者每一段河道的泥沙资源利用都完全包括这几项功能，对于具有单一供水功能的水库与河道而言，其发电效益即为0。因此，该指标体系虽尽可能全面覆盖了水系统的各项功能，但具体计算过程需针对不同的水系统单独选择合适的指标集与计算公式。

7.3.2　黄河泥沙资源利用综合效益评价指标计算方法

本书按照先直接效益、后间接效益的顺序依次介绍各评价指标的计算方法。

1. 直接利用效益

泥沙从水库与河道中挖掘出来加以资源利用后，无论用于建筑、工业，还是用于防洪、改土、造陆，其作为原材料都将产生一定经济效益。这部分效益也是驱动企业和个人从事泥沙资源利用的主要原动力。直接利用效益的计算涉及生产成本、一次利用直接效益和二次利用直接效益。

生产成本为生产产品或提供劳务而产生的各项生产费用，包括各项固定成本和变动成本。其计算公式为

$$C = C_g T + C_b X \tag{7-19}$$

式中，C 为生产成本，元；C_g 为固定成本折旧额，元/年；T 为设备使用时间，年；C_b 为变动成本单价，元/m³；X 为泥沙资源利用量，m³。

其中：

$$C_g = \frac{C_0 \left(C_m - C_q \right)}{t} \tag{7-20}$$

式中，C_0 为固定资产原值，元；C_m 为预计残值收入，元；C_q 为预计清理费用，元；t 为设备预计使用年限，年。

一次利用直接效益是指当泥沙从水库与河道中挖掘出来直接利用、不发生二次加工后再利用所产生的经济效益，用式（7-21）计算：

$$Z_\alpha = P\alpha X - C_p\alpha X \tag{7-21}$$

式中，Z_α 为泥沙资源利用产生的一次利用直接效益，元；P 为开采出售原材料的单价，元/m³；X 为泥沙资源利用量，m³；α 为产生一次利用直接效益的泥沙资源利用量占泥沙资源利用总量的比例（根据采出泥沙的颗粒级配及市场需求确定）；C_p 为泥沙直接利用时额外产生的单位成本，元/m³。

二次利用直接效益是指泥沙从水库与河道中挖掘出来经过二次加工、生产出成品或新材料再加以利用所产生的经济效益，用式（7-22）计算：

$$\begin{cases} Z_\beta = \sum_{i=1}^{n} P_i\beta_i X - C_i\beta_i X \\ \sum_{i=1}^{n} \beta_i = 1 - \alpha \end{cases} \tag{7-22}$$

式中，Z_β 为泥沙资源利用产生的二次利用直接效益，元；P_i 为加工泥沙出售原材料或加工生产成品的单价，元/m³；β_i 为产生二次利用直接效益的泥沙资源利用量占泥沙资源利用总量的比例（根据采出泥沙的颗粒级配及市场需求确定）；C_i 为加工泥沙产品的成本，元/m³。

直接利用效益为一次利用直接利益与二次利用直接效益之和减去生产成本。

$$Z = Z_\alpha + Z_\beta - C \tag{7-23}$$

2. 发电效益

发电效益与水库减沙是直接相联系的。通常意义上，水库的发电效益与发电水头（H_D）和过机流量（Q_D）直接相关，采用式（7-24）计算：

$$D = b(AgH_D Q_D)T \tag{7-24}$$

式中，D 为发电效益，元；b 为水库上网电价，元/(kW·h)；A 为水轮机发电效率；g 为重力加速度，取 9.8N/kg；H_D 为发电水头，m；Q_D 为水轮发电机组过机流量，m³/s；T 为水轮发电机的运行时间，s。

对于水资源丰沛地区的水库而言，弃水是时常发生的。此时，挖沙减淤多出的兴利库容就等同于能够多利用的水资源量。新增加的水资源量产生的新增发电量可用式（7-25）计算：

$$\begin{cases} \Delta D = b(AgH_D Q_D)\Delta T \\ \Delta T = \dfrac{\eta_E N X_1}{Q_D} \end{cases} \tag{7-25}$$

式中，ΔD 为新增发电效益，元；ΔT 为新增发电时间，s；X_1 为该水库新增的兴利库容，m³；η_E 为水库水资源利用系数，其物理意义为水库出库水量用于发电的比例；N 为水库弃水再利用系数，其物理意义为水库年内每次过洪弃水量能够重新蓄满新增兴利库容的累加次数（每次弃水量大于新增库容的按 1 计算，小于新增库容的按弃水量/新增兴利库容计算）。

对于北方和内陆缺水地区的水库而言，弃水现象往往很少发生。此时，由于减淤多出的兴利库容更多的是保证在枯水年份，水库仍有足够库容达到保证出力，通过提高发电保证率来提高发电效益。这里我们利用谢金明和吴保生（2012）提出的基于库容的发电效益计算方法来计算因兴利库容增加而增加的发电效益，基于水库的入库年径流量满足正态分布的假设，给出了兼顾发电功能和其他功能的年调节水库多年平均发电能力的计算方法：

$$D = bAg\left(\mu - \frac{Z_p^2}{4S_{ar}}C_v^2\mu^2 \right)H_D / 3600 \qquad (7\text{-}26)$$

式中，μ 为多年平均入库径流量，m^3；S_{ar} 为水库兴利库容，m^3；Z_p 为发电保证率 100% 条件下对应的标准正态变量值；C_v 为入库年径流系列变差系数。

水库的发电效益是存在时间效应的。随着新增兴利库容逐渐淤满，泥沙资源利用所带来的发电效益也将逐渐衰减到 0。最终的总发电效益是从库容清淤年份到新增库容淤满年份之间，数年来的发电效益之和。

3. 供水效益

供水效益的计算首先要实现两个重叠域的识别与分配过程。第一是发电与供水之间共享新增兴利库容之间的重叠域识别与分配，通过在发电效益计算中引入发电用水分配系数 ξ_0 来解决，则相应供水占用的新增兴利库容的比例为 $1-\xi_0$。第二是供水效益内部经济效益与社会效益之间的重叠域识别与分配，同样通过引入分配系数 ξ_i，即用于经济效益的供水份额占总供水量的 ξ_i。

供水效益又可分为供水一级效益与供水二级效益。其中，供水一级效益是指水库供水中用于工农业生产的部分，这部分产生了直接的经济效益，作为供水的经济效益部分计划；供水二级效益是指水库供水中用于城镇居民生活用水、维持生态环境用水的部分，作为供水的社会效益部分计划。

供水效益的计算与发电效益类似也有所不同。与发电用水多多益善相比，供水效益对保证率的要求更为严格。因此，在水资源丰沛地区不用专门考虑新增库容引起的供水效益的计算方法，但在水资源较少地区，通过水库兴利库容的时间调节作用，使供水保证率得到有效提高，可以显著提高该地区的供水效益。同样采用谢金明和吴保生（2012）提出的计算方法，在给定兴利库容和年入库径流量的条件下，水库一定供水保证率的年供水量 W_D（m^3）的计算方程如式（7-27）所示：

$$W_D = \alpha\left(\mu - \frac{Z_p^2}{4S_{ar}}C_v^2\mu^2 \right) \qquad (7\text{-}27)$$

式中，α 为多年平均目标供水量与多年平均入库径流量 μ 的比值。

由式（7-27）可知，在保证水库供水量 W_D 一定的条件下，增大兴利库容 S_{ar}，保证供水量就可以提高 Z_p 值，也就相应地提高对应的供水保证率。但在实际计算中，由于不好直接建立增加的供水保证率与供水效益之间的定量关系，因此采用等效计算的思路，即在供水保证率不变的情况下，增大兴利库容即增大了年供水量，这部分增加的年供水量产生的效益即为水库清淤增加的供水效益。

增加的年供水量（ΔW_D）的计算公式为

$$\Delta W_D = \frac{\alpha Z_p^2 C_v^2 \mu^2}{4 S_{ar} (S_{ar} + X_G)} X_G \tag{7-28}$$

式中，X_G 为新增兴利库容中用于提高供水保证率的部分，m^3。

1）供水一级效益——经济效益

水库或河道减沙有效提高了工农业用水的供水保证率。供水一级效益计算公式如式（7-29）所示：

$$G_1 = G_n + G_g = (\mu_n - \mu_0) g_n \Delta W_D + (\mu_g - \mu_0) g_g \Delta W_D \tag{7-29}$$

式中，G_1 为供水一级效益，元；G_n 为农业用水的直接增加效益，元；G_g 为工业用水的直接增加效益，元；μ_n 为引水区域农业用水水价，元/m^3；μ_g 为引水区域工业用水水价，元/m^3；μ_0 为供水成本，元/m^3；g_n 为新增供水量中供给农业用水的比例；g_g 为新增供水量中供给工业用水的比例。

2）供水二级效益——社会效益

类似地，供水还提高城镇居民和生态环境用水的供水保证率。供水二级效益计算公式如式（7-30）所示：

$$G_2 = G_c + G_s = (\mu_c - \mu_0) g_c \Delta W_D + (\mu_s - \mu_0) g_s \Delta W_D \tag{7-30}$$

式中，G_2 为供水二级效益，元；G_c 为城镇居民用水的增加效益，元；G_s 为生态环境用水的增加效益，元；μ_c 为引水区域城镇居民用水水价，元/m^3；μ_s 为引水区域生态环境用水水价，元/m^3；μ_0 为供水成本，元/m^3；g_c 为新增供水量中供给城镇居民用水的比例；g_s 为新增供水量中供给生态环境用水的比例。

综上，供水总效益的计算公式如式（7-31）所示：

$$G = G_1 + G_2 \tag{7-31}$$

式中，G 为供水总效益，元。

4. 防洪效益

河道清淤降低了河床，使得下游在现有防洪标准下能够通过更大流量的洪水，提高了下游的防洪能力；水库清淤既增大了拦蓄泥沙的能力，同时又增大了拦蓄洪水的能力，从两个方面减轻了下游的防洪压力。一方面，可运用补偿思路来定量描述河道、水库清淤的防洪效益，即以下游河道水位因增淤、流量加大而抬升，继而导致大堤为维持现有防洪标准需增筑的工程总投资，作为河道清淤、水库拦沙的防洪效益，称之为减淤效益。另一方面，以水库的防洪库容因增淤，兴利库容减少，而使削峰能力降低，下泄流量增大，继而导致大堤为维持现有防洪标准需增筑的工程总投资，作为水库拦洪的防洪效益，称之为调洪效益。

1）减淤效益

河道、水库清淤可增大河道过水能力或水库淤沙库容。运用补偿思路，反向认为如果这部分泥沙不清除与清除相对比，则下游河道必因增淤而抬升水位，该抬升水位值即大堤为维持相对高差需要加高的高度。其计算公式为

$$\begin{cases} H_1 = a \sum_{i=1}^{n} S_i \dfrac{x_i}{b_i l_i} \\ X_2 = \sum_{i=1}^{n} x_i \end{cases} \tag{7-32}$$

式中，H_1 为河道、水库的减淤效益，元；a 为大堤每填筑 $1 m^3$ 需增加的工程投资，元$/m^3$；x_i 为该河段河道减沙总量，m^3；b_i 为该河段大堤平均间距，m；l_i 为该河段长度，m；S_i 为面积折算系数，其物理意义为该河段大堤增高需填筑的土方量与增高高度之间的比值，m^2；X_2 为河道减沙总量，m^3。需要特别指出的是，式（7-32）是一个简化的计算模式，仅考虑了淤积前后大堤之间的过流面积守恒，并未考虑河床形态变化与糙率对流速的影响。未来更精细的计算依赖于河道水沙演进数学模型的准确预测。

2）调洪效益

水库清淤可增加调洪库容，削减进入下游的洪峰流量，降低汛期下游同流量下的洪水位。同样采用补偿思路，将增加拦蓄库容与不增加拦蓄库容相对比，如果没有这部分增加的拦蓄库容，水库的调峰能力必将下降，同流量过程下下游水位因调峰能力下降会相应上升，该抬升水位值即大堤为维持相对高差需要加高的高度。其计算过程分为如下步骤。

（1）根据水库"水位–库容曲线"计算清淤后的新校核洪水位与清淤前原校核洪水位的水位差 Δh_1；

（2）根据水库"水位–泄流能力曲线"计算在 Δh_1 水位差下的下泄流量差 ΔQ_h；

（3）根据黄河下游各河段的"水位–流量关系"，计算各河段在设计洪峰流量下增加 ΔQ_h 时，水位相应的增加值 $\Delta h_{2,i}$；

（4）计算两岸大堤需增筑相应 $\Delta h_{2,i}$ 高度时的工程总投资 H_2，此为水库清淤带来的调洪效益。其计算公式如式（7-33）：

$$H_2 = a \sum_{i=1}^{n} S_i \Delta h_{2,i} \tag{7-33}$$

式中，H_2 为水库的调洪效益，元。

综上，防洪效益的总计算公式为

$$H = R(H_1 + H_2) \tag{7-34}$$

式中，H 为河道、水库防洪的总效益，元；R 为不修堤的洪水损失与大堤新增工程投资之间的比例系数。

　　根据《黄河下游 1996～2000 年防洪工程建设可行性研究报告》，黄河下游大堤第四次大修，堤防加高加培土方量合计 7327.06 万 m³，总投资 151782.72 万元。根据不同流量级洪水发生的概率和大堤决溢机遇，计算得到 2001～2020 年工程修建的总投资为 32.63 亿元，工程修建与洪灾损失差值为 45.08 亿元，即工程修建避免的洪灾损失为 77.71 亿元。

　　综上，避免的洪灾损失与土方工程投资之间的比例系数为 $R=77.71/15.18 \approx 5.12$。

　　河道的防洪效益计算较为简单，仅需考虑减淤效益即可。水库的防洪效益计算则较为复杂，特别需要强调的是，当清淤方量位于水库汛限水位以下时，仅能带来减淤效益；当清淤量既包括死库容，又包括调洪库容时，则水库兼具减淤效益与调洪效益。

5. 生态效益

　　泥沙是河流与湖泊生态系统的重要组成部分，影响生态系统的物质循环（包括水循环、碳循环和氮循环）和能量转化。水体生态系统的物质循环和能量转化如图 7-26 所示。太阳能（包括风、雨、太阳辐射、蒸发等）和地球内能（包括地壳运动、地质构造、地热等）是该生态系统的能量来源，也是系统的驱动力。水、泥沙、营养盐在太阳能和地球内能的驱动下，相互作用，不断变化。水沙相互扰动，营养盐一部分溶解于水中，另一部分吸附于泥沙颗粒上。三者共同为水体生态系统的生产者和消费者提供生境和食物来源。藻类等浮游生物以及水生植物是生态系统的初级生产者，而水生动物是消费者。水体中减沙导致水体生态系统的物质循环发生变化，进而引起生态系统的生态服务功能和价值及其表现形式产生改变。

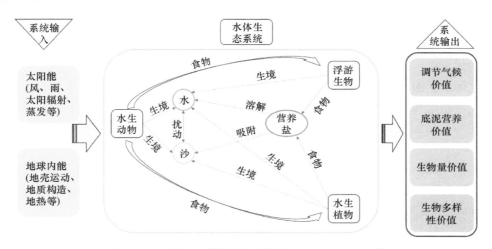

图 7-26　水体生态系统的物质循环和能量转化示意图

　　能值理论与分析方法是美国著名生态学家 Odum（1995）提出和发展起来的新科学理论体系。其以能值为基准，能量为核心，把生态经济系统中原本难以统一度量的各种能流、物流等，在能值尺度上统一起来，从而进行比较和分析。在实际应用中，由于任何资源、产品和劳务的能值都直接或间接来源于太阳能，故常以太阳能为基准来衡量各种能量的能值，单位为太阳能焦耳（sej）。

生态系统的能量和物质等与能值之间的转换计算公式如式（7-35）所示：

$$EM = \tau \times B \qquad (7\text{-}35)$$

式中，EM 为能值，sej；τ 为能值转换率，sej/J 或 sej/g；B 为能量或物质的质量，J 或 g。

水库或河道清淤并实施泥沙资源利用的生态效益主要包含四部分：一是取沙造成水体扩张引发对气候调节能力的增强，即调节气候价值 EM_1；二是取沙造成底泥变化进而导致底泥营养价值的变化，即底泥营养价值 EM_2；三是取沙造成生物数量变化，即生物量价值 EM_3；四是取沙对生物种群数的影响，即生物多样性价值 EM_4。其具体的计算公式如式（7-36）所示：

$$E = \left(EM_1 + EM_2 + EM_3 + EM_4\right) / e \qquad (7\text{-}36)$$

式中，e 为所研究生态系统当地的能值货币转换系数，sej/元。类似地，生态效益与新增库容紧密相关，具有时间效应。

6. 环境效益

环境效益的主要受益体是人类。对于当前黄河的水库与河道而言，水质是环境问题最突出的要素。因此，本节选取取沙引起的水体自净价值，作为环境效益的代表性指标。

水体对污染物的降解程度反映了水体的自净能力，可以用水体自净系数来表示。从能值角度来看，水体污染物自然发生降解而减少的量就是水体自净价值。常见的污染物指标主要是化学需氧量（COD）和氨氮，由于 COD 的能值转换率难以确定，故在此节中选取氨氮指标作为计算代表值。

其计算方法同样参照上述生态效益的计算方法，计算公式如式（7-37）所示：

$$EM_5 = W_{\mathrm{w}} \times f \times \tau_5 \qquad (7\text{-}37)$$

式中，EM_5 为水体自净能值，sej；W_{w} 为进入水体的污染物排放量，g，此处取氨氮排放量作为代表值；f 为水体自净系数；τ_5 为进入水体污染物的能值转换率，sej/g。

水体减淤增加了库容或过流断面面积，该部分新增水体贡献的新增水体自净能力主要体现在新水体更新总量增大了水体的自净系数，采用式（7-38）计算：

$$\Delta f = \frac{NX}{V + X} f$$
$$\Delta EM_5 = W_{\mathrm{w}} \times \Delta f \times \tau_5 \qquad (7\text{-}38)$$

式中，X 为泥沙资源利用量，m^3；N 为水库弃水再利用系数；V 为水库目前的可利用库容，m^3。

因此，总环境效益为

$$J = \Delta EM_5 / e \qquad (7\text{-}39)$$

式中，J 为水体自净的环境效益，元。类似地，环境效益与新增库容紧密相关，具有时间效应。

7. 综合效益

黄河泥沙资源利用所产生的综合效益可用式（7-40）计算：

$$T = Z + D + G + H + E + J \qquad (7\text{-}40)$$

如考虑时间效应，则需调整为

$$T = Z + \sum D + \sum G + \sum H + \sum E + \sum J \qquad (7\text{-}41)$$

式中，T 为黄河泥沙资源利用所产生的总社会经济生态效益，元。

7.3.3　黄河泥沙资源利用综合效益评价方法应用

本节设计两种情景开展评价计算。一种为实际案例 A，以黄河西霞院水库 2016 年实际挖沙 2000m³ 为例，计算上述泥沙资源利用的社会经济和生态环境等综合效益。另一种为虚拟案例 B，假设黄河西霞院水库挖沙 1000 万 m³，计算水平年仍为 2016 年，计算泥沙资源利用的社会经济和生态环境效益。

二者对比，可综合评价不同规模的泥沙资源利用综合效益的差异和放大效应。

1. 案例 A——西霞院水库实际挖沙 2000m³ 方案

利用上述评价指标的计算方法进行计算，西霞院水库挖沙 2000m³ 的直接利用效益为–42040 元，其中生产成本 105600 元，二次利用直接效益为 63560 元；发电效益为 44215元；供水效益为 14089.9 元；防洪效益为 5829 元；生态效益为 4325.5 元；环境效益为24.9 元。西霞院水库挖沙 2000m³ 的综合效益为 26444.3 元，各效益见表 7-8。

表 7-8　西霞院水库挖沙 2000m³ 综合效益评估　　　　　（单位：元）

一级评价指标	金额	二级评价指标	分项		金额	效益分类	金额
社会经济效益	22093.9	直接利用效益	生产成本	105600	–42040	直接效益	2175
			一次利用直接效益	0			
			二次利用直接效益	63560			
		发电效益	—	—	44215		
		供水效益	供水一级效益	农业用水效益 –4434.77	9648.8	间接效益	24269.3
				工业用水效益 14083.57	14089.9		
			供水二级效益	城镇居民用水效益 4694.52	4441.1		
				生态环境用水效益 –253.42			
		防洪效益	减淤效益	5829	5829		
			调洪效益	0			
生态环境效益	4350.4	生态效益	调节气候价值	14.5	4325.5		
			底泥营养价值	–344			
			生物量价值	44			
			生物多样性价值	4611			
		环境效益	—	—	24.9		
合计	26444.3	—	—	—	—	26444.3	—	26444.3

2. 案例 B——西霞院水库挖沙 1000 万 m³ 方案

根据西霞院水库淤积情况、剩余库容等资料统计分析，假设西霞院水库挖沙 1000 万 m³，水平年为 2016 年，则剩余库容为 1.3261 亿 m³，计算对应淤积时间为 2.30 年，即新增库容 1000 万 m³ 恢复到清淤时刻库容还需 2 年时间，且按水库淤积先死库容后兴利库容的原则。由此计算西霞院水库取沙 1000 万 m³ 的直接利用效益为 5506.6 万元，其中生产成本 16623 万元，一次利用直接效益为 2740 万元，二次利用直接效益为 19389.6 万元；发电效益为 6866 万元；供水效益为 2187.84 万元；防洪效益为 3657.58 万元；生态效益为 3206.7 万元；环境效益为 6.33 万元。西霞院水库挖沙 1000 万 m³ 的综合效益为 21431.04 万元，约 2.14 亿元，各效益见表 7-9。

表 7-9　西霞院水库挖沙 1000 万 m³ 综合效益评估　　　（单位：万元）

一级评价指标	金额	二级评价指标	分项	金额		效益分类	金额
社会经济效益	18218.01	直接利用效益	生产成本	16623	5506.6	直接效益	12372.6
			一次利用直接效益	2740			
			二次利用直接效益	19389.6			
		发电效益	—	—	6866		
		供水效益	供水一级效益 农业用水效益	−688.62	1498.24		
			工业用水效益	2186.86	2187.84		
			供水二级效益 城镇居民用水效益	728.96	689.6		
			生态环境用水效益	−39.36			
		防洪效益	减淤效益	2914.56	3657.58	间接效益	9058.44
			调洪效益	743.02			
生态环境效益	3213.03	生态效益	调节气候价值	10.74	3206.7		
			底泥营养价值	−254.24			
			生物量价值	32.72			
			生物多样性价值	3417.5			
		环境效益	—	—	6.33		
合计	21431.04	—	—		21431.04	—	21431.04

两种方案的计算结果表明，对于挖沙 2000m³ 的实际情景，社会经济效益为 2.21 万元，生态环境效益为 0.435 万元，其效益从大到小排序为：社会经济效益>生态环境效益；直接效益为 0.22 万元，间接效益为 2.43 万元，总效益 2.64 万元。直接效益与间接效益各自所占比例为 8.3% 与 91.7%，如图 7-27 所示。

对于挖沙 1000 万 m³ 的虚拟情景，社会经济效益为 18218.01 万元，生态环境效益为 3213.03 万元，其效益从大到小排序为：社会经济效益>生态环境效益；直接效益为 12372.60 万元，间接效益为 9058.44 万元，总效益 21431.04 万元。直接效益与间接效益各自所占比例为 57.7% 与 42.3%，如图 7-28 所示。

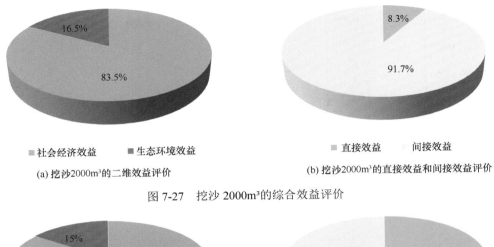

(a) 挖沙2000m³的二维效益评价　　　　　　(b) 挖沙2000m³的直接效益和间接效益评价

图 7-27　挖沙 2000m³的综合效益评价

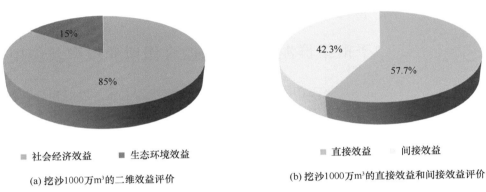

(a) 挖沙1000万m³的二维效益评价　　　　　(b) 挖沙1000万m³的直接效益和间接效益评价

图 7-28　挖沙 1000 万 m³的综合效益评价

　　两种情景计算结果对比说明，两个维度的效益均存在尺度放大效应。其中，社会经济效益的尺度放大效应最强，这是由于与经济相关的效益中一次性投入的成本较高，在不断提高产量的同时，一次性投入成本被逐渐摊薄。生态环境效应的放大效应次之，但这同样是时间累积效应与空间衰减效应同时发挥作用的结果。正是由于社会经济效益的尺度放大效应最强，随着黄河泥沙资源利用量的增长，直接效益所占的比例才会不断增大，如图 7-29 所示。

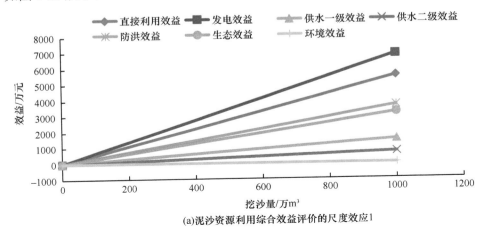

(a)泥沙资源利用综合效益评价的尺度效应1

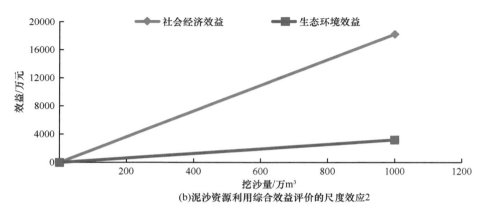

(b)泥沙资源利用综合效益评价的尺度效应2

图 7-29   泥沙资源利用综合效益评价的尺度效应

7.4   黄河骨干枢纽群泥沙动态调控合作博弈模型及应用

以干流龙羊峡、刘家峡、三门峡、小浪底等骨干枢纽为主体，以海勃湾、万家寨及支流控制性水库为补充的黄河水沙调控工程体系已初步形成，在黄河防洪防凌安全和水量统一调度等方面发挥了巨大的作用。持续 20 年的黄河调水调沙成效显著，但"调水容易调沙难"一直是治黄实践的关键技术难题。特别是，流域来水来沙条件是动态变化的，库区–河道边界约束条件是动态调整的，区域社会经济发展和生态健康维持的需求是动态增长的，因此黄河水沙调控不仅要注重水量的适应性调度，更要突出泥沙的动态调控，实现河流系统行洪输沙–生态环境–社会经济多维功能的协同发挥。

目前，黄河流域干流骨干枢纽水沙调控方案主要集中于上游水量联合调控和中下游水沙联合调度，全河系统最优化仍然存在管理障碍，无法充分发挥水沙调控体系的整体合力。因此，本节重点介绍应用博弈论方法，定量研究各个水库及不同枢纽群联合体调控目标之间的动态协同与博弈过程，优化黄河流域枢纽群泥沙动态调控方案，为黄河流域系统治理和全河水沙调控提供理论依据。

7.4.1   泥沙动态调控目标的动态博弈关系

黄河干流骨干枢纽群泥沙动态调控目标按照流域系统三大功能子系统可分为防洪减淤目标（包括防洪目标、排沙目标、减淤目标）、社会经济目标（包括发电目标、供水目标）、生态环境目标。各个目标之间相互矛盾、相互竞争，在调度过程中是一个动态协同和博弈的过程，各功能子系统之间的动态协同与博弈过程就是不同治理目标之间的动态协同与博弈过程。

1. 枢纽群动态博弈目标

黄河流域各功能子系统的治理目标之间相互矛盾、相互竞争，在调度过程中是一个动态博弈的过程。对于发电目标来说，在满足保证出力的条件下希望均匀泄水，尽可能维持水库在高水位状态运行，以提高整个调度时期的发电效益。供水目标则有一定的季节性，在用水高峰期要求尽量多供水，不用水时则尽量少放水，因此要求水库保持高水位、大流量运行，水库水位越高，水库的可供水量就越大，水库下泄流量越大，则水库满足下游供水的程度就越高。黄河干流水库调度还必须考虑泥沙问题，即水库排沙和河道防淤，尤其是汛期水量调度，不仅要留有一定的冲沙水量，还要有一定的流量要求，避免出现"小水带大沙"的局面。排沙需要在流量较大时进行，用于发电的流量就会相应地减少。与此同时，发电时为了减少泥沙对水轮机的摩擦伤害，应尽量减少过机含沙量，使得大量泥沙都被留在了库区，在提升发电效益的同时也提升了下游河道的减淤效益，而排沙过程中，由于含沙量较高，运行的发电机台数也会大大减少，甚至完全停止发电。为保障河道防洪安全，必须对上游水库出库流量加以约束，使防洪控制断面的流量限制在一定范围内，防洪效益要求水库在运行过程中保持在低水位和小流量，库水位越低，水库预留的防洪库容就越大，水库下泄流量越小，则下游防洪保护对象面临的威胁就越小。

　　一般而言，防洪和供水是水库建设最重要的目标，关系着汛期库区周边居民的生命财产安全，也关系着国民经济的发展。生态用水与河流的健康发展密切相关。例如，黄河水资源量较少，曾多次因河道生态用水未被满足而出现河流断流或者萎缩的现象。因此，防洪目标、供水目标和生态目标应是被优先满足的目标，可以将其转化为强约束条件，水库多目标调度中各功能子系统的博弈就转化为发电目标、排沙目标和减淤目标三者之间的博弈。由此可知，博弈目标为发电目标、排沙目标和减淤目标；设计变量包括水库下泄流量过程、水库水位过程、水库发电流量过程、水库排沙比等；博弈方的利益可采用发电目标函数、水库排沙目标函数、河道减淤目标函数的响应值来计算，从而得到黄河干流骨干枢纽群泥沙动态调控的合作博弈模型。

2. 动态博弈主体

　　根据黄河干流实际情况和研究需要，我们将黄河干流水库动态博弈主体分为三大部分，分别是黄河上游博弈方、黄河中游博弈方和黄河下游博弈方。

　　1）黄河上游博弈方

　　龙羊峡水库和刘家峡水库位于黄河上游，对黄河流域的水资源拥有优先使用权，其以巨大的调节库容，在黄河干流水库调度中为下游提供防洪、供水、发电水量，是整个黄河干流的施益系统，其中刘家峡的可供水量主要用于宁蒙灌区的供水。地处西北内陆的宁夏回族自治区和内蒙古自治区西部，干旱少雨，农业生产主要依靠引黄河水灌溉，是黄河流域主要的用水河段。以 20 世纪 90 年代为例，宁蒙灌区平均耗用水量达到 97 亿 m³，占全河用水量的 37%。宁蒙灌区的用水高峰期主要集中在非汛期的 10～11 月的冬灌期和 3～6 月的春灌期，尤其在 3～6 月，宁蒙灌区与下游同时用水，形成全河用水高峰，其引用量约占全年的 46%，而此时正值汛前，降水较少，因而导致黄河水资源供需紧张，造成自 1972 年以来黄河下游时常发生断流现象，并随着用水量的增加有逐步加重的趋势。宁蒙灌区在无龙羊峡水库和刘家峡水库联合调度的情况下，用水期难以保证，刘家峡的建设极大地改善了宁蒙灌区的灌溉保证率，使农业生产连续多年稳产高产。因此，在上游博弈方中，龙羊峡水库属于施益水库，刘家峡水库属于受益水库。

2）黄河中游博弈方

万家寨、三门峡和小浪底三座水库位于黄河中游，其中万家寨和三门峡具有季调节能力，小浪底具有年调节能力。万家寨、三门峡和小浪底位于龙羊峡和刘家峡的下游，在水力上接受上游博弈方的调节。龙羊峡水库和刘家峡水库调节蓄丰补枯减少了万家寨、三门峡、小浪底三库的汛期来水，同时也减轻了三库的防洪压力，增加了三库的非汛期来水，有利于缓解下游供水矛盾。因此，万家寨、三门峡和小浪底需要龙羊峡、刘家峡补给水资源，保障中游水库的供水，提高中游枢纽群的发电效益和排沙效益。

3）黄河下游博弈方

黄河下游的河南、山东、天津和河北从黄河引水，以满足工农业和城市生活用水的需要，其中河南、山东两省是主要的用水大户。20世纪90年代，年均耗用水量占全河水量的36%，尤其是3~6月，上下游均是用水高峰期，导致黄河水资源供需紧张，易形成断流。同时，黄河下游多为地上悬河，防洪和防凌的任务重大，中游的万家寨、三门峡和小浪底直接担负起下游防洪、防凌的重任，上游的龙羊峡和刘家峡也间接地起到防洪和防凌的作用。另外，由于沿黄河工农业的发展，沿黄耗用河川径流量逐年增加，下游河道水量减少，经常断流，从而导致河道冲沙水量减少和河口地区生态环境恶化。上游和中游水库的调度可以缓解这些问题，因此上游博弈方和中游博弈方都对下游具有防洪防凌补偿效益、生态环境补偿效益以及供水补偿效益等，上游和中游的枢纽群是下游河道的施益系统，下游河道是受益系统，处于被补给水资源的地位。

参与研究的5个水库位于不同的省份，管理单位也各不相同，因此这5个水库和下游河道的管理单位分别是本研究中参与合作的6个博弈方，见表7-10。

表 7-10　水库地理位置和管理单位

序号	水库	地理位置	管理单位
1	龙羊峡	青海	黄河上游水电开发有限责任公司
2	刘家峡	甘肃	甘肃省电力公司
3	万家寨	陕西、内蒙古	黄河万家寨水利枢纽有限公司
4	三门峡	河南	三门峡水利枢纽管理局
5	小浪底	河南	水利部小浪底水利枢纽管理中心
6	下游河道	河南、山东	水利部黄河水利委员会

7.4.2　枢纽群泥沙动态调控合作博弈模型构建

1. 单一水库调控目标函数

如7.4.1节所述，对黄河干流上的单一水库而言，调度目标大致包括五个方面的内容，即防洪目标、发电目标、供水目标、排沙减淤目标和生态环境目标。这五者之间，第一是保证黄河整体防洪安全，这是黄河水量调度的最基本目标；第二是提供必要的生态基流，通过干流水量调度维持河道不断流；第三是满足干旱时期的供水，通过合理调度优化径流的时空分布过程，保障基础的工农业用水；第四是在实现上述目标的前提下，优化水库运行方式，达到发电效益最大和排沙减淤效果最优。在求解时，将防洪目标、供水目标、生态环境目标转化为约束条件，从而黄河干流水库补偿问题转化为只有发电和排沙减淤这两个目标，即保证发电目标和排沙减淤目标最优。

根据黄河流域干流水库调度综合效益分别确定对应的目标函数。

（1）排沙减淤效益。水库调度的排沙减淤效益定义为水库或河道泥沙淤积体积的大小，水库或河道的泥沙淤积体积越大，则水库调度带来的排沙减淤效益越小：

$$W_{\text{sin}}(t,n) = S_{\text{in}}(t,n) \cdot Q_{\text{in}}(t,n) \qquad W_{\text{sout}}(t,n) = \eta \cdot W_{\text{sin}}(t,n) \qquad (7\text{-}42)$$

$$V_{\text{s}}(t,n) = \left[W_{\text{sin}}(t,n) - W_{\text{sout}}(t,n) \right] / \rho_{\text{s}} \qquad (7\text{-}43)$$

式中，$W_{\text{sin}}(t,n)$ 为日入库沙量；$S_{\text{in}}(t,n)$ 为日均入库含沙量；$Q_{\text{in}}(t,n)$ 为水库日均入库流量；$W_{\text{sout}}(t,n)$ 为日出库沙量；η 为水库日均排沙比；ρ_{s} 为水库淤积泥沙的湿密度；$V_{\text{s}}(t,n)$ 为淤积体积。

由于水库排沙机理复杂，在枢纽群泥沙动态调控中很容易产生维数灾难问题，因此在本研究中主要采用经验公式进行泥沙淤积量计算。三门峡水库的泥沙计算主要采用林秀山（1997）的壅水排沙公式：

$$\eta_{\text{SMX}}(t) = a \lg \frac{V_{\text{SMX}}(t) Q_{\text{SMX,in}}(t)}{Q^2_{\text{SMX,out}}(t)} + b \qquad (7\text{-}44)$$

式中，$\eta_{\text{SMX}}(t)$ 为三门峡水库日均排沙比；$V_{\text{SMX}}(t)$ 为三门峡水库的排沙库容；$Q_{\text{SMX,in}}(t)$ 和 $Q_{\text{SMX,out}}(t)$ 分别为三门峡水库的日均入库流量和日均出库流量；a 和 b 为常数。

小浪底水库的排沙比计算采用张启舜公式（张启舜和张振秋，1982）：

$$\eta_{\text{XLD}}(t) = -a \lg \left\{ 2 V_{\text{XLD}}(t) / \left[Q_{\text{XLD,in}}(t) + Q_{\text{XLD,out}}(t) \right] \right\} + b \qquad (7\text{-}45)$$

式中，$\eta_{\text{XLD}}(t)$ 为小浪底水库日均排沙比；$V_{\text{XLD}}(t)$ 为小浪底水库的日均库容；$Q_{\text{XLD,in}}(t)$ 和 $Q_{\text{XLD,out}}(t)$ 分别为小浪底水库的日均入库流量和日均出库流量；a 和 b 为常数。

由于下游河道没有大坝或水电站，不具有调节径流能力，因此只考虑下游河道的排沙减淤效益。下游河道泥沙淤积量的计算方法采用费祥俊公式（费祥俊等，2009）：

$$W_{\text{sd}} = 86.4 Q^2_{\text{HD,in}}(t) \left\{ \frac{S_{\text{in}}(t)}{Q_{\text{HD,in}}(t)} - 0.108 \left[\frac{S_{\text{in}}(t)}{Q_{\text{HD,in}}(t)} \right]^{0.47} \right\} \qquad (7\text{-}46)$$

式中，W_{sd} 为下游河道淤积沙量；$Q_{\text{HD,in}}(t)$ 和 $S_{\text{in}}(t)$ 分别为下游河道的来流量和含沙量。

（2）发电效益。水库调度的发电效益主要来源于水库在调度期内水电站的发电量，发电量越大，水库创造的发电效益越高。

$$\mathrm{HP}(t,n) = K_\mathrm{n} \cdot \Delta t \cdot Q_\mathrm{pr}(t,n)\left[\overline{H(t,n)} - H_0(t,n)\right] \tag{7-47}$$

式中，$\mathrm{HP}(t,n)$ 为发电量；K_n 为水电站的出力系数；$Q_\mathrm{pr}(t,n)$ 为日均发电流量；$\overline{H(t,n)}$ 为日均坝前水位；$H_0(t,n)$ 为水电站尾水位；Δt 为单位时间长度，此处以日为单位时间长度；t 表示第 t 天，t=1，2，…，T；n 表示骨干枢纽群中从上游至下游的第 n 个水库，n=1，2，…，N。

（3）综合效益。目前主要有两种方法处理多目标优化模型的问题，一种是将多个目标函数转化为一个综合目标函数，另一种是选择最重要的目标作为目标函数，其他目标转化为约束条件，本研究将这两种方式相结合进行运用。为了保证黄河两岸居民的生命和财产安全，防洪、供水和生态环境是明显必须要满足的目标，这三个目标转化为约束条件。在此基础上，实现发电效益和排沙减淤效益最大化。

$$B_1(n) = \max \sum_{t=1}^{T} \mathrm{HP}(t,n) \tag{7-48}$$

$$B_2(n) = \max \sum_{t=1}^{T} -V_\mathrm{s}(t,n) \tag{7-49}$$

式中，$B_1(n)$ 和 $B_2(n)$ 分别为第 n 个水库的发电效益和排沙减淤效益。

由于发电效益和排沙减淤效益并不是同一类量纲，因此将这两种效益均转化为金钱，由此得到骨干枢纽群调度的综合目标函数：

$$B(n) = c_1(n) \cdot B_1(n) + c_2(n) \cdot B_2(n) \tag{7-50}$$

式中，$B(n)$ 为水库的最终效益；$c_1(n)$ 为水电的单价；$c_2(n)$ 为水库库容恢复的单位成本。如果优化的主体是黄河流域下游河道，则 $c_1(n)$ 为 0，$c_2(n)$ 为河道清淤的单位成本。

2. 单一水库调控约束条件

模型约束条件主要包括水量平衡约束、入库流量平衡约束、出库流量平衡约束、水库运行水位约束、下泄流量约束、发电流量约束、水电站出力约束。

（1）水量平衡约束：

$$W_{1,n} = W_{0,n} + \left[Q_\mathrm{in}(1,n) - Q_\mathrm{out}(1,n)\right] \cdot \Delta t \tag{7-51}$$

$$W_{t,n} = W_{t-1,n} + \left[Q_\mathrm{in}(t,n) - Q_\mathrm{out}(t,n)\right] \cdot \Delta t \quad 2 \leqslant t \leqslant T \tag{7-52}$$

式中，$W_{0,n}$ 为第 n 个水库初始蓄水量；$W_{t,n}$ 为第 n 个水库第 t 天的蓄水量；$Q_\mathrm{in}(t,n)$ 为第 n 个水库第 t 天的入库流量；$Q_\mathrm{out}(t,n)$ 为第 n 个水库第 t 天的出库流量。

（2）入库流量平衡约束：

$$Q_\mathrm{in}(t,n+1) = Q_\mathrm{out}(t,n) + Q_\mathrm{qujian}(t,n+1) - Q_\mathrm{div}(t,n+1) \tag{7-53}$$

式中，$Q_\mathrm{in}(t,n+1)$ 为第 n+1 个水库第 t 天的入库流量，即串联水库下游水库的入库流量；$Q_\mathrm{qujian}(t,n+1)$ 为相邻水库之间第 t 天的区间流量。

（3）出库流量平衡约束：

$$Q_{\text{out}}(t,n) = Q_{\text{pr}}(t,n) + Q_{\text{npr}}(t,n) \tag{7-54}$$

式中，$Q_{\text{pr}}(t,n)$ 为第 n 个水库第 t 天的发电流量；$Q_{\text{npr}}(t,n)$ 为第 n 个水库第 t 天直接流入下游河道，不参与发电的流量。

（4）水库运行水位约束：

$$Z^{\min}(t,n) \leqslant Z(t,n) \leqslant Z^{\max}(t,n) \tag{7-55}$$

$$Z_{0,n} = Z_{\text{beg},n}, \quad Z(t,n) = Z_{\text{end},n}, \quad Z_{0,n} = f(W_{0,n}) \tag{7-56}$$

式中，$Z^{\min}(t,n)$ 和 $Z^{\max}(t,n)$ 分别为第 n 个水库第 t 天的最低水位和最高水位，参考水库的特征水位和历史运行水位平均值；$Z(t,n)$ 为第 n 个水库第 t 天的水位；$Z_{\text{beg},n}$ 为第 n 个水库的初始水位；$Z_{\text{end},n}$ 为第 n 个水库在调度期结束后的末水位；$f(W_0,n)$ 为第 n 个水库在蓄水量 W_0 下的水位。

（5）下泄流量约束：

$$Q_{\text{out}}^{\min}(t,n) \leqslant Q_{\text{out}}(t,n) \leqslant Q_{\text{out}}^{\max}(t,n) \tag{7-57}$$

式中，$Q_{\text{out}}^{\min}(t,n)$ 和 $Q_{\text{out}}^{\max}(t,n)$ 分别是第 n 个水库第 t 天最大限制下泄流量和最小限制下泄流量。$Q_{\text{out}}^{\min}(t,n)$ 主要取决于水库下游河道的生态基流量和河道引水量的大小，$Q_{\text{out}}^{\max}(t,n)$ 主要与下游河道的过流能力即平滩流量相关。

（6）发电流量约束：

$$0 \leqslant Q_{\text{pr}}(t,n) \leqslant Q_{\text{pr}}^{\max}(t,n) \tag{7-58}$$

式中，$Q_{\text{pr}}^{\max}(t,n)$ 为第 n 个水库第 t 天的最大发电流量，主要受水电站涡轮机的特征参数限制。

（7）水电站出力约束：

$$0 \leqslant P(t,n) \leqslant P^{\max}(t,n) \tag{7-59}$$

式中，$P(t,n)$ 为第 n 个水电站第 t 天的出力；$P^{\max}(t,n)$ 为第 n 个水电站第 t 天的最大出力，主要取决于水电站的装机容量。

3. 枢纽群合作博弈模型框架

枢纽群联合优化调度的本质是水库之间的合作，即合作博弈，其目的是让所有参与合作的博弈方的总体效益值最大。在合作博弈中，参与水库可以通过与不同的水库进行联合调度来组成不同的联盟，所有参与水库均联合调度称为大联盟。将 $G(N, B)$ 作为一个完全信息的序贯博弈，即下游水库已知上游水库的调度决策，每个水库的效益函数是公开透明的。

$$B(N) = \left\{ B_1(S_N), B_2(S_N), \cdots, B_i(S_N), \cdots, B_n(S_N) \right\} \tag{7-60}$$

式中，N 为所有博弈方的集合；$B(N)$ 为所有水库单独运行下每个博弈方的直接效益。

如果 $M \subseteq N$ 加入了联盟，$B(M) = \{B_1(S_M), B_2(S_M), \cdots, B_i(S_M), \cdots, B_m(S_M)\}$ 是局部水库联合调度中参与者的直接效益集合。合作博弈的核心是效益增量的重分配，要保障每个参与合作的水库的最终效益都优于单独运行和局部联盟运行中的收益。

$$G(N) = \{G_1(S_N), G_2(S_N), \cdots, G_i(S_N), \cdots, G_n(S_N)\} \tag{7-61}$$

$$G_i(S_N) \geqslant B_i(S_N) \quad \forall i \in N \tag{7-62}$$

$$\sum_{i \in M} G_i(S_N) \geqslant \sum_{i=1}^{m} B_i(S_M) \quad \forall M \subseteq N \tag{7-63}$$

$$G_i(S_N) \geqslant B_i(S_M) \quad \forall i \in M \tag{7-64}$$

式中，$G(N)$ 为大联盟中参与合作的博弈方的最终效益。

4. 枢纽群分组合作模式

黄河干流枢纽群的动态博弈调度实质上是一个复杂大系统的多目标优化问题，如上文所述，各动态博弈主体在空间上存在不同程度的水力连接关系，具有序贯决策的显著特征（图 7-30）。

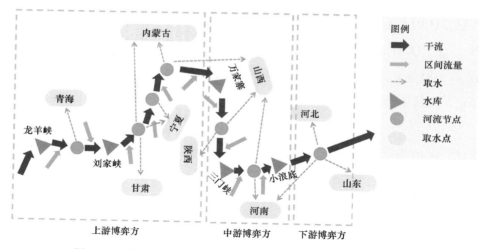

图 7-30　黄河流域干流骨干枢纽群合作博弈模型博弈主体示意图

针对上中下游 3 类 6 个博弈主体（龙羊峡、刘家峡、万家寨、三门峡、小浪底、下游河道）的相互关系，根据历史调度经验和当前研究进展选择了 11 种合作模式，如图 7-31 所示。其中，合作模式（1）和合作模式（11）代表了所有水库单独运行和大联盟合作与运行的调度方式，合作模式（2）用来分析上游水库合作对流域整体效益的影响，合作模式（3）用来分析下游水库合作对流域整体效益的影响，合作模式（4）是目前常用的水库联合调度方式，合作模式（5）～（10）是目前考虑采用的或者尚存争议的一些复合合作模式。

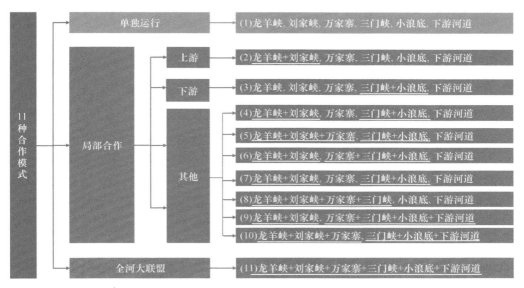

图 7-31　黄河干支流骨干枢纽群合作模式

7.4.3　不同水沙情景下枢纽群合作博弈结果与效益再分配

1. 枢纽群合作博弈结果

以 2019 年主汛期（7～8 月）真实来水来沙情景为例，分析不同合作模式下流域的效益增量，计算结果见表 7-11。可以看出，合作模式（11）大联盟合作下的整体效益最高，为 46.3852 亿元，合作模式（5）的整体效益最低，为 43.2886 亿元。合作模式（6）和合作模式（8）～（11）的综合效益相比于其他合作模式大大提高，这主要是由于万家寨水库加入三门峡和小浪底水库的合作中，大大提升了三门峡水库的排沙量，减缓了

表 7-11　不同合作模式下博弈方的直接效益　　　　　　（单位：亿元）

合作模式	博弈方效益						合计
	龙羊峡	刘家峡	万家寨	三门峡	小浪底	下游河道	
（1）	8.4787	9.5428	5.1135	7.8578	25.2683	−11.3349	44.9262
（2）	8.4787	10.1555	5.2862	7.6910	24.7595	−10.7050	45.6659
（3）	8.4787	9.5428	5.1135	7.6786	25.9302	−11.5054	45.2384
（4）	8.4787	10.1555	5.2862	7.4492	25.3242	−10.9535	45.7403
（5）	8.4787	10.0538	5.3554	6.7909	21.5011	−8.8913	43.2886
（6）	8.4787	10.1555	4.9926	7.9251	26.5871	−12.1129	46.0261
（7）	8.4787	10.1555	5.2862	7.4953	24.7900	−10.3187	45.8870
（8）	8.4787	9.7248	4.9085	8.1056	27.6876	−12.9516	45.9536
（9）	8.4787	10.1555	5.1664	7.8575	25.9042	−11.3089	46.2534
（10）	8.4787	10.0538	5.3554	7.0003	21.0439	−8.4737	43.4584
（11）	8.4787	10.1422	5.2253	7.9186	26.2285	−11.6081	46.3852

三门峡水库的淤积现状。因此，万家寨是调水调沙效益增量的主要来源，充分发挥万家寨在黄河流域调水调沙体系中的作用至关重要。仅上游水库合作模式（2）与仅下游水库合作模式（3）相比，上游水库的合作效益增量略高，约高 0.4275 亿元。因此，上游水库龙羊峡与刘家峡合作的可能性更大，这也与当前的调度现状是一致的。

2. 水沙联合调控效益重分配

当所有水库联合调度时［合作模式（11）］，所有博弈方的综合效益总和是最大的，然而一些水库虽然为枢纽群系统效益的提升做出了贡献，但是并没有获得效益增量。例如，龙羊峡水库位于黄河流域上游，对水资源的支配拥有优先决策权，但是龙羊峡受其装机容量的限制，并没有从枢纽群联合调度的合作中获得效益增量。在这种情况下，如果没有对龙羊峡采取相应的效益补偿措施，龙羊峡极有可能脱离大联盟。为此，分别采用沙普利值（Shapley value）、盖特利点（Gately point）和纳什讨价还价解（Nash-Harsanyi solution）三种方法对 2019 年大联盟的系统效益进行重分配，尽可能让每个博弈方的最终效益相对公平。

（1）沙普利值方法。利用沙普利值计算公式进行大联盟状态下的个体最终利益划分。沙普利值的方法其实是根据个体对大联盟合作情景做出的贡献进行分赏方式：

$$x_i = \sum_{\substack{S \subseteq N \\ i \in S}} \frac{(n-\hat{s})!(\hat{s}-1)!}{n!}\left[v(s) - v(s \setminus \{i\})\right] \tag{7-65}$$

式中，$N = \{1,2,3,\cdots,n\}$ 为全部参与者组成的集合（大联盟）；S 为隶属于 N 的一个非空集合；v 为特征函数（效益函数）；n 为参与者的数量；$\hat{s}$ 为集合 S 内的参与者数量；$v(s)$ 为局部集合 S 的最终收益增量；$v(s \setminus \{i\})$ 为不含参与者 i 的集合 S 的效益函数，则 $v(s) - v(s \setminus \{i\})$ 反映的是个体 i 在构成合作联盟过程中的贡献价值。沙普利值的算法主要适用于大联盟模型中个体贡献值不同的情况。

（2）盖特利点方法。Gately（1974）提出该思想，设想一个在全局合作模式下的原始分配方案 $(x_1, x_2, \cdots, x_n)$。若利益主体 i 决定离开联盟，则其损失为 $x_i - v\{i\}$，联盟内其他利益主体的损失为

$$\sum_{j \neq i} x_j - v(N \setminus \{i\}) \tag{7-66}$$

定义除 i 以外的其他博弈方的效益损失和博弈方 i 的效益损失之比为 i 的逃离倾向：

$$d(x_i) = \frac{\sum_{j \neq i} x_j - v(N \setminus \{i\})}{x_i - v\{i\}} \tag{7-67}$$

式中，$d(x_i)$ 的值越大，i 脱离大联盟造成其他利益主体的相对损失就越大，盖特利点方法旨在让所有利益主体的逃离倾向相等。

（3）纳什讨价还价解方法。Nash（1953）提出了一种基于两个利益主体的分配方案，Harsanyi（1959）将这种方案扩展到 n 个利益主体：

$$\max \prod_{i=1}^{n}\left(x_i - v\{i\}\right) \qquad\qquad (7\text{-}68)$$

式中，利益主体 i 的效益增量为 $x_i - v\{i\}$，含义是利益主体 i 从全局合作中得到的利益与独立决策得到的利益之差。该方法旨在将所有利益主体的效益增量积最大化。

结果显示，盖特利点和纳什讨价还价解方法未找到理论最优解，沙普利值效益重分配方法下各博弈方的最终效益见表 7-12。龙羊峡、刘家峡、万家寨和下游河道获得的补偿效益分别为 0.6134 亿元、0.0495 亿元、0.4006 亿元和 0.5150 亿元，小浪底和三门峡水库需要为其他博弈方提供补偿效益。然而，2019 年的效益重分配结果没有完全遵从合作博弈的"核"概念，合作模式（6）中所有水库合作损害了下游河道的效益，使得下游河道的效益远低于单独运行模式（1），下游河道却无法获得补偿。这种"有害联盟"被称为外部负效应，需要水库运行单位积极承担下游河道的防洪和环保责任。

表 7-12　Shapley value 效益重分配方法下各博弈方的最终效益　（单位：亿元）

水库	龙羊峡	刘家峡	万家寨	三门峡	小浪底	下游河道	合计
单独运行效益	8.4787	9.5428	5.1135	7.8578	25.2683	−11.3349	44.9262
大联盟直接效益	8.4787	10.1422	5.2253	7.9186	26.2285	−11.6081	46.3852
大联盟最终效益	9.0921	10.1917	5.6259	7.8485	24.7202	−11.0931	46.3853
补偿关系	+	+	+	−	−	+	−

注："+"代表接受补偿，"−"代表提供补偿。

将 2019 年枢纽群序贯决策博弈的结果与实际运行结果进行对比，见表 7-13。大联盟的整体效益比实际调度效益提升了 8.12%，约 3.4846 亿元，这意味着黄河流域干流骨干枢纽群的调度尚有潜力有待挖掘。但是在优化调度过程中一方面尚未考虑到其他水库对全河调度的调节作用，另一方面还未考虑到溯源冲刷所带来的排沙效益。

表 7-13　2019 年枢纽群序贯决策博弈结果与实际运行结果对比　（单位：亿元）

水库	大联盟	实际运行
龙羊峡	8.4787	8.4788
刘家峡	10.1422	8.9167
万家寨	5.2253	3.9750
三门峡	7.9186	8.0354
小浪底	26.2285	27.3847
下游河道	−11.6081	−13.8899
合计	46.3852	42.9007

7.4.4　不同水沙情景下枢纽群合作博弈的纳什均衡解

黄河流域水利枢纽群联合调度关系复杂,不同水沙情景下枢纽群的合作博弈结果也不尽相同,因此,需要进一步讨论不同水沙情景对合作博弈结果的影响。

1. 系列年水沙情景

基于 2006~2019 年的历史水沙资料计算大联盟合作模式下的系统效益增量,计算结果见图 7-32。不同年份的水沙条件不同,大联盟合作下的系统效益增量也各不相同,但是系统效益增量均为正值,最小为 1.00 亿元,最大为 3.10 亿元。

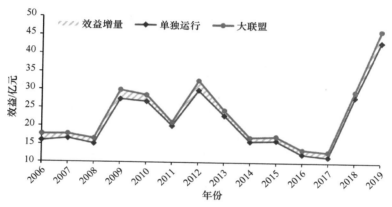

图 7-32　2006~2019 年水库枢纽群大联盟运行效益增量

2. 代表年水沙情景

在来沙频率相同的情况下,定量分析系统效益增量与径流量频率曲线之间的关系,见图 7-33。中水年,系统效益增量 ΔB 随着水文频率 P_1 的增大而增大,即黄河流域越干

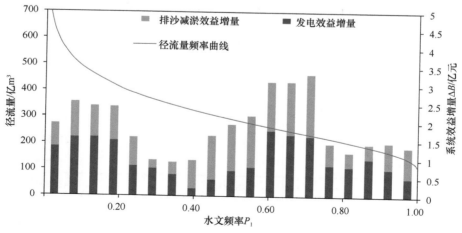

图 7-33　系统效益增量与径流量频率曲线之间的关系

旱，大联盟合作所带来的系统效益增量越大。在满足必要的生产生活供水后，黄河流域的大型水库在中水年仍有部分水资源可用于水沙调控。黄河流域越干旱，上游水库在不合作的情况下越趋向于抬高水库水位增加发电，全河调度也越有利于水资源的合理分配，给合作方创造更高的效益，尤其是下游水库与河道的排沙减淤效益。在枯水年和丰水年，系统效益增量 ΔB 与水文频率 P_1 并没有呈现明显的关系。枯水年，水资源优先满足生产生活用水和河道生态流量，水库几乎没有进行水沙调控的可供水量。因此，系统效益增量持续维持较低水平，主要来源于上游水库合作产生的发电效益增量。在丰水年，刘家峡、万家寨等水库往往会采用非常规调度。为了保证水库坝体的安全，这些水库的下泄流量会超过下游河道行洪能力（宁蒙河段、北干流河段），因此，其发电效益和排沙减淤效益有可能会相应提升，因此其整体系统效益增量较大。

在径流量相同的情况下，分析不同系统效益增量与输沙量频率曲线之间的关系，见图 7-34。黄河流域来沙量越大，通过全河调度产生的排沙减淤效益越大。因此，在丰沙年更有必要通过全河水沙调控来缓解下游水库与河道淤积。

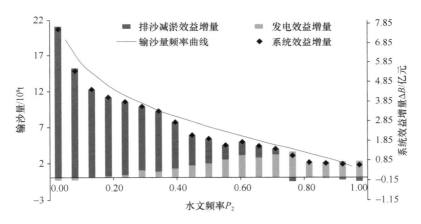

图 7-34　系统效益增量与输沙量频率曲线之间的关系

为了进一步研究不同水沙情景下枢纽群大联盟合作的可能性，选择 9 个水沙代表年在相同边界条件下进行枢纽群合作博弈分析。根据潼关站水沙频率曲线选择 9 种水沙代表情景对大联盟合作结果进行分析，分别为丰水丰沙、丰水中沙、丰水枯沙、中水丰沙、中水中沙、中水枯沙、枯水丰沙、枯水中沙、枯水枯沙，详见表 7-14。

表 7-14　不同水沙情景下径流量与输沙量

水沙情景	频率	径流量/亿 m³	输沙量/亿 t
丰水丰沙	$P_1=0.25$，$P_2=0.25$	366.8985	16.6129
丰水中沙	$P_1=0.25$，$P_2=0.50$	366.8985	11.1727
丰水枯沙	$P_1=0.25$，$P_2=0.75$	366.8985	8.4468
中水丰沙	$P_1=0.50$，$P_2=0.25$	294.6905	12.0734
中水中沙	$P_1=0.50$，$P_2=0.50$	294.6905	7.1397
中水枯沙	$P_1=0.50$，$P_2=0.75$	294.6905	3.9005
枯水丰沙	$P_1=0.75$，$P_2=0.25$	233.1780	5.3550
枯水中沙	$P_1=0.75$，$P_2=0.50$	233.1780	3.3712
枯水枯沙	$P_1=0.75$，$P_2=0.75$	233.1780	1.2514

在不同水沙情景下随机模拟了 20 场来水过程，得到不同水沙条件下大联盟的系统效益增量分布情况，见图 7-35。

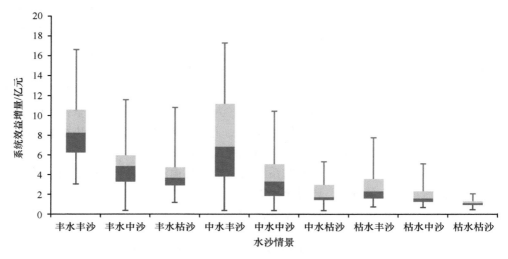

图 7-35　不同水沙情景下黄河干支流枢纽群合作博弈系统效益增量结果

从图 7-35 可以看出，在径流量和输沙量相同时，不同水沙情景下大联盟的系统效益增量也各不相同。由此，我们可以根据当年黄河的整体水沙情势预测、社会经济发展需求和生态环境状况做出相应的年度调度预案，为实时调度提供科学的参考。

参 考 文 献

安新代. 2021-09-04. 加强调水调沙能力建设, 全力保障黄河长治久安[N]. 黄河报.

班明丽. 2002. 一曲绿色的颂歌: 黄河 黑河 塔里木河生态调水纪实[M]. 北京: 人民日报出版社.

毕思文. 1997. 地球系统科学与可持续发展(Ⅰ)研究的意义, 现状及其内涵[J]. 系统工程理论与实践, (6): 105-111.

毕思文. 2003. 地球系统科学——21 世纪地球科学前沿与可持续发展战略科学基础[J]. 地质通报, (8): 601-612.

陈琼, 张镱锂, 刘峰贵, 等. 2020. 黄河流域河源区土地利用变化及其影响研究综述[J]. 资源科学, 42(3): 446-459.

陈沈良, 谷硕, 姬泓宇, 等. 2019. 新入海水沙情势下黄河口的地貌演变[J]. 泥沙研究, 44(5): 61-67.

陈维肖, 段学军, 邹辉. 2019. 大河流域岸线生态保护与治理国际经验借鉴——以莱茵河为例[J]. 长江流域资源与环境, 28(11): 2786-2792.

陈蕴真, 江恩慧, 李军华. 2022. 治黄系统工程的形成、演化和未来[J]. 人民黄河, 44(2): 58-64, 70.

程国栋, 李新. 2015. 流域科学及其集成研究方法[J]. 中国科学: 地球科学, 45(6): 811-819.

崔慧妮, 张莉, 郭建军, 等. 2018. 系统论在生物入侵治理中的应用[J]. 现代农业科技, (10): 144-145.

戴清, 曹文洪, 史红玲, 等. 2007. 引黄灌区有关问题与实现水沙配置的效益分析[J]. 中国水利水电科学研究院学报, (1): 15-20.

代鑫. 2020. "顶层设计+合作共治"流域治理模式构建与实践——从田纳西河到黄河[J]. 未来与发展, 44(9): 95-101.

戴英生. 1983. 黄河的形成与发育简史[J]. 人民黄河, (06): 2-7.

邓铭江, 黄强, 畅建霞, 等. 2020. 广义生态水利的内涵及其过程与维度[J]. 水科学进展, 5: 775-792.

邓铭江, 周海鹰, 徐海量, 等. 2016. 塔里木河下游生态输水与生态调度研究[J]. 中国科学: 技术科学, 46(8): 864-876.

邓祥征, 张帆, 刘刚. 2020. 黄河三角洲生态保护与可持续发展研究[J]. 人民黄河, 42(9): 117-122.

董哲仁. 2007. 生态水利工程原理与技术. 北京: 中国水利水电出版社.

董哲仁, 等. 2007. 生态水工学探索. 北京: 中国水利水电出版社.

董哲仁, 赵进勇, 张晶, 等. 2013. 河流生态修复[M]. 北京: 中国水利水电出版社.

杜际增, 王根绪, 李元寿. 2015. 近 45 年长江黄河源区高寒草地退化特征及成因分析[J]. 草业学报, 24(6): 5-15.

段水强, 范世雄, 曹广超, 等. 2015. 1976-2014 年黄河源区湖泊变化特征及成因分析[J]. 冰川冻土, 37(3): 745-756.

凡姚申, 窦身堂, 王广州, 等. 2022. 黄河口治理发展回顾与展望[J]. 水利发展研究, 22(5): 48-53.

范兆轶, 刘莉. 2013. 国外流域水环境综合治理经验及启示[J]. 环境与可持续发展, 38(1): 81-84.

费祥俊, 傅旭东, 张仁. 2009. 黄河下游河道排沙比、淤积率与输沙特性研究[J]. 人民黄河, 31(11): 6-8,11.

冯·贝塔朗菲. 1987. 一般系统论: 基础、发展和应用[M]. 林康义, 魏宏森, 译. 北京: 清华大学出版社.

傅伯杰. 2020. 联合国可持续发展目标与地理科学的历史任务[J]. 科技导报, 38: 19-24.

傅伯杰, 王帅, 沈彦俊, 等. 2021. 黄河流域人地系统耦合机理与优化调控[J]. 中国科学基金, 35(4): 504-509.

郜国明, 田世民, 曹永涛, 等. 2020. 黄河流域生态保护问题与对策探讨[J]. 人民黄河, 42(9): 112-116.

高欣, 丁森, 尚光霞, 等. 2021. 黄河流域水生态环境问题诊断与保护方略[J]. 环境保护, 49(13): 9-12.

高旭彪, 刘斌, 李宏伟, 等. 2008. 黄河中游降水特点及其对入黄泥沙量的影响[J]. 人民黄河, 30(7): 27-29.

葛雷, 闫莉, 黄玉芳, 等. 2022. 黄河三角洲生态调度下的生态环境复苏分析与建议[J]. 中国水利, 7: 61-62, 70.

郭岳, 徐清馨, 佟守正, 等. 2017. 黄河三角洲滨海湿地退化原因分析及生态修复[J]. 吉林林业科技, 46(5): 40-44.

郭忠胜, 马耀峰, 张志明, 等. 2009. 黄河源区气候变化及人为扰动的生态响应[J]. 干旱区资源与环境, 23(6): 78-84.

韩其为. 2008a. 黄河下游河道巨大的输沙能力与平衡的趋向性——"黄河调水调沙的根据、效益和巨大潜力"之二[J]. 人民黄河, 30(12): 1-3.

韩其为. 2008b. 黄河下游输沙能力的表达——"黄河调水调沙的根据、效益和巨大潜力"之一[J]. 人民黄河, 11: 1-2.

韩其为, 陈绪坚, 薛晓春. 2010. 不平衡输沙含沙量垂线分布研究[J]. 水科学进展, 21(4): 512-523.

韩其为, 李淑霞. 2009. 小浪底水库的拦粗排细及异重流排沙——"黄河调水调沙的根据、效益和巨大潜力"之七[J]. 人民黄河, 31(5): 1-5.

郝伏勤, 连煜, 黄锦辉, 等. 2005. 黄河干流污染自净稀释水量研究[J]. 人民黄河, 27(11): 39-41.

何中政, 周建中, 贾本军, 等. 2020. 基于梯度分析法的长江上游水库群供水–发电–环境互馈关系解析[J]. 水科学进展, 31(4): 601-610.

贺怡, 王雪宏, 杨继松, 等. 2021. 湿地水文连通影响因素及生态效应研究进展[J]. 生态科学, 40(6): 218-224.

赫尔曼·哈肯. 2005. 协同学: 大自然构成的奥秘[M]. 凌复华, 译. 上海: 上海世纪出版集团.

侯全亮. 2022. 家国黄河[M]. 郑州: 河南科学技术出版社.

侯永志, 张军扩, 刘云中, 等. 2014. 生产力布局的内涵及我国生产力布局存在的问题[J]. 发展研究, 12: 4-7.

后立胜, 许学工. 2001. 密西西比河流域治理的措施及启示[J]. 人民黄河, 1: 39-41.

胡春宏, 陈建国. 2014. 江河水沙变化与治理的新探索[J]. 水利水电技术, 45(1): 11-15, 20.

胡春宏, 张双虎, 张晓明. 2022. 新形势下黄河水沙调控策略研究[J]. 中国工程科学, 24(1): 122-130.

胡春宏, 张晓明, 赵阳. 2020. 黄河泥沙百年演变特征与近期波动变化成因解析[J]. 水科学进展, 31(5): 725-733.

胡一三, 张红武, 刘贵芝, 等. 1998. 黄河下游游荡型河段河道整治[M]. 郑州: 黄河水利出版社.

黄昌硕, 耿雷华, 颜冰, 等. 2021. 水资源承载力动态预测与调控——以黄河流域为例[J]. 水科学进展, 32(1): 59-67.

黄鼎成, 林海, 张志强. 2005. 地球系统科学发展战略研究[M]. 北京: 气象出版社.

黄河勘测规划设计研究院有限公司. 2019. 新形势下黄河流域水资源供需形势深化研究[R]. 郑州.

贾金生. 2013. 中国大坝建设 60 年[M]. 北京: 中国水利水电出版社.

贾绍凤, 梁媛. 2020. 新形势下黄河流域水资源配置战略调整研究[J]. 资源科学, 42(1): 29-36.

江恩惠, 曹永涛, 张林忠, 等. 2006. 黄河下游游荡性河段河势演变规律及机理研究[M]. 北京: 中国水利水电出版社.

江恩惠, 屈博, 王远见, 等. 2021. 基于流域系统科学的黄河下游河道系统治理研究[J]. 华北水利水电大学学报(自然科学版), 42(4): 7-15.

江恩惠, 宋万增, 曹永涛, 等. 2019a. 黄河泥沙资源利用关键技术与应用[M]. 北京: 科学出版社.

江恩惠, 王远见, 李军华, 等. 2019b. 黄河水库群泥沙动态调控关键技术研究与展望[J]. 人民黄河, 41(5): 32-37.

江恩慧, 王远见, 田世民, 等. 2020a. 黄河下游河道滩槽协同治理驱动—响应关系研究[J]. 人民黄河, 42(9): 52-58.

江恩慧, 王远见, 田世民, 等. 2020b. 流域系统科学初探[J]. 水利学报, 51(9): 1026-1037.

江恩慧, 赵连军, 王远见, 等. 2019c. 基于系统论的黄河下游河道滩槽协同治理研究进展[J]. 人民黄河, 41(10): 58-63.

蒋宗立, 刘时银, 郭万钦, 等. 2018. 黄河源区阿尼玛卿山典型冰川表面高程近期变化[J]. 冰川冻土, 40(2): 231-237.

金凤君. 2019. 黄河流域生态保护与高质量发展的协调推进策略[J]. 改革, (11): 33-39.

康绍忠. 2014. 水安全与粮食安全[J].中国生态农业学报, 22(8): 880-885.

蓝云龙, 黎曙, 关铜垒, 等. 2022. 近63a黄河源区气温变化规律分析[J]. 四川水利, 43(4): 1-7.

李爱花, 李原园, 郦建强. 2011. 水资源与经济社会及生态环境系统协同发展初探[J]. 人民长江, 42(18): 117-121.

李晨. 2005. 快速城市化背景下河流演变特征及改善途径研究——以深圳市内河流为例[D]. 上海: 同济大学.

李国英, 盛连喜. 2011. 黄河调水调沙的模式及其效果[J]. 中国科学: 技术科学, 41(6): 826-832.

李海红, 赵建世. 2005. 初始水权分配原则及其量化方法[J].应用基础与工程科学学报, (S1): 8-14.

李军华, 许琳娟, 江恩慧. 2020. 黄河下游游荡型河道提升治理目标与对策[J]. 人民黄河, 42(9): 81-85, 116.

李开明, 李绚, 王翠云, 等. 2013. 黄河源区气候变化的环境效应研究[J]. 冰川冻土, 35(5): 1183-1192.

李强, 王义民, 白涛. 2014. 黄河水沙调控研究综述[J]. 西北农林科技大学学报(自然科学版), 42(12): 227-234.

李少华, 董增川, 周毅. 2007. 复杂巨系统视角下的水资源安全及其研究方法[J]. 水资源保护, 23(2): 1-3.

李世雄, 王玉琴, 王彦龙, 等. 2020. 黄河源区不同退化阶段高寒草甸植被特征[J]. 青海畜牧兽医杂志, 50(2): 27-34.

李万寿, 吴国祥. 2000. 黄河源头断流现象成因分析[J]. 水土保持通报, (1): 8-11.

李薇, 谢国虎, 胡鹏, 等. 2019. 黄河洪水洪峰增值机理及影响因素研究[J]. 水利学报, 50(9): 1111-1122.

李文学. 2016. 黄河治理开发与保护70年效益分析[J].人民黄河, 38(10): 1-6.

李颖, 陈林生. 2003. 美国田纳西河流域的开发对我国区域政策的启示[J]. 四川大学学报(哲学社会科学版), 5: 27-29.

李原园, 曹建廷, 黄火键, 等. 2018. 国际上水资源综合管理进展[J]. 水科学进展, 29(1): 127-137.

林秀山. 1997. 黄河小浪底水利枢纽文集[M]. 郑州: 黄河水利出版社.

刘国纬. 2017. 江河治理的地学基础[M]. 北京: 科学出版社.

刘晓燕, 杨胜天, 王富贵, 等. 2014. 黄土高原现状梯田和林草植被的减沙作用分析[J]. 水利学报, 45(11): 1293-1300.

刘彦随. 2020. 现代人地关系与人地系统科学[J]. 地理科学, 40(8): 1221-1234.

刘玉斌, 李宝泉, 王玉珏, 等. 2019. 基于生态系统服务价值的莱州湾-黄河三角洲海岸带区域生态连通性评[J]. 生态学报, 39(20): 7514-7524.

刘悦忆. 2014. 面向经济–生态的水库风险调度规则研究[D]. 北京: 清华大学.

卢红伟, 王延贵, 史红玲. 2012. 引黄灌区水沙资源配置技术的研究[J]. 水利学报, 43(12): 1405-1412.

陆志翔, Wei Y P, 冯起, 等. 2016. 社会水文学研究进展[J]. 水科学进展, 27(5): 772-783.

马广州. 2008. 美国密西西比河三角洲生态恢复的政策及措施[J]. 中国水利, 1: 70-71.

马克·乔克. 2011. 莱茵河: 一部生态传记(1815-2000)[M]. 于君, 译. 北京: 中国环境科学出版社.

马涛, 王昊, 谭乃榕, 等. 2021. 流域主体功能优化与黄河水资源再分配[J]. 自然资源学报, 36(1): 240-255.

马柱国, 符淙斌, 周天军, 等. 2020. 黄河流域气候与水文变化的现状及思考[J]. 中国科学院院刊, 35(1):

52-60.

苗东升. 2010. 系统科学精要[M]. 北京: 中国人民大学出版社.

莫兴国, 刘苏峡, 胡实. 2022. 黄河源区气候–植被–水文协同演变及成因辨析[J]. 地理学报, 77(7): 1730-1744.

牛存稳, 贾仰文, 王浩, 等. 2007. 黄河流域水量水质综合模拟与评价[J].人民黄河, 267(11): 58-60.

牛建强, 杨培方. 2017. 扇形摆动: 黄河河道的历史变迁[N]. 黄河报, 2017-08-08: 004.

庞家珍, 司书亨. 1979. 黄河河口演变——Ⅰ. 近代历史变迁[J]. 海洋与湖沼, 2: 136-141.

裴源生, 李云玲, 于福亮. 2003. 黄河置换水量的水权分配方法探讨[J].资源科学, (2): 32-37.

彭勃, 葛雷, 王瑞玲, 等. 2015. 黄河三角洲刁口河生态补水对地下水影响的模拟分析[J]. 水资源保护, 31(5): 1-6.

彭少明, 郑小康, 王煜, 等.2016. 黄河典型河段水量水质一体化调配模型[J].水科学进展, 27(2): 196-205.

齐璞, 孙赞盈, 齐宏海. 2016. 黄河下游防洪形势变化与治理前景展望[J]. 泥沙研究, 41(1): 58-62.

乔西现. 2019. 黄河水量统一调度回顾与展望[J]. 人民黄河, 41(9): 1-5.

秦天玲, 吕锡芝, 刘姗姗, 等. 2022. 黄河流域水土资源联合配置技术框架[J].水利水运工程学报, (1): 28-36.

任葳, 王安东, 冯光海, 等. 2016. 基于水位控制的黄河三角洲退化滨海湿地恢复及其短期效应[J]. 湿地科学与管理, 12(4): 4-8.

邵明安, 贾小旭, 王云强, 等. 2016. 黄土高原土壤干层研究进展与展望[J]. 地球科学进展, 31(1): 14-22

史红玲, 胡春宏, 王延贵. 2019. 黄河下游引黄灌区水沙配置能力指标研究[J]. 泥沙研究, 44(1): 1-7.

水利部黄河水利委员会. 2013.黄河流域综合规划(2012～2030年)[M]. 郑州: 黄河水利出版社.

苏茂林. 2021. 开展更高水平的黄河水量调度[J]. 人民黄河, 43(1): 1-4.

孙广生, 乔西现, 孙寿松. 2001. 黄河水资源管理[M].郑州: 黄河水利出版社.

孙华方, 李希来, 金立群, 等. 2020. 生物土壤结皮对黄河源区人工草地植被与土壤理化性质的影响[J]. 草地学报, 28(2): 509-520.

谈国良, 万军. 2002. 美国田纳西河的流域管理[J]. 中国水利, 10: 157-159.

田庆奇, 卢健, 史红玲. 2016. 黄河下游引黄灌区发展及泥沙治理历程探讨[J]. 中国水利, (1): 36-38.

涂启华, 扬赉斐. 2006. 泥沙设计手册[M]. 北京: 中国水利水电出版社.

万文华. 2018.变化环境下的干旱演变与水库适应性调度策略[D]. 北京: 清华大学.

汪恕诚. 2001.水权和水市场——谈实现水资源优化配置的经济手段[J]. 水电能源科学, (1): 1-5.

汪恕诚. 2009. 人与自然和谐相处——中国水资源问题及对策[J].北京师范大学学报(自然科学版), 45(Z1): 441-445.

王聪, 伍星, 傅伯杰, 等. 2019. 重点脆弱生态区生态恢复模式现状与发展方向[J]. 生态学报, 39(20): 7333-7343.

王道席, 田世民, 蒋思奇, 等. 2020. 黄河源区径流演变研究进展[J]. 人民黄河, 42(9): 90-95.

王福博, 罗万云, 刘媛媛. 2021. 黄河流域中心城市生态—经济—社会复合系统耦合协调评价[J]. 财会研究, 6: 73-80.

王根绪, 李元寿, 王一博, 等. 2007. 近40年来青藏高原典型高寒湿地系统的动态变化[J]. 地理学报, (5): 481-491.

王光谦, 李铁键. 2009. 流域泥沙动力学模型[M]. 北京: 中国水利水电出版社.

王光谦, 钟德钰, 李铁键, 等. 2016. 天空河流: 发现、概念及其科学问题[J]. 中国科学: 技术科学, 46(6): 649-656.

王浩, 何凡, 何国华, 等. 2020. 黄河流域水治理准则、路径与方略[J]. 水利发展研究, 20(10): 5-9.

王浩, 胡鹏.2020. 水循环视角下的黄河流域生态保护关键问题[J]. 水利学报, 51(9): 1009-1014.

王浩, 贾仰文. 2016. 变化中的流域"自然–社会"二元水循环理论与研究方法[J]. 水利学报, 47(10):

1219-1226.

王浩, 刘家宏. 2016. 国家水资源与经济社会系统协同配置探讨[J]. 中国水利, (17): 7-9.

王浩, 龙爱华, 于福亮, 等. 2011. 社会水循环理论基础探析Ⅰ: 定义内涵与动力机制[J]. 水利学报, 42(4): 379-387.

王浩, 栾清华, 刘家宏. 2015. 从黄河演变论南水北调西线工程建设的必要性[J].人民黄河, 37(1): 1-5, 14.

王浩, 钮新强, 杨志峰, 等. 2021. 黄河流域水系治理战略研究[J]. 中国水利, (5): 1-4.

王慧亮, 申言霞, 李卓成, 等. 2020. 基于能值理论的黄河流域水资源生态经济系统可持续性评价[J]. 水资源保护, 36(6): 12-17.

王建华, 何凡, 何国华. 2020. 关于水资源承载力需要厘清的几点认识[J]. 中国水利, (11): 1-5.

王建华, 胡鹏, 龚家国. 2019. 实施黄河口大保护推动黄河流域生态文明建设[J]. 人民黄河, 41(10): 7-10.

王开荣. 2020. 黄河三角洲生态保护及高质量发展策略初探[J]. 中国水利, 9: 26-28, 43.

王开荣, 凡姚申, 杜小康, 等. 2021. 黄河入海流路地貌单元分类问题的探讨[J]. 泥沙研究, 46(6): 51-57, 64.

王开荣, 张凌燕, 窦身堂, 等. 2022. 黄河三角洲水资源承载力与生产力布局协调关系研究[J]. 中国水利, 16: 10-13.

王奎峰, 许梦. 2018. 黄河三角洲中心城市资源环境承载力时空变化规律与趋势研究——以东营市为例[J]. 环境工程, 36(1): 157-161, 167.

王莉. 2023. 黄河的地质演变[R]. 北京: 中国地质科学院地质研究所.

王立平, 胡智怡, 刘云. 2015. 博弈论在水资源冲突中应用的研究进展[J]. 长江科学院院报, 32(8): 34-39.

王孟本. 2003. "生态环境"概念的起源与内涵[J]. 生态学报, (9): 1910-1914.

王锐, 祝笑笑, 彭艳艳, 等. 2024. 2000-2020 年黄河流域水-能源-粮食系统耦合协调时空演变特征[J]. 水土保持研究, 31(01): 354-362.

王婷, 王远见, 马怀宝, 等. 2020. 水库支流异重流入汇区水沙演化特点试验研究[J]. 人民黄河, 42(5): 56-61.

王同生. 2002. 莱茵河的水资源保护和流域治理[J]. 水资源保护, 4: 60-62.

王亚华, 黄译萱, 唐啸. 2013. 中国水利发展阶段划分: 理论框架与评判[J]. 自然资源学报, 28(6): 922-930.

王延贵, 史红玲, 亓麟, 等. 2011. 黄河下游典型灌区水沙资源配置方案与评价[J]. 人民黄河, 33(3): 60-63.

王艳华, 曹文洪, 戴清. 2007. 层次分析法的改进及其在引黄灌区水沙配置中的应用[J]. 泥沙研究, (4): 42-47.

王煜, 安催花, 李海荣, 等. 2013. 黄河水沙调控体系规划关键问题研究[J]. 人民黄河, 35(10): 23-25.

王煜, 彭少明, 武见, 等. 2019. 黄河"八七"分水方案实施 30 年回顾与展望[J].人民黄河, 41(9): 6-13, 19.

王增辉. 2016. 多沙河流水库异重流与溯源冲刷过程的数值模拟研究[D]. 武汉: 武汉大学.

王振兴. 2020.高原冻土退化条件下区域地下水循环演化机制研究[D]. 北京: 中国地质科学院.

王志芳, 岳文静, 王思睿, 等. 2019. 综述国际流域生态修复发展趋势及借鉴意义[J]. 地理科学研究, 8(2): 221-233.

魏向阳, 杨会颖, 赵咸榕, 等. 2021. 黄河"一高一低"水库调度实践与思考[J]. 中国水利, 9: 3-6.

吴传钧. 1991. 论地理学的研究核心——人地关系地域系统[J]. 经济地理, 3: 1-6.

吴乐平, 王欣, 江恩慧, 等. 2019. 水库群–河道水沙分配动态博弈模型理论框架[J]. 人民黄河, 41(5): 34-37.

吴强, 张岚, 张岳峰, 等. 2019. 数说 70 年水利发展成就[J]. 水利发展研究, 19(10): 1-13.

吴泽宁, 左其亭, 丁大发, 等. 2005. 黄河流域水资源调控方案评价与优选模型[J].水科学进展, (5):

735-740.

席家治. 1996. 黄河水资源[M].郑州: 黄河水利出版社.

夏星辉, 杨志峰, 吴宇翔. 2007. 结合生态需水的黄河水资源水质水量联合评价[J].环境科学学报, (1): 151-156.

谢金明, 吴保生. 2012. 基于 Gould-Dincer 方法的水库发电能力计算[J]. 清华大学学报(自然科学版), 52(2): 164-169, 176.

徐丛亮, 陈沈良, 陈俊卿. 2018. 新情势下黄河口出汊流路三角洲体系的演化模式[J]. 海岸工程, 37(4): 35-43.

徐丛亮, 李金萍, 李广雪, 等. 2013. 黄河河口尾闾与三角洲演变过程机制解析[J]. 人民黄河, 35(4): 3-5.

徐田伟, 赵新全, 耿远月, 等. 2020. 黄河源区生态保护与草牧业发展关键技术及优化模式[J]. 资源科学, 42(3): 508-516.

徐新良, 王靓, 李静, 等. 2017. 三江源生态工程实施以来草地恢复态势及现状分析[J]. 地球信息科学学报, 19(1): 50-58.

许炯心. 2002. 黄河三角洲造陆过程中的陆域水沙临界条件研究[J]. 地理研究, 21(2): 163-170.

闫振峰, 蒋思奇, 李昆鹏, 等. 2019. 平原型水库泥沙清淤试验研究[J]. 人民黄河, 41(1): 14-17.

杨丹, 常歌, 赵建吉. 2020. 黄河流域经济高质量发展面临难题与推进路径[J]. 中州学刊, 7: 28-33.

杨桂山, 于兴修, 李恒鹏, 等. 2004. 流域综合管理发展的历程、经验启示与展望[J]. 湖泊科学, 16(Z1): 1-10.

杨磊. 2020.阿勒泰地区草地生态退化驱动机制及修复策略[D]. 乌鲁木齐: 新疆大学.

易湘生, 李国胜, 尹衍雨, 等. 2012. 黄河源区草地退化对土壤持水性影响的初步研究[J]. 自然资源学报, 27(10): 1708-1719.

游宇驰, 李志威, 李希来.2018. 1990~2011 年若尔盖高原土地覆盖变化[J]. 水利水电科技进展, 38(2): 62-69.

于守兵, 李高仑, 管春城, 等. 2022. 黄河三角洲生态保护修复制度研究[J]. 人民黄河, 44(3): 80-84, 90.

约翰·H.霍兰. 2011. 隐秩序: 适应性早就复杂性[M]. 周晓牧, 韩晖, 译. 上海: 上海科技教育出版社.

岳瑜素, 王宏伟, 江恩慧, 等. 2020. 滩区自然–经济–社会协同的可持续发展模式[J]. 水利学报, 51(9): 1131-1137, 1148.

张楚汉, 等. 2023. 黄河九篇[M]. 北京: 科学出版社.

张丹明. 2010. 美国城市雨洪管理的演变及其对我国的启示[J]. 国际城市规划, 25(6): 83-86.

张洪波, 黄强, 畅建霞, 等.2006. 黄河水资源分配模型与方法探讨[J].人民黄河, (1): 49-51.

张红武, 李振山, 安催花, 等. 2016. 黄河下游河道与滩区治理研究的趋势与进展[J]. 人民黄河, 38(12): 1-10, 23.

张金良, 练继建, 张远生, 等. 2020. 黄河水沙关系协调度与骨干水库的调节作用[J]. 水利学报, 51(8): 897-905.

张俊华, 马怀宝, 夏军强, 等. 2018. 小浪底水库异重流高效输沙理论与调控[J]. 水利学报, 49(1): 62-71.

张俊华, 张红武, 王严平, 等. 1999. 多沙水库准二维泥沙数学模型[J]. 水动力学研究与进展: A 辑, 1: 45-50.

张启舜, 张振秋. 1982. 水库冲淤形态及其过程的计算[J]. 泥沙研究, (1): 1-13.

张权, 李凌琪, 江恩慧, 等. 2022. 基于 NSGA-II 的鄂尔多斯市多目标水量分配结构优化[J/OL].华北水利水电大学学报(自然科学版): 1-9.

张欣, 陈华伟, 仕玉治, 等. 2012. 基于集对分析的黄河三角洲东营市水资源承载力评价[J]. 水资源保护, 28(1): 17-21.

章轲. 2016. 国外应对突发环境事件启示——莱茵河的"鲑鱼-2000 计划"[J]. 环球财经, 6: 37-39.

赵东晓, 蔡建勤, 土小宁, 等. 2020. 黄土高原水土保持植被建设问题及建议[J]. 中国水土保持, 5: 7-9, 19.

赵海镜, 胡春宏, 陈绪坚. 2012. 流域水沙资源优化配置研究综述[J]. 水利学报, 43(5): 520-528.

赵连军, 谈广鸣, 韦直林, 等. 2006. 黄河下游河道演变与河口演变相互作用规律研究[M]. 北京: 中国水利水电出版社.

赵麦换. 2004. 水库补偿效益理论与实践——以黄河干流水库为例[D]. 西安: 西安理工大学.

赵文武, 侯焱臻, 刘焱序. 2020. 人地系统耦合与可持续发展: 框架与进展[J]. 科技导报, 38(13): 25-31.

赵翔, 吉祖稳, 王党伟, 等. 2021. 基于逻辑回归法预测黄河口尾闾河道出汊概率[J]. 泥沙研究, 46(3): 36-42.

赵新全, 周华坤. 2005. 三江源区生态环境退化、恢复治理及其可持续发展[J]. 中国科学院院刊, 6: 37-42.

赵勇, 何凡. 2020. 全域视角下黄河断流再审视与现状缺水识别[N]. 黄河报.

珍妮特·伍德. 1999. 卡普兰式水轮机问世80周年[J]. 国际水力发电, 8: 30-32.

郑珊, 吴保生, 周云金, 等. 2018. 黄河口清水沟河道的冲淤过程与模拟[J]. 水科学进展, 29(3): 322-330.

郑易生. 2005. 科学发展观与江河开发[M]. 北京: 华夏出版社.

中华人民共和国生态环境部. 2021. 2020中国生态环境状况公报[R]. 北京: 中华人民共和国生态环境部.

钟姗姗. 2013. 流域水电梯级开发项目累积环境影响作用机制及评价研究[D]. 长沙: 中南大学.

周冰玉, 李志威, 田世民, 等. 2022. 黄河源区水源涵养能力研究综述[J]. 水利水电科技进展, 42(4): 87-93.

周志德. 1980. 黄河河口三角洲海岸的发育及其对上游河道的影响[J]. 海洋与湖沼, 3: 211-219.

朱德祥. 1986. 浅析伏尔加河流域的开发和利用问题[J]. 外国问题研究, 3: 23-28.

朱日祥, 侯增谦, 郭正堂, 等. 2021. 宜居地球的过去、现在与未来——地球科学发展战略概要[J]. 科学通报, 66(35): 4485-4490.

左其亭. 2015. 中国水利发展阶段及未来"水利4.0"战略构想[J]. 水电能源科学, 33(4): 1-5.

Albrecht T R, Crootof A, Scott C A. 2018. The water-energy-food nexus: A systematic review of methods for nexus assessment[J]. Environmental Research Letters, 13(4): 043002.

Barnett J, Webber M, Wang M, et al. 2006. Ten key questions about the management of water in the Yellow River basin[J]. Environmental Management, 38: 179-188.

Belletti B, Garcia De Leaniz C, Jones J, et al. 2020. More than one million barriers fragment Europe's rivers[J]. Nature, 588(7838): 436-441.

Bertoni F, Castelletti A, Giuliani M, et al. 2019. Discovering dependencies, trade-offs, and robustness in joint dam design and operation: An ex-post assessment of the Kariba Dam[J]. Earth's Future, 7(12): 1367-1390.

Bowes M J, Gozzard E, Johnson A C, et al. 2012. Spatial and temporal changes in chlorophyll-a concentrations in the River Thames basin, UK: Are phosphorus concentrations beginning to limit phytoplankton biomass? [J]. Science of the Total Environment, 426: 45-55.

Cai X, Rosegrant M W. 2004.Optional water development strategies for the Yellow River Basin: Balancing agricultural and ecological water demands[J]. Water Resources Research, 40(8).

Castelletti A, Pianosi F, Soncini-Sessa R. 2008.Water reservoir control under economic, social and environmental constraints[J]. Automatica, 44(6): 1595-1607.

Chbab E H. 1996. How extreme were the 1995 flood waves on the rivers Rhine and Meuse?[J]. Physics and Chemistry of the Earth, 20(5): 455-458.

Chen L, Huang K, Zhou J, et al. 2020. Multiple-risk assessment of water supply, hydropower and environment nexus in the water resources system[J]. Journal of Cleaner Production, 268: 122057.

Chen X, Li F, Wu F, et al. 2023. Initial water rights allocation of industry in the Yellow River Basin driven by high-quality development[J]. Ecological Modelling, 477: 110272.

Chen Y, Fu B, Zhao Y, et al. 2020. Sustainable development in the Yellow River Basin: Issues and strategies[J]. Journal of Cleaner Production, 263: 121223.

Chu Z X, Sun X G, Zhai S K, et al. 2006. Changing pattern of accretion/erosion of the modern Yellow River(Huanghe)subaerial delta, China: Based on remote sensing images[J]. Marine Geology, 227: 13-30.

Cui B L, Li X Y. 2011. Coastline change of the Yellow River estuary and its response to the sediment and runoff(1976-2005)[J]. Geomorphology, 127(1-2): 32-40.

Di Baldassarre G, Martinez F, Kalantari Z, et al. 2017. Drought and flood in the anthropocene: Feedback mechanisms in reservoir operation[J]. Earth System Dynamics, 8(1): 225-233.

Di Baldassarre G, Wanders N, AghaKouchak A, et al. 2018. Water shortages worsened by reservoir effects[J]. Nature Sustainability, 1(11): 617-622.

Fan X, Pedroli B, Liu G, et al. 2012. Soil salinity development in the Yellow River Delta in relation to groundwater dynamics[J]. Land Degradation and Development, 23: 175-189.

Fan Y S, Chen S L, Zhao B, et al. 2018. Monitoring tidal flat dynamics affected by human activities along an eroded coast in the Yellow River Delta, China[J]. Environmental Monitoring and Assessment, 190(7): 396-405.

Feng X M, Fu B J, Piao S L, et al. 2016. Revegetation in China's Loess Plateau is approaching sustainable water resource limits[J]. Nature Climate Change, 6: 1019-1022.

Feng Y, Zhu A, Liu P, et al. 2022. Coupling and coordinated relationship of water utilization, industrial development and ecological welfare in the Yellow River Basin, China[J]. Journal of Cleaner Production, 379: 134824.

Galelli S, Goedbloed A, Schwanenberg D, et al. 2014. Optimal real-time operation of multipurpose urban reservoirs: Case study in Singapore[J]. Journal of Water Resources Planning and Management, 140(4).

Gately D. 1974. Sharing the gains from regional cooperation: A game theoretic application to planning investment in electric power[J]. International Economic Review, 15(1): 195-208.

Giuliani M, Castelletti A. 2016. Is robustness really robust? How different definitions of robustness impact decision-making under climate change[J]. Climatic Change, 135(3-4): 409-424.

Gkpa B, Lmh A, Gma B. 2020. International tempo-spatial study of antibiotic resistance genes across the Rhine River using newly developed multiplex qPCR assays[J]. Science of The Total Environment, 706:135733.

Han M, Qingwang R, Wang Y, et al. 2013. Integrated approach to water allocation in river basins[J]. Journal of Water Resources Planning and Management, 139(2): 159-165.

Harsanyi J C. 1959. A bargaining model for the cooperative n-person game[M]. Stanford: Stanford University.

He Z, Zhou J, Mo L, et al. 2019. Multiobjective reservoir operation optimization using improved multiobjective dynamic programming based on reference lines[J]. IEEE Access, 7: 103473-103484.

Huang L, Li X, Fang H, et al. 2019.Balancing social, economic and ecological benefits of reservoir operation during the flood season: A case study of the Three Gorges Project, China[J]. Journal of Hydrology, 572: 422-434.

Ji H, Chen S, Pan S, et al. 2018. Morphological variability of the active Yellow River mouth under the new regime of riverine delivery[J]. Journal of Hydrology, 564: 329-341.

Jia B, Zhou J, Chen X, et al. 2019. Deriving operating rules of hydropower reservoirs using Gaussian process regression[J]. IEEE Access, 7: 158170-158182.

Jia J S. 2016. A technical review of hydro-project development in China[J]. Engineering, 2(3): 302-312.

Jiang C, Pan S, Chen S L. 2017. Recent morphological changes of the Yellow River(Huanghe)submerged delta: Causes and environmental implications[J]. Geomorphology, 293: 93-107.

Jiang L, Zuo Q, Ma J, et al. 2021. Evaluation and prediction of the level of high-quality development: A case study of the Yellow River Basin, China[J]. Ecological Indicators, 129: 107994.

Kasprzyk J R, Nataraj S, Reed P M, et al. 2013. Many objective robust decision making for complex environmental systems undergoing change[J]. Environmental Modelling and Software, 42: 55-71.

Kucukmehmetoglu M, Guldmann J M. 2010. Multiobjective allocation of transboundary water resources: Case of the Euphrates and Tigris[J]. Journal of Water Resources Planning and Management, 136(1): 95-105.

Lehner B, Liermann C R, Revenga C, et al. 2011. High-resolution mapping of the world's reservoirs and dams for sustainable river-flow management[J]. Frontiers in Ecology and the Environment, 9(9): 494-502.

Li D, Zhao J, Govindaraju R. 2019. Water benefits sharing under transboundary cooperation in the

Lancang-Mekong River Basin[J]. Journal of Hydrology, 577: 123989.

Li J, Song S, Ayantobo O O, et al. 2022. Coordinated allocation of conventional and unconventional water resources considering uncertainty and different stakeholders[J]. Journal of Hydrology, 605: 127293.

Liu J, Engel B A, Zhang G, et al. 2020. Hydrological connectivity: One of the driving factors of plant communities in the Yellow River Delta[J]. Ecological Indicators, 112: 106150.

Liu X Q, Gippel C J, Wang H Z, et al. 2017. Assessment of the ecological health of heavily utilized, large lowland rivers: Example of the lower Yellow River, China[J]. Limnology, 18(1): 17-29.

Mao P, Guo L, Cao B, et al. 2022. Effects of groundwater mineralization and groundwater depth on eco-physiological characteristics of robinia pseudoacacial. in the Yellow River Delta, China[J]. Forests, 13: 915.

Murugesu Sivapalan, Hubert H. G. Savenije, Günter Blöschl. 2012. Socio-hydrology: A new science of people and water[J]. Hydrological Processes, 26(8): 1270-1276.

Nash J. 1953. Two-person cooperative games[J]. Econometrica: Journal of the Econometric Society, 21(1): 128-140.

National Research Coucil. 2011. Missouri River Planning: Recognizing and Incorporating Sediment Management[R]. Washington, DC: The National Academies Press: 1-18.

Nourani V, Rouzegari N, Molajou A, et al. 2020. An integrated simulation-optimization framework to optimize the reservoir operation adapted to climate change scenarios[J]. Journal of Hydrology (Amsterdam), 587: 125018.

Odum H T. 1995. Environmental Accounting: Energy and Environmental Decision Making[M]. John Wiley and Sons.

Omer A, Elagib N A, Ma Z, et al. 2020. Water scarcity in the Yellow River Basin under future climate change and human activities[J]. Science of the Total Environment, 749: 141446.

Palmer M, Ruhi A. 2019. Linkages between flow regime, biota, and ecosystem processes: Implications for river restoration[J]. Science, 365(6459): W2087.

Pang A, Sun T, Yang Z. 2013. Economic compensation standard for irrigation processes to safeguard environmental flows in the Yellow River Estuary, China[J]. Journal of Hydrology, 482: 129-138.

Paulus G K, Hornstra L M, Medema G. 2020. International tempo-spatial study of antibiotic resistance genes across the Rhine River using newly developed multiplex qPCR assays[J]. Science of The Total Environment, 706: 135733.

Peng J, Chen S. 2010. Response of delta sedimentary system to variation of water and sediment in the Yellow River over past six decades[J]. Journal of Geographical Sciences, 20(4): 613-627.

Pereira L S, Cordery I, Iacovides I. 2009. Coping with Water Scarcity: Addressing the Challenges[M]. Springer Science and Business Media.

Pereira L S, Gonçalves J M, Dong B, et al. 2007. Assessing basin irrigation and scheduling strategies for saving irrigation water and controlling salinity in the upper Yellow River Basin, China[J]. Agricultural Water Management, 93(3): 109-122.

Qadir M, Sharma B R, Bruggeman A, et al. 2007. Non-conventional water resources and opportunities for water augmentation to achieve food security in water scarce countries[J]. Agricultural Water Management, 87(1): 2-22.

Qiu D D, Ma X, Yan J G, et al. 2021. Biogeo-morphological processes and structures facilitate seedling establishment and distribution of annual plants: Implications for coastal restoration[J]. Science of the Total Environment, 756: 143842.

Raesaenen T A, Joffre O M, Someth P, et al. 2015. Model-based assessment of water, food, and energy trade-offs in a cascade of multipurpose reservoirs: Case Study of the Sesan Tributary of the Mekong River[J]. Journal of Water Resources Planning and Management, 141(1): 5014001-5014007.

Reed P M, Hadka D, Herman J D, et al. 2013. Evolutionary multiobjective optimization in water resources: The past, present, and future[J]. Advances in Water Resources, 51: 438-456.

Richter B D, Baumgartner J V, Braun D P, et al. 1998. A spatial assessment of hydrologic alteration within a river network[J]. River Research and Applications, 14(4): 329-340.

Schmitt R J P, Bizzi S, Castelletti A, et al. 2018. Improved trade-offs of hydropower and sand connectivity by strategic dam planning in the Mekong[J]. Nature Sustainability, 1(2): 96-104.

Shao W, Yang D, Hu H, et al. 2009. Water resources allocation considering the water use flexible limit to water shortage—A case study in the Yellow River Basin of China[J]. Water Resources Management, 23: 869-880.

Si Y, Li X, Yin D, et al. 2019. Revealing the water-energy-food nexus in the Upper Yellow River Basin through multi-objective optimization for reservoir system[J]. Science of the Total Environment, 682: 1-18.

Wanders N, Wada Y, van Lanen H A J. 2015. Global hydrological droughts in the 21st century under a changing hydrological regime[J]. Earth System Dynamics, 6(1): 1-15.

Wang F, Mu X, Li R, et al. 2015. Co-evolution of soil and water conservation policy and human-environment linkages in the Yellow River Basin since 1949[J]. Science of the Total Environment, 508: 166-177.

Wang G, Zhang J, Jin J, et al. 2017. Impacts of climate change on water resources in the Yellow River Basin and identification of global adaptation strategies[J]. Mitigation and Adaptation Strategies for Global Change, 22: 67-83.

Wang J, Xu Z, Huang J, et al. 2005. Incentives in water management reform: Assessing the effect on water use, production, and poverty in the Yellow River Basin[J]. Environment and Development Economics, 10(6): 769-799.

Wang S, Hassan M A, Xie X. 2006. Relationship between suspended sediment load, channel geometry and land area increment in the Yellow River Delta[J]. CATENA, 65(3): 0-314.

Wang Y, Yang J, Chang J. 2019. Development of a coupled quantity-quality-environment water allocation model applying the optimization-simulation method[J]. Journal of Cleaner Production, 213: 944-955.

Wen X, Liu Z, Lei X, et al. 2018. Future changes in Yuan River ecohydrology: Individual and cumulative impacts of climates change and cascade hydropower development on runoff and aquatic habitat quality[J]. Science of The Total Environment, 633: 1403-1417.

Wheeler K G, Jeuland M, Hall J W, et al. 2020. Understanding and managing new risks on the Nile with the Grand Ethiopian Renaissance Dam[J]. Nature Communications, 11(1): 5222.

Wohlfart C, Kuenzer C, Chen C, et al. 2016. Social-ecological challenges in the Yellow River Basin(China): A review[J]. Environmental Earth Sciences, 75: 1-20.

World Wide Fund (WWF) for Nature. Free-Flowing Rivers: Economic Luxury or Ecological Necessity? [R]. Netherlands: WWF Global Freshwater Programme, 2006. (http://assets.panda.org/downloads/freeflowingriversreport.pdf)

World Wildlife Fund. 2006. Free-Flowing Rivers-Economic Luxury or Ecological Necessary[R]. Zeist: WWF Global Freshwater Programme.

Wu W, Zhi C, Gao Y, et al. 2022. Increasing fragmentation and squeezing of coastal wetlands: Status, drivers, and sustainable protection from the perspective of remote sensing[J]. Science of the Total Environment, 811: 152339.3.

Xia J, Ren J, Zhao X, et al. 2018, Threshold effect of the groundwater depth on the photosynthetic efficiency of Tamarix chinensis in the Yellow River Delta[J]. Plant and Soil, 433: 157-171.

Xie C J, Cui B S, Xie T, et al. 2020. Hydrological connectivity dynamics of tidal flat systems impacted bysevere reclamation in the Yellow River Delta[J]. Science of the Total Environment, 739: 139860.

Xu C, Xu Z, Yang Z. 2020. Reservoir operation optimization for balancing hydropower generation and biodiversity conservation in a downstream wetland[J]. Journal of Cleaner Production, 245: 118885.

Xu X, Huang G, Qu Z, et al. 2010. Assessing the groundwater dynamics and impacts of water saving in the Hetao Irrigation District, Yellow River Basin[J]. Agricultural Water Management, 98(2): 301-313.

Yan M, Fang G, Dai L, et al. 2021.Optimizing reservoir operation considering downstream ecological demands of water quantity and fluctuation based on IHA parameters[J]. Journal of Hydrology, 600: 126647.

Yang Y C E, Zhao J, Cai X. 2012. Decentralized optimization method for water allocation management in the Yellow River Basin[J]. Journal of Water Resources Planning and Management, 138(4): 313-325.

Yin L, Feng X, Fu B, et al. 2021. A coupled human-natural system analysis of water yield in the Yellow River Basin, China[J]. Science of the Total Environment, 762: 143141.

Yin Y, Tang Q, Liu X, et al. 2017. Water scarcity under various socio-economic pathways and its potential effects on food production in the Yellow River Basin[J]. Hydrology and Earth System Sciences, 21(2): 791-804.

Zaniolo M, Giuliani M, Sinclair S, et al. 2021. When timing matters—misdesigned dam filling impacts hydropower sustainability[J]. Nature Communications, 12(1).

Zhang X, Guo P, Zhang F, et al. 2021. Optimal irrigation water allocation in Hetao Irrigation District considering decision makers' preference under uncertainties[J]. Agricultural Water Management, 246: 106670.

Zhang X, Zhang Y, Ji Y, et al. 2016. Shoreline change of the Northern Yellow River (Huanghe) Delta after the latest deltaic course shift in 1976 and its influence factors[J]. Journal of Coastal Research, 74(74): 48-58.

Zhao S , Wang D , Feng C , et al. 2016. Sequence of the main geochemical controls on the Cu and Zn fractions in the Yangtze River estuarine sediments[J]. Frontiers of Environmental Science and Engineering, 10(1): 19-27.

Zhou X, Huang X, Zhao H, et al. 2020.Development of a revised method for indicators of hydrologic alteration for analyzing the cumulative impacts of cascading reservoirs on flow regime[J]. Hydrology and Earth System Sciences, 24(8): 4091-4107.